ASP.NET MVC 4 开发指南

黄保翕 编著

清华大学出版社
北 京

内 容 简 介

本书是由台湾知名博客站长与畅销书作者“Will 保哥”所撰写的 ASP.NET MVC 4 开发指南，融入作者多年实务开发工作之精髓，从基础观念、技术讲解、开发实例、开发技巧到安装部署，都将以深入浅出的例子带领读者理解 ASP.NET MVC 框架的精妙之处，让网站生成工作更加安全、快速，也更容易维护！

本书共分 11 章，第 1 章讲解通用的 MVC 特性，第 2 章讲述正确的开发观念，第 3 章以一个简单的例子带领读者快速上手 ASP.NET MVC，第 4～8 章分别介绍了 ASP.NET MVC 最重要的核心观念与技术解析，其中包括路由与生命周期、模型、控制器、Razor 视图引擎技术、本地技术等，第 9 章则以更高级的方式完成一套完整的电子商务网站开发实例，第 10 章分享笔者多年累积的各种开发技巧，第 11 章详述如何部署 ASP.NET MVC 到正式环境。

本书适合有 ASP.NET 窗体开发经验的开发人员阅读，书中的演示能清楚带领读者快速了解 ASP.NET MVC 的开发细节与观念，相信能为读者带来全新的视野，轻松排查网站开发过程中衍生的各种难题。

图书在版编目(CIP)数据

ASP.NET MVC 4 开发指南 / 黄保翕 编著. -- 北京 ：清华大学出版社，2013.7（2021.1 重印）

ISBN 978-7-302-32429-4

Ⅰ. ①A… Ⅱ. ①黄… Ⅲ. ①网页制作工具—程序设计—指南 Ⅳ. ①TP393.092-62

中国版本图书馆 CIP 数据核字(2013)第 105251 号

责任编辑：栾大成
装帧设计：杨如林
责任校对：徐俊伟
责任印制：杨 艳
出版发行：清华大学出版社

网　　址：http://www.tup.com.cn， http://www.wqbook.com
地　　址：北京清华大学学研大厦 A 座　　邮　　编：100084
社 总 机：010-62770175　　邮　　购：010-62786544
投稿与读者服务：010-62776969, c-service@tup.tsinghua.edu.cn
质量反馈：010-62772015, zhiliang@tup.tsinghua.edu.cn

印 装 者：涿州市京南印刷厂
经　　销：全国新华书店
开　　本：188mm×260mm　　印　张：29　　插　页：1　　字　数：623 千字
版　　次：2013 年 7 月第 1 版　　印　次：2021 年 1 月第10次印刷
定　　价：59.00 元

产品编号：052037-01

作者序

大家好，我是 Will 保哥，当前任职于台湾多奇数位创意有限公司，担任技术总监一职，负责公司技术方向的决策。大约从 4 年多前我开始注意到，ASP.NET MVC 这门技术在国外渐渐发展起来，起初不觉得有什么特别的地方，但慢慢地看到了一些国外讨论的开发观念与设计样式，好像真的能够解决当时 ASP.NET Web Form 开发上的困扰点，例如，内建的控件不好用、控件套版不易、抽象的 ASP.NET Web Form 事件模型常常让开发人员搞不清楚状况、太大的 ViewState 等，这些都是我们日常开发工作会遇到的问题。

直到 2009 年初，ASP.NET MVC 1.0 正式版上市，除了还在创建与维护中的 ASP.NET Web Form 项目不会改动之外，我毅然决然地带领公司所有开发人员转向 ASP.NET MVC 的怀抱，并宣告未来所有新项目皆以 ASP.NET MVC 技术为主。这是一个重大的决定，也是一个至今从未后悔的决定。对我来说，学习一门全新的技术时，动机”很重要，而且当你接触一门新技术必须要放弃许多以往的开发经验时，如果没有明确的动机与察觉转变的价值，很难让人改变，因此要进入一个全新技术的领域，首要任务就是先感受技术的价值，然后再进一步深入研究技术的细节。

这本书是《ASP.NET MVC 2 开发实战》这本书的火力加强版，两年多前写人生第一本书时，从决定要写，到写完历时一年多的时间，并且当时 ASP.NET MVC 版本也从 ASP.NET MVC 1.0 升级到 ASP.NET MVC 2.0，由于 ASP.NET MVC 的观念与架构十分优秀与严谨，因此技术升级的过程非常顺利，也因为 ASP.NET MVC 的开发观念不需要重新创建，所以当时在学习 ASP.NET MVC 2.0 的时候也没什么太多负担。

时至今日，ASP.NET MVC 又升级了两版，来到当前最新的 ASP.NET MVC 4.0 版，如同我两年前的预测一样，新的 ASP.NET MVC 3.0 与 ASP.NET MVC 4.0 与早期 ASP.NET MVC 1.0 与 ASP.NET MVC 2.0 的兼容性都非常好，其开发观念也都完全一致，对于早期投入 ASP.NET MVC 研究的人来说，并不会带来多大学习压力，只要另外学习新版带来的新功能与新特性即可。

新版的 ASP.NET MVC 3.0 与 ASP.NET MVC 4.0 也如大家所预期的，微软持续不断地在 ASP.NET MVC 架构上增强功能，并且不断地强化 Visual Studio 工具的支持，例如，当前最新版的 Visual Studio 2012 的 Page Inspector 功能，就能帮助 ASP.NET MVC 开发

人员在不同的 View 之间快速切换，开发除错的效率大幅提升，因此，笔者依然认为 ASP.NET MVC 在未来还是非常具有发展前景。

这些年来，我们公司已经全面转型使用 ASP.NET MVC 开发各种大大小小的项目，现在创建的网站不但更加安全、开发速度更快、项目创建完成的时间更短，以及最重要的是网站变得更容易维护，质量也更高了，这都要归功于 ASP.NET MVC 的技术架构所赐，因为 ASP.NET MVC 非常强调“关注点分离”的概念，而且从开发架构上来看就很容易让开发人员做到“关注点分离”，这个优势是 ASP.NET Web Form 完全无法匹敌的。有趣的是，当我问公司里的工程师：“你以后还想要写 ASP.NET WebForm 吗？”他给我的回答竟然是：“保哥，我回不去了。”

笔者整理这几年累积的 ASP.NET MVC 开发经验与教学经验，希望本书的出版能带给所有 ASP.NET 开发人员另一个全新且优秀的选择，就让我们一起拥抱 ASP.NET MVC 的世界吧！

黄保翕（Will 保哥）

多奇数位创意有限公司：http://www.miniasp.com/

我的博客：http://blog.miniasp.com/

The Will Will Web-记载着 Will 在网络世界的学习心得与技术分享

Will 保哥的新浪微博：http://www.weibo.com/cnwill

本书源码下载：

https://dl.dropboxusercontent.com/u/1011445/MVC4SampleCode.zip

前　言

ASP.NET MVC 问世已久，几年前或许有人会担心 ASP.NET MVC 框架是否能用在实务的项目上，也担心用在新项目上是否真的能改善开发效率与质量，但笔者这几年下来，已经累积数十个网站项目改用 ASP.NET MVC 框架来开发，不但运作得十分顺畅，而且也能让完全不懂 ASP.NET MVC 的新手迅速理解核心观念与开发架构，相信只要读者拥有正确的观念、学习关键的核心技术，很快就能活用在工作与项目上。

本书主要分成三大部分，将以循序渐进的方式，带领读者揭开 ASP.NET MVC 4 的神秘面纱，引导读者创建正确的观念，以及实际体验 ASP.NET MVC 4 的强大魅力。

TIPS	建议章节阅读顺序： ● 1→2→3 想按部就班学习 ASP.NET MVC 的人 ● 1→3→2 想先感受程序，再创建观念的人 ● 3→1→2 给懒得阅读文字，只想看程序代码的人

第 1 篇：基础观念篇

第 1 章：在学习 ASP.NET MVC 之前

本章将介绍 ASP.NET MVC 的基础知识，帮助你了解 ASP.NET MVC 的轮廓。由于着重于观念，如果觉得看不懂，可先直接跳过，待后续的章节读完之后，再回头阅读或许更能帮助你创建正确的观念。

第 2 章：创建正确的开发观念

主要介绍使用 ASP.NET MVC 进行网站开发时应有的正确观念。强大的工具若没有正确的观念支持，就像是给你一台马力强又省油的手排车，而你不知道离合器如何使用是一样的，也许你试了一段时间后，觉得车子还是开不快时，就提前放弃了一部好车。本章最后也整理了初学者对 ASP.NET MVC 经常会问的问题，并逐一进行回答。

第 3 章：新手上路初体验

将介绍 Visual Studio 2012 开发环境与操作技巧，并利用 Visual Studio 2012 创建你的第一个 ASP.NET MVC 专案，让读者亲身体验 ASP.NET MVC 在进行实务开发时的完整过程，相信在逐步教学的带领之下能让现有的 ASP.NET Web Form 开发人员迅速了解与 ASP.NET MVC 的开发差异，进而快速上手。

第 2 篇：技术讲解篇

第 4 章：Routing 与 ASP.NET MVC 生命周期

要想掌握 ASP.NET MVC，最重要的是要了解网址路由(Routing)与运行生命周期的重要观念。网址路由在 ASP.NET MVC 有两个目的，第一个是比对通过浏览器传来的 HTTP 要求，并映射到适当的 Controller 与 Action 进行处理；另一个目的则是决定 ASP.NET MVC 应该输出什么样的网址响应给浏览器。虽然跳过本章仍然可以成功创建 ASP.NET MVC 网站，但了解它能帮助我们理解 ASP.NET MVC 运行时的先后顺序，进而减少犯错的机会。

第 5 章：Model 相关技术

在 ASP.NET MVC 开发的过程中，通常 Model(模型)是整个项目首要开发的部分，所有需要数据访问的地方都需仰赖 Model 提供服务。本章将从最基本的 ORM 观念讲起，介绍 Visual Studio 2012 内建的 SQL Server 2012 Express LocalDB 数据库，以及学习如何使用 Entity Framework Code First 快速创建数据模型，并利用 Code First 数据库迁移功能简化数据库操作的复杂度。最后还会介绍如何手动创建检视数据模型(ViewModel)，并通过部分类别的扩充达到基本的字段验证。

第 6 章：剖析 Controller 相关技术

ASP.NET MVC 的核心就是 Controller (控制器)，负责处理浏览器传来的所有要求，并决定响应的属性，但 Controller 并不负责应如何显示属性，仅响应特定形态的属性给 ASP.NET MVC 框架，而 View 才是决定响应属性的重要角色。本章也将会应用第 2 章所提及的“关注点分离”、“以习惯替换配置”、“不要重复你自己”等观念，让你迈入 ASP.NET MVC 的殿堂，从而发现 ASP.NET MVC 的核心之美。

第 7 章：View 数据呈现相关技术

View 负责数据的呈现，所有呈现数据的逻辑都会由 View 来控制管理，不过，View 开发应该是整个 ASP.NET MVC 项目最费时间的，因为与显示逻辑相关的技术五花八门，本章将会介绍众多 ASP.NET MVC 内建的 View 开发技术，以迅速解决各种复杂的开发情境。此外，从 ASP.NET MVC 3 开始新增的 Razor 语法，是一种有别于常规 ASP.NET Web Form 的全新撰写风格，在本章也会详加阐述所有细节，让读者在最短的时间内学会这个崭新、优异的 Razor 语法。

第 8 章：Area 区域相关技术

本章将介绍如何利用 ASP.NET MVC 的 Area(区域)机制，协助你架构较为大型的项目，让独立性高的功能独立成一个 ASP.NET MVC 子网站，以降低网站与网站之间的耦合性，也可以通过 Area 的切割让多人同时开发同一个项目时，减少互相冲突的机会。

第 3 篇：开发实战篇

第 9 章：高级实战：电子商务网站开发

本章将通过第 2 篇所学到的知识，以一套完整的电子商务网站为蓝图，详述 ASP.NET MVC 4 开发流程与分享许多实务开发技巧，从数据模型规划、控制器架构规划、创建检视页面、添加数据库功能与购物车功能，最后再介绍如何强化现有 ASP.NET MVC 项目与信息分页技巧，相信在融会贯通之后，即可有效运用于其他更复杂的项目上。

第 10 章：ASP.NET MVC 开发技巧

本章将整理一些在实务上经常使用的开发技巧。包括强化网站安全性、多国语言支持、使用 Visual Studio 程序代码模板快速开发、如何在 ASP.NET MVC 与 ASP.NET Web Form 之间传递数据、如何对 ASP.NET MVC 4 源代码进行调试、使用 Visual Studio 程序代码模板快速开发等。虽然善用工具能有效提升开发效率，但还是要记得，拥有正确的观念与扎实的技术，才是开发效率提升的不二法门。

第 11 章：安装部署

部署网站往往是一件麻烦事，因为在安装部署的过程中，经常有许多步骤要运行，对于许多不太熟悉 IIS/SQL 的新手来说，部署网站变成一件非常困难且危险的事。Visual Studio 2012 在 ASP.NET 网站部署方面提升了不少能力，有助于让你将现有网站快速且简便地发布到远程的 IIS 服务器上，而免除了许多繁杂的设置程序。此外还整理了几个部署 ASP.NET MVC 的常见问题，当遇到问题时可供读者进行参考。

目 录

第 1 部分 基础观念篇

第 2 篇 技术讲解篇

第 3 篇 开发实战篇

第 1 篇　基础观念篇

在开始学习ASP.NET MVC之前，我想许多读者心中应该都有很多疑惑，尤其是正宗的ASP.NET Web Forms开发者，更是对ASP.NET MVC技术不清楚，甚至是误解。在此先将观念清楚，帮助你对ASP.NET MVC有个清晰的轮廓与观念。

对我来说，学习一门全新的技术时，“动机(Know Why)”很重要。而且当你接触一门必须要放弃许多开发经验的新技术时，如果没有明确的动机与察觉转变的价值，则很难让一个人改变。

本篇将包括以下三个章节。

第1章：在学习ASP.NET MVC之前

本章将介绍ASP.NET MVC的基础知识，帮助你了解ASP.NET MVC的轮廓。由于着重于观念介绍，如果觉得看不懂可先直接跳过，待后续的章节读完之后，再回头阅读本章也许更能帮助你创建观念。

第2章：创建正确观念

本章将介绍利用ASP.NET MVC进行网站开发时应有的正确观念。强大的工具若没有正确的观念支持，就像是给你一台马力强又省油的自排车，而你却不知道离合器是干什么用的一样，也许你试了一段时间觉得车还是开不快时，就提前放弃了一部好车。

第3章：新手上路初体验

本章将介绍如何利用Visual Studio 2012开始一个ASP.NET MVC 4专案，让读者亲身体验ASP.NET MVC在进行实务开发时的完整过程，相信有一点程序功力的人通过这一章的教学能够得到一些启发。

建议章节阅读顺序：

- 1→2→3（想按部就班学习 ASP.NET MVC 的人）
- 1→3→2（想先感受程序，再创建观念的人）
- 3→1→2（给懒得阅读文字，只想看程序代码的人）

第1章　在学习ASP.NET MVC之前

本章将介绍ASP.NET MVC的基础知识，帮助你了解ASP.NET MVC的轮廓。由于着重于观念介绍，如果觉得看不懂可先直接跳过，待后续的章节读完之后，再回头阅读本章也许更能帮助你创建正确的观念。

1.1　何谓MVC

在学习ASP.NET MVC之前，需要先了解“什么是MVC？”。也许这对某些ASP/ASP.NET开发人员来说非常陌生，MVC不是一种程序语言，严格说起来也不算是个技术，而是开发时所使用的一种“架构(框架)”。它就像是一种开发观念，或是一个存在已久的**设计样式(Design Pattern)**。

开发人员最熟悉的，在软件开发时最常发生的状况就是“变化”。需求会变、技术会变、老板会变、客户也会变、最惨的是PM也常在变。经常改变的需求，对于软件质量与可维护性有很大的杀伤力，但这是现实，也无法跳脱。我们唯一能做的，就是有效降低变化所带来的冲击，而MVC就是其中一种解决方案。

MVC最早是在1979年由Trygve Reenskaug所提出，并且应用于当时火红的Smalltalk程序语言中。之所以会提出MVC的概念，主要的目的就在于简化软件开发的复杂度，以一种概念简单却又权责分明的架构，贯穿整个软件开发流程，通过“商业逻辑层[①]”与“数据表现层”的切割，让这两部分的信息切割开来，用以撰写出更模块化、可维护性高的程序代码。

MVC让软件开发的过程大致切割成三个主要单元，分别为：Model(模型)、View(检视)、Controller (控制器)，而这三个单词的缩写便简称为MVC。其定义如图1-1所示。

---

① 我们在开发各种应用程序时，通常会依据客户的需求撰写程序逻辑，而大多数应用程序都是应用在“商业环境”里，例如，电子商务或支持企业营运的窗体应用程序，等等，因此各位常听到的“商业逻辑”讲的就是这些应商业环境所撰写的程序逻辑。如果你所开发的应用程序并非商业用途(例如学校单位)，我们也可以通称这些依据需求所开发出来的逻辑为“商业逻辑”。商业逻辑层(Business Logic Layer，BLL)所包含的程序代码通常会包含信息格式定义(ORM)、信息访问程序、窗体的字段格式验证、信息保存的格式验证、数据流验证，等等。

- Model：负责定义信息格式与信息访问的界面，包括商业逻辑与信息验证。
- View：负责用户界面(User Interface，UI)相关呈现，包括输入与输出。例如显示 HTML5 网页、呈现 HTML 表单域、显示 XML 文件，等等。
- Controller：负责控制系统运行的流程、跟浏览器如何交互、决定网页操作的流程与动线、响应客户端的各种要求、错误处理，等等。

图 1-1　MVC 的概略架构与分工

重点提示

为了阅读方便，本书后续的章节尽量不使用译名（模型、检视、控制器），而在大部分的情况下会以原名 Model、View、Controller 来解说，以避免在中文语句上造成混淆。

1.1.1　何谓 Model

Model可翻译成“模型”，笔者认为译成“数据模型”会更贴切一些，因为Model负责所有与“数据”有关的任务，大致如下。

- 定义数据结构。
- 负责与数据库沟通。
- 从数据库读取数据。
- 将数据写入数据库。
- 运行预储程序。
- 数据格式验证。
- 定义与验证商业逻辑规则。
- 对数据进行各种加工处理。例如：指定特定实体(Entity)某些字段的默认值。

简言之，只要是和“数据”有关的任务，都应该在Model里完成定义。

以.NET或Java平台开发经验来说，你可以想象Model是一个命名空间(Namespace或

Package)，定义了一堆型别(Type)或类别(Class)来负责所有跟数据相关的工作。常见的相关技术包括ADO.NET、强型别数据集(Typed DataSet)、Entity Framework、LINQ to SQL、LINQ to SQL partial method、数据访问层(Data Access Layer)、Repository Pattern。更详细的属性请参阅“第5章 Model相关技术”。

1.1.2　何谓 View

View可翻译成“检视”或者“视图”，但我很不喜欢这种为了翻译而翻译的名词，这样反而不利于沟通表达，所以之后一律会以View来表示。

> **重点提示**
>
> 各位请不要将这里的 View 和数据库系统(如 SQL Server)中的检视表(View)混淆了，虽然是同一个英文单词，但在本书中只要提到 View，讲的就是 ASP.NET MVC 里面的 View 喔!

View负责所有呈现在用户面前的东西，最简单的说法就是输出与输入。输出工作就是呈现在浏览器上的界面，例如，输出HTML、XML，等等。输入工作则是将用户输入的数据传回服务器，例如，在浏览器上呈现网页窗体让用户输入。

以下简单介绍，在View中与输出 / 输入有关的工作。

- 输出
  - ◆ 从 Controller 取得数据，并显示在用户界面上。
  - ◆ 决定要用什么技术来呈现“用户界面”(例如，HTML、XML、Silverlight、Flash，等)。
  - ◆ 负责界面的排版、字型、颜色、美观与各种呈现方式。
  - ◆ 将 Controller 传送的数据显示于界面，而数据是参考自 Model 的定义。
  - ◆ 参考 Model 的数据格式定义数据显示。
- 输入
  - ◆ 负责将数据送回 Controller。
  - ◆ HTML 窗体通过 GET 或 POST 输出数据。
  - ◆ 决定数据应该送到哪一个 Controller 的 Action 中。
  - ◆ 决定数据传送的方式，例如，GET、POST、XML HTTP Request (XHR)。
  - ◆ 前端基本的数据格式验证。
  - ◆ 验证功能，例如，使用 JavaScript 验证表单域是否输入。
  - ◆ 参考 Model 的类别定义，在 Visual Studio 中利用 Intellisense 撰写程序。

此外，与View相关的演示与技术如下。

- HTML / XML / CSS
- JSON
- JavaScript (jQuery、jQuery UI、MooTools、Ext2、Prototype…)
- MasterPage
- ASP.NET Controls (Server Control、User Control)
- AJAX 相关技术
- Silverlight
- Flash
- Mobile 网页(PDA、手机、iPhone…)
- WAP 网页
- iPhone 网页

简言之，所有应该要显示在网页上的逻辑都是View负责的范围。

随堂测验

现在，我们要将保存于数据库中的某文字字段属性显示到界面上。由于显示的属性会出现在 View 内，且文字的多寡会导致 View 的外观发生改变。请问，我们准备要显示于 View 中的“文字属性”，是否为 View 应该负责的范围？[①]

1.1.3 何谓 Controller

Controller可翻译成“控制器”，顾名思义就是“掌控全局的对象”，其负责的工作如下。

- 决定与“用户”沟通的管道，以 ASP.NET MVC 为例就是 HTTP 或 HTTPS。
- 决定系统运作的流程。例如，从 Controller 接收到数据后要立刻转向(Redirect)到另一个页面。
- 负责从 Model 取得数据。我们可以在 Controller 的类别中利用 Model 提供的类别来取得数据。
- 决定应该显示哪个 View。一个网站里有很多呈现的 View，要挑选哪一个 View 来呈现给用户，是 Controller 的责任。或是当 Controller 运行的过程中发生异常时，也可由 Controller 挑选适当的 View 进行响应。

[①] 解答：不是。因为取得数据是 Model 的工作，而 View 只负责将从 Model 取得的文字数据“显示”在网页上。

1.2　初探 MVC 架构

看到这里，你可能还是一头雾水。没关系，接下来会开始探讨MVC中相当重要的架构观念。

M、V、C之间有很强的关联性与独立性，看似矛盾的解释，其中却有十分奥妙的分工与合作关系。

1.2.1　彼此的关联性

以“常规的”MVC解释法，彼此的关系如图1-2所示。

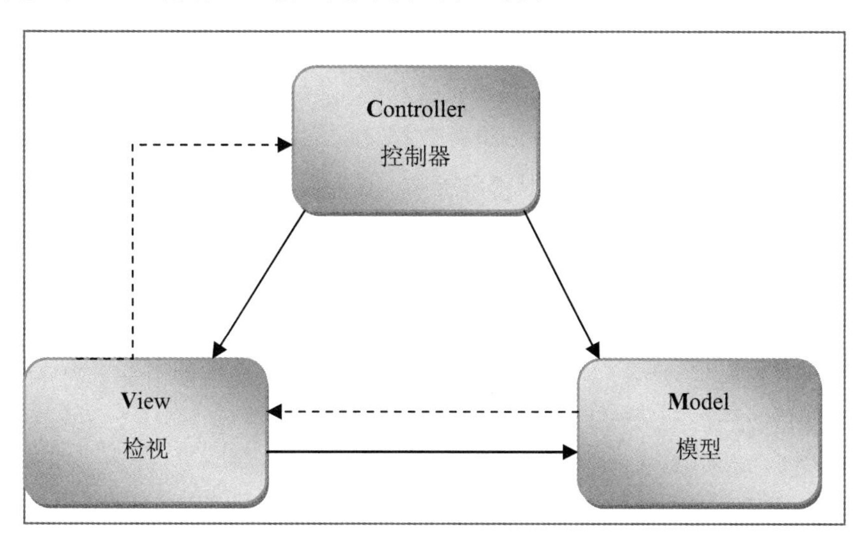

图 1-2　常规的 MVC 示意图[①]

1.2.2　Controller 与 View 的关联性

在Controller与View的关联性上，彼此都是双向关系，但Controller的主动性较高。

当Controller为“主动”角色时：

- Controller 可决定要显示哪一个 View。

当View为“主动”角色时：

- View 可决定数据要送回到哪一个 Controller 的 Action。

[①] 实线表示主动角色，虚线表示被动角色。

- 当 View 需要数据时，可决定数据应该从哪一个 Controller 的 Action 取得。

1.2.3 View 与 Model 的关联性

在View与Model的关联性上，View是站在“比较主动”的一方，而Model则是以一个“数据服务提供商”的角度出发。

View的数据基本上是从Controller传过来的，而传过来的数据型别却是Model所定义的。因此，View与Model之间大多是“彼此参考”的关系，也就是View会参考Model中的型别定义，如图1-3所示。

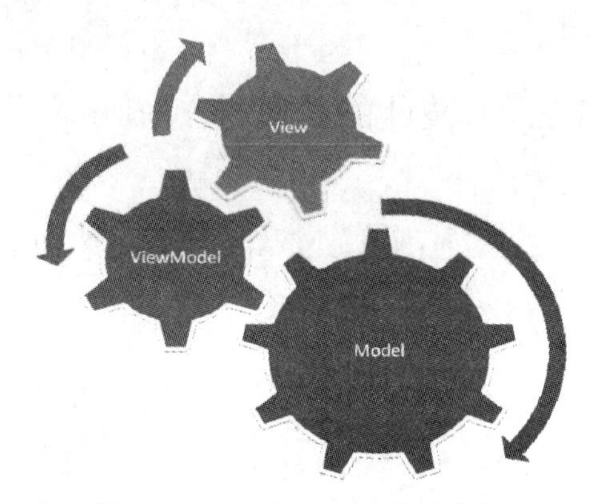

图 1-3 View 与 Model 的关联性

若是发现从Controller传到View的数据不足以完整显示，此时，View的角色就会立即转变为“主动”，直接对Model进行数据查询，并取得数据。例如，通过ORM技术，可能会有延迟装入的机制，实际取得数据的时机，将是在View显示数据的时候。

除此之外，我们一般在规划网站时，通常会先规划界面的外观，借此定义该界面应该会出现什么数据或字段。例如，在网站企划文件中，出现的网页示意界面(Prototype)如图1-4所示。

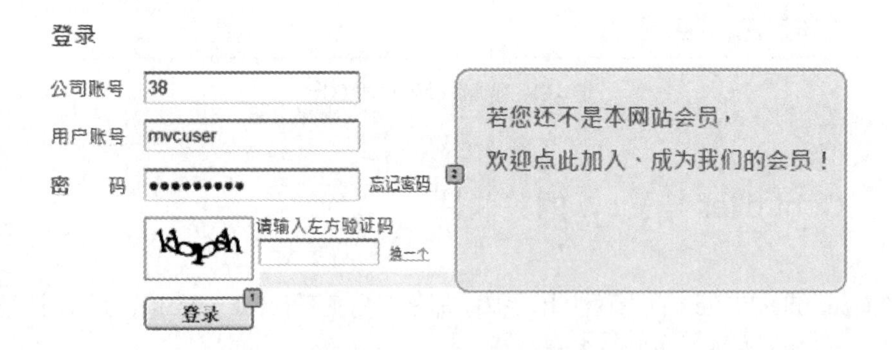

图 1-4 网页示意界面

像这个窗体有“公司账号”、“用户账号”、“密码”与“验证码”个字段，此时我们就会在Model里，额外定义一个View所需要用到的数据模型(Model)，这种专为View所设计的Model，我们称之为ViewModel。

1.2.4 Model 与 Controller 的关联性

在Controller与Model的关联性中，Controller永远居于“主动”的角色。Controller负责调用或使用Model所定义的各种类别，而Model很单纯的仅仅提供“数据服务”或“验证服务”给Controller使用。

1.3 彼此的独立性

虽然M、V、C之间看似关联十分紧密，但是彼此间又不能拥有太强的相依性，否则就会失去我们采用MVC的初衷，因此M、V、C彼此之间的关系必须恰到好处。

1.3.1 Controller 与 View 之间的独立性

从上一小节可以发现，Controller跟View与Model都有关联性，但神奇的是，彼此之间却维持着一种信任关系，称之为“常规(Convention)”。

在大部分的Controller定义中，通常不会明确指定要显示哪张View，而是由MVC Framework(例如，ASP.NET MVC)依据常规帮你选出相关的View来显示，这就是Controller与View之间的独立性。

换句话说，当View尚未被建构时，Controller其实可以先撰写程序。

相对来说，View与Controller的关系，大多是由Controller主动去挑选适合的View来显示，所以，Vicw本身对于“输出”的任务来说，是处于一个非常独立的状态。因此，当Controller尚未被建构时，View也可以先撰写程序。

1.3.2 View 与 Model 之间的独立性

View大多参考自Model里所定义的型别，但这并非是绝对必要的。View不需要Model也能够运作，只是这样View就会缺乏Model所能提供的数据型别定义。这会造成View在开发时没有那么方便。

1.3.3 Model 与 Controller 之间的独立性

Model 是贯穿全局的重要角色，有趣的是，在没有 Model 的情况下，Controller 与 View 一样可以运行得很好。例如，我们在显示“静态页面”时，没有任何动态数据的情况下，Controller 不需要从 Model 取得数据，彼此之间当然就没什么关系了。

1.4 为什么要 ASP.NET MVC

笔者从ASP.NET WebForm转向到ASP.NET MVC是个标准的典范转移(Paradigm Shift)案例，如果没有十足的好处，也不会贸然将全公司所有新的网站项目全部改用ASP.NET MVC，这其中的缘由将娓娓道来。

1.4.1 关注点分离与可维护性

在MVC的世界里，有个非常重要的观念就是“关注点分离(Separation of Concerns，SoC)”。意思是指当你在进行软件开发时，可以只关注在当前的对象上，不会受到相同系统中其他对象的干扰，包括所有对对象的修正也不会影响其他对象的运作，进而专注于完成工作，如此一来，不但容易提升软件质量，还可加快程序代码理解的速度。

MVC设计样式拥有清楚的开发架构与明确的对象分工，使软件更易于维护，若你是对面向对象编程颇有概念的人，就会了解好的对象架构带你上天堂，不好的对象架构带你住套房，老师说的话记得要听。

ASP.NET MVC拥有非常清楚的关注点分离架构，使各种不同大小的网站更容易维护，也能因应不同的需求来变更，以加速项目开发并提高更好的客户满意度。

1.4.2 开放特性与社群支持

ASP.NET MVC从第一版正式版以来，就以微软公众授权(MS-PL)开放源代码，也就是说，除了可以ASP.NET MVC技术开发之外，还能自行更改、扩充ASP.NET MVC的核心架构，甚至发行自己更改过的版本。即使到当前最新的ASP.NET MVC 4.0也都维持一贯的授权方式，大家还可以到CodePlex网站下载ASP.NET MVC 4.0源代码回去研究。

重点提示

通过深入了解 ASP.NET MVC 的运作原理以及源代码，进而会了解设计的原理与发生未知错误的原因。若要取得 ASP.NET MVC 源代码请到以下网址下载：

http://www.codeplex.com/aspnet

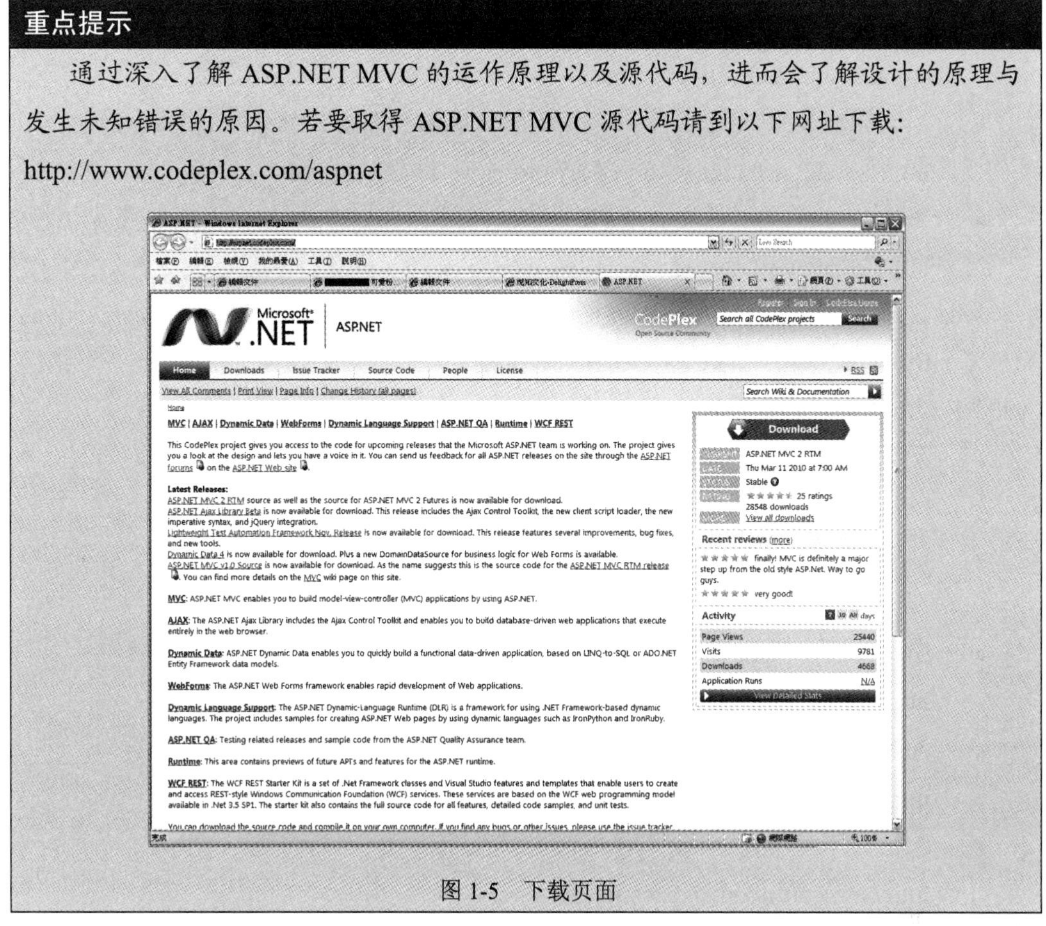

图 1-5　下载页面

虽然到目前为止，在全世界所有的ASP.NET开发人员里，ASP.NET WebForm开发人员的人数还是大于ASP.NET MVC开发人员的人数。不过这个比例正在逐渐缩小，近几年已经有越来越多的人体会到ASP.NET MVC的好处，也陆续地加入了ASP.NET MVC的开发行列。

毕竟ASP.NET WebForm框架的推出已经超过十年，对许多ASP.NET开发人员来说，ASP.NET MVC还是个新技术。不过，如果你经常逛国外网站的话，会发现活跃于ASP.NET MVC社群的开发人员，通常在技术层面都有一定的热情与程度，个个都是高手中的高手，笔者每次在国外发问，极少有无法解答的情况，而且每个回答既完整又专业。虽然网络上ASP.NET MVC的相关文章还是以英文信息居多，但在国内也有越来越多的公司开始导入ASP.NET MVC开发框架，因此也有不少热情的开发人员也会写出中文文章分享，另外在MSDN论坛上也有越来越多热情的技术同行也都会协助大家解决在ASP.NET MVC开发上的各种疑难杂症。以下列出几个跟ASP.NET MVC相关的社群与讨论区，读者如果遇到任何问题，都可以到论坛上发问，只要问题描述得清楚，都会有高手跳出来帮你解决喔!

- ASP.NET MVC 官方论坛
  http://forums.asp.net/1146.aspx
- 台湾微软 MSDN 论坛 – ASP.NET 与 AJAX(ASP.NET and AJAX)讨论区
  http://social.msdn.microsoft.com/Forums/zh-tw/236/threads
- Stack Overflow – 所有 ASP.NET MVC 问题
  http://stackoverflow.com/questions/tagged/asp.net-mvc

除此之外，当前也有许多由社群发展出来的ASP.NET MVC函数库。例如，知名的MVCContrib就提供不少MVC相关的Helper类别与各类函数库。以下列出一些不错的ASP.NET MVC的相关函数库：

- ASP.NET MVC / Web API / Web Pages
  http://aspnetwebstack.codeplex.com/
- MVC Contrib 官方网站
  http://www.codeplex.com/MVCContrib
- MvcContrib Template Gallery
  http://mvccontribgallery.codeplex.com/
- ASP.NET MVC SiteMap provider
  https://github.com/maartenba/MvcSiteMapProvider
- ASP.net MVC Awesome - jQuery Ajax Helpers
  http://awesome.codeplex.com/
- Telerik Extensions for ASP.NET MVC
  http://telerikaspnetmvc.codeplex.com/
- ASP.NET MVC Scaffolding
  http://mvcscaffolding.codeplex.com/
- ASP.Net MVC Membership Starter Kit
  https://github.com/TroyGoode/MembershipStarterKit
- XCaptcha - CAPTCHA Images for ASP.NET MVC
  http://xcaptcha.codeplex.com/
- MvcExtensions
  http://mvcextensions.github.com/
- CommonLibrary.NET
  http://commonlibrarynet.codeplex.com/

1.4.3　开发工具与效率

正所谓“工欲善其事，必先利其器”，采用ASP.NET MVC最大的优点就是可以通过Visual Studio进行软件开发，尤其是Visual Studio 2012新增许多ASP.NET MVC的开发支持，绝对可以帮助你大幅提升开发效率。

在各家知名的MVC实作架构中，可以发现大多数会提供代码生成器工具，以协助快速构建MVC项目，当然ASP.NET MVC也不例外。除了通过强大的Visual Studio开发工具来快速构建Model对象(例如，LINQ to SQL、Entity Framework、Typed DataSet)以外，还能利用Visual Studio内建的T4工具与Scaffolding模板，快速创建Controller与View所需的代码。此外，通过自定义的T4代码生成器模板，也能快速地自动生成代码，进而达到快速开发之目的。

你可以试想一下，如果手上有一个500行的程序要写，是依据需求一行一行写出代码比较快？还是先通过代码生成器生成1 000行代码，然后再依需求删减或是更改到500行代码来得快？显而易见，当然是后者比较快，这是我们善用Visual Studio开发工具的最主要的目的，也就是提升开发效率。

1.4.4　易于测试的架构

一般开发Web环境最困难之处在于测试，通常网站开发完成之后，会先由开发人员自行测试，包括确认页面链接以及窗体功能是否正确，待确认没问题之后再给客户测试，若客户确认没问题即可上线。

然而，在网站上线一阵子之后，总会有人想要变更需求，以及修正程序或者新增功能，这时就很容易会衍生出新的软件错误(Bug)。有时，开发人员会因为一些无心之过，而造成网站中的其他功能异常(例如，修正购物车的Bug却导致无法正常下单)，在信息产业中可能时有耳闻，这种情况经常都必须等客户使用该功能时，才会发现有错误，等汇报给开发人员时，这些错误可能已经存在很久了。

ASP.NET MVC优先考虑“测试”的特性，让项目可通过各种测试框架(Test Framework)，例如，Visual Studio、Unit Test、NUnit等，轻易地实现测试导向开发流程(Test-Driven Development，TDD)到专案中。

1.4.5 易于分工的架构

由于关注点分离的特性，所以在项目开发的初期就能够进行分工，不用等到核心的函数库都完成后，才开始进行开发或集成。

仅这一点，就足以让我决心将所带领的软件开发团队，全部将技术转移到ASP.NET MVC开发框架，当前我所在的公司已经导入ASP.NET MVC超过三年时间，所有人都打心底认同ASP.NET MVC带来的价值，而我也坚信这样的投资与转变绝对是值得的。

1.5 总 结

对于ASP/ASP.NET开发人员来说，MVC或许是个新名词。微软长久以来致力于发展开发工具，希望能降低开发上的负担。但在发展的过程中，却造成开发人员过度依赖开发工具，反而降低了对于网络原理、面向对象、设计样式等基础知识的学习意愿，这并不是好的迹象。

因此，我鼓励开发人员能多接触各种不同的技术领域，甚至学习不只一种程序语言，除了能开阔视野外，也能够激发不少开发上的创意与乐趣。

M、V、C 之间必须有点黏又不能太黏，这一切会取决于“你”，但基于 MVC Pattern 的精神，建议应该适度调整你的 MVC 架构，最终目标就是开发出一套架构清晰，又易于维护的软件，永远不要忘记你采用 MVC Pattern 的初衷。

第 2 章　创建正确的开发观念

本章将介绍利用ASP.NET MVC进行网站开发时应有的观念，强大的工具若没有正确的观念支持，就像是给你一台马力强又省油的手排车，而你却不知道离合器该如何使用，也许在试了一段时间之后，觉得车子还是开不快，就提前放弃了一部好车。拥有正确的开发观念可以带给你正确的学习方向，且在未来ASP.NET MVC撰写的过程中更顺利。

2.1　关注点分离

在MVC的世界里，有个非常重要的观念，那就是“关注点分离(Separation of Concerns，SoC)”。

关注点分离的意思就是，当你在进行软件开发时，可以只关注于当前的对象上，一次仅关注于一个较容易理解与解决的部分，不要受到相同系统中其他对象的干扰，也包括对对象所做出的修正不会影响到其他对象的运作，能够专注于完成手边的工作，不但容易提升软件质量，也可加快程序代码理解的速度。

ASP.NET MVC拥有非常清楚的关注点分离架构，不但让你的ASP.NET MVC项目更容易维护，更能够让你的ASP.NET MVC项目应付各式各样的需求变更，进而加速项目开发与提高更好的客户满意度。

举个实际的案例来说：今天你接手到一个从未接触过的网站项目，该项目已经完成且在上线运作中。

当客户提到网站的“搜寻功能”必须改由AJAX的方式查询，如果你已经熟悉ASP.NET MVC架构的话，应该会很直觉地想到，要去更改View部分。

如果客户提到在“更新会员信息”页面中有个字段必须从原本的非必填字段，改成必填字段，这时，由于关系到商业逻辑的字段验证，你也会很自然地想到，要去更改Model里面的数据模型类别。

再者，如果客户希望当“联络我们”页面的窗体送出后，会“停留在原本窗体的页面”，现在想要更改成“重新导向到首页”，这时你应该也会很直觉地想到，只要更改Controller即可。

也就是通过这种“关注点分离”的特性，将网站项目中的每个部分，都能够彼此独立运作，又能彼此分工，让我们在维护项目的过程中，更容易查找要更改的代码段。

关注点分离的特性与优点如下。

- 简化复杂度

  若能将复杂的问题，拆解成数个容易解决的单元，并且让你一次仅关注于一个较容易理解的部分，如此，自然能够简化软件开发的复杂度。而简化复杂度意味着程序代码数量变少，相对的也降低了程序错误(Bugs)出现的机率。

- 可维护性大幅提升

  在ASP.NET MVC里，不仅区分Model、View、Controller三种关注点，若项目越来越大，复杂度越来越高的话，你还可以再切割成更多层次，只要关注点能够清楚地分离，降低对象之间的耦合关系，相对的你也就越容易掌握项目的各个环节，这样便能让项目更易于维护。

- 更容易测试

  由于单元测试是软件测试的最小单位，以往开发人员在ASP.NET Web Form架构下并不容易撰写单元测试程序，不过采用ASP.NET MVC框架进行开发时，却非常适合撰写单元测试程序，若项目能不断强化关注点分离的特性，将能够更有效率地实施单元测试。也因为这点，选择ASP.NET MVC架构的团队，更适合采用测试导向开发方法(TDD)来进行项目建置，提升程序代码质量。

2.2 以习惯替换配置

撰写程序时，必须规划各式各样的架构，例如命名规则定义、目录结构规划、三层式体系结构，等等。由于架构是由“人”打造的，每个人的经验、想法、喜好也都不太一样，因此，不同开发人员所规划出来的架构，也都会不太一样，所以每当程序代码换人接手维护时(例如，客户更换厂商、员工离职交接、网站重新改版等)，将整个架构“打掉重练”变成软件业界的常态，因为通常没有人会想要接手另一位开发人员所规划的架构或程序代码。

以习惯替换配置(Convention over Configuration)是一种软件设计模式，主要目的在于减少开发人员在架构时所决策的时间以及降低软件设计过于弹性，而导致太复杂的情况，通过约定俗成的“开发习惯”，让同一群开发人员得以共享同一套设计架构，减少思考时间，降低沟通成本，且不失软件开发的弹性。

ASP.NET MVC就是一个合理使用**以习惯替换配置**的开发框架，它将通过MVC设计模式常见的规则，切割成Model、View、Controller三个部分，而且明确定义开发人员必须按照特定的“习惯”来开发程序。

2.2.1 Controller

- 所有 Controller 类别习惯置于项目的 Controllers 目录下，如图 2-1 所示。

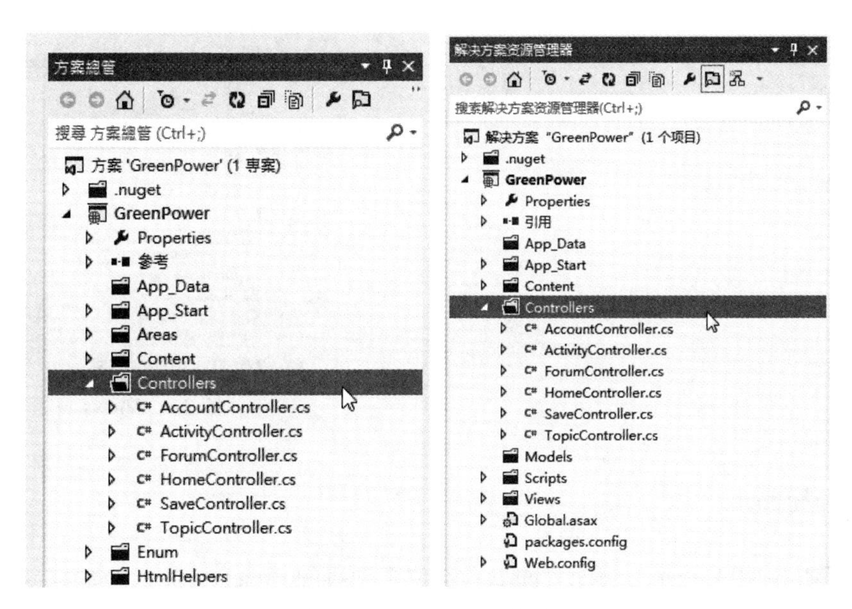

图 2-1　Controllers 目录

- Controller 类别名称必须以 Controller 结尾，且类别中所有的公开方法(public method)默认都是 Action 方法，如图 2-2 所示。

```
HomeController.cs    Guestbook.cs    dbo.Members [设计]
MvcGuestbook.Controllers.HomeController
using System;
using System.Collections.Generic;
using System.ComponentModel.DataAnnotations;
using System.Linq;
using System.Web;
using System.Web.Mvc;

namespace MvcGuestbook.Controllers
{
    public class HomeController : Controller
    {
        public ActionResult Index()
        {

            return View();
        }
```

图 2-2　Controller 类别名称必须以 Controller 结尾

2.2.2 View

所有View页面习惯配置的目录位置是在项目的Views目录的子目录里。Views目录下的第一层子目录名称必须是相对应的Controller名称，且View页面的文档名，必须以Controller里的Action名称来命名，而扩展名可以是aspx、ascx或cshtml，如图2-3所示。

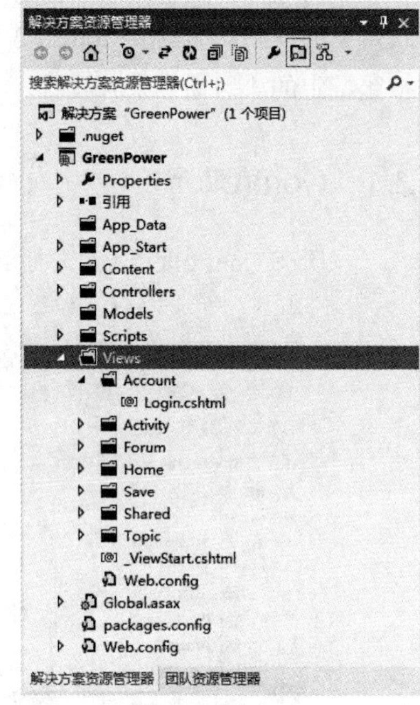

图 2-3　Views 目录

2.2.3 Model

所有Model相关类别习惯配置的目录都位于项目的Models目录下，如图2-4所示。

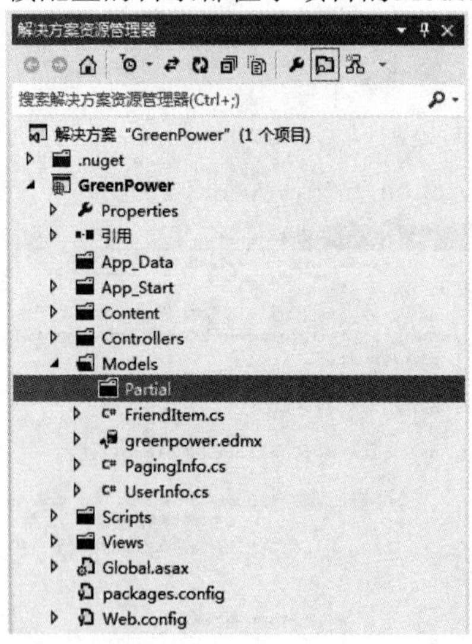

图 2-4　Models 目录

以上这些被规范的“习惯”是ASP.NET MVC架构的默认值，如果想要变更这个开发配置，还是可以通过各种方式进行调整或扩充的，在ASP.NET MVC架构下几乎没有不能变更的配置。

重点提示

在一个开发团队里，项目开始架构之前，定义出一套大家都能认同的习惯，是非常重要的。

2.3　开发 ASP.NET MVC 项目时的建议

初学者刚开始接触ASP.NET MVC时，很容易对ASP.NET MVC项目类型生成疑问，虽然ASP.NET MVC已经定义出许多默认的项目架构配置，但除了这些习惯必须养成以外，其实还有许多需要注意的开发观念，拥有正确的开发观念，将能有效降低开发过程带来的难度。

1．不要重复你自己

在面向对象编程的领域，好的软件设计不应该有太多重复的程序代码，所以**不要重复你自己(Don't Repeat Yourself，DRY)**是每一个开发人员都应该遵守的原则。

重点提示

由于 Don’t Repeat Yourself 这三个英文单字的缩写刚好是 DRY（干燥），所以，有时候会有人说：“让你的项目『干』一点”，就是指不要让项目有太多重复的程序代码。

在ASP.NET MVC之中也隐含地包括了DRY特性，通过Model、View、Controller明确地切割，让应用程序明确切割成三块，各自分工合作，并让MVC之间得以各司其职以避免重工，进而写出架构更清楚、程序代码更易于维护的软件。

除了通过Model、View、Controller明确地切割之外，事实上，ASP.NET MVC还能切割更多的层次，也都应该谨守DRY的原则，项目才会更易于维护。

2．没有完美的架构，只有适合的架构

学习设计模式与软件架构最困难的地方就在于“抉择”，因为在架构设计时往往会因为不同的需求、环境、限制、人力资源，而必须做出取舍(Trade-off)，因此，可以大胆地假设这个世界“没有最完美的架构，只有最合适的架构”。

ASP.NET MVC是个非常强大且弹性的开发框架，它提供一个基础框架给你，只要

妥善利用这个框架的特性，即便在完全不自定义的情况下，也可开发出非常具有弹性且易于维护的网站。

3．发挥“想像力”才能让开发更顺利

对不太熟悉ASP.NET MVC的人来说，很有可能会让ASP.NET MVC开发出来的网站难以维护，所以在架构时，必须经常思考还有没有改进的空间、对于之前写好的程序是否有重构(Refactoring)的机会等问题，有时必须发挥一些想像力，才能让开发过程更加顺利，如果团队中有人可以一起讨论，将有利于激发出更好的开发架构。

4．适合的设计模式有助于提升架构质量

在ASP.NET领域的开发人员大多非常依赖开发工具，以致于大部分又对“设计模式”着墨不深，但这对软件架构设计来说，很容易被局限住。而市面上提到“设计模式”的书籍多数以Java为主，似乎也很难得到.NET阵营开发人员的青睐，还好C#与Java两者程序语言非常相近(至少语法相似)，即使阅读Java相关程序时，也不会太吃力。重点仍在于必须了解设计模式的概念，而非程序代码！

每一个设计模式都是为了解决某种问题而设计的，所以，并非所有设计模式都用上就是好设计，而是当你了解这些设计模式后，在遇到特定的问题时，可以通过这些既有的设计模式来解决架构上的困难，进而提升架构质量。

5．切割你的脑袋，而且至少切成三份

采用ASP.NET MVC架构一个网站时，最好随时随地在脑袋中切割成三份(M、V、C)，这是一个最基本的切割单位，而且也是最容易切割的三个部分，如图2-5所示。

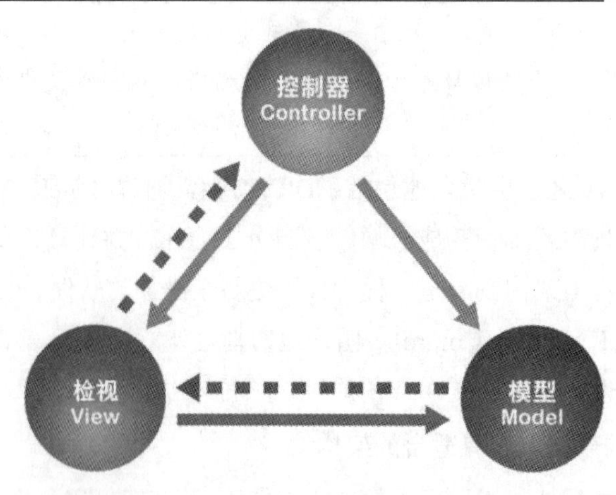

图 2-5　MVC 切割示意图

但是在实务上，通常不会这么简单，有时候我们会再多切割成好几块，例如，服务层(Service Level)、数据访问层(Data Access Layer)、数据仓储层(Repository Level)、辅助

工具层(Helper Level)等，依据实际开发的需求，可以设计出最适合你们团队的开发架构。

> **TIPS**
>
> 虽然切割多层次可以提高关注点分离的特性，但若项目架构不会太复杂的情况下，建议不用切割太多层次，否则因为切割了过多层次，而导致复杂度变高或影响开发速度的话，那就本末倒置了。

6．写程序、想架构，一定要有“感受”

谁说写程序、想架构是个“理性”的工作。身为架构师必须经常“感情用事”，要能融合过往的开发经验、不断吸收新知，以及收集各方需求与意见后，再发展出适合自己团队的架构，并统合出一个“较好”或“较坏”的感受。

当我带领一个团队时，经常会要求团队成员写程序一定要有自己的想法，而不要“照抄”或“复制粘贴”，为的就是培养写程序的感受。每一行程序代码、每一层架构都应该让自己有感受，如果能多与他人讨论自己的想法或架构，相信不用多少时间就能培养出自己的感受，对自己的程序与架构也会越来越有信心。

7．创建有责任感的物件

使用ASP.NET MVC开发网站不得不考虑“责任”这件事。因为通过基本的M、V、C三层切割已经定义出Model负责商业逻辑、View负责前端呈现、Controller负责流程控制等不同的权责，意即这三者之间必须彼此分工合作，并严守纪律不得逾越。

创建**有责任感**的对象可以有如下作用。

- 降低程序复杂度：当网站需求变更时，你可以依据清楚的权责分工很容易查找对的地方进行修正。
- 增加分工能力：通过架构规划，将一个大型网站切割成多个组件来开发，彼此之间通过界面(Interface) 定义沟通，这样一来就能够让项目加速完工。
- 让各组件得以抽象化，进而降低组件之间的耦合程度，也可以减少对象之间彼此的影响程度，对于规划大型架构都有非常好的帮助。

8．对象合作要有所规范

我们在开发较为复杂的Web应用程序时，实务上经常利用界面(Interface)降低类别与类别之间的耦合性，主要是先设计界面(Interface)再实作类别(Class)，而在Controller中撰写程序时，几乎都是以界面作为跟Model沟通的桥梁，通过这种开发方法主要有以下好处。

- 更容易进行测试。
- 有效取得 M、V、C 之间的关联，专注于界面而非实作细节。

- 更容易搭配IoC(Inversion of Control)或DI(Dependency Injection)容器，让对象的配置策略与生命周期的管理更加弹性。

9. 相信永远有更好的解决方法

虽然ASP.NET MVC有绝佳的弹性，但在开发时还是要能权衡得失，不要太随性地开发。不过，需求总是不断地变化，面对变化时就应该思考当前的架构、程序、对象分工是否合适，以及思考是否有更好的架构、更好的设计模式，并不定时进行重构，确保网站的架构处于最佳状态。

10. 没有人可以将软件一次写对

没有人可以将软件一次就写对，如同没有人可以将需求一次讲清楚一样，因为需求不断在变。所以，别想一次把程序写对！唯一能做的是保持架构的弹性与可维护性，保持软件的可测试性，让ASP.NET MVC项目能够应付各种改变，以确保软件的质量在一定的范围内。

好的软件是从多个高质量的代码段组成的，对于每次的需求变更都应该好好审视，本次变更到底对整个项目冲击有多大？如果你能够将每个程序都写好相对应的测试程序，那么也不用担心项目每次的变更所带来的冲击了，因为测试程序就是你最佳的后盾。

11. 不要为了改变而改变，改变是为了适应未来

想想十多年前ASP.NET刚上市的那段时间，许多ASP开发人员开始犹豫要不要转向到ASP.NET，过了几年，越来越多的人用ASP.NET开发技术了，我想，很多人应该都很清楚如果这时再不改变，很可能会被市场淘汰，因此被迫转向到ASP.NET开发领域。

对于热情的开发人员来说，他们经常拥抱改变。“改变”对他们来说只需要一个理由，而不需要人云亦云地随波逐流，或被时势所逼的自怨自艾，但毋庸置疑的，这段转换的过程必定辛苦。请想想你从ASP转向到ASP.NET的理由是什么？好用的开发工具？酷炫的高速开发展示？不用再写出意大利面式(指ASP的程序代码与HTML绑在一起)的程序代码？

我之前从PHP转到ASP.NET的过程很辛苦，但我很清楚并非只是为了改变而改变，目标支持我走过了改变的过程，当努力学会ASP.NET之后，才又重新查找之前写PHP时的自信，这过程大约花了一年左右的时间，之后便不断钻研博大精深的ASP.NET与.NET技术，并研究开发工具如何提升开发效率。

对于ASP与PHP两种语言的好与坏我都很了解，转换到ASP.NET Web Forms之后，其实在心中一直有些疑虑，那就是对ASP.NET Web Forms有种“易学难精”的感受，相信有很多初学者通过工具一下子就上手了，然后花好几年的时间不断地尝试错误，整体来说，软件质量很难进步，而且网站缺乏可测试性，也不容易多人协同开发。

我会投入ASP.NET MVC的开发领域，就是看见了许多在日常开发工作中遇到的困难，例如无法有效进行单元测试、网页版面不容易套版、缺乏关注点分离的开发架构等，这些都是ASP.NET MVC比以往ASP.NET Web Form的优越之处，当你有观念支持自己改变的时候，你就不会为了改变而苦了。

2.4　ASP.NET MVC 常见问题

这几年来，笔者除了自己写ASP.NET MVC项目外，也带过不少开发人员一起写ASP.NET MVC项目，除此之外，也从网络上得知不少初学者的问题，因此做个总的整理，希望能解决初学者学习ASP.NET MVC的种种疑惑。

1．仿佛又回到了ASP年代

ASP.NET MVC与ASP表面上感觉虽然很像，但是骨子里却截然不同，若深入了解ASP、ASP.NET Web Forms与ASP.NET MVC，就能感受到哪里不一样了。在ASP的世界里，并没有适当的模板引擎(Template Engine)可用，所以，所有的程序逻辑与视觉呈现都会混在一起，我们又称这种程序为“意大利面式”的写法。过多的程序代码反而难以维护，笔者曾经接手过一个由8 000个ASP程序开发而成的网站，维护起来真是累人。

到了ASP.NET Web Forms年代，开始有了Code Behind的概念，能有效分离程序代码与HTML，但是微软为了仿照Windows Form的开发方式，导入了ViewState与事件驱动模型(Event Model)，让网页开发如同Windows Form一般容易，而且可以通过Visual Studio视觉化开发工具与服务器控件等组件化技术，将HTML包装得非常简便实用，这是个伟大的改变，至少实现了许多开发人员能够快速开发网站的梦想。

但面临越来越复杂的Web需求，ASP.NET Web Forms也跟着变得异常复杂且难以维护，尤其是面临HTML微调时，更是ASP.NET Web Forms开发人员的梦魇，如果还拿不到控件的源代码，那才真是痛苦万分。再换句话说，新人要上手ASP.NET Web Forms非常容易，但写出来的程序代码无比恐怖，能写出一个页面的ViewState超过1MB的大有人在，由此可知，对ASP.NET页面生命周期不了解而衍生的Bug不知道有多少。

进入ASP.NET MVC纪元，很多人认为View的写法与ASP如出一辙，但View的角色已经被重新定义，在ASP.NET MVC的View里，不应该再有复杂的程序或商业逻辑，仅留下“视觉呈现”的部分而已，例如，HTML、JavaScript、数据呈现、窗体等，其余的全都交由Controller负责控制，由Model负责访问数据与验证数据格式，厘清彼此的责任后才能写出好的**关注点分离架构**，进而提升项目的可维护性。

2．与常规ASP.NET Web Forms开发有何不同

ASP.NET Web Forms历经了十年的演进，其组件化技术已经非常成熟，但利用Web Forms开发Web应用程序还是会遇到许多瓶颈与限制，几乎所有ASP.NET开发人员都会遇到这些恼人的问题，例如：

- 邪恶的 ViewState (用了像 GridView 这种超大控件就非常容易失控)。
- 控件组件对 HTML 的控制不够直观或太过复杂(也有人说：控件很难控制)。
- 不容易采用 **TDD**(Test-driven Development)测试导向开发模式开发，也不容易撰写**单元测试**。

许多ASP.NET开发人员对MVC设计模式非常陌生，而且ASP.NET MVC是近几年才正式推出的技术，一个又新又陌生的技术相信会让许多人望之却步，不过，还是希望各位能以理性的态度看待。以下是ASP.NET MVC的优缺点。

优点：

- 清楚的**关注点分离**(Separation of Concerns，SoC)强迫你写出比 Web Forms 更容易维护的程序。
- **开放特性**(完全开放源代码)。
- **社群支持**(当前国外社群非常活跃)。
- 可轻易地控制 HTTP 的输出属性(这点比 Web Forms 好太多太多了)。
- 优秀的开发效率(这也是一般人的疑虑，以下会有帮助)。
- 易于测试的架构。
- 易于分工的架构。

缺点：

- 相较于 Web Forms 来说，ASP.NET MVC 较缺乏工具支持。
- 开发人员必须面对 HTML、CSS 与 JavaScript 在 View 页面上的配置，不像使用 Web Forms 开发网站时，即使不懂 HTML、CSS、JavaScript 也能开发网站。
- 缺乏成熟的组件化技术支持(Server Control、HTML Helper)。

3．与ASP.NET Web Forms有何相同之处

有很多人并不了解原来ASP.NET Web Forms与ASP.NET MVC其实是共享同一套ASP.NET基础框架，这也意味着这两套开发框架的底层技术是一样的，两者之间的共同特性是这两个技术都实作IHttpHandler来处理网页，像ASP.NET Web Forms的所有页面就是继承Page类别实作出来的(Page类别有实作IHttpHandler界面)，而ASP.NET MVC用的是MvcHandler类别(MvcHandler类别有实作IHttpHandler界面)。

如果我们从程序代码来看，默认ASP.NET Web Forms的Code Behind都会继承

System.Web.UI.Page类别，如图2-6所示。

```
public partial class WebForm1 : System.Web.UI.Page
{
    protected void Page_Load(object sender, EventArgs e)
    {

    }
}
```

图 2-6　继承 System.Web.UI.Page 类别

如果我们用知名的Reflector工具来看Page类别的源代码，就会知道Page的确操作了IHttpHandler界面，所以ASP.NET Web Forms的每一页都是一个HttpHandler，如图2-7所示。

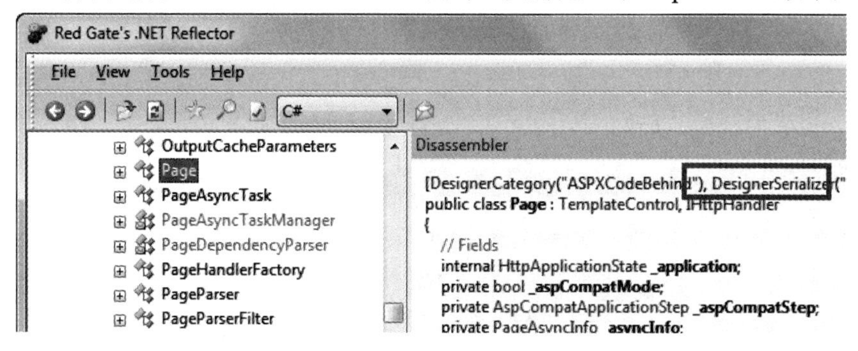

图 2-7　Page 操作 IHttpHandler 界面

在ASP.NET MVC里，所有HTTP的要求，最后都会导向到MvcHandler类别来处理，我们通过Reflector看一下 Page 类别的定义，的确也有实作IHttpHandler界面，如图2-8所示。

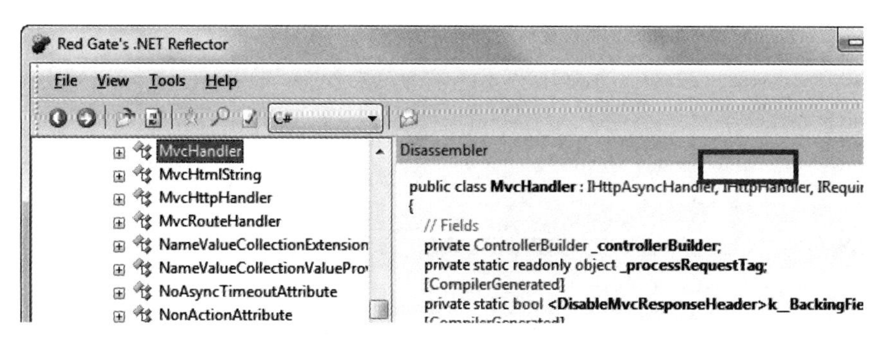

图 2-8　MvcHandler 操作 IHttpHandler 界面

虽然ASP.NET MVC也都是通过MvcHandler类别来运行，但这并不像ASP.NET Web Forms每一页都有Page类别，所以不容易得知其实是使用MvcHandler来运作的，假若先在ASP.NET MVC项目的Controller程序代码里设置断点，如图2-9所示。

```
HomeController.cs
MvcApplication1.Controllers.HomeController
 1  using System;
 2  using System.Collections.Generic;
 3  using System.Linq;
 4  using System.Web;
 5  using System.Web.Mvc;
 6
 7  namespace MvcApplication1.Controllers
 8  {
 9      public class HomeController : Controller
10      {
11          public ActionResult Index()
12          {
13              ViewBag.Message = "修改此模板以快速启动你的 ASP.NET MVC 应用程序。";
14
15              return View();
16          }
17
```

图 2-9　先在 HomeController.cs 类别的 Index()方法设置一个断点

进入调试模式并发生中断时，可以通过“调用堆栈”窗格，就能得知整个ASP.NET MVC完整的运行过程，如图2-10所示。

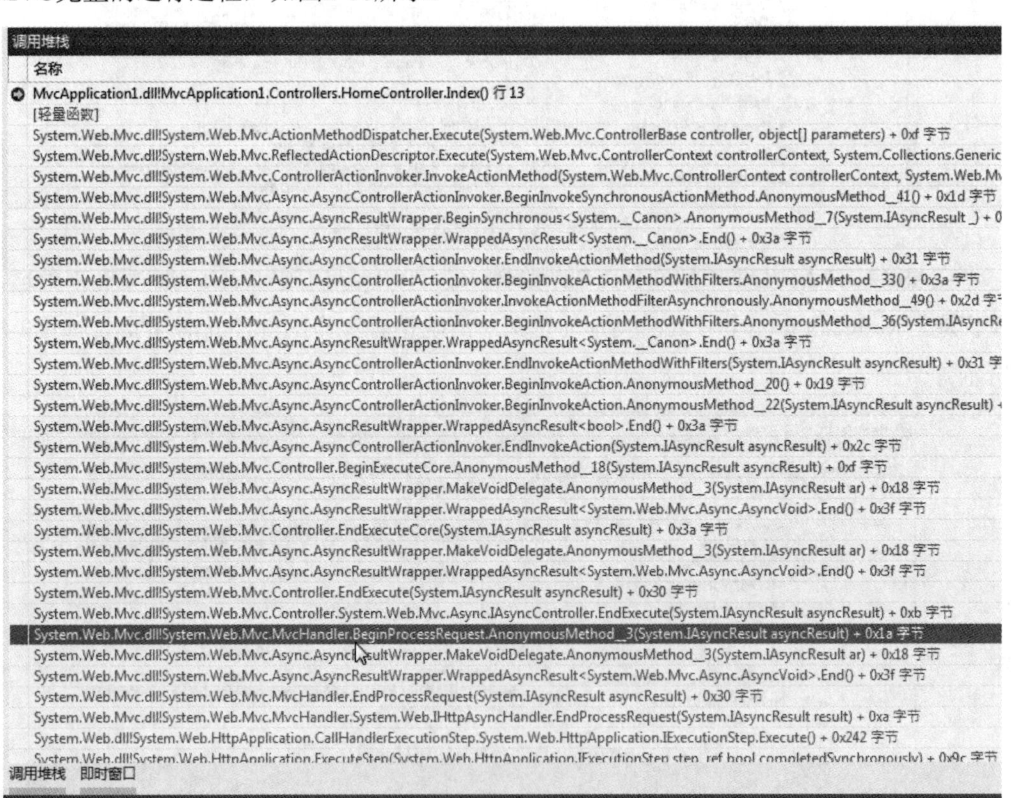

图 2-10　ASP.NET MVC 的运行过程会经过 MvcHandler 这一段

4．微软现在有许多各式Web开发技术，也都来自于ASP.NET基础架构吗

是的，以微软当前最新的Web开发技术(Microsoft Web Stack)来说，你可以发现图2-11中，所有最上层的各式开发技术，如ASP.NET Web Form、ASP.NET MVC、

ASP.NET Web Pages、ASP.NET Web API等，全都来自最底层的ASP.NET基础架构，图中的Sites(网站类)与Services(服务类)只是一个逻辑上的分类而已。

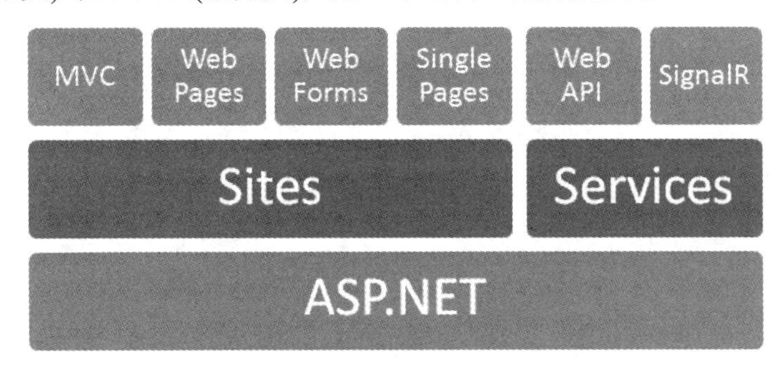

图 2-11　微软当前最新的 Web 开发技术(Microsoft Web Stack)

5.必须舍弃常规ASP.NET Web Forms的哪些东西

通过以上所述，得知ASP.NET Web Forms与ASP.NET MVC一样，都依赖ASP.NET基础架构所提供的功能，虽然ASP.NET MVC也用到部分ASP.NET页面框架的技术，但并不多，在ASP.NET MVC不能使用的技术如下。

- ViewState。
- ASP.NET 页面追踪机制(Page Trace)。
- ASP.NET 事件驱动模型(Event Model)。
- 服务器控件(Server Control)。大部分不能用，但没用到 ViewState 的还是能用来作为显示用途。
- Default SiteMap Provider。

除此之外，ASP.NET开发人员当前学会的ASP.NET技术都可以继续使用，无论是开发观念与撰写方法都完全没改变！例如，ASP.NET应用程序生命周期(Application Life Cycle)，ASP.NET提供者模型(Provider Model)如Membership、Profile、SiteMap、Web Caching、Session、Authentication等，简易的功能对照如表2-1所示。

表 2-1　ASP.NET MVC 与 ASP.NET Web Forms 简易的功能对照

支持功能	ASP.NET Web Forms	ASP.NET MVC 1.0~4.0
ViewState	✓	×
ASP.NET 页面追踪机制(Page Trace)		⊠
ASP.NET 事件驱动模型(Event Model)		×
服务器控件(Server Control)		部分支持
System.Web.SiteMapProvider 类别		×

续表

支持功能	ASP.NET Web Forms	ASP.NET MVC 1.0~4.0
ASP.NET Provider Model		
System.Web.Caching 命名空间		
System.Web.SessionState 命名空间		
System.Web.Security 命名空间		
Profile, Membership, SiteMap		
其他 System.Web.* 功能		

6．是否可以与ASP.NET Web Forms混合在同一个项目里使用

可以。由于这两个开发框架都是实作IHttpHandler界面所开发出来的，差别仅在于ASP.NET Web Forms的每个页面都会对应到网站主机的实体路径，而ASP.NET MVC则是通过网址路由(Routing)决定要运行哪个Controller与Action，所以只要网址不冲突，基本上这两种开发框架的类别与文档是可以放置在同一个项目中，而且是完全不会互相打架的。

重点提示

若是以 ASP.NET MVC 项目模板开发出的网站，要和 ASP.NET Web Form 混合在同一个项目下通常不会有问题，但在实务上，如果 ASP.NET MVC 开发人员将网址路由(Routing)的规则设置错误，确实也会导致一些奇怪的状况，例如，特定 ASP.NET Web Form 无法开启，或是无法读取网站特定目录下的静态文档等。

7．ASP.NET MVC速度是否比ASP.NET Web Forms慢

关于“速度”可以从以下几个层面来详述。

- **开发速度 / 开发效率**：由于 ASP.NET MVC 是新技术，刚开始使用的开发速度一定比你熟悉的 Web Forms 慢，但在学习一段时间后，则会发现在 Visual Studio 2012 工具的辅助之下，其开发速度绝对不亚于 ASP.NET Web Forms 开发网站的速度，而且整体来说，ASP.NET MVC 的可维护性会更好。
- **运行速度**：ASP.NET Web Forms 的庞大页面框架所耗用的 CPU 指令集绝对比 ASP.NET MVC 要多出很多，如果单就这点来看，ASP.NET MVC 绝对胜出！不过，事事无绝对，优秀的 ASP.NET Web Forms 开发人员写出来的程序，仍有可能比资历浅的 ASP.NET MVC 开发人员写的程序来得快！

8．M、V、C真的可以各自独立开发吗？是否会有所限制

可以，但没那么绝对！**完全独立开发**虽然可行，但你如果真的这么做就会束手束脚的，而且会失去工具的支持。这里的“完全独立开发”是指项目一开始就让M、V、C独立开发，其实没什么必要性，但是可行。M、V、C的关系是既分工又合作，彼此之间必须在有点黏又不能太黏的情况下才能发挥其优势。

以笔者的实务开发经验来说，觉得M(Model)是MVC架构的中心，有了Model之后，就可以让Controller与View参考这些Model (模型)，先定义出所有计划开发的Controller与Action，然后再创建所有Action对应的View (无属性的View)，之后就可以将不同单元的Controller与View分工开发，最后再进行集成即可，这是我认为最有效率的开发方法。

9．现有的ASP.NET Web Forms项目是否可以逐步转移至ASP.NET MVC专案

严格一点来说：没办法，必须重新来过、打掉重练！

宽松一点来说是可以的。如果你的ASP.NET Web Forms项目已经区分两层或三层式体系结构，可以将现有项目信息访问层(Data Access Layer，DAL)当成ASP.NET MVC的Model来使用，再依据现有网站架构重新规划Controller、Action与网址结构，最后将现有网站的功能改写至Controller或View。但请记得MVC的几个基本原则，例如，关注点分离、以习惯替换配置、不要重复你自己(DRY)，以及其他本章前面提及的一些观念。

10．ASP.NET MVC是否能让开发人员和网页设计师完美分工

对于负责处理View的开发人员来说，HTML、CSS、JavaScript算是开发ASP.NET MVC时的必备技能，使用ASP.NET MVC已经不能再像ASP.NET Web Form的时候，可以完全不懂HTML、CSS也能开发出Web应用程序，除此之外，如果开发人员也能熟悉JavaScript或jQuery的话，对于开发出一些交互网页将会有很大的帮助。

对于基本的网页版型设计、版面配置、HTML撰写、CSS规划等工作，我还是建议让专业的网页设计师来负责，让开发人员调整网页版面其实是很没效率的，如果网页设计师的逻辑不错的话，倒是可以参与View的开发，这并非不可能，因为ASP.NET MVC的View在开发时，有个基本原则就是要“够笨”，不要将复杂的商业逻辑与程序控制写在View里面，对于View的详细开发技术请参见“第7章　View数据呈现相关技术”帮助。

请记得本章稍早提到的“没有完美的架构、只有适合的架构”原则，笔者有很多网页设计师朋友，不但会自行设计网页、规划CSS样式、规划HTML信息结构，有些还会自行撰写一些简单的jQuery交互程序，更厉害的还有设计师知道如何规划MasterPage、Page与UserControl等，真的想要完美一点，还可以教会他使用Visual Studio开发工具，以及直接撰写ASP.NET MVC的View页面与基本的C#程序控制逻辑(if、for、foreach、 while等)，这些如果都学会的话，你是不是觉得很完美了呢？但再学下去，他可能会忘记如何做网页设计，转行做开发人员了！当然，这也不是件坏事啦。

11. 从其他程序语言/开发平台转向接触ASP.NET，何种情况需要导入ASP.NET MVC

如果是ASP.NET的新手，建议你还是可以学习Web Forms，因为市面上谈论Web Forms的书籍非常多，只是ViewState、页面事件模型与控件这些主题在ASP.NET MVC里不会用到，但此外的技术在ASP.NET MVC都用得上，所以不失为一种学习路径。

对一个从其他语言，如Ruby、PHP、ASP、Python，转移接触ASP.NET的开发人员来说，ASP.NET MVC是最好的选择，因为不需要像笔者一样忍受PHP转ASP.NET Web Forms残酷的阵痛期，因为开发模式真的差很多。

如果你学过其他语言的MVC架构(例如PHP的CakePHP)，在学习ASP.NET MVC时更能得心应手，只要将一些基本的.NET开发技能学得扎实一点，比如C# (或VB.NET)、.NET基础、Visual Studio开发工具、IIS等。其他必备的技能还有HTML、CSS、JavaScript、jQuery、HTTP、JSON等，虽然看起来很多，但是学习Web技术就必须要懂这些东西才能走得长久，即便是学习ASP.NET Web Forms也是如此。

12. MVC架构真的适用网页开发吗

笔者自己的经验是“非常适合”，MVC是一种设计模式(Design Pattern)，不仅仅可用在Web领域，还有很多其他领域都适合用MVC来开发。ASP.NET MVC是为了Web应用程序开发所设计的MVC框架，至于是否适合，就必须要等你实际动手写、动脑想、跌几次跤就会有深刻的体会了。

13. ASP.NET Web Forms会被ASP.NET MVC替换吗

综观来看，先回头想想之前ASP转ASP.NET的时代，至今已经十余年，你觉得ASP被替换了吗？并没有！还是有许多网站依然是用ASP开发而成，而且还运作得不错，所以讲“替换”是不切实际的。

由于ASP.NET Web Forms与ASP.NET MVC虽然在开发架构上有很大的不同，但彼此共享的技术非常多，例如，ASP.NET应用程序生命周期(Application Life Cycle)、ASP.NET提供者模型(Provider Model)，如Membership、Profile、SiteMap、Web Caching、Session、Authentication等。因此，两者平行存在的时间可能会比ASP与ASP.NET平行存在的时间还更久，不过这只是“综观来看”。

微观来看，一家公司如果决心转向ASP.NET，应该也会陆续摆脱ASP的牵连吧?长久来看，同时维持多项不兼容的技术成本很高，所以，一开始也许会两者并行，最后还是会彻底摆脱旧技术。相对来说，如果你的公司决心将技术领域从ASP.NET Web Forms

转向ASP.NET MVC，但你不愿意转型的话，那么你在这家公司的价值也会不断降低，因为两者开发模式差别甚大，在同一家公司或同一个开发团队中，长时间维持两种完全不同的开发模式不太明智，也许短时间内必须维护旧有系统一段时间，但时日一久，必定集成为全新的开发模式，但此前提是“如果一家公司决心将技术领域转向ASP.NET MVC开发框架”。

如果已经将现有ASP.NET Web Forms程序悉数转移至ASP.NET MVC，也真没有将这两个开发框架并存的必要性，况且将开发框架从ASP.NET Web Forms转到ASP.NET MVC的过程是不可逆的，也就是当你爱上了ASP.NET MVC，就不会再想着用ASP.NET Web Forms来开发Web应用程序，那种魅力与实际获得的效益是不言而喻的。

如果要用一句话简单响应这个问题，那就是：“老兵不死，只是逐渐凋零”。

14．ASP.NET MVC的除错方式是否与ASP.NET Web Forms有所不同

在Visual Studio开发工具里，你原本就熟悉的断点设置、查看监视器、查看调用堆栈等，基本的开发技巧都没有改变。

但如果你的网站部署到正式主机时，需要获得一些追踪信息的话，就有些许不同了。由于ASP.NET MVC不使用ASP.NET Web Forms的ASP.NET Page Handler处理网页，所以内建的ASP.NET追踪(ASP.NET Tracing)机制无法使用，必须采用NET标准的追踪机制，请参考Trace类别与Debug类别等相关信息。

2.5　总　结

本章讲解的是一些开发观念，对于.NET初学者来说可能会有点艰深难懂，不过当你越来越资深的时候，不妨回头看看本章的内容，相信会有不同的感悟。

读书笔记

第3章　新手上路初体验

本章将介绍如何利用Visual Studio 2012开始一个ASP.NET MVC 4专案，让读者亲身体验ASP.NET MVC在进行实务开发时的完整过程，相信有一点程序功力的人，都能在这一章得到一些启发。

3.1　认识Visual Studio 2012开发工具

要能发挥ASP.NET MVC开发架构的强大威力，绝对不能小看开发工具的重要性，因此，熟悉Visual Studio 2012开发环境将对未来开发ASP.NET MVC项目有着举足轻重的影响，以下将简短介绍几个常用的功能与工具窗格。

1．“解决方案资源管理器”窗格

在Visual Studio里，所有项目与程序文档都统一会在解决方案资源管理器(Solution Explorer)中进行管理，包括：管理方案目录、管理项目结构、项目属性设置、文件属性设置、添加引用、文档管理、运行自定义动作等，如图3-1所示。

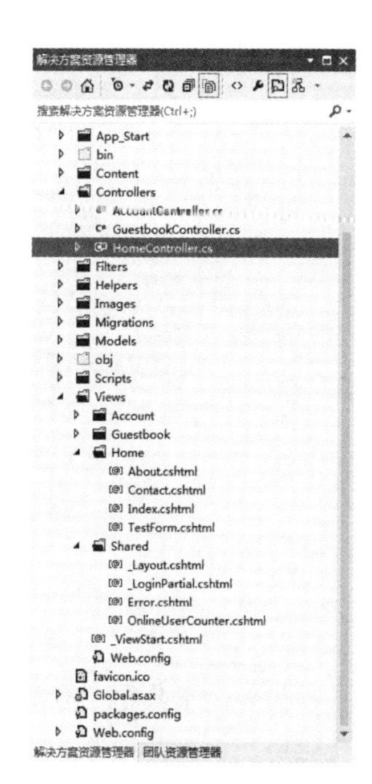

图3-1　解决方案资源管理器

2. “服务器资源管理器”窗格

所有与服务器相关的数据都可以统一在服务器资源管理器(Server Explorer)中管理，例如，SQL Server数据库管理、Oracle数据库管理、SharePoint连接管理等，如图3-2所示。本书之后的演示也都会利用这些服务器资源管理器进行数据表的创建与编辑。

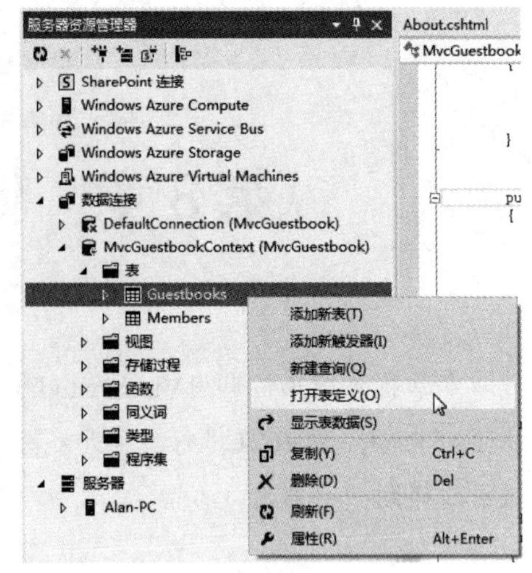

图 3-2　服务器资源管理器

3. “工具箱”窗格

在ASP.NET MVC的世界里，虽然很少会有机会用到工具箱(Toolbox)项目，如图3-3所示，但你还是可以在设计View页面时使用工具箱里的HTML片段。若在开发ASP.NET MVC与ASP.NET Web Forms混合的网站时，工具箱上的各式服务器控件还是可以使用的。

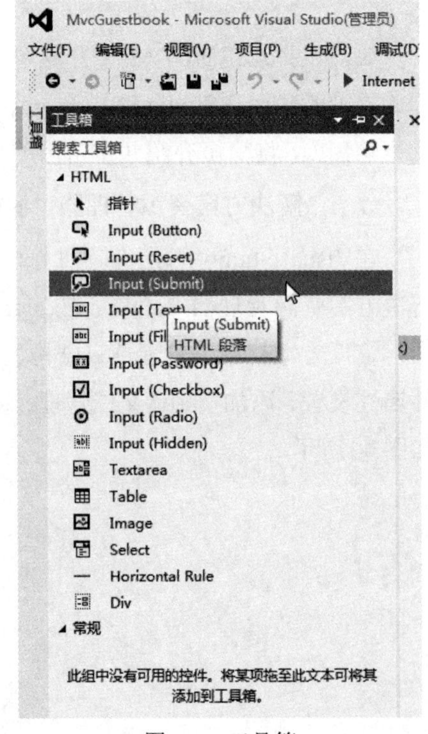

图 3-3　工具箱

另外，工具箱还能拿来当作基本的代码段(Code Snippet)书签使用，可以将常用的代码段选定后，拖曳至该区域即可保存，如图3-4所示。

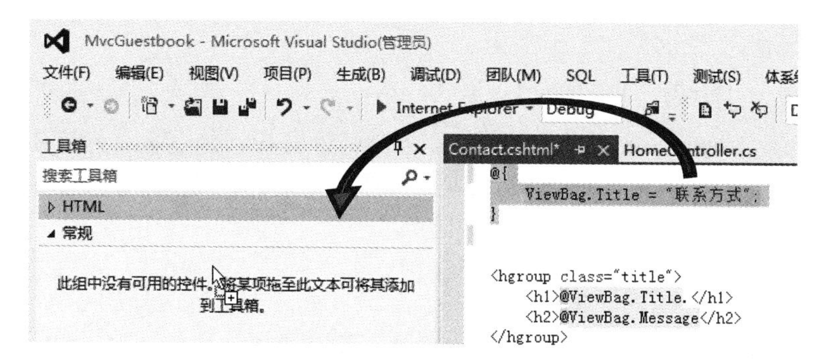

图 3-4　选定程序代码拖曳至工具箱即可保存

当把程序代码拖曳进工具箱后，默认会以程序代码的前几个字符当作代码段的名称，你可以在Visual Studio 2012中重新命名此项目，如图3-5所示。

重命名后就显得清楚多了，如图3-6所示。

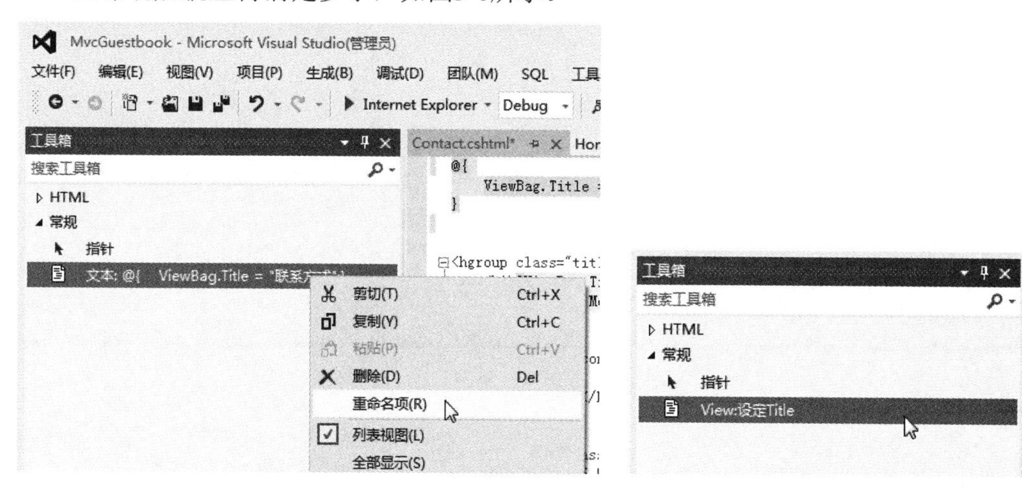

图 3-5　在工具箱内重新命名代码段名称　　图 3-6　在工具箱内重新命名后的示意图

4．“错误列表”窗格

在Visual Studio 2012的组建(Build)过程中如果发生错误，开发人员会在第一时间看到“错误列表”窗格(Error List)，如图3-7所示。

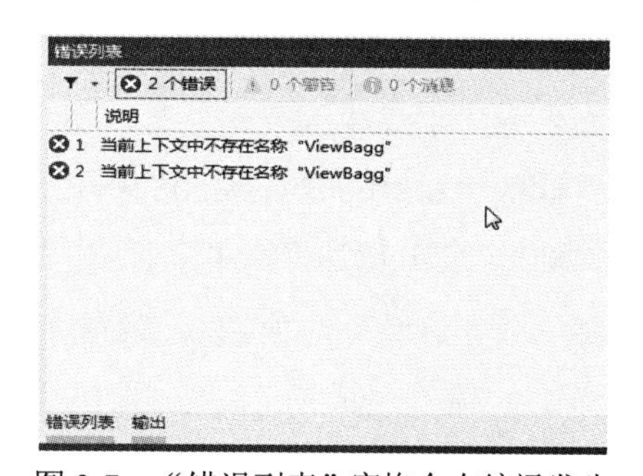

图 3-7　“错误列表”窗格会在编译发生错误时自动开启

在错误列表窗格当中会有各种错误消息、警告消息或信息消息等。

- 错误消息：显示该项目有无法正确运行或编译的错误。
- 警告消息：显示该项目程序代码有一些警告的信息，建议开发人员应该养成阅读这些消息的习惯。

- 信息消息：提供一些参考用的信息，通常不会对项目造成什么影响。

当你想进一步查阅该项目的相关原始码时，还可以在错误项目上直接用鼠标双击(Double Click)，Visual Studio就会立刻开启该项目标文件，并直接将光标停留在发生错误的地方。

5. “输出”窗格

Visual Studio内建的输出(Output)窗格包含开发时期与运行时期的各种消息，若你在组建项目时发生任何错误，除了错误列表窗格显示的摘要错误消息外，还可以切换到输出窗格来查看更多有用的参考信息，查看到底为什么会发生错误，甚至可以查出编译程序在运行时所使用的指令与参数，如图3-8所示。

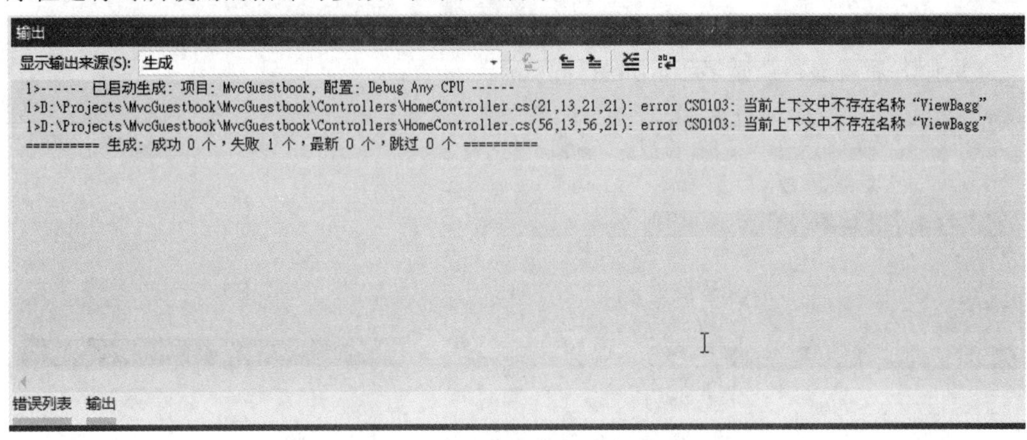

图 3-8　输出窗格可查看编译过程中的各种消息

如果在编译网站时发生不容易理解的错误，你也可以选择“工具”→“选项”菜单命令，在打开的“选项”对话框中的左侧列表框中展开“项目和解决方案”→“生成并运行”分类，在右侧的“MSBuild项目生成输出详细信息”下拉列表框中选择“详细”或“诊断”选项，以得到更详细的项目生成消息，如图3-9所示。

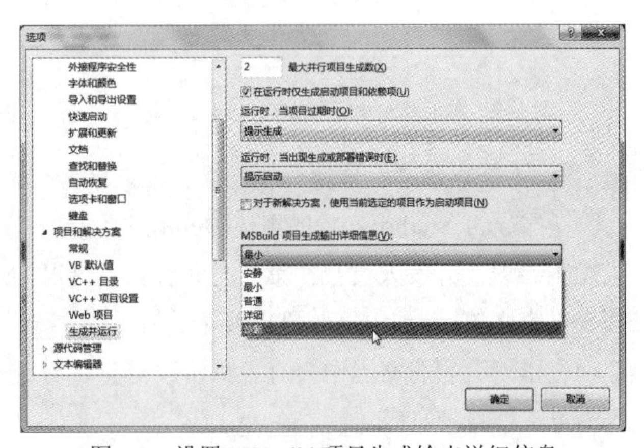

图 3-9　设置 MSBuild 项目生成输出详细信息

除此之外，在开发.NET应用程序时，也可以多加利用System.Diagnostics命名空间，将自定义的排错消息输出到此窗口，以利分析网站运作过程中不易发现的细节。

6. “任务列表”窗格

在开发应用程序的过程中，免不了要撰写一些批注。批注除了用来描述程序代码的细节外，还有“提醒”功能，以图3-10为例，我经常看到有人将“代办事项”的批注写在程序中，不过由于所有项目的程序代码加总起来多达上万行，当批注写了一段时间之后，也许连自己都忘记有这段批注的存在，如果日后将测试用的程序代码部署到生产环境(Production Environment)那就不好了。

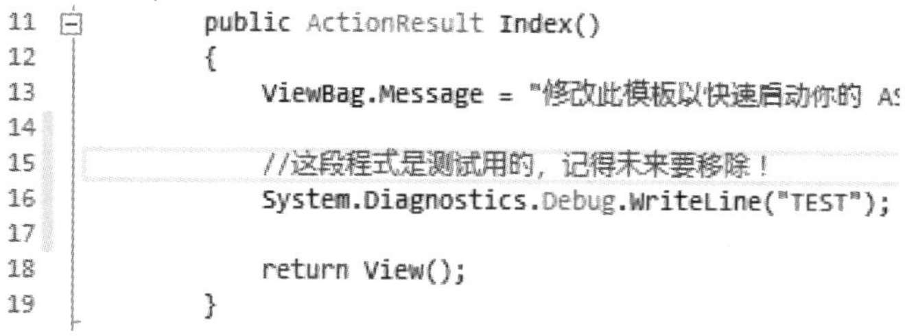

```
11        public ActionResult Index()
12        {
13            ViewBag.Message = "修改此模板以快速启动你的 A
14
15            //这段程式是测试用的，记得未来要移除！
16            System.Diagnostics.Debug.WriteLine("TEST");
17
18            return View();
19        }
```

图 3-10　在程序代码中添加批注项目

事实上，在Visual Studio 2012里支持一种特殊的批注格式，只要将批注文字最前面加上“TODO”字样，这行批注就会自动出现在Visual Studio 2012的任务列表窗格中，如图3-11所示。

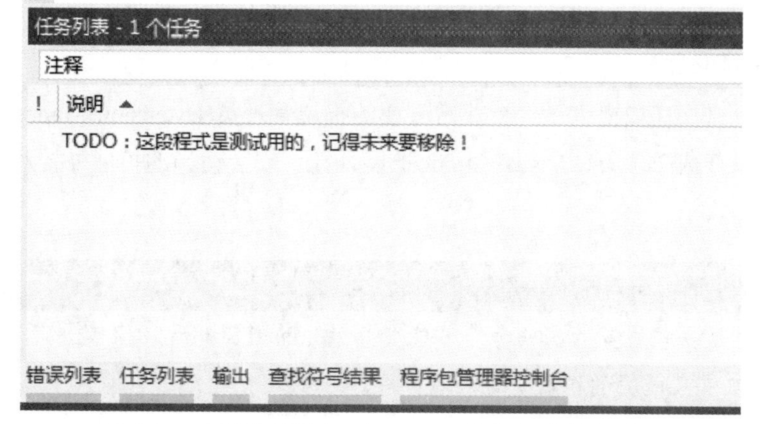

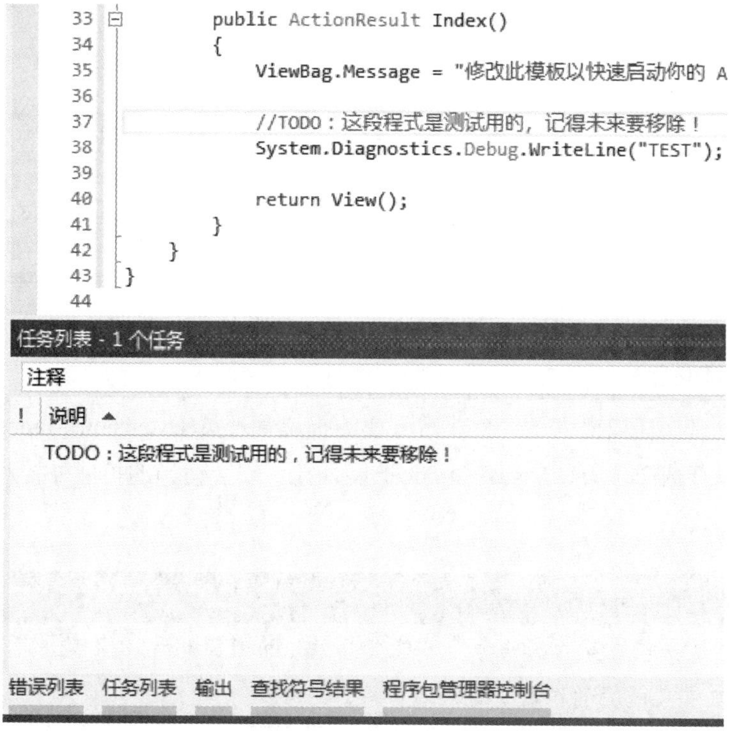

图 3-11　在程序代码中添加 TODO(代办事项)批注项目

7．代码段管理器

经常开发程序的人一定不会忘记代码段(Code Snippets)这个好用的工具，在Visual Studio 2012里支持的代码段包括CSS、HTML、JavaScript、T-SQL、Visual Basic、Visual C#、Visual C++、XML等程序语言，让你在编辑窗口中编写程序代码时，大幅提升速度。

Visual Studio 2012提供代码段管理器(Code Snippets Manager)，方便管理Visual Studio 2012里所有的代码段，除了能管理内建的代码段外，还可以管理自定义的代码段，如图3-12所示。

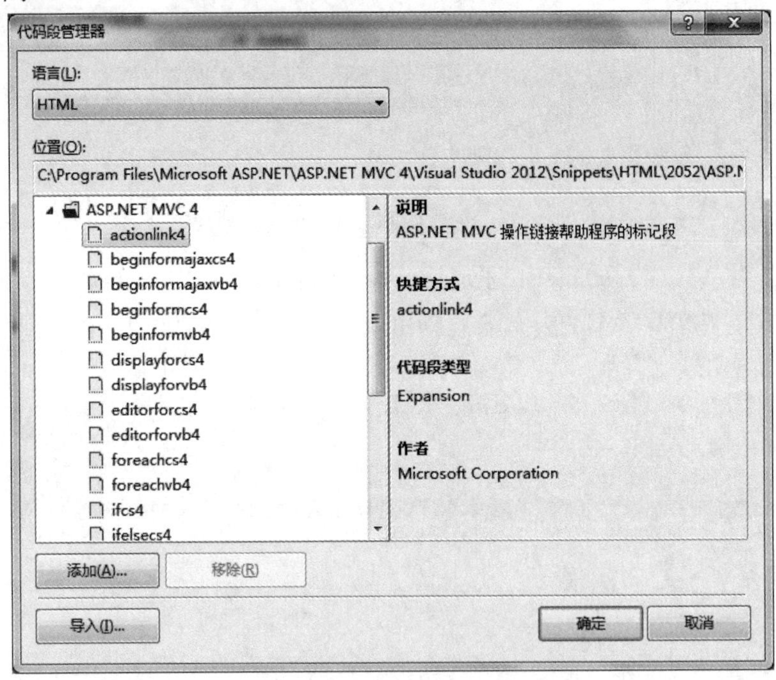

图 3-12　代码段管理器

8．扩展和更新

Visual Studio 2012提供了一个非常方便的扩展管理员(Extension Manager)工具，让你随时可以下载成千上万的Visual Studio扩展外挂。安装适当的扩展外挂对日常的开发工作帮助非常大。

> **TIPS**
>
> 有时候安装过多的扩展套件可能会导致Visual Studio 2012变得不稳定、经常当掉，因此建议安装适用的扩展套件即可。

如果要开启扩展管理员，可以选择“工具”→“扩展和更新”菜单命令，如图3-13所示。

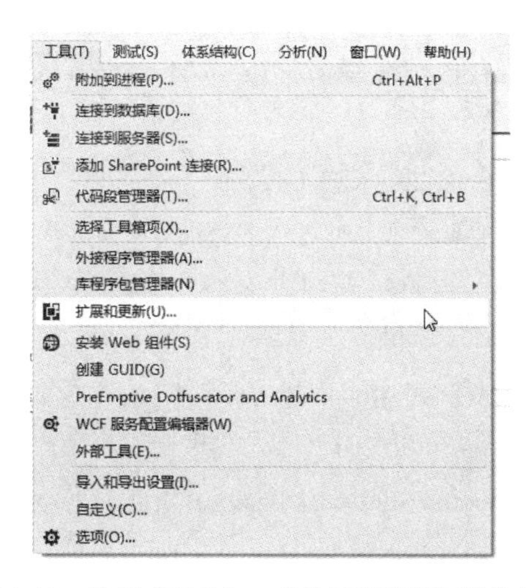

图 3-13　选择“工具”→“扩展和更新”菜单命令

打开如图3-14所示的“扩展和更新”对话框，该对话框左侧区分三个大项目，分别如下。

- 已安装：所有已安装在 Visual Studio 2012 的扩展套件都会列在这里。
- 联机：这里将会列出所有登录在 Visual Studio Gallery 中的扩展套件，你也可以在对话框右上角输入关键词搜寻那些已知的扩展套件。
- 更新：那些已经安装在 Visual Studio 2012 的扩展套件若作者有发布更新到 Visual Studio Gallery 网站，就会自动列在这里。如果没有自动更新这些套件，Visual Studio 2012 还会主动提示你有更新发布。

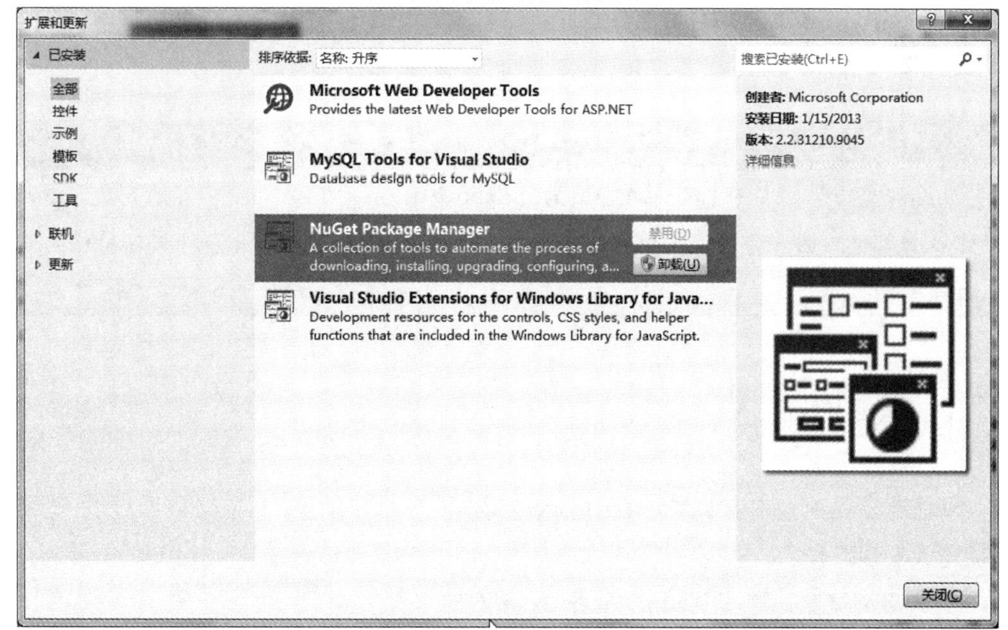

图 3-14　扩展和更新

NOTES

对 ASP.NET MVC 开发人员来说，笔者建议安装以下扩展套件。

- NuGet Package Manager: 套件管理员，用来管理 Visual Studio 2012 项目里用到的各种开发工具包。
- Web Essentials 2012: 提供 Web 开发人员非常多好用的小工具，可大幅提升 HTML、CSS、JavaScript 开发效率。
- VSCommands for Visual Studio 2012: 超过百万人下载安装的 VSCommands 补足了许多 Visual Studio 2012 开发工具的不足之处。
- Sample Browser Visual Studio Extension: 演示程序浏览器，可在 Visual Studio 2012 中搜寻 MSDN Code Gallery 网站上所有的演示原始码，至今演示项目已超过 3500 个。

3.2 介绍 NuGet 套件管理员

NuGet套件管理员(NuGet Package Manager)与Visual Studio 2012的扩展管理员(Extension Manager)最大的差异之处就在于扩充的地方不一样。扩展管理员扩充的是Visual Studio 2012的功能，提升开发环境的方便性与功能；而NuGet套件管理员则是用来扩充“项目”里的可被使用的套件，例如，jQuery、jQuery UI、NLog、Json.NET、Entity Framework、ELMAH等都是套件，而且这些套件会被安装在特定项目中。(注：在Visual Studio 2012中一个方案包含多个项目)

TIPS

NuGet 套件管理员在你安装好 Visual Studio 2012 之后默认就会被安装完成，因此当你第一次使用时，建议先通过扩展管理员更新此套件，让 NuGet 套件管理员维持在最新版本的状态。

3.2.1 遭遇问题

以往若要在项目中安装最新版的jQuery到你的项目目录里，可能必须经过以下步骤才能完成安装操作。

(1)开启浏览器，连接到http://jquery.com/网站。

(2)下载jQuery源代码并保存到暂存目录里。

(3)通过资源管理器将下载的js文档拖曳到Visual Studio 2012的项目中。

如果要手动安装ELMAH套件，那就更麻烦了，操作步骤如下。

(1)开启浏览器，连接到 http://code.google.com/p/elmah/网站。

(2)下载正确的ELMAH压缩文件(因为官网上有好几种版本)。

(3)修正Visual Studio 2012里的项目，新增加入参考，将正确的DLL组件参考进项目。

(4)调整web.config设置，新增<configSections>设置、新增<elmah>区段、新增IIS6的<httpModules>区段、新增IIS6的<httpHandlers>区段、新增IIS7的<modules>区段、新增IIS7的<handlers>区段与其他设置。

可以想象，在一个项目中如果安装过很多套件，仅是安装的时间就不知道要花多少去做这些烦琐的工作。除此之外，还有当套件发布更新的时候，也必须费时费力地完成所有下载、安装、设置等工作。

3.2.2　使用方法

还好有NuGet套件管理员的存在，它帮我们解决了许多以上套件管理的问题。在NuGet套件管理员的协助下，你可以通过Visual Studio 2012方便地安装与卸载套件。更厉害的是，当套件推出更新版本时，也可以通过NuGet套件管理员自动更新套件，替开发人员节约了许时间。

所谓的套件，包含一些目录、文档或一些web.config的设置值，在通过NuGet安装套件的过程中不仅仅只把目录创建、把文档复制进去而已，甚至还会帮你将组件新增加入参考，以及通过PowerShell命令帮你自动设置调整web.config的属性。

图 3-15　管理 NuGet 程序包

如果你要安装Json.NET套件到Visual Studio 2012项目中，可以在项目的“引用”目录上单击鼠标右键，在弹出的快捷菜单中选择“管理NuGet程序包”命令，如图3-15所示。

打开“管理NuGet程序包”对话框，其中对话框左侧区分三个大项目，分别如下。

- 已安装的包：所有已安装在此项目中的 NuGet 套件都会列在这里。
- 联机：这里将会列出所有登录在 NuGet Gallery 的 NuGet 套件，你也可以在对话框右上角输入关键词搜寻那些已知的 NuGet 套件。

- 更新：NuGet Gallery 网站上的 NuGet 套件作者若发布更新，就会自动列在这里提示你更新。

如图3-16所示，是当我们选择“联机”类别，并准备安装Json.NET套件的画面。

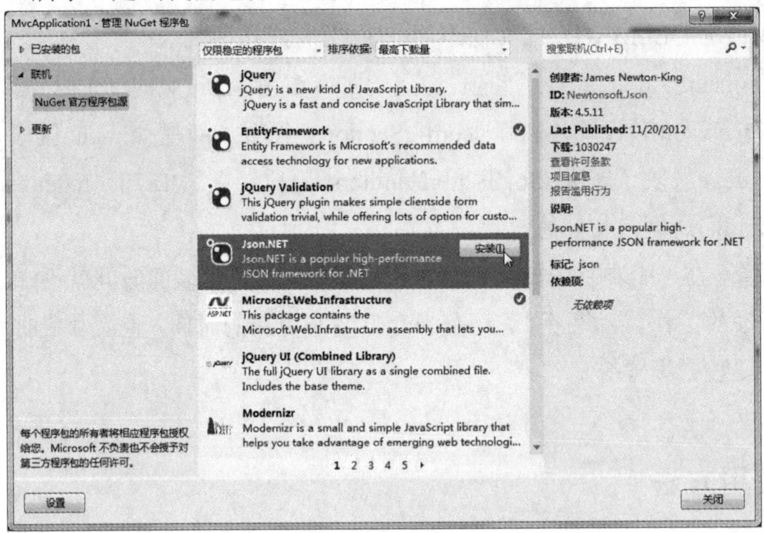

图 3-16　管理 NuGet 程序包，准备安装 Json.NET 套件

安装完成后，会看到出现一个绿色打勾的图标，代表安装完成，如图3-17所示。

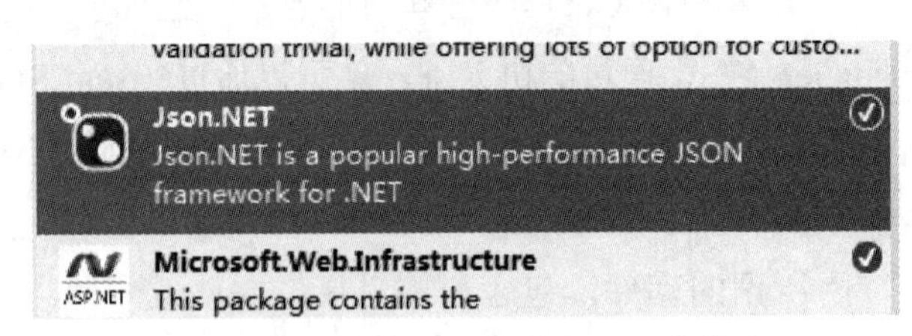

图 3-17　已安装完成的 NuGet 套件

接着我们从解决方案资源管理器中即可看到Json.NET已被安装完成，如图3-18所示。

图 3-18　已安装完成的 Json.NET 套件已被自动添加项目参考

NOTES

在管理 NuGet 程序包的对话框中，在对话框上方有个下拉列表，可以让你选择“仅限稳定的程序包”或“包含预发行版”选项，若选择“包含预发行版”选项，可以下载一些实验性但尚未正式发布的 NuGet 套件，如图 3-19 所示。

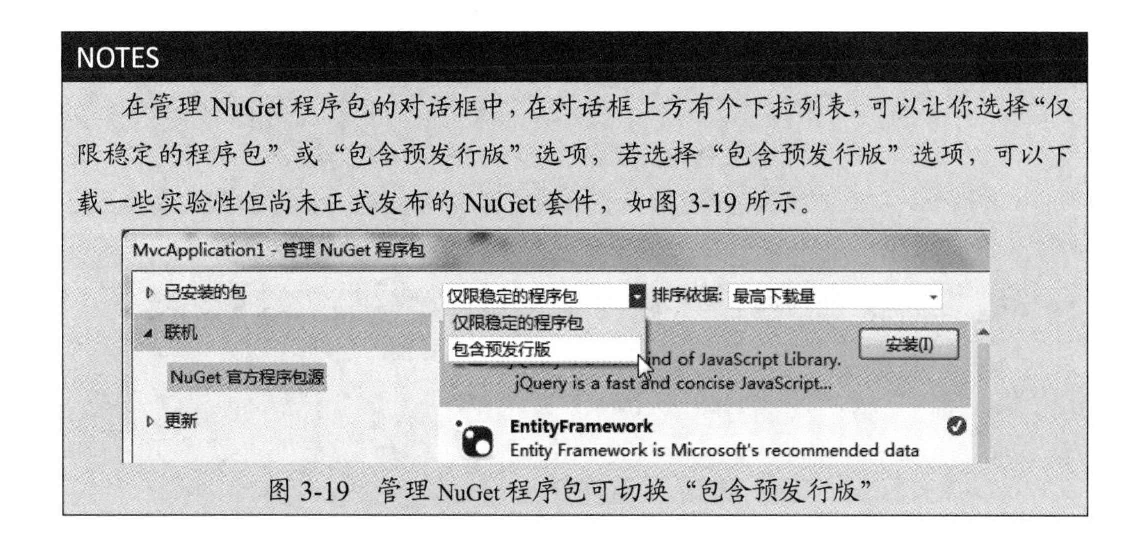

图 3-19　管理 NuGet 程序包可切换“包含预发行版”

3.2.3　开启程序包管理器控制台(Package Manager Console)

除了通过上述对话框的方式管理套件外，NuGet还可以通过程序包管理器控制台使用PowerShell指令管理与设置NuGet套件。如要开启程序包管理器控制台，可以选择“视图”→“其他窗口”→“程序包管理器控制台”命令，如图3-20所示。

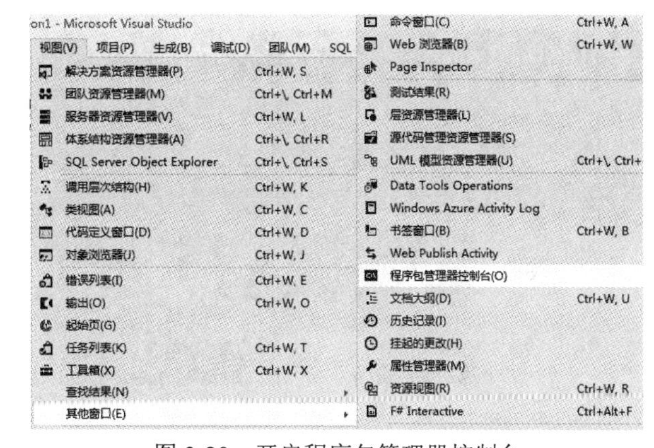

图 3-20　开启程序包管理器控制台

开启程序包管理器控制台之后可以看到一个程序包管理器控制台窗格，它是一个PowerShell的运行环境，如图3-21所示。

```
程序包管理器控制台
程序包源(K): NuGet official package sour    默认项目(J): MvcApplication1
每个程序包的所有者将相应程序包授权给您。Microsoft 不负责也不会授予对第三方程序包的任何许可。有些程序包可能包含受其他许可证控制的依赖项。请访问程
以确定所有依赖项。

程序包管理器控制台主机版本 2.2.31210.9045

键入 “get-help NuGet” 以查看所有可用的 NuGet 命令。

PM>
100 %
错误列表 任务列表 代码定义窗口 输出 查找符号结果 程序包管理器控制台
```

图 3-21　程序包管理器控制台窗格

例如，你要安装MvcPager3套件时，就可以在程序包管理器控制台中输入以下指令进行安装：

```
Install-Package MvcPager3
```

不过，由于NuGet安装的套件是安装在特定项目中，所以在输入安装指令之前，必须要先看过“默认项目”字段是否选择到正确的项目，不然可能会安装错项目，如图3-22所示。

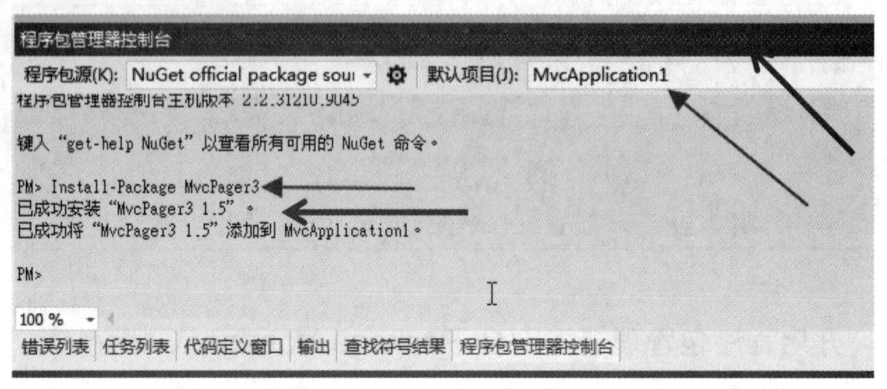

图 3-22　通过程序包管理器控制台安装 NuGet 套件

NOTES

Visual Studio 2012 的联机 NuGet 套件默认都来自于 NuGet Gallery 网站(http://nuget.org/)，当在 NuGet Gallery 网站浏览套件时，也会看到安装套件时的 PowerShell 指令，如图 3-23 所示。

图 3-23　NuGet Gallery 网站会显示 NuGet 套件的 PowerShell 安装指令

3.2.4 启用 NuGet 套件还原

在安装NuGet套件时，会在项目的根目录下看到一个packages.config文档，此文档里面定义了所有通过NuGet套件的名称与版本，如图3-24所示。

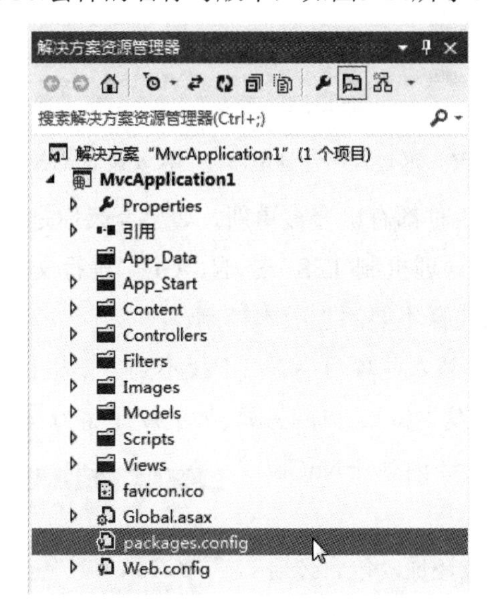

图 3-24　安装 NuGet 套件后会在项目的根目录下看到一个 packages.config 文档

安装NuGet套件的packages.config文档属性如图3-25所示。

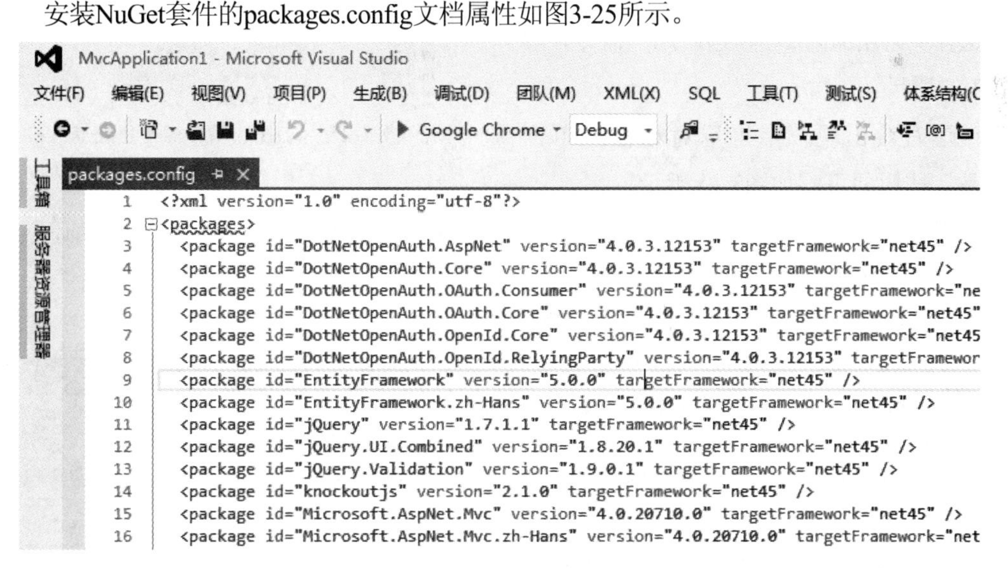

图 3-25　安装 NuGet 套件的 packages.config 文档属性

而这些下载过的套件都会存放在方案根目录下的packages目录中，如图3-26所示。

图 3-26　通过程序包管理器控制台安装 NuGet 套件

这些NuGet套件可能随时都有机会被更新，如果今天你是一个团队，有多人同时开发项目，并通过版本控制管理机制(TFS、SVN、Gi等)进行文档同步，那么方案根目录下的packages目录你可以选择不要添加版本控制。

不过当团队中其他人装入此项目后，由于找不到方案根目录下的packages目录，因此在进行方案组建时就会发生错误，你必须要做的就是将方案根目录下的packages目录完整还原，而此功能也已经内建于NuGet扩展套件里。

若要启用NuGet程序包还原功能，必须在解决方案资源管理器中选择“解决方案”，单击鼠标右键，在弹出的快捷菜单中选择“启用NuGet程序包还原”命令，如图3-27所示。

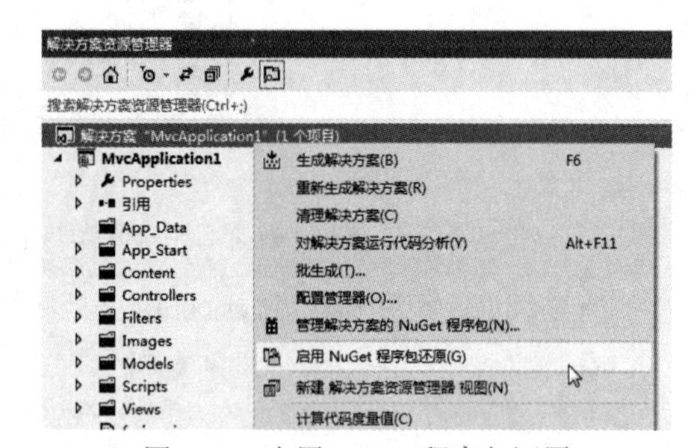

图 3-27　启用 NuGet 程序包还原

这时会出现一个提示对话框，单击“是”按钮即可，如图3-28所示。

设置完成后，又会弹出一个提示对话框，告知你必须做“生成”动作以自动还原套件，如图3-29所示。

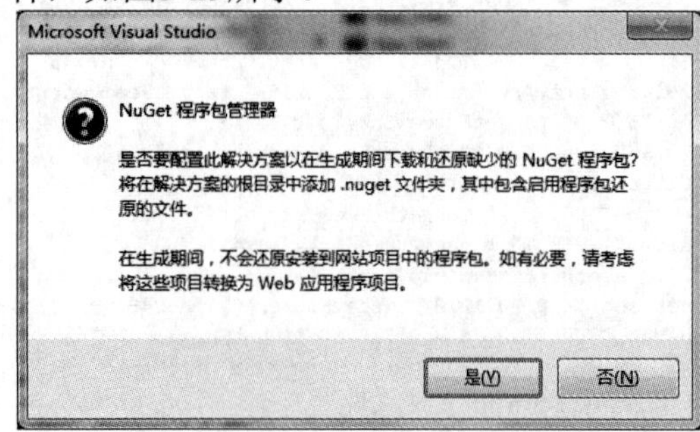

图 3-28　启用 NuGet 程序包还原的提示

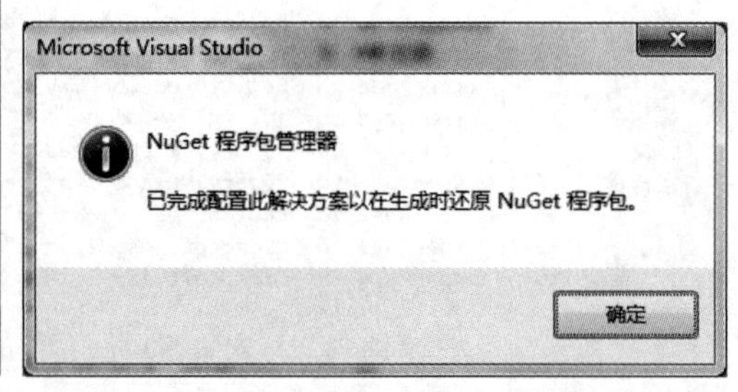

图 3-29　完成设置此方案，以在生成时还原 NuGet 套件

设置完成后的图标如图3-30所示。

图 3-30　完成启用 NuGet 程序包还原功能的解决方案资源管理器图标

最后，运行"生成解决方案"命令就可以将方案根目录下的packages目录完整还原，如图3-31所示。

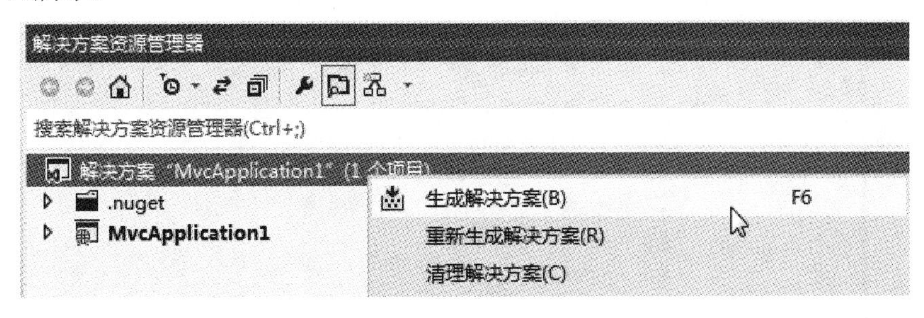

图 3-31　建置方案

3.3　创建第一个 ASP.NET MVC 专案

接下来，我们会用一个非常简单的留言板程序概要帮助ASP.NET MVC 4网站的开发过程，让首次接触ASP.NET MVC的开发人员能对ASP.NET MVC开发有个大致的轮廓。

我们的第一个项目将不会提到过多与数据库相关的技术，因此将以Entity Framework Code First开发技术进行数据访问。若读者想深究其细节，请参考其他相关书籍，或参考本书第5章属性。

除此之外，本章的核心在于体验ASP.NET MVC的开发过程，若遇到看不懂的词汇或技术，可以先跳过，等到"第2篇 技术讲解篇"的时候就会有更详尽的帮助。

TIPS

读者使用 Visual Studio 2010 来完成本节演示是可以的，但建议先通过 NuGet 将 Entity Framework 升级到 5.0 版本，以免出现奇怪的现象。

3.3.1 利用ASP.NET MVC 4项目模板创建项目

开启Visual Studio 2012，选择“文件”→“项目”菜单命令，如图3-32所示。

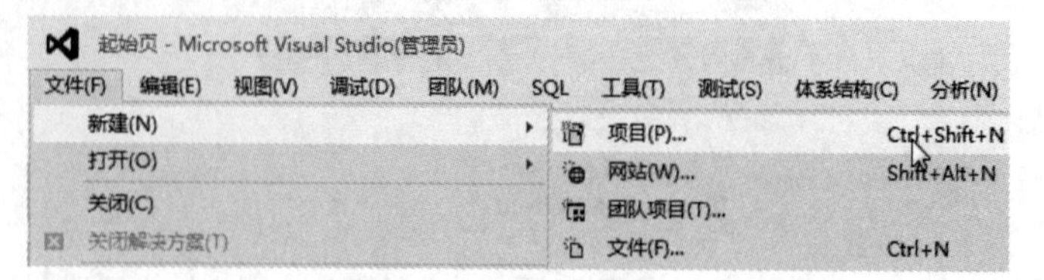

图3-32 新增项目

在打开的“新建项目”对话框中展开Web→“ASP.NET MVC 4 Web应用程序”，在“名称”文本框中输入“MvcGuestbook”，如图3-33所示。

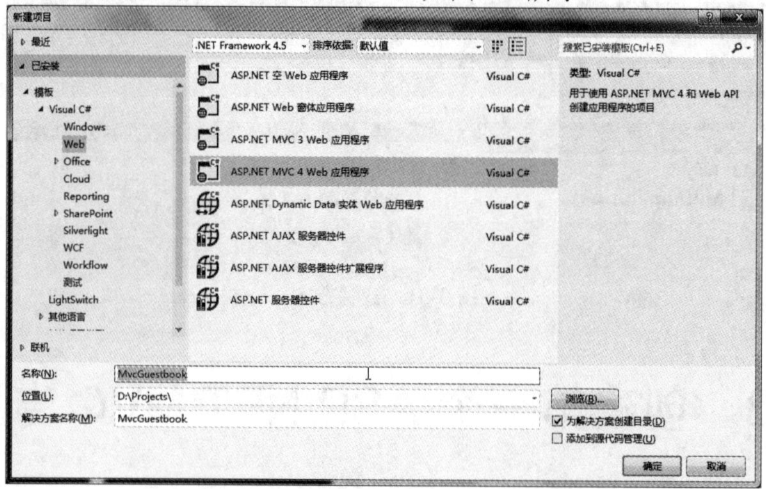

图3-33 创建ASP.NET MVC 4 Web应用程序

TIPS

在Visual Studio 2012中并不支持ASP.NET MVC 2项目类型，若要开启现有ASP.NET MVC 1.0或ASP.NET MVC 2.0项目的话，必须使用Visual Studio 2010开发工具。

若要升级项目，也可考虑下载ASP.NET MVC 3 Application Upgrader自动升级工具，在ASP.NET MVC 3 Application Upgrader工具的协助下可以帮你快速将现有ASP.NET MVC 2.0的网站升级到ASP.NET MVC 3.0或ASP.NET MVC 4.0。以下是该工具的相关信息：

ASP.NET MVC 3 Application Upgrader

http://aspnet.codeplex.com/releases/view/59008

ASP.NET MVC 3 Application Upgrader 使用帮助

http://blogs.msdn.com/b/marcinon/archive/2011/01/13/mvc-3-project-upgrade-tool.aspx

新增项目时，会先弹出项目模板选择精灵，询问你要使用哪个项目模板。在此我们选择“Internet应用程序”，而其他选项保留其默认即可，最后单击“确定”按钮，如图3-34所示。

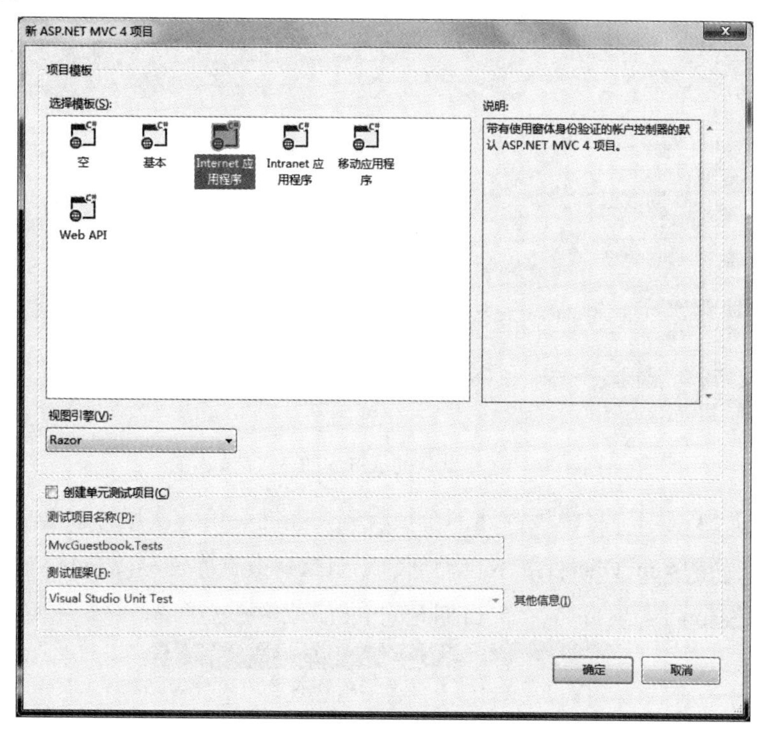

图 3-34　ASP.NET MVC 4 项目模板选择精灵

运行“调试”→“启动调试”(或按下F5键)命令运行网站，如图3-35所示，即可启动一个默认的ASP.NET MVC 4网站。

此网站具有非常基本的功能，如图3-36所示，包括3页简单的页面与会员机制，这些页面都套用主版页面(Layout Page)，使用ASP.NET内建的Membership功能，可以进行会员注册、登录、注销等。

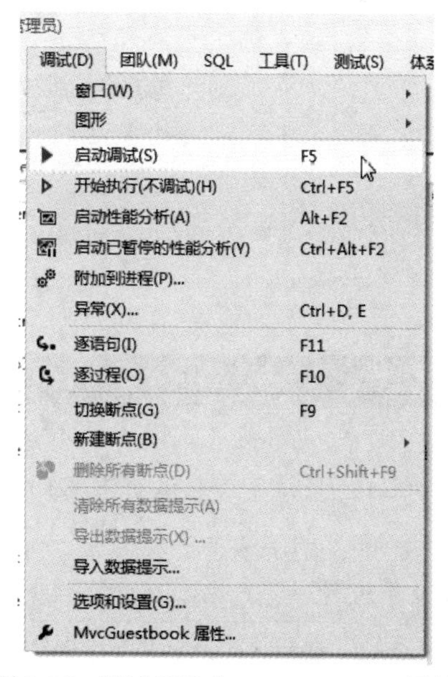

图 3-35　调试后启动 ASP.NET MVC 网站

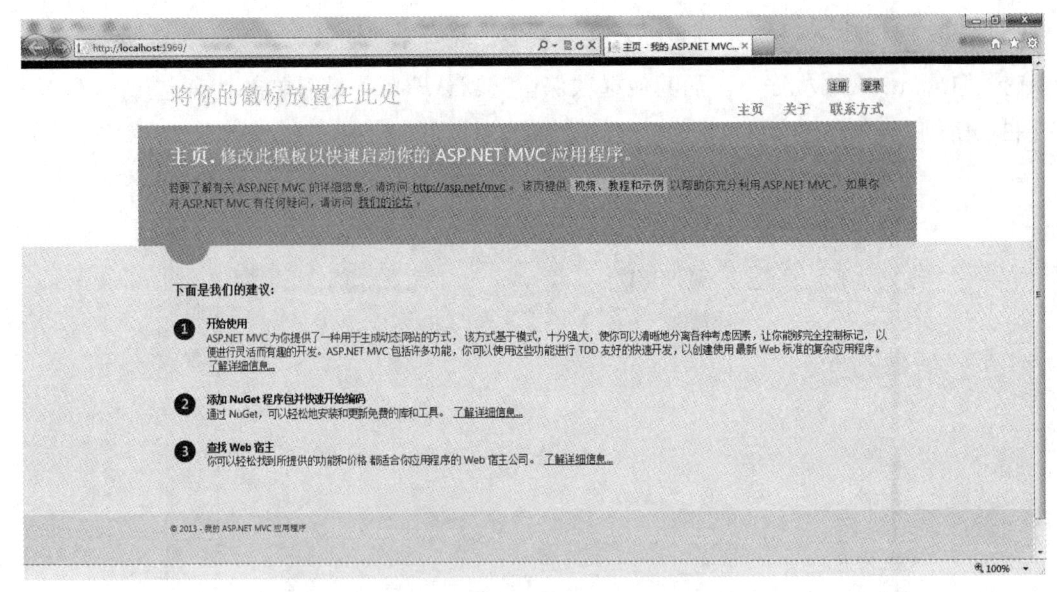

图 3-36　运行默认的 ASP.NET MVC 4 网站

ASP.NET MVC 4项目模板内建的会员机制，在网页第一次运行该会员机制相关页面后，会在网站的App_Data目录下自动创建一组默认数据库文档(*.mdf、*.ldf)，其文件名规则将会是aspnet - 项目名称 - 日期时间.mdf，如图3-37所示。

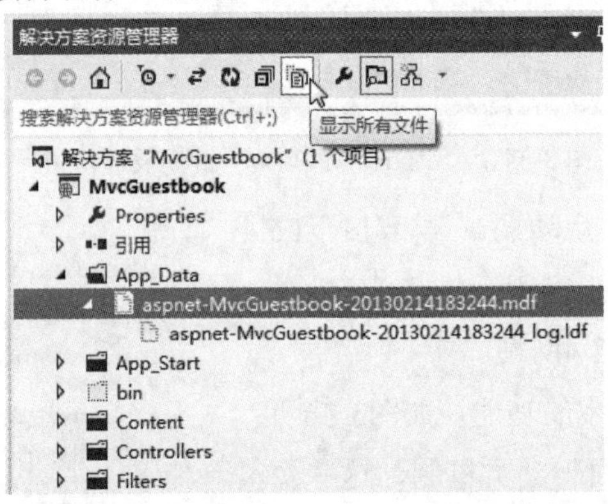

图 3-37　运行默认的 ASP.NET MVC 4 网站

TIPS

由于自动创建的数据库并不会自动添加到 Visual Studio 2012 项目中，因此在 App_Data 目录下，默认将看不到相关文档。这时你必须单击解决方案资源管理器上方工具栏中的“显示所有文件”按钮，确认单击后就可以看到不在项目中，而是存在资源管理器理的文档了。

在ASP.NET MVC 4项目新增完成后，会自动创建几个标准的目录结构与重要文档。图3-38所示是默认项目模板所创建的重要文档与目录解释。

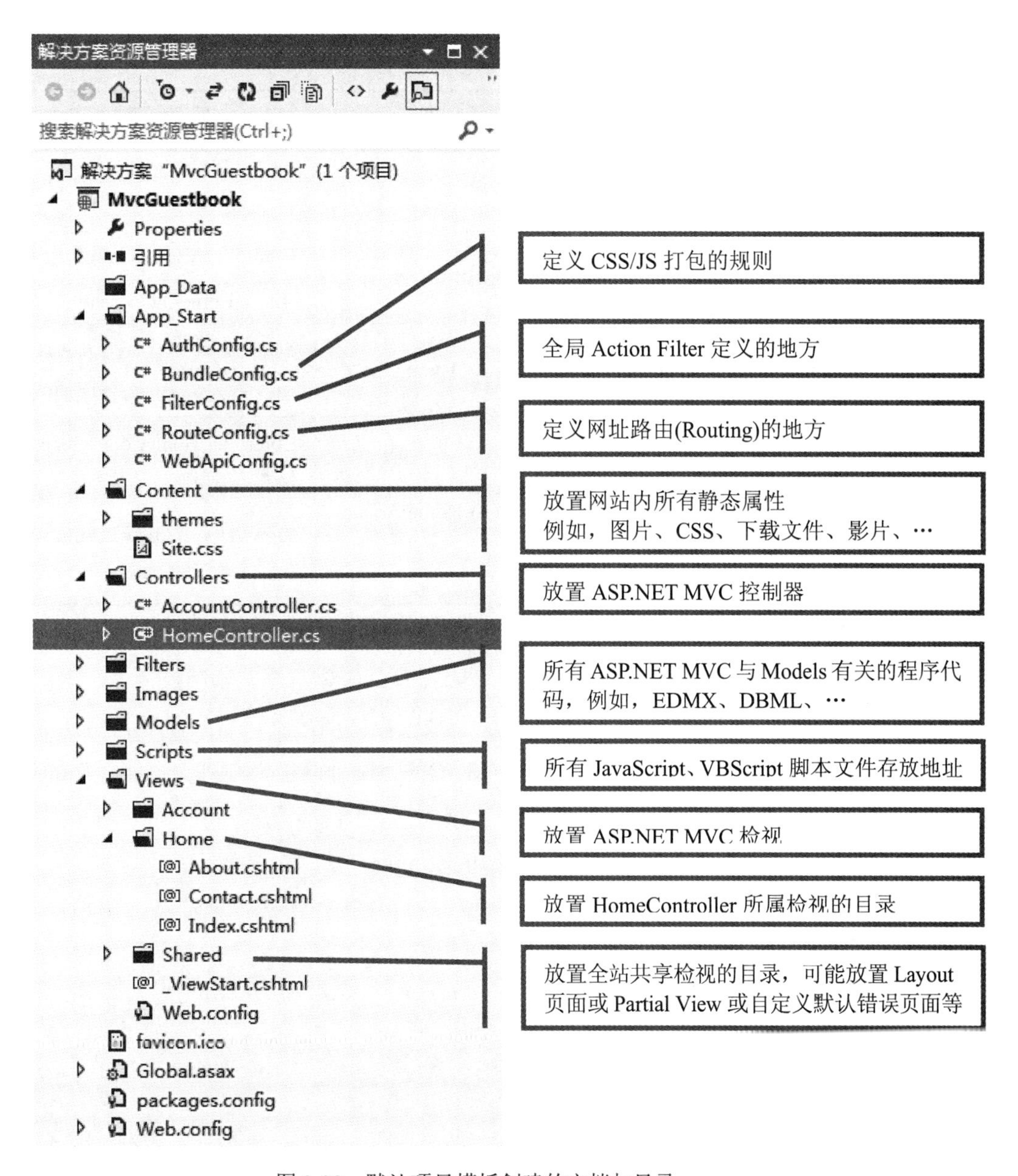

图 3-38　默认项目模板创建的文档与目录

TIPS

基于第 2 章提到的以习惯替换配置原则，一般来说我们不会特别去更动这些目录名称。

若要比较ASP.NET MVC与ASP.NET Web Forms的差别，我们先以显示在浏览器的网址来比对其差异，请先看以下比较表指出ASP.NET Web Forms与ASP.NET MVC之间在查找程序代码位置时不一样的地方，如表3-1所示。

表3-1　ASP.NET Web Forms与ASP.NET MVC在查找代码位置时的比较

页面名称	使用技术	网 址 列	程序代码位置
首页	ASP.NET Web Forms	http://localhost/	/Index.aspx /Index.aspx.cs
	ASP.NET MVC	http://localhost/	/Controller/HomeController.cs /Views/Home/Index.cshtml
关于	ASP.NET Web Forms	http://localhost/About.aspx	/About.aspx (页面) /About.aspx.cs (程序代码)
	ASP.NET MVC	http://localhost/Home/About	/Controller/HomeController.cs (程序代码) /Views/Home/About.cshtml (页面)

对于ASP.NET Web Forms来说，“网址路径”等同于“文档路径”，因此要从网址路径对映出文档实体所在位置相当直觉，一般人对此应该不会感到困惑才对。

但ASP.NET MVC若要通过“网址路径”来查找文档，就必须配合ASP.NET MVC架构的规范来查找文档，事实上ASP.NET MVC的“网址路径”与“文档路径”的对应关系是通过“网址路由(Routing)”来定义的，我们可以从项目内的App_Start\RouteConfig.cs文档看到一个RegisterRoutes方法，定义如下：

```
public static void RegisterRoutes(RouteCollection routes)
{
    routes.IgnoreRoute("{resource}.axd/{*pathInfo}");

    routes.MapRoute(
        name: "Default",
        url: "{controller}/{action}/{id}",
        defaults: new { controller = "Home", action = "Index", id
= UrlParameter.Optional }
    );
}
```

这里定义了两个默认的网址路由(Routing)。

- IgnoreRoute：设置*.axd 等格式的网址路径不要通过 ASP.NET MVC 运行。例如：ASP.NET 内建的 Trace.axd 或其他默认的 HttpHandler 都不要通过 ASP.NET

MVC 处理，这样设置的目的是让 ASP.NET MVC 与 ASP.NET Web Form 可以在同一个平台下运行而不会互相影响。

- MapRoute：通过 MapRoute 方法是定义 ASP.NET MVC 网址路由最主要的方式。这一条路由定义了三个参数。
  - ♦ name：路由名称。
  - ♦ url：设置网址路径如何对应到控制器、动作与路由值。
  - ♦ defaults：设置{controller}、{action}、{id}这 3 个**路由参数**的默认值。

从几个默认的MapRoute可以得知，当在浏览器中输入http://localhost/Home/About时，在Routing的对应之下，由于网址路径的部分为Home/About，所以会对应出{controller}为Home，而{action}为About，因此ASP.NET MVC就会先进入Controllers目录查找Home控制器(也就是HomeController.cs文档)，然后再查找该控制器内的About公开方法(Public Method)，这个公开方法就是MVC的动作(Action)，也就是实际运行网页程序的入口点。

当在浏览器中输入http://localhost/想要取得首页时，在Routing的对应之下，由于网址路径的部分没有任何属性，所以会使用MapRoute的第3个参数(defaults)所设置的默认值来替代，因此网站首页的网址就会先进入Controllers目录查找Home控制器，然后再查找Index这个公开方法，并进一步运行ASP.NET MVC的所有过程。

TIPS

在定义 Routing 的时候，各位可能会注意到有个大括号{ }包裹着一个变量名称，这个变量名称就是**路由参数**，这里的**路由参数**是可以自定义的，不过在所有**路由参数**中最重要的就是{controller}与{action}这两个。ASP.NET MVC 为了能够对应到正确的 Controller 与 Action，所以这两个**路由参数**是必选参数，如果网址路径没有包含这两个参数的话，在 defaults 参数里必须要指定才行。

我们先来看一下默认的HomeController的属性：

```
using System;
using System.Collections.Generic;
using System.Linq;
using System.Web;
using System.Web.Mvc;

namespace MvcGuestbook.Controllers
{
```

```
    public class HomeController : Controller
    {
        public ActionResult Index()
        {
        ViewBag.Message = "修改此模板以快速启动你的 ASP.NET MVC 应用程序。";

            return View();
        }

        public ActionResult About()
        {
            ViewBag.Message = "你的应用程序说明页。";

            return View();
        }

        public ActionResult Contact()
        {
            ViewBag.Message ="你的联系方式页。";

            return View();
        }
    }
}
```

首先，控制器(Controller)类别在开发的时候必须符合以下规范。

- 类别名称一定要由Controller结尾。例如，GuestbookController就代表Guestbook控制器。
- 类别继承于Controller基类(或实作IController界面的类别)。
- 类别中须包含数个回传值为ActionResult的公开方法，这些方法在ASP.NET MVC中称为动作(Action)。

在默认首页Index动作中，第一行的ViewBag是一个动态(dynamic)型别的对象，因此该对象可以设置任意型别的数据进去，这里所指定的属性与值都可以在ASP.NET MVC的View中读取。

```
ViewBag.Message ="修改此模板以快速启动你的 ASP.NET MVC 应用程序。";
```

> **TIPS**
>
> 动态(dynamic)型别出现在 C# 4.0 之中，因此 ASP.NET MVC 4.0 网站必须运行在.NET Framework 4.0 以上版本才行。

第二行的return View();事实上是来自于Controller基类的一个辅助方法(Helper Method)，它会回传一个ViewResult对象。ViewResult是继承自ActionResult类别，主要用途是告知ASP.NET MVC框架我要响应一个检视(View)，而该检视就来自于ASP.NET MVC框架所设置的“默认路径”，以Home控制器与此Index动作为例，通过View()辅助方法就会去告知ASP.NET MVC框架：“我要显示Views\Home\Index.cshtml这张网页的运行结果”。

接着，我们利用Visual Studio的新增功能切换至该激活的检视，先将光标移至动作方法的定义处，然后单击鼠标右键，在弹出的快捷菜单中选择“转到视图”命令，如图3-39所示。

```
public ActionResult Index()
{
    ViewBag.Message = "修改此
    
    return View();
}
```

添加视图(D)...
转到视图(V)
重构(R)

图 3-39　切换至该动作相对应的检视

从该检视的网页属性可以发现，页面中一开始就是@开头的语法，如图3-40所示，这个语法是从ASP.NET MVC 3开始新增的Razor语法，跟以往我们撰写ASP.NET MVC 2.0或ASP.NET Web Form的ASPX差异甚大，但新版的Razor语法让套用程序的View页面变得非常干净清爽，虽然ASP.NET MVC 4一样可以用ASP.NET MVC旧版的WebForm View，但笔者建议大家尽量使用Razor来撰写View页面，以提升View程序代码的可读性。

图 3-40　该动作(Action)相对应的检视(View)

不过当你仔细一看，你会发现这个Index.cshtml页面并不是一个完整的HTML页面。以往我们在ASP.NET Web Form或ASP.NET MVC 2.0中会套用MasterPage属性来套用主版面，但ASP.NET MVC 4.0的主版面设置到哪去了呢？

这时我们先通过解决方案资源管理器浏览到项目的Views目录，该目录里面有个_ViewStart.cshtml文档，如图3-41所示，这个文档会在所有View运行之前先装入。通常我们会在这个文档里设置View的一些基本属性，例如，要装入的主版页面(Layout Page)。

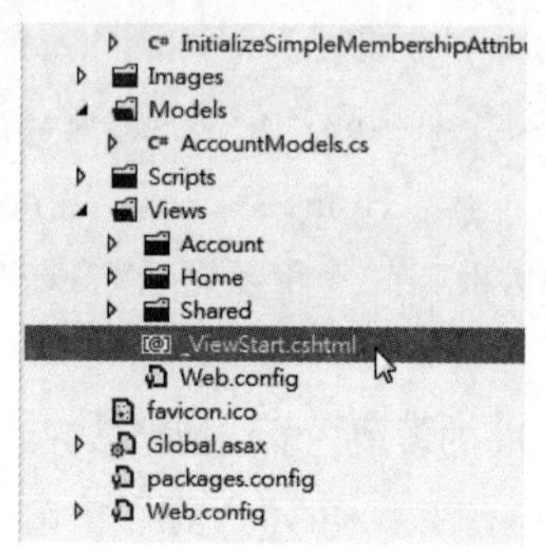

图 3-41　浏览至解决方案资源管理器中的_ViewStart.cshtml 文档

开启_ViewStart.cshtml文档，你会发现该文档只有短短3行，其中定义了一个Layout属性，并指向到~/Views/Shared/_Layout.cshtml主版页面，这也代表了在Views目录下所有的检视(View)都会默认装入该主版页面，如图3-42所示。

图 3-42　_ViewStart.cshtml 文档的属性

打开~/Views/Shared/_Layout.cshtml主版页面后，会发现这里含有完整的HTML结构，如图3-43所示。

```
<!DOCTYPE html>
<html lang="zh">
    <head>
<meta http-equiv="Content-Type" content="text/html; charset=utf-8"/>
        <meta charset="utf-8" />
        <title>@ViewBag.Title - 我的 ASP.NET MVC 应用程序</title>
        <link href="~/favicon.ico" rel="shortcut icon" type="image/x-icon" />
        <meta name="viewport" content="width=device-width" />
        @Styles.Render("~/Content/css")
        @Scripts.Render("~/bundles/modernizr")
    </head>
    <body>
        <header>
            <div class="content-wrapper">
```

图 3-43　Views\Shared_Layout.cshtml 文档的属性

我们刚刚在Controller中看到ViewBag.Message被设置了一个字符串，到了Index.cshtml检视(View)就可以通过以下语法将其信息读出，并显示于网页属性中，如图3-44所示。

```
@ViewBag.Message
```

另外，在Index.cshtml页最上方也设置了一组ViewBag.Title属性，这里所定义的属性值也会自动被传入同一个View以及默认的_Layout.cshtml主版页面里，如图3-45所示。

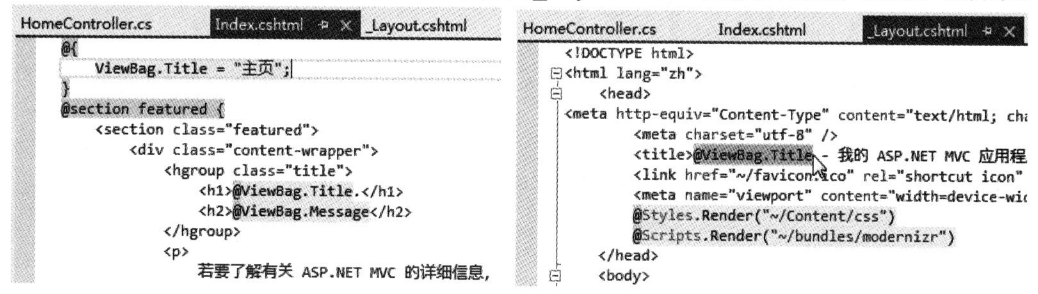

图 3-44　Views\Home\Index.cshtml 文档的属性　　图 3-45　Views\Shared_Layout.cshtml 文档的属性

3.3.2　创建数据模型

创建数据模型的操作页面如下。

Step01：在“解决方案资源管理器”窗口中选择Models目录，单击鼠标右键，在弹出的快捷菜单中选择“添加”→“类”命令，如图3-46所示。

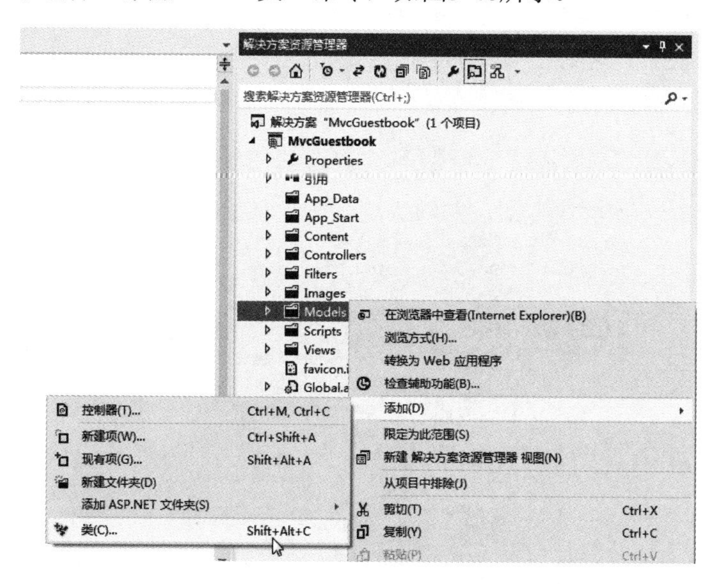

图 3-46　添加类别项目

Step02：我们将类别取名为Guestbook.cs，并单击“添加”按钮，如图3-47所示。

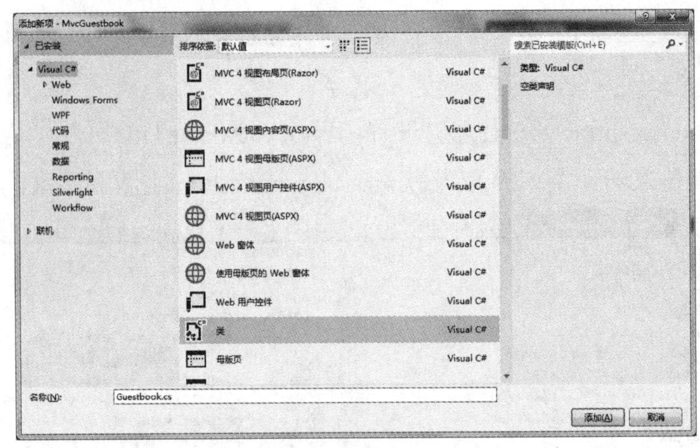

图 3-47　设置类别名称

Step03：新增一个简单类别，定义出一个留言板所需的数据模型，其程序代码如下：

```
namespace MvcGuestbook.Models
{
    public class Guestbook
    {
        public int Id { get; set; }
        public string 姓名 { get; set; }
        public string Email { get; set; }
        public string 内容 { get; set; }
    }
}
```

Step04：生成一次解决方案，并确认没有任何问题，如图3-48所示。

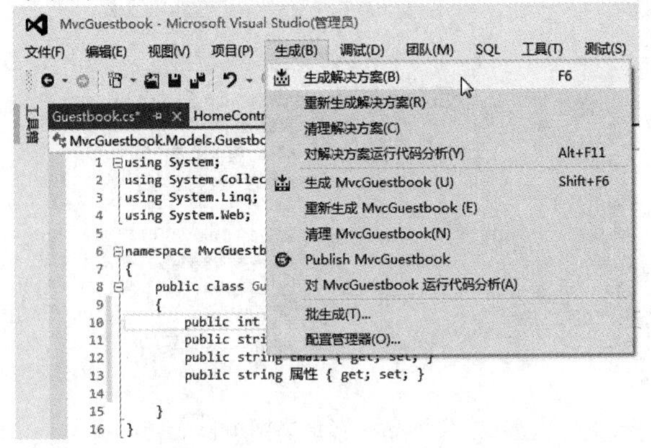

图 3-48　生成解决方案，以确保项目没有任何语法错误

TIPS

开发 ASP.NET MVC 的数据模型(Model)其实非常弹性，你可以用自己熟悉的方式访问数据库，例如，ADO.NET、LINQ to SQL、NHibernate 或 Entity Framework 等，在项目中的 Models 目录只是个目录而已，是希望你习惯将与信息访问或商业逻辑有关的程序都统一集中在 Models 目录下，但这并非强制性的限制，况且当项目规模变大时，甚至于有可能会将整个 Models 转变成一个独立的类别库项目。

3.3.3　创建控制器、动作与检视

创建控制器、动作与检视的操作步骤如下。

Step01：在“解决方案资源管理器”窗口中选择Controllers目录，单击鼠标右键，在弹出的快捷菜单中选择“添加”→“控制器”命令，如图3-49所示。

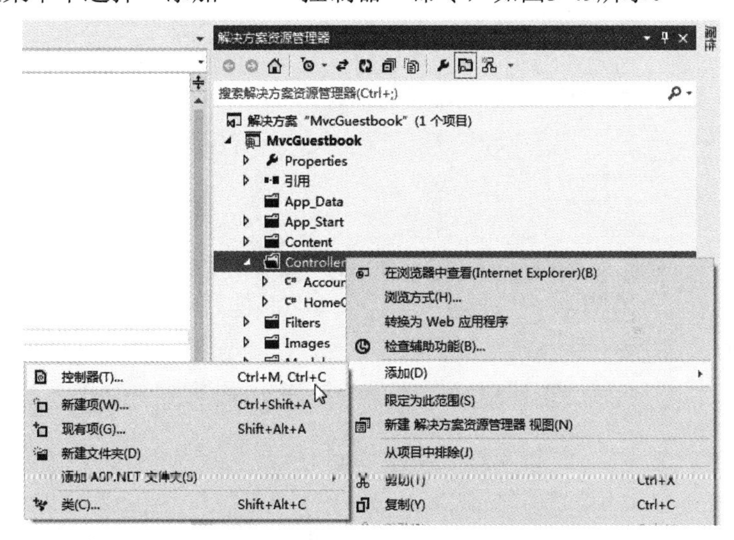

图 3-49　选择 Controllers 目录并添加控制器

Step02：在“添加控制器”对话框的“控制器名称”文本框中输入控制器名称“GuestbookController”。

另外，在基架(Scaffold)选项区段中还有4个选项可设置，这些是Visual Studio 2012提供的代码生成器模板设置值，只要妥善设置这些参数，就能利用Visual Studio 2012开发工具快速帮助我们生成Controller程序代码。不仅如此，在Visual Studio 2012内建的ASP.NET MVC 4项目模板里，甚至可以在创建Controller的同时直接将View也创建完成。

在这里，我们在“模板”下拉列表框中选择“包含读/写操作和视图的MVC控制器(使用Entity Framework)”选项，而在“模型类”下拉列表框中选择步骤1新增的Guestbook

模型类别，如图3-50所示。

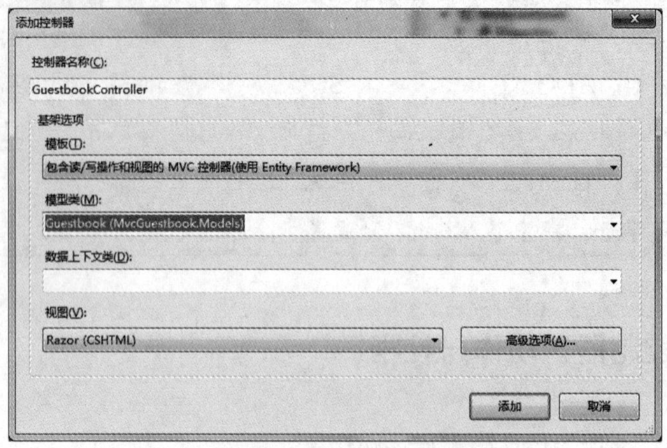

图 3-50　为控制器命名并设置基架选项

Step03：在“添加控制器”对话框的“基架选项”中还有个“数据上下文类”下拉列表框，由于我们尚未创建“数据上下文类”，但我们可以借此通过这个新增项目精灵帮我们自动创建，因此在这里我们可以选择“<新建数据上下文...>”选项，如图3-51所示。

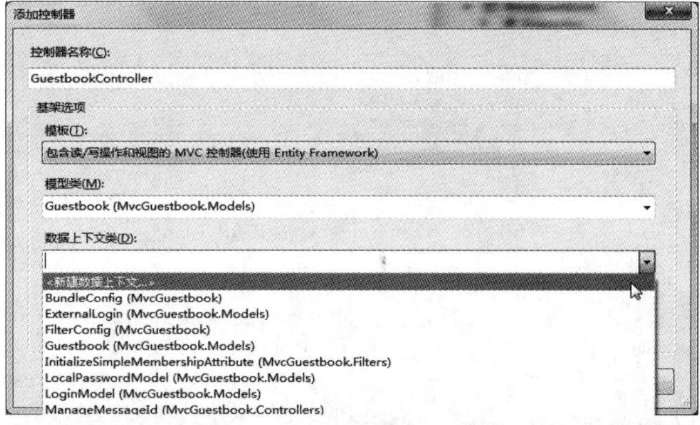

图 3-51：设置数据上下文类

Step04：选择之后默认会帮你填上“项目名称”+ Context作为类别的名称，你可以更改它，或者直接沿用默认值也可以。在这里我们直接以默认的命名继续，单击“确定”按钮完成，如图3-52所示。

图 3-52　新数据上下文

Step05：单击“添加”按钮完成，如图3-53所示。

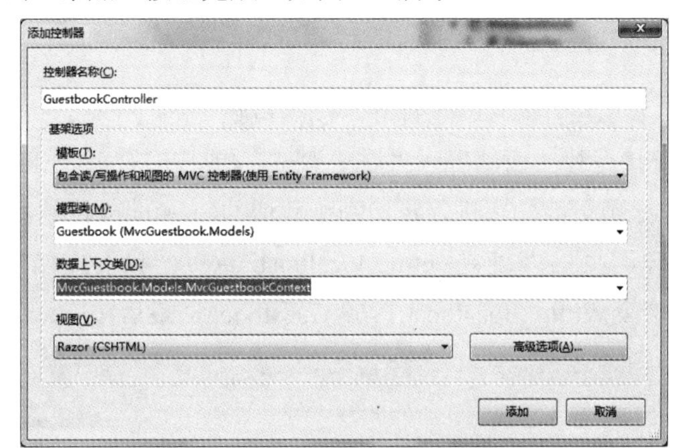

图 3-53　单击“添加”按钮新增控制器

此时，Visual Studio 2012 会新增一个新的 Controller 类别档，名为 GuestbookController .cs，在 Controller 目录下。此外，由于在添加控制器时我们选用“包含读/写操作和视图的 MVC 控制器(使用 Entity Framework)”模板，所以除了新增控制器之外，它连同所有检视页面(View Page)也全部一次创建完成。而我们在添加控制器的过程中新增了一个数据上下文类(DataContextClass)，因此在 Model 目录下多一个 MvcGuestbookContext.cs 类别档，如图 3-54 所示。

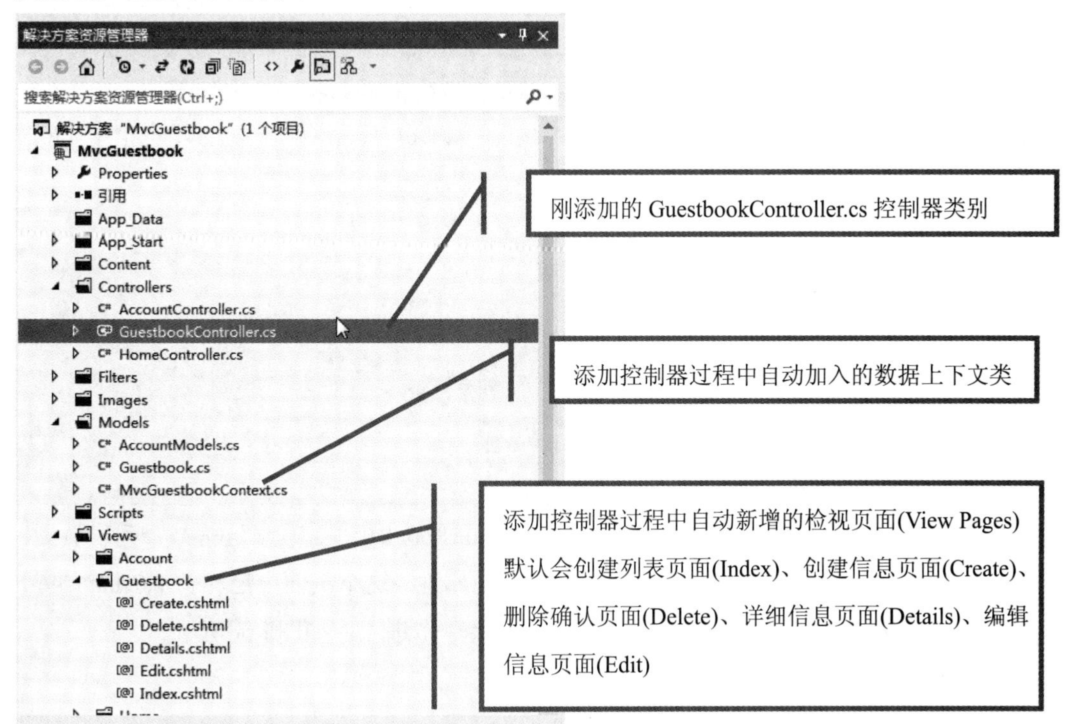

图 3-54　通过 Visual Studio 2012 自动新增的控制器、检视页面与信息内容类

3.3.4 测试当前创建好的留言板网页

咦？写完了？我还没开始写Code耶？！没搞错吧？

是的，我们直接运行“调试”→“启动调试”(或按F5键)命令将网站运行起来。网页运行起来后，必须更改URL进入我们刚刚新增的Guestbook控制器来查看页面。以图3-55为例，打开网页的网址是 http://localhost:1969/，我们在网址路径部分加上Guestbook，网址会变成http://localhost:1969/Guestbook，最后按Enter键进入该页面。

图 3-55　更改网址以进入 Guestbook 页面

贴心提醒

此网址的**网址路径**部分只有 Guestbook 而已，由于 ASP.NET MVC 4 默认的网址路由规则是：当网址只有{controller}路由参数时，剩下一个必要的{action}路由参数就会从 defaults 参数取得，也就是 Index 字符串，因此 ASP.NET MVC 就会先进入 Controllers 目录查找 Guestbook 控制器(也就是 GuestbookController.cs 文档里的 GuestbookController 类别)，然后再查找这个控制器内的 Index 公开方法(public method)，该公开方法回传的是 View()，也就是默认的 ViewResult 型别，所以 ASP.NET MVC 最后会取得 Views\Guestbook\Index.cshtml 来运行，并将结果回传给浏览器。

```
routes.MapRoute(
    name: "Default",
    url: "{controller}/{action}/{id}",
    defaults: new { controller = "Home", action = "Index", id =
UrlParameter.Optional }
        );
```

进入该页面后，你会看到一些基本页面与Guestbook相关字段。这是一个列表页面，但还没有任何信息，所以当前还看不到任何其他属性。这个页面中还有一个Create New链接，这是进入“创建留言”页面的链接，直接单击进入，如图3-56所示。

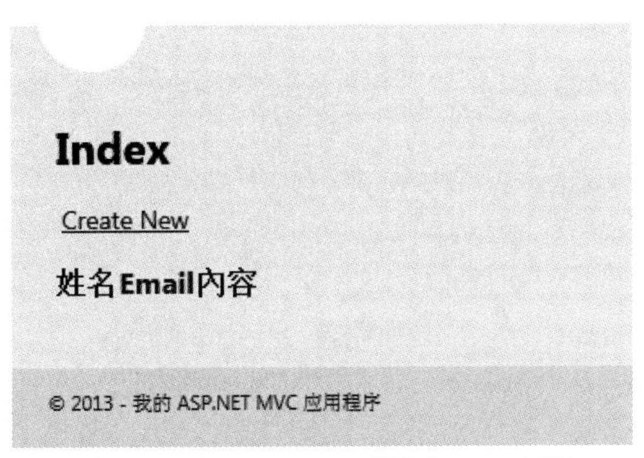

图 3-56　显示 Guestbook 的默认 Index 页面

进入Create New页面后，会看到有个默认的窗体，有三个字段分别跟我们之前创建的Guestbook模型类别的属性一样。我们直接在这三个字段上输入相对应的数据，然后单击Create按钮输出窗体，如图3-57所示。

图 3-57　Guestbook 的 Create 页面

接着会回到Index页面，此时你就会发现数据已经写入数据库了！如图3-58所示。

图 3-58　回到 Guestbook 的默认 Index 页面

然后我们再来测试Edit功能，编辑刚刚输入的留言，看到的界面和刚刚Create的页面类似，但是刚输入的数据会被自动带入。我们更改“姓名”字段上的文字，以图3-59为例，在姓名后面加上“(TEST)”字样，最后单击Save按钮保存。

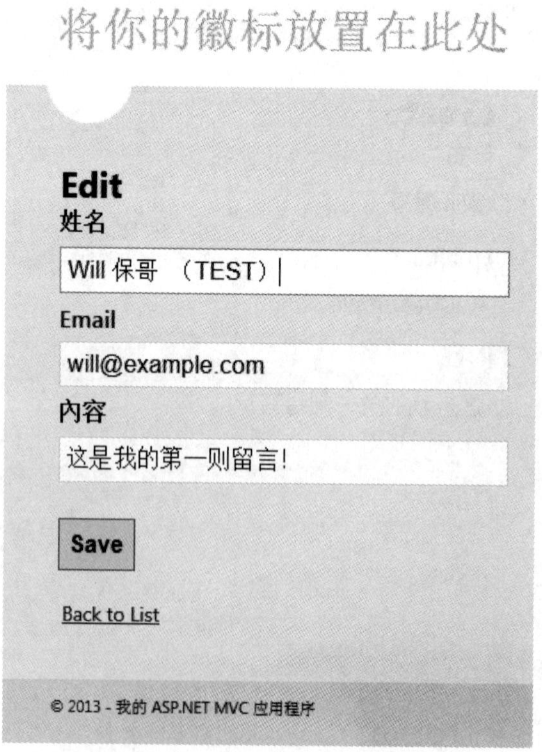

图 3-59　显示 Guestbook 的默认 Edit 页面

此时你会看到该数据的“姓名”字段已经被更新成功，如图3-60所示。

图 3-60　回到 Guestbook 的默认 Index 页面

最后我们再测试Delete功能。这里会先显示当前数据库中的数据，如图3-61所示，当单击Delete按钮之后，该数据就会被删除。

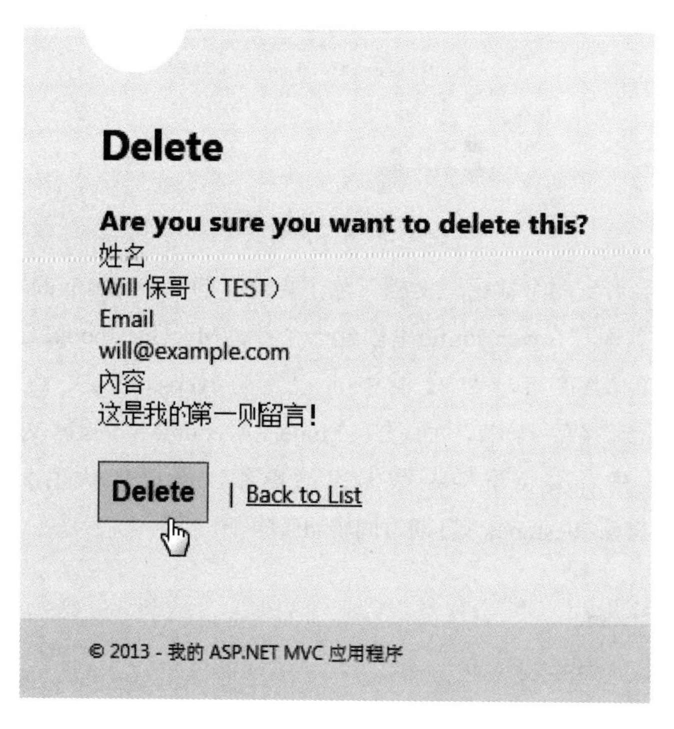

图 3-61　显示 Guestbook 的默认 Delete 页面

谜之声："我的老天爷啊，程序写完啰？！会不会跳太快？"

是的，不夸张，ASP.NET MVC 4的项目通常是这样开始的，拥有这些程序代码之后，我们只要接着微调，调整View的界面呈现、Model的验证规则、Controller的控制逻辑，就可以快速把项目完成！

3.3.5 查看数据库属性

当确定数据被写入成功，那我们怎么能知道数据保存到哪里去？如果你完全按照本书步骤创建出第一个项目，那么你应该会在项目的App_Data目录下发现一个隐藏的数据库文档，为了在解决方案资源管理器中看到这些不在项目范围内的文档，必须先单击解决方案资源管理器的"显示所有文件"按钮，再展开App_Data文件夹，即可看见相关文档，如图3-62所示。

图 3-62　显示所有文件

这里你可能会看到两个数据库文档，除了自定义的MvcGuestbookContext数据内容类会自动生成数据库与在web.config里创建一个新的MvcGuestbookContext连接字符串外，在ASP.NET MVC 4项目模板中也已经在web.config文档里内建了一个DefaultConnection连接字符串，而且在Models\AccountModels.cs文档里也有一个UsersContext数据内容类负责控制数据库的操作，所以默认也会自动生成一个App_Data\aspnet-MvcGuestbook-(日期时间).mdf数据库文档。以下是在web.config中看到的连接字符串演示：

```
  <connectionStrings>
    <add name="DefaultConnection" connectionString="Data
Source=(LocalDb)\v11.0;Initial
```

```
Catalog=aspnet-MvcGuestbook-20121006190702;Integrated
Security=SSPI;AttachDBFilename=|DataDirectory|\aspnet-MvcGuestbook-2012
1006190702.mdf"
      providerName="System.Data.SqlClient" />
    <add name="MvcGuestbookContext" connectionString="Data
Source=(localdb)\v11.0; Initial
Catalog=MvcGuestbookContext-20121006211801; Integrated Security=True;
MultipleActiveResultSets=True;
AttachDbFilename=|DataDirectory|MvcGuestbookContext-20121006211801.mdf"
      providerName="System.Data.SqlClient" />
  </connectionStrings>
```

要从Visual Studio 2012查看数据库属性则非常简单，直接在数据库文档上用鼠标双击就可以自动开启“服务器资源管理器”，在这里我们选择MvcGuestbookContext-(日期时间).mdf这个文档，打开之后就可以自由地在服务器管理中浏览数据或变更数据库架构，如图3-63所示。

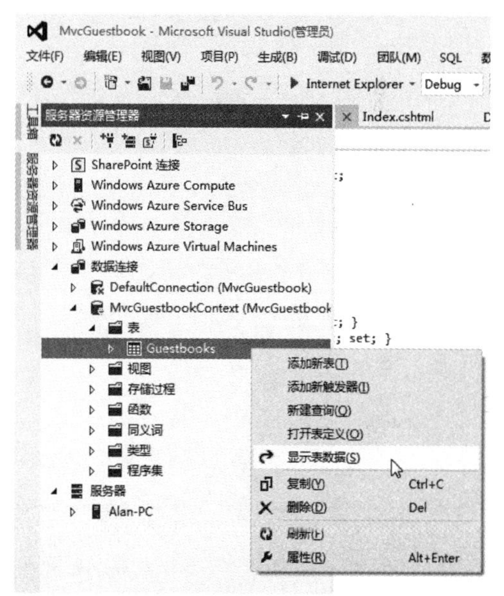

图 3-63　显示数据表信息

3.3.6　了解自动生成的程序代码

刚刚创建的那些完整功能的程序代码都是Visual Studio 2012的ASP.NET MVC 4项目模板帮我们自动创建的，这样的话我们学不到知识。接下来，我们将逐步了解这些通过工具帮我们生成的程序代码。

1. 了解列表页面的Index动作

我们先打开Controllers目录下的GuestbookController.cs来看看，在GuestbookController类别内的第一行定义了一个名为db的类别私有变量，其型别为MvcGuestbookContext，也就是我们的数据内容类，在这整份Controller类别中都将会用到db这个变量对数据库进行访问，如图3-64所示。

```
MvcGuestbook - Microsoft Visual Studio(管理员)
1  using System;
2  using System.Collections.Generic;
3  using System.Data;
4  using System.Data.Entity;
5  using System.Linq;
6  using System.Web;
7  using System.Web.Mvc;
8  using MvcGuestbook.Models;
9
10 namespace MvcGuestbook.Controllers
11 {
12     public class GuestbookController : Controller
13     {
14         private MvcGuestbookContext db = new MvcGuestbookCor
15
16         //
17         // GET: /Guestbook/
18
19         public ActionResult Index()
20         {
21             return View(db.Guestbooks.ToList());
22         }
```

图 3-64　GuestbookController 类别中的 MvcGuestbookContext 型别对象

图3-64所示Index这个公开方法(public method)的程序代码很简单，只有一行，其中View()是来自于Controller基类的一个辅助方法(Helper Method)，该辅助方法有8个多载，其中第3个多载是传入一个model参数，此参数的对象数据将会传递给View使用，如图3-65所示。

```
public ActionResult Index()
{
    return View(db.Guestbooks.ToList());
}

//
// GET: /Gu
```

▲ 3 个(共 8 个) ▼ ViewResult Controller.View(**object model**)
使用模型创建一个将视图呈现给响应的 System.Web.Mvc.ViewResult 对象。
model: 视图呈现的模型。

图 3-65　View()方法是 Controller 基类的一个辅助方法(Helper Method)

我们在这里所传入的是db.Guestbooks.ToList()，也代表着把所有Guestbooks回传的所有数据全部传入View中，让View里的程序去使用。接着如图3-66所示，切换至Index动作方法(Action Method)所对应的检视页面(View Page)。

```
//
// GET: /Guestbook/

public ActionResult Index()
{
    return View(db.Guestbook:
}
```

添加视图(D)...　Ctrl+M, Ctrl+V
转到视图(V)　Ctrl+M, Ctrl+G

图 3-66　切换至该 Action 对应的 View

2. 了解列表页面的Index检视

在Views\Guestbook\Index.cshtml检视页面的第一行，便是一个@model的声明，后面接着一个型别，而该型别是一个Guestbook的集合对象(IEnumerable)，所代表的是这个View将会以这个用@model声明的型别为“主要模型”，在View里面的程序代码也将会参考到该型别来使用。

```
@model IEnumerable<MvcGuestbook.Models.Guestbook>
```

TIPS

如果在 View 里面定义了@model 模型声明，通过 Controller 传到 View 的模型数据也必须与这个 View 声明的型别兼容，否则将会引发例外。

接下来的这段ViewBag.Title的设置在本页里并没有用到，而是要传给主版页面(Layout Page)用的，将会显示在HTML的<title>卷标里。

```
@{
    ViewBag.Title = "Index";
}
```

接着我们看到以下这段，是用来创建一个ASP.NET MVC的链接，链接显示名称为“Create New”，而该链接将会链接到当前这页控制器的Create动作(Action)，至于超链接的输出则由ASP.NET MVC负责。

```
@Html.ActionLink("Create New", "Create")
```

由于这是列表页面，所以会有一个<table>标签，代表着要将数据输出成表格，而表格自然会有字段标题，因此会看到以下网页程序片段：

```
    <tr>
        <th>
            @Html.DisplayNameFor(model => model.姓名)
        </th>
        <th>
            @Html.DisplayNameFor(model => model.Email)
        </th>
        <th>
            @Html.DisplayNameFor(model => model.内容)
        </th>
        <th></th>
```

```
</tr>
```

这里的@Html.DisplayNameFor辅助方法的主要用途是输出特定字段的显示名称，传入的参数则是一个Lambda Expression表示法，该表示法里的model变量代表的正是我们在View里第一页设置的@model型别，所以我们可以在挑选字段时，就利用Visual Studio 2012的Intellisense来帮助我们进行选择，如图3-67所示。

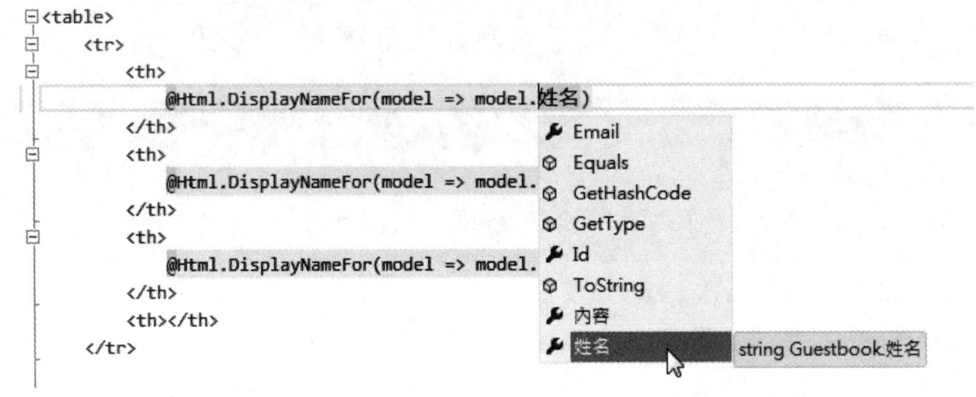

图 3-67　在 View 里使用 Visual Studio 2012 的 Intellisense 挑选字段

TIPS

虽然我们定义的@model 是集合型别，但 ASP.NET MVC 在使用@Html.DisplayNameFor 辅助方法时会以集合内的型别当作型别参考，所以我们才能用 model.姓名这种方式挑选出字段。

使用@Html.DisplayNameFor默认会直接输出属性名称，所以上述程序最后输出的HTML如下：

```
<tr>
    <th>
        姓名
    </th>
    <th>
        Email
    </th>
    <th>
        内容
    </th>
    <th></th>
</tr>
```

如果要输出的显示名称和属性名称不同，则必须更改Guestbook模型类别的定义，在特定属性(Property)上加上一个System.ComponentModel命名空间下的DisplayName属性(Attribute)，在这里我们将Email字段显示名称更改成“电子邮件地址”，如图3-68所示。

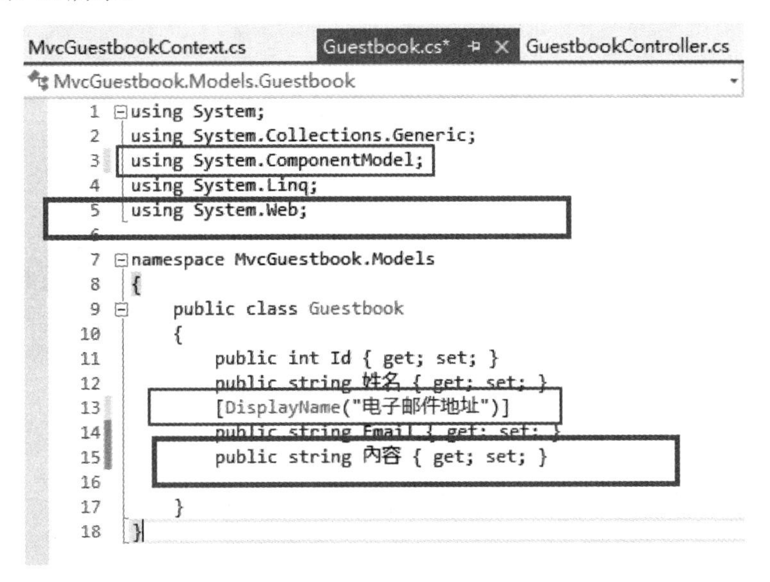

图 3-68　在 Model 里加上 DisplayName 属性(Attribute)

修改完 Model 的定义后，View 里的程序完全不用再改，按 F5 键运行网站，Email 字段所输出的域名就会直接变成“电子邮件地址”，如下：

```
<tr>
    <th>
        姓名
    </th>
    <th>
        电子邮件地址
    </th>
    <th>
        内容
    </th>
    <th></th>
</tr>
```

TIPS

这又是 ASP.NET MVC 另一个强调关注点分离的实际例子。当我们想要到网页上加属性时，就会想到要去更改 View 的属性。当要更改和 Model 相关的属性时(例如字段显示名称)，我们就会很自觉地想到去更改 Model 的类别，而不是将域名写死在 View 里。

在View里的最后一段Code是一个foreach循环，且数据来自于Model对象。这里的Model对象是每个View都有的属性，代表的就是从Controller传过来的数据，而这个Model对象本身是一个泛型型别，也就是说，这个Model对象的型别会完全等同于你在View最上方用@model声明的那个型别。

如下程序代码所示，我们通过循环取出Model里的每条数据，而每条数据的型别正好是MvcGuestbook.Models.Guestbook模型类别。

```
@foreach (var item in Model) {
    <tr>
        <td>
            @Html.DisplayFor(modelItem => item.姓名)
        </td>
        <td>
            @Html.DisplayFor(modelItem => item.Email)
        </td>
        <td>
            @Html.DisplayFor(modelItem => item.内容)
        </td>
        <td>
            @Html.ActionLink("Edit", "Edit", new { id=item.Id }) |
            @Html.ActionLink("Details", "Details", new { id=item.Id }) |
            @Html.ActionLink("Delete", "Delete", new { id=item.Id })
        </td>
    </tr>
}
```

刚刚我们介绍过了@Html.DisplayNameFor辅助方法，现在这儿看到的是@Html.DisplayFor辅助方法，由于这段Code被包含在@foreach循环之中，所以传入@Html.DisplayFor的模型数据将会是循环内单条MvcGuestbook.Models.Guestbook模型的数据。

TIPS

使用 Razor 语法输出属性，默认所有数据都会使用 HTML 编码(HtmlEncode)输出，这是出自于程序安全考虑，避免网页遭受跨网站脚本攻击(Cross-Site Scripting Attach)。

最后一组Razor语法则是输出Edit、Details与Delete链接，如图3-69所示。在本章稍早有提过@Html.ActionLink的用途是用来输出超链接，第一个参数是链接显示文字，第二个参数是链接的目的Action名称，这里的第三个参数则是代表路由参数id，这会让ASP.NET MVC在输出超链接时，会加上要传给下一页的路由参数，方便ASP.NET MVC能够知道你除了传入{controller}与{action}路由参数外，还顺便给予{id}路由值，这里的id我们稍后会讲到，在Edit动作时会提到。

```
@Html.ActionLink("Edit", "Edit", new { id=item.Id })
▲ 2 个(共 10 个) ▼ (扩展) MvcHtmlString HtmlHelper.ActionLink(string linkText, string actionName, object routeValues)
返回包含指定操作的虚拟路径的定位点元素(a 元素)。
actionName: 操作的名称。
</td>
```

图 3-69　显示@Html.ActionLink 的参数提示帮助

TIPS

虽然在 View 里还会撰写一些程序逻辑，但仅限于撰写与“显示”有关的逻辑为主，大部分的商业逻辑不应该写死在检视之中，这样才能有效提升项目的维护能力，千万不要回归到之前 ASP 年代的写作习惯。

3. 了解创建信息窗体的Create动作

接着我们来看创建信息功能的动作(Action)，切换回GuestbookController类别里，看一下在这个控制器里有两个同名的Create方法，从批注这里可以发现，第一个是给HTTP GET方法用的，另一个是给HTTP POST方法用的。

在这里值得一提的是，在第二个Create方法有特别套用一个HttpPost属性(Attribute)，该属性告知ASP.NET MVC框架此动作(Action)只会接受HTTP POST过来的信息，这个属性又有另一个专有名词称为**动作过滤器**(Action Filter)或**动作选择器**(Action Selector)。

```
//
// GET: /Guestbook/Create

public ActionResult Create()
{
    return View();
}
```

```
//
// POST: /Guestbook/Create

[HttpPost]
public ActionResult Create(Guestbook guestbook)
{
    if (ModelState.IsValid)
    {
        db.Guestbooks.Add(guestbook);
        db.SaveChanges();
        return RedirectToAction("Index");
    }

    return View(guestbook);
}
```

首先，我们进入http://localhost:10752/Guestbook/Create页面时，此时的HTTP要求方法一定是GET方法，因此第一个Create()动作会先被ASP.NET MVC选中来运行，并显示默认的Create检视页面(View Page)。

我们现在切换至Create的检视页面，如图3-70所示。

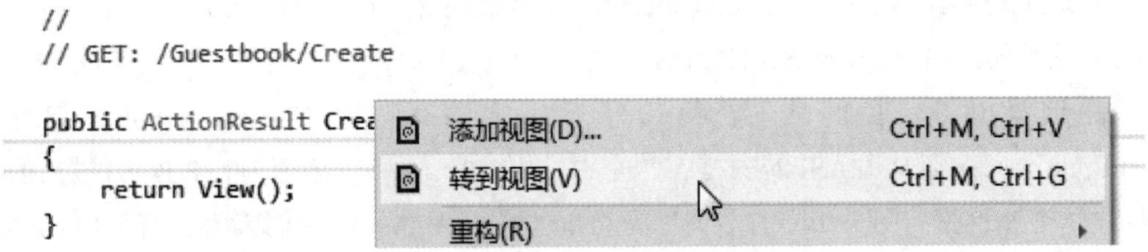

```
//
// GET: /Guestbook/Create

public ActionResult Crea
{
    return View();
}
```

添加视图(D)... Ctrl+M, Ctrl+V
转到视图(V) Ctrl+M, Ctrl+G
重构(R)

图 3-70 从 Create 动作移至 Create 检视

4. 了解创建信息窗体的Create检视

在Create.cshtml里面跟刚刚的Index.cshtml一样，一开始就是先来个@model 声明，声明此页面以 MvcGuestbook.Models.Guestbook为主要模型。

```
@model MvcGuestbook.Models.Guestbook
```

接着则出现一个ASP.NET MVC的窗体声明，与窗体内的HTML声明，代码如下：

```
@using (Html.BeginForm()) {
    @Html.ValidationSummary(true)

    <fieldset>
        <legend>Guestbook</legend>

        <div class="editor-label">
            @Html.LabelFor(model => model.姓名)
        </div>
        <div class="editor-field">
            @Html.EditorFor(model => model.姓名)
            @Html.ValidationMessageFor(model => model.姓名)
        </div>

        <div class="editor-label">
            @Html.LabelFor(model => model.Email)
        </div>
        <div class="editor-field">
            @Html.EditorFor(model => model.Email)
            @Html.ValidationMessageFor(model => model.Email)
        </div>

        <div class="editor-label">
            @Html.LabelFor(model => model.内容)
        </div>
        <div class="editor-field">
            @Html.EditorFor(model => model.内容)
            @Html.ValidationMessageFor(model => model.内容)
        </div>

        <p>
            <input type="submit" value="Create" />
        </p>
```

```
    </fieldset>
}
```

这里使用的是Html.BeginForm()辅助方法，该辅助方法将会输出<form>标签，而且必须以using包起来，如此便可在using程序代码最后退出时，让ASP.NET MVC帮你补上</form>标签。以本页为例，最后窗体输出的HTML结构如下：

```
<form action="/Guestbook/Create" method="post">
…
</form>
```

接下来的这段是用来显示当表单域发生验证失败时，显示的错误消息：

```
@Html.ValidationSummary(true)
```

在这个创建信息的窗体里一共有三个字段，你会发现这三个字段的定义都差不多，如下代码段所示：

```
        <div class="editor-label">
            @Html.LabelFor(model => model.姓名)
        </div>
        <div class="editor-field">
            @Html.EditorFor(model => model.姓名)
            @Html.ValidationMessageFor(model => model.姓名)
        </div>
```

这里的@Html.LabelFor用来显示特定字段的显示名称。而刚刚也介绍过一个@Html.DisplayNameFor，这两个辅助方法其实只有些微差异，你可以参考表3-2，用@Html.DisplayNameFor只会输出域名，而使用@Html.LabelFor则会输出包含<label>标签的域名。

表 3-2　@Html.DisplayNameFor 和 Html.LabelFor 的输出的比较

Razor 语法	HTML 输出结果
@Html.DisplayNameFor(model => model.Email)	电子邮件地址
@Html.LabelFor(model => model.Email)	<label for="Email">电子邮件地址</label>

在ASP.NET MVC里主要使用@Html.EditorFor来输出表单域，以此字段为例，输出的HTML代码段如下，这里出现的class属性是默认输出的，你可以借助此设计一些CSS样式来改变该输出字段的样式：

```
<input class="text-box single-line" name="姓名" type="text" value="" />
```

最后一个@Html.ValidationMessageFor是用来显示字段验证的错误消息，不过，当前为止，在这个Create页面里，我们并没有做出任何字段验证的设置。如果是ASP.NET

Web Form的话，用个字段验证控件就可以同时解决客户端验证与服务器端验证的工作，不过在ASP.NET MVC里因为缺乏事件模型与ViewState，所以内建的控件在ASP.NET MVC里都不能用。

TESTS

如果我们要在View里面加上字段验证，请问以你当前现有学到的知识来判断，套用“关注点分离”的概念在内，你觉得这些验证的逻辑与程序代码应该加在Model、View还是Controller里呢？[1]

笔者以前在写PHP的时候，因为没有控件可用，若要在页面中加上字段验证，都会先实作客户端验证，也就是基本的HTML字段验证与JavaScript验证，然后再去实作服务器端验证，两边的程序代码都写完后，才算完成窗体验证工作。

在ASP.NET MVC里，窗体验证可以用一种极其简单的方式进行设置，而且只要在Model里进行定义即可同时解决客户端与服务器端验证的工作。我们再次开启Guestbook模型类别，并在需要必填的属性加上一个System.ComponentModel.DataAnnotations命名空间下的Required属性(Attribute)，如图3-71所示。

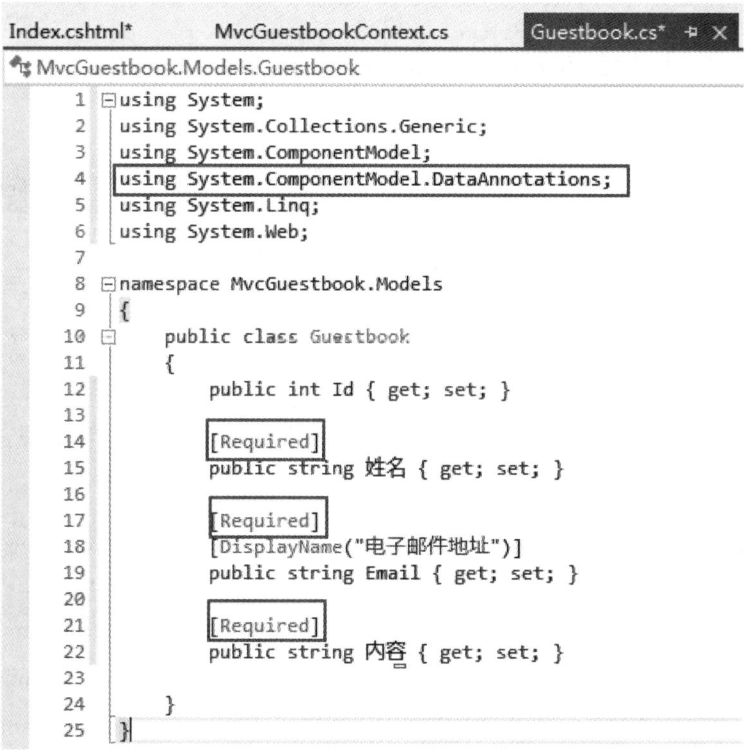

Index.cshtml*　　MvcGuestbookContext.cs　　Guestbook.cs*

MvcGuestbook.Models.Guestbook

```
1  using System;
2  using System.Collections.Generic;
3  using System.ComponentModel;
4  using System.ComponentModel.DataAnnotations;
5  using System.Linq;
6  using System.Web;
7
8  namespace MvcGuestbook.Models
9  {
10     public class Guestbook
11     {
12         public int Id { get; set; }
13
14         [Required]
15         public string 姓名 { get; set; }
16
17         [Required]
18         [DisplayName("电子邮件地址")]
19         public string Email { get; set; }
20
21         [Required]
22         public string 内容 { get; set; }
23
24     }
25 }
```

图 3-71　在 Model 里加上 Required 必填属性(Attribute)

[1] 答案：Model，因为 Model 的责任就是负责信息访问与商业逻辑验证。

修改完Model的定义后，跟刚刚一样，View里的程序完全不用再改，按F5键运行网站。不过这次并没有像我们刚刚加上DisplayName属性时那样顺利，因为运行的时候出现了一个Entity Framework Code First的运行时期错误，其错误消息如图3-72所示。

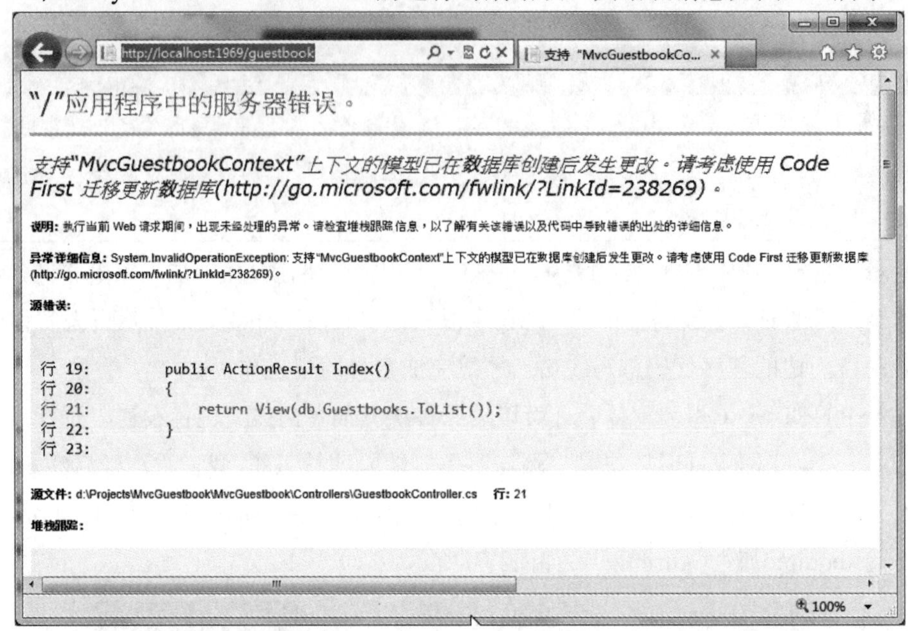

图 3-72　使用 EF Code First 时，当 Model 发生变更时默认会引发 System.InvalidOperationException 异常

TIPS

在如图 3-72 的错误消息中提供了一个超链接 http://go.microsoft.com/fwlink?LinkId=238269，该网页中包含了解决这个错误的详细介绍，也就是通过 Code First 数据库迁移的方式让 Entity Framework 帮助我们自动调整数据库里的架构(Schema)。详细介绍我们将留在第 5 章。

解决这个问题最简单的方法就是将数据库整个砍掉重建，由于我们现在还处于练习ASP.NET MVC快速上手的阶段，所以请依照以下步骤设置，我们由Entity Framework帮助我们运行重建数据库的动作。不过请特别注意，这里仅为了教学方便才这样设置，在生产环境下千万不要启动以下参数，否则数据库砍掉之后，所有已经输入数据库的数据都将会消失。

还记得我们在3.3.3节创建控制器时曾经创建过一个MvcGuestbookContext.cs文档在Models目录下，打开此文档后，会发现有段批注帮助我们如何让Entity Framework自动卸除再重新生成数据库的方式，其中还包括可以让你直接复制、粘贴的演示程序代码：

```
    public class MvcGuestbookContext : DbContext
    {
        // 您可以将自定义程序代码新增到这个文档。变更不会遭到替换。
        //
        // 如果您要 Entity Framework 每次在您变更模型架构时
        // 自动卸除再重新生成数据库，请将下列
        // 程序代码新增到 Global.asax 文档的 Application_Start 方法中。
        // 注意：这将随着模型每次变更而损毁，并重新创建您的数据库。
        //
        // System.Data.Entity.Database.SetInitializer(new
System.Data.Entity.DropCreateDatabaseIfModelChanges<MvcGuestbook.Models
.MvcGuestbookContext>());

        public MvcGuestbookContext() : base("name=MvcGuestbookContext")
        {
        }

        public DbSet<Guestbook> Guestbooks { get; set; }
    }
```

如以上批注所示，我们先开启Global.asax文档，并在Application_Start方法的最上方添加以下程序代码(建议用剪贴的方式将批注里的程序代码粘贴到Global.asax文档中)：

```
    System.Data.Entity.Database.SetInitializer(new System.Data.Entity
.DropCreateDatabaseIfModelChanges<MvcGuestbook.Models.MvcGuestbookConte
xt>());
```

TIPS

这里的 System.Data.Entity.DropCreateDatabaseIfModelChanges 方法，从方法名称可以看出是当 Model 发生改变时，会运行 Drop 与 Create Database 等动作，因此，如果有测试数据在数据库里，当数据库重建后也会完全消失。

完成后如图3-73所示。

```
15    public class MvcApplication : System.Web.HttpApplication
16    {
17        protected void Application_Start()
18        {
19            System.Data.Entity.Database.SetInitializer(new
System.Data.Entity.DropCreateDatabaseIfModelChanges<MvcGuestbook.Models
.MvcGuestbookContext>());
20
21            AreaRegistration.RegisterAllAreas();
22
23            WebApiConfig.Register(GlobalConfiguration.Configuration);
24            FilterConfig.RegisterGlobalFilters(GlobalFilters.Filters);
25            RouteConfig.RegisterRoutes(RouteTable.Routes);
26            BundleConfig.RegisterBundles(BundleTable.Bundles);
27            AuthConfig.RegisterAuth();
28        }
```

图 3-73 在 Global.asax 中添加自动卸除再重新生成数据库的程序代码

设置完成后，再次按F5键运行网站，我们就可以直接进入Create页面，并且在什么都不输入的情况下输出窗体，你将会发现所有字段验证的工作ASP.NET MVC已经悉数帮我们完成，如图3-74所示。

将你的徽标放置在此处

Create

姓名

姓名 字段是必需的。

电子邮件地址

电子邮件地址 字段是必需的。

内容

内容 字段是必需的。

Create

Back to List

© 2013 - 我的 ASP.NET MVC 应用程序

图 3-74 通过更改 Model 的属性可自动完成所有字段验证功能

此时查看一下HTML到底帮助我们生成了什么程序代码？以“姓名”字段为例，其输出的HTML代码如下：

```
        <div class="editor-label">
            <label for="">姓名</label>
        </div>
        <div class="editor-field">
            <input class="text-box single-line" data-val="true"
data-val-required="姓名 字段是必需的。" name="姓名" type="text" value="" />
            <span class="field-validation-valid" data-valmsg-for="姓名"
data-valmsg-replace="true"></span>
        </div>
```

刚刚的字段验证确实是在客户端运行的，并没有把数据送回服务器做验证，从上述HTML代码也会发现，ASP.NET MVC帮我们在这些HTML表单域上加上了些data-* 的HTML属性 (Attribute)，但一行JavaScript都没有，却完成了所有JavaScript的验证工作，那是因为ASP.NET MVC引入了一种Unobtrusive的JavaScript开发风格。详细内容将会在“第7章 View数据呈现相关技术”进一步进行讲解。

5. 了解接收信息窗体的Create动作

把创建信息的窗体完成后，窗体默认会将数据送回给同名的Create动作方法，因此我们来看另一份Create动作方法的程序代码：

```
        //
        // POST: /Guestbook/Create

        [HttpPost]
        public ActionResult Create(Guestbook guestbook)
        {
            if (ModelState.IsValid)
            {
                db.Guestbooks.Add(guestbook);
                db.SaveChanges();
                return RedirectToAction("Index");
            }

            return View(guestbook);
        }
```

这里的Create方法传入一个Guestbook参数，型别为Guestbook，而这个型别也就是我们在Models目录下创建的Guestbook模型类别，我们再看一次Guestbook类别的程序代码：

```
public class Guestbook
{
    public int Id { get; set; }

    [Required]
    public string 姓名 { get; set; }

    [Required]
    [DisplayName("电子邮件地址")]
    public string Email { get; set; }

    [Required]
    public string 内容 { get; set; }
}
```

在ASP.NET MVC里，通过窗体传送到Action时，会自动将表单域信息自动绑定到传入Action动作方法的所有参数中，而且只要属性的名称与窗体传入的名称一样，就会自动将数据填入该对象，这样的过程称为数据模型绑定(Model Binding)。表3-3所示为HTML窗体传入的域名以及Guestbook型别所有的属性(Property)对照。

表 3-3 HTML 窗体传入的域名以及 Guestbook 型别的属性对照

HTML 窗体传入的域名	Guestbook 型别的属性名称
	Id
姓名	姓名
Email	Email
内容	内容

因为传入窗体传入了3个字段，所以当ASP.NET MVC运行到Action的时候，就会自动将窗体数据填入到guestbook参数的对象属性里，如表3-4所示显示出当数据模型绑定(Model Binding)完成后guestbook对象自动绑定到的数据。

表 3-4　数据模型绑定完成后 guestbook 对象自动绑定到的信息

HTML 窗体传入的域名	HTML 窗体传入的域值	guestbook 对象的属性名称	guestbook 对象的属性值
		Id	0(因为窗体没有传入信息，所以会以 int 默认值替代，也就是 0)
姓名	Will 保哥	姓名	Will 保哥
Email	will@example.com	Email	will@example.com
内容	这是我的第一则留言！	内容	这是我的第一则留言！

你可以利用Visual Studio 2012的断点功能去验证guestbook是不是如我所说的自动绑定到从客户端HTML窗体传来的数据。

接下来的 ModelState.IsValid 是用来判断在模型(Model)的验证状态是否有效，如果验证都没有问题，就可以利用Entity Framework标准的方法将数据写入数据库。

这个Create方法第5行的return RedirectToAction("Index");事实上也是来自于Controller基类的一个辅助方法 (Helper Method)，它会回传一个RedirectToRouteResult型别的对象，并让服务器响应HTTP 301转址的HTTP要求，让浏览器转向到Index这个Action。

```
if (ModelState.IsValid)
{
    db.Guestbooks.Add(guestbook);
    db.SaveChanges();
    return RedirectToAction("Index");
}
```

如果ModelState.IsValid回传false，则代表Model验证失败，这时便会运行return View(guestbook);将guestbook再次传回View里。这样写的意义，主要在于将客户端窗体传来的数据再次回填到这次显示的窗体上，避免用户输出错误信息。再次显示窗体时，所有已填写的数据消失不见。

6. 了解编辑信息窗体的Edit动作

接着我们来看编辑信息功能的Action，在GuestbookController类别里，一样有两个同名的Edit方法，其原理跟Create动作方法一模一样，一个通过HTTP GET负责显示编辑信息的窗体，另一个通过HTTP POST负责实际更新数据库里的属性。

其中第一部分的Edit动作方法便是通过Model的Entity Framework将数据从数据库中取出，并将其传入View里。若发现数据库中找不到对应的ID时，则回应HttpNotFound()

方法运行的结果。事实上HttpNotFound()方法也是来自于Controller基类的一个辅助方法(Helper Method)，它会回传一个HttpNotFoundResult型别的对象，并让服务器响应HTTP 404找不到网页HTTP的要求。

```
//
// GET: /Guestbook/Edit/5

public ActionResult Edit(int id = 0)
{
   Guestbook guestbook = db.Guestbooks.Find(id);
   if (guestbook == null)
   {
     return HttpNotFound();
   }
   return View(guestbook);
}
```

7. 了解编辑信息窗体的Edit检视

这部分的页面与Create页面几乎一样，但在编辑信息的View里我们可以看到另一个@Html.HiddenFor辅助方法，该辅助方法主要用来生成HTML窗体的隐藏域：

```
@Html.HiddenFor(model => model.Id)
```

其输出的HTML标签如下：

```
<input data-val="true" data-val-number="字段 Id 必须是数字。"
data-val-required="Id 字段是必要项。" id="Id" name="Id" type="hidden"
value="1" />
```

8. 了解接收信息窗体的Edit动作

当我们把编辑信息窗体完成后，窗体默认会将信息送回给同名的Edit动作方法，因此我们来看看另一个Edit动作方法的程序代码。这部分的程序代码和Create动作方法里的程序代码如出一辙，唯一不同的只是在Entity Framework等数据操作的程序代码不同而已。

```
//
// POST: /Guestbook/Edit/5

[HttpPost]
public ActionResult Edit(Guestbook guestbook)
```

```
        {
            if (ModelState.IsValid)
            {
                db.Entry(guestbook).State = EntityState.Modified;
                db.SaveChanges();
                return RedirectToAction("Index");
            }
            return View(guestbook);
        }
```

剩下的Delete与Details动作几乎都是相同的程序，就不再赘述了。

3.3.7　调整前台让用户留言的版面

通过Visual Studio 2012帮助我们生成的程序代码感觉就像个后台，如果想制作留言板数据管理界面的话，其实你已经完成了！不过，我们的需求只是要让使用者留言而已，并没有要实作那么多消息管理功能，所以接下来我们用删除法，将不需要的功能移除，只留下“留言板”功能所需的程序代码即可。

1. 决定要哪些功能

我们在开发留言板功能时，必须先思考到底这套留言板要有几个页面，有多少功能要提供。在我们的第一个ASP.NET MVC项目里不要做得太复杂，只要做2页即可，一页包含完整的消息列表，而另一页显示留言窗体，让用户可以直接留言输出，并且回到第一页。

基于这个功能规划，我们应先规划控制器(Controller)该如何与客户端交互，表3-5所示是规划结果。

表 3-5　控制器的规划

控制器名称	动作名称	HTTP 方法	主要任务
Guestbook	Index	GET	显示留言，并留下链接，可链接到留言窗体页面
Guestbook	Write	GET	留言窗体，可让用户输入留言属性，并可送出信息
Guestbook	Write	POST	接收留言窗体数据，需将数据新增到数据库中

2. 修改控制器与检视页面文档名

规划好之后，我们就可以将现有的Controller程序代码进行重构，重构结果如表3-6所示。

表 3-6 Controller 程序代码重构的结果

控制器名称	动作名称	HTTP 方法	重构动作
Guestbook	Index	GET	维持不变，因为我们要将所有留言显示在网页上
Guestbook	Create	GET	变更动作名称为 Write
Guestbook	Create	POST	变更动作名称为 Write
Guestbook	Edit	GET	删除此方法
Guestbook	Edit	POST	删除此方法
Guestbook	Delete	GET	删除此方法
Guestbook	DeleteConfirmed	POST	删除此方法
Guestbook	Details	GET	删除此方法

改写后程序代码如下：

```
using System.Linq;
using System.Web.Mvc;
using MvcGuestbook.Models;
namespace MvcGuestbook.Controllers
{
    public class GuestbookController : Controller
    {
        private MvcGuestbookContext db = new MvcGuestbookContext();
        // 显示留言
        // GET: /Guestbook/
        public ActionResult Index()
        {
            return View(db.Guestbooks.ToList());
        }
        // 留言窗体
        // GET: /Guestbook/Write
        public ActionResult Write()
        {
            return View();
        }
```

```
        // 接收留言窗体信息，需将信息新增到数据库中
        // POST: /Guestbook/Write
        [HttpPost]
        public ActionResult Write(Guestbook guestbook)
        {
            if (ModelState.IsValid)
            {
                db.Guestbooks.Add(guestbook);
                db.SaveChanges();
                return RedirectToAction("Index");
            }
            return View(guestbook);
        }
        protected override void Dispose(bool disposing)
        {
            db.Dispose();
            base.Dispose(disposing);
        }
    }
}
```

当控制器的程序代码结构完成后，需要修改检视页面的结构，把用不到的几个View给删除，并且把Create检视(View)更名为Write才行。修改完成后的目录结构与文档名如图3-75所示，在Views\Guestbook 目录下只剩下Index.cshtml与Write.cshtml。

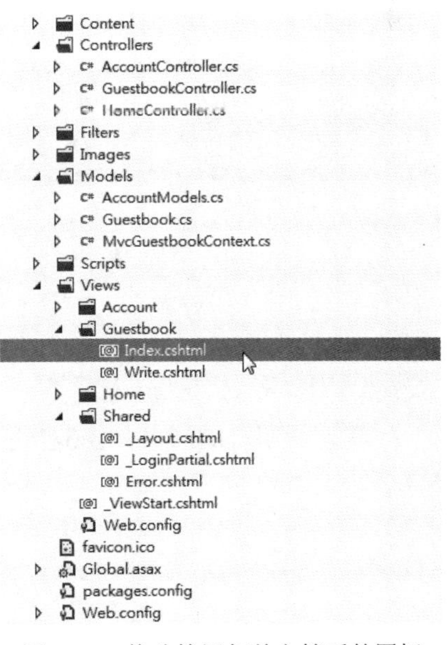

图 3-75　修改检视相关文档后的图标

3. 更改显示留言的检视页面

首先，我们要先将Create New链接文字改成“留下足迹”，而且我们也把Action名称给改了，因此也要记得将“Create”改成“Write”才行，修改链接后结果如下：

```
    <p>
        @Html.ActionLink("留下足迹", "Write")
    </p>
```

接着我们调整一些HTML版面结构，最后的结果如下：

```
    @model IEnumerable<MvcGuestbook.Models.Guestbook>

    @{
        ViewBag.Title = "显示留言";
    }

    <h2>显示留言</h2>

    <p>
        @Html.ActionLink("留下足迹", "Write")
    </p>

    <ul>
    @foreach (var item in Model) {
        <li>
            <strong>姓名</strong>: @Html.DisplayFor(modelItem => item.姓名)
<br />
            <strong>Email</strong>: @Html.DisplayFor(modelItem =>
item.Email) <br />
            <strong>留言内容</strong>: <br />
                @Html.DisplayFor(modelItem => item.内容)
        </li>
    }
    </ul>
```

其显示留言的网页如图3-76所示。

图 3-76　显示留言的图标

4. 更改留言窗体的检视页面

这一页我们要更改的东西不多，只有一些页面上的文字而已。修改后程序代码如下：

```
@model MvcGuestbook.Models.Guestbook

@{
    ViewBag.Title = "留下足迹";
}

<h2>留下足迹</h2>

@using (Html.BeginForm()) {
    @Html.ValidationSummary(true)

    <fieldset>
        <legend>Guestbook</legend>

        <div class="editor-label">
            @Html.LabelFor(model => model.姓名)
        </div>
        <div class="editor-field">
```

```
            @Html.EditorFor(model => model.姓名)
            @Html.ValidationMessageFor(model => model.姓名)
        </div>

        <div class="editor-label">
            @Html.LabelFor(model => model.Email)
        </div>
        <div class="editor-field">
            @Html.EditorFor(model => model.Email)
            @Html.ValidationMessageFor(model => model.Email)
        </div>

        <div class="editor-label">
            @Html.LabelFor(model => model.内容)
        </div>
        <div class="editor-field">
            @Html.EditorFor(model => model.内容)
            @Html.ValidationMessageFor(model => model.内容)
        </div>

        <p>
            <input type="submit" value="送出" />
        </p>
    </fieldset>
}
<div>
    @Html.ActionLink("回到留言列表", "Index")
</div>

@section Scripts {
    @Scripts.Render("~/bundles/jqueryval")
}
```

“留下足迹”的窗体页面如图3-77所示。

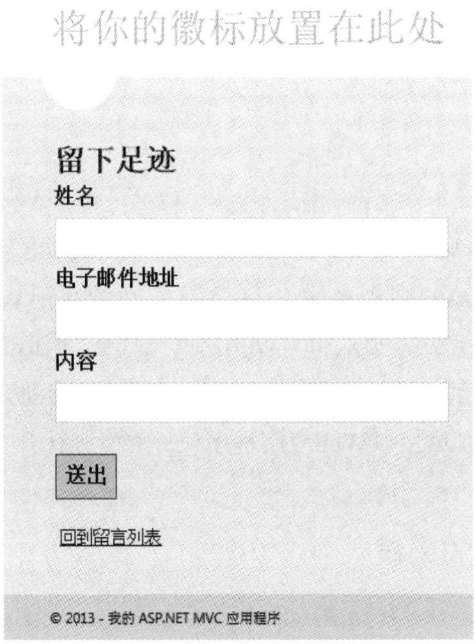

图 3-77　显示留下足迹的页面图标

最后我们选择“调试”→“启动调试”(或按F5键)命令运行网站，确认ASP.NET MVC网站都能够正确无误地运作。

3.4　学习 MVC 的注意事项

以下将为你介绍学习MVC的注意事项，对于熟悉以“网站项目”开发的人来说尤其重要，了解不同的项目类型与这些注意事项，将有助于你更容易驾驭ASP.NET MVC。

3.4.1　了解不同的项目类型

从ASP.NET 2.0开始，Visual Studio针对网站开发的部分就区分了两种不同的项目类型，一个是**网站项目** (Website Project)，另一个是**Web应用程序项目**(Web Application Project)，如图3-78所示，两者最大的差别在于网站项目采用动态编译的架构运作，虽然可以通过预先编译的方式发布网站，但在Visual Studio中**开发网站**时，所有的程序代码都是随时在动态编译的，例如，你只要编辑并保存App_Code目录下的类别或强型别数据集，就会导致整个网站项目在后台重新编译，有时候甚至会阻碍你在Visual Studio中的操作，如果项目规模变大，就很容易降低开发速度。

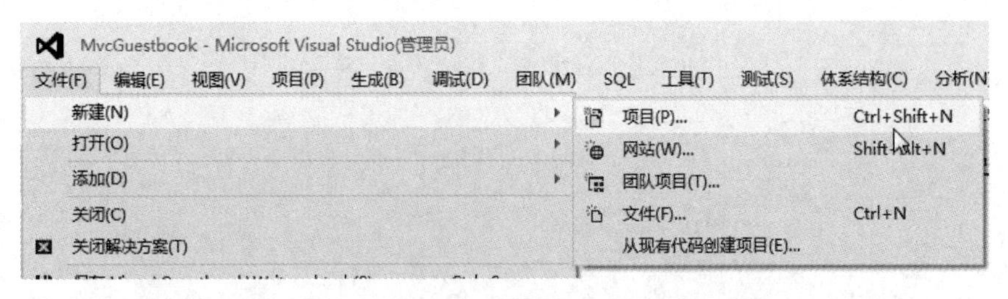

图 3-78 在 Visual Studio 2012 中有“网站”与“项目”两种不同类型，相差甚大

而到了ASP.NET MVC则被要求项目类型最好能利用**Web应用程序项目**(Web Application Project)进行开发，虽然也可以利用网站项目(Website Project)开发ASP.NET MVC网站，但却无法利用Visual Studio的一些自动化功能辅助开发ASP.NET MVC网站了，所以，还是建议读者尽量以**Web应用程序**项目类型进行开发。

3.4.2 初学者常犯的错误

对于习惯项目类型为“**网站项目**”的开发人员来说，当程序更改保存后，即可直接切换至浏览器来进行测试。但由于ASP.NET MVC需要以**Web应用程序**项目类型开发，所以，每当程序更改之后都要先手动**生成**(Build)项目才会将修改的结果编译进bin目录下的组件，这时才可以切换到浏览器进行测试，否则做的所有更改不会反映到页面上，这是最常犯的错误，如图3-79所示。

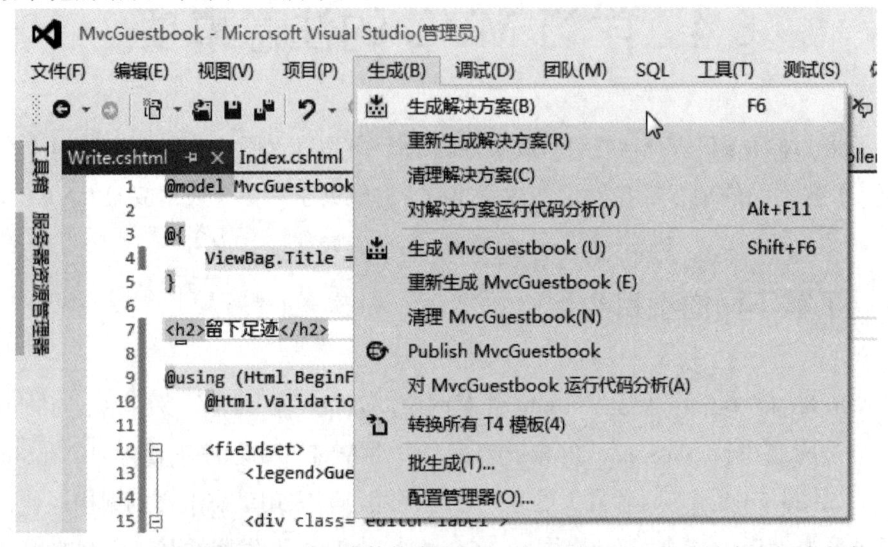

图 3-79 每次修改完 Controller 或其他类别档之后，记得要按下 F6 键生成解决方案

3.4.3　小心使用 Request 与 Response 对象

虽然在控制器(Controller)里还是可以访问到Request对象，但对于从客户端传来的QueryString或Form数据，建议不要通过Request对象取得，以免使ASP.NET MVC项目难以维护。使用ASP.NET MVC标准的数据模型绑定(Model Binder)才是王道！

Response物件也是早期ASP与ASP.NET Web Forms中常用的对象，在Controller里也是建议“尽量不要使用”，尤其是用来响应网页属性更是要不得，不过有规定就有例外，只能提醒各位尽量不要这样用，但并非不能使用，例如你自行开发CAPTCHA图片验证功能，就可能会需要通过Response对象响应动态运算过的图片，这时就可以使用。

3.4.4　不要在检视中撰写过多的程序逻辑

我们在开发ASP.NET MVC中的检视(View)时，一定要尽可能地让逻辑简单化，不要写过多的商业逻辑在程序里，让检视专心做检视该做的事，这样才得到**关注点分离**(SoC)的最大效益，慢慢地你就会感受到ASP.NET MVC的无穷魅力。笔者的公司许多开发ASP.NET MVC的同事都有相见恨晚的感觉，当你的网站越来越大，照着ASP.NET MVC的核心精神来开发项目，就会让项目越来越好维护。

3.5　总　结

恭喜你！你的第一个ASP.NET MVC网站终于开发完成，虽然这个留言板不尽完美，还有许多要改进的地方，但对初学者来说，应该可以感受到ASP.NET MVC实务的开发流程，以及Visual Studio 2012开发工具带来的开发效率提升，并且了解了ASP.NET MVC许多重要的功能与特性，至于比较细部的技术解说将在“第2篇　技术讲解篇”中有更深入的分析。

读书笔记

第2篇　技术讲解篇

接下来，我们将讲解ASP.NET MVC最重要的核心技术，带领大家了解ASP.NET MVC的开发架构、生命周期与各种技术细节。在本篇的各项技术讲解中，会有大量精简的演示，让大家在阅读的过程中也能够不断实作与测试，慢慢培养对ASP.NET MVC的感受。

本篇将包括五个章节。

第4章：Routing与ASP.NET MVC生命周期

若想要掌握ASP.NET MVC，最重要的是了解网址路由(Routing)与运行生命周期的重要观念。网址路由在ASP.NET MVC有两个目的，第一个是比对通过浏览器传来的HTTP要求，并对应到适当的Controller与Action进行处理；另一个目的则是决定ASP.NET MVC应该输出什么样的网址响应给浏览器。虽然跳过本章仍然可以成功建置ASP.NET MVC网站，但了解它能帮助你理解ASP.NET MVC运行时的先后顺序，进而减少犯错的机会。

第5章：Model相关技术

在ASP.NET MVC开发的过程中，通常Model(模型)是整个项目首要开发的部分，所有需要数据访问的地方都需依赖Model提供服务。本章将从最基本的ORM观念讲起，介绍Visual Studio 2012内建的SQL Server 2012 Express LocalDB数据库，以及学习如何使用Entity Framework Code First快速创建数据模型，并利用Code First数据库迁移功能简化数据库操作的复杂度。最后还会介绍如何手动创建检视模型(View Model)，并通过部分类别的扩充达到基本的字段验证。

第6章：Controller相关技术

ASP.NET MVC的核心就是Controller(控制器)，负责处理浏览器传来的所有要求，并决定响应的属性，但Controller并不负责如何显示属性，仅响应特定形态的属性给ASP.NET MVC框架，而View才是决定响应属性的重要角色。本章也将会应用到第2章所提及的“关注点分离”、“以习惯替换配置”、“不要重复你自己”等观念，让你迈入ASP.NET MVC的殿堂，发现ASP.NET MVC的核心之美。

第7章：View数据呈现相关技术

View负责数据的呈现，所有呈现数据的逻辑都会由View来控管，不过，View开发应该是整个ASP.NET MVC项目最花时间的，因为与显示逻辑相关的技术五花八门，本章将会介绍许多ASP.NET MVC里内建的View开发技术，以迅速解决各种复杂的开发情境。此外，从ASP.NET MVC 3开始新增的Razor语法，是一种有别于常规ASP.NET Web Form的全新撰写风格，在本章也会详加阐述所有细节，让读者能在最短的时间内学会这个崭新、优异的Razor语法。

第8章：Area(区域)相关技术

将介绍如何利用ASP.NET MVC的Area(区域)机制，协助你架构较为大型的项目，让独立性高的功能独立成一个ASP.NET MVC子网站，以降低网站与网站之间的耦合性，也可以通过Area的切割让多人同时开发同个项目时，减少互相冲突的机会。

第4章　Routing与ASP.NET MVC生命周期

本章将介绍网址路由与ASP.NET MVC运行生命周期的重要观念。要想充分掌握ASP.NET MVC，千万别小看本章的重要性，虽然跳过本章还是能写出看起来不错的ASP.NET MVC网站，但了解它能帮助我们理解ASP.NET MVC运行时的先后顺序，进而减少犯错误的机会。

4.1　Routing——网址路由

网址路由(Routing)在ASP.NET MVC中有两个主要目的，分别是比对通过浏览器传来的HTTP要求与响应适当的网址给浏览器，分别描述如下。

4.1.1　比对通过浏览器传来的 HTTP 要求

这个部分是为了能让客户端对ASP.NET网站进行要求时，能够通过网址路由查找适当的HttpHandler来处理网页，大致流程如图4-1所示。

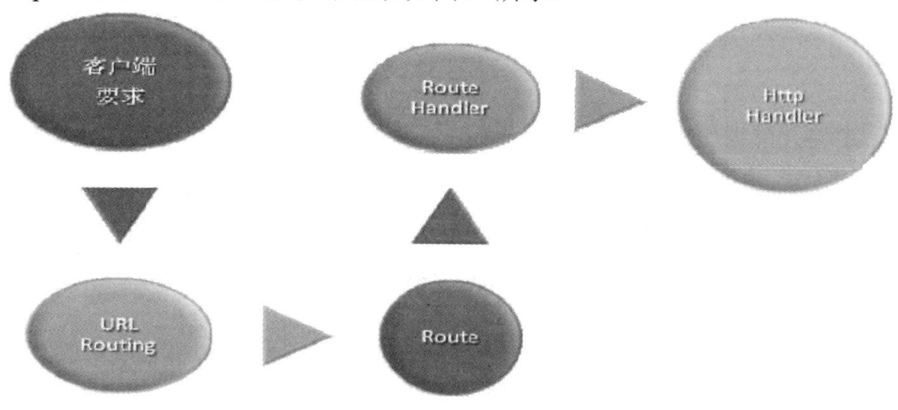

图 4-1　客户端对 ASP.NET 网站进行要求的流程图

如果HttpHandler是由MvcHandler来处理，那么这时就会进入ASP.NET MVC的运行生命周期，并且会查找适当的Controller与Action进行处理，并适当地响应消息给客户端。

如果用比较浅显易懂的例子来帮助，所谓的“网址路由”在“比对通过浏览器传来的HTTP要求”时是这样运作的：首先，你先将默认项目模板的ASP.NET MVC项目给运行起来，单击页面右上角的“关于”链连，如图4-2所示。

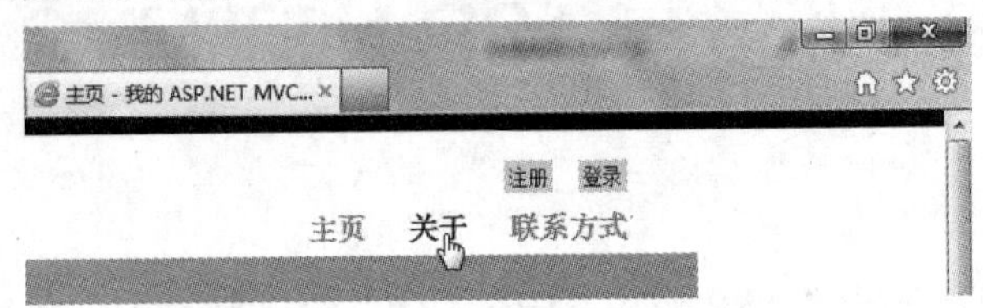

图 4-2 单击“关于”链连进入此页面

接着会打开“关于”页面，如图4-3所示。

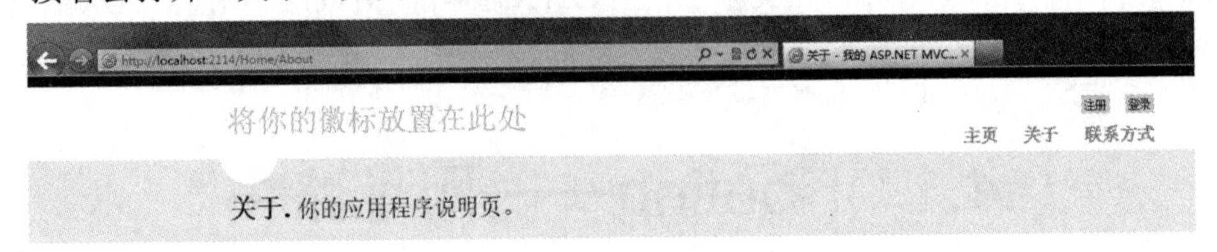

图 4-3 显示“关于”页面，其网址为 http://localhost:2114/Home/About

此时，浏览器的网址列出现的URL路径会变成以下，我们要特别注意的部分在于“URL路径”这部分：

```
http://localhost:2114/Home/About
```

这个单击链接的动作，事实上会让浏览器将URL转换成一个HTTP要求的封包，并且由浏览器发出HTTP要求到服务器上，这时会先由IIS接收到这个HTTP封包，然后再转交给网址路由模块负责决定要将此HTTP要求交由哪个HttpHandler处理。在这个例子中，当然是转交给MvcHandler处理，接着才会进入ASP.NET MVC的运行生命周期。运行细节我们在本章稍后会提到。

4.1.2 响应适当的网址给浏览器

网址路由的另一个重要功能是决定ASP.NET MVC应该输出什么样的网址响应给浏览器，我们在“第3章 新手上路初体验”已经知道，所有的网页呈现都会将程序代码撰写在View页面里，这其中当然包括所有出现在View里的超链接。

我们以如下代码段为例：

```
@Html.ActionLink("关于", "About", "Home")
```

这段 @Html.ActionLink函数将会输出以下HTML超链接：

```
<a href="/Home/About">关于</a>
```

在ASP.NET MVC的View生成这段超链接与网址路由的规则定义息息相关，而生成这段HTML超链接的过程，我们也会在本章稍后作介绍。

4.1.3　默认网址路由属性解说

在“第3章 新手上路初体验”中我们已经知道ASP.NET MVC 4默认的网址路由规则定义在App_Start\RouteConfig.cs文档里，以下将详细解说每一个部分的程序代码。请先参考图4-4标号的部分。

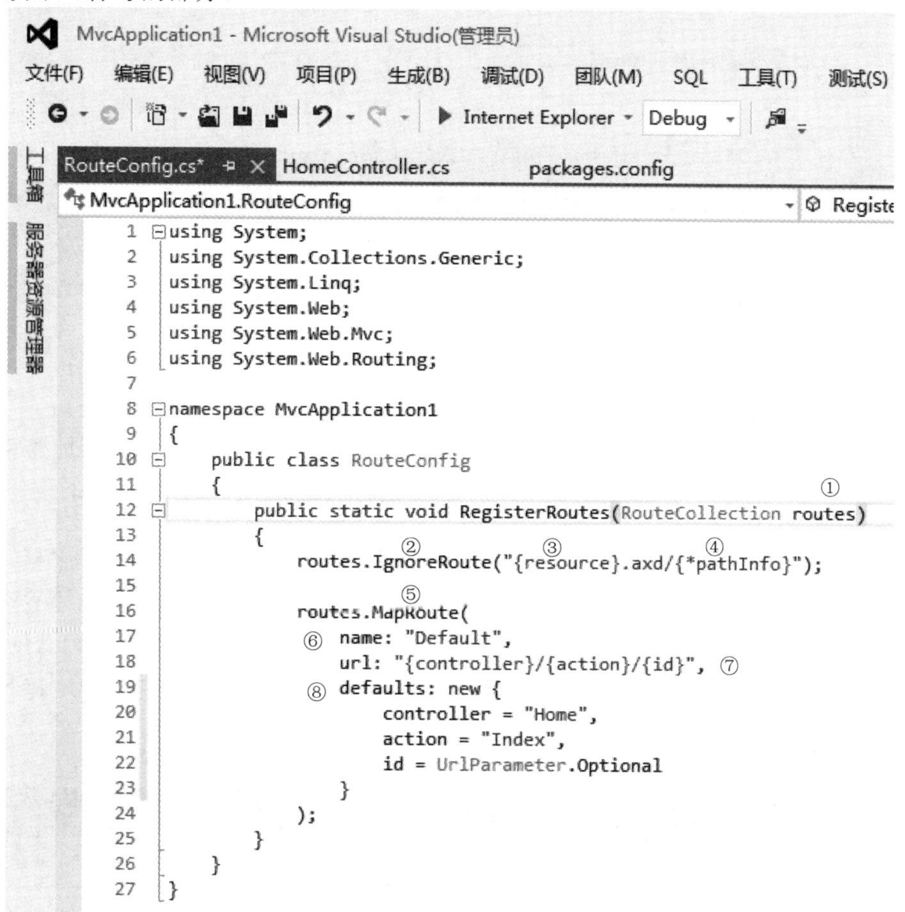

图 4-4　ASP.NET MVC 4 项目模板中默认的路由规则定义

图4-4中的标号介绍如下。

①所有ASP.NET Web应用程序运行的入口点就在HttpApplication的Application_Start()

事件，其中RouteTable.Routes是一个**公开的静态对象**，用来保存所有网址路由的规则集(RouteCollection)，在ASP.NET MVC里会从Global.asax的Application_Start()事件加上以下行，将RouteTable.Routes变量传入RouteConfig.RegisterRoutes静态方法：

```
RouteConfig.RegisterRoutes(RouteTable.Routes);
```

代码段则如下：

```
// 注意：有关启用 IIS6 或 IIS7 经典模式的说明，
// 请访问 http://go.microsoft.com/?LinkId=9394801
public class MvcApplication : System.Web.HttpApplication
{
    protected void Application_Start()
    {
        AreaRegistration.RegisterAllAreas();

        WebApiConfig.Register(GlobalConfiguration.Configuration);
        FilterConfig.RegisterGlobalFilters(GlobalFilters.Filters);
        RouteConfig.RegisterRoutes(RouteTable.Routes);
        BundleConfig.RegisterBundles(BundleTable.Bundles);
    }
}
```

②在默认RegisterRoutes方法中的IgnoreRoute，是用来定义**不要通过网址路由处理的网址**，该方法的第一个参数就是设置“不要通过网址路由处理的URL样式”。

这里所谓的“不要通过网址路由处理”，其代表的意义就是：如果今天从客户端浏览器传送过来的网址在这一条规则比对成功，那么就不会再通过网址路由继续比对下去，而这些被忽略的HTTP要求，将会改由IIS的其他HTTP模块(HttpModules)进行处理，并且这些要求也不再与ASP.NET MVC相关，所以也不会进入ASP.NET MVC运行生命周期。

TIPS

IgnoreRoute与MapRoute扩充方法是ASP.NET MVC(System.Web.Mvc)的一部分。

③在IgnoreRoute方法中第一个参数里的{resource}代表一个RouteValue路由变量，其路由变量的名称为resource，但在这里取任何名字都可以，因为这只是代表一个变量空间(PlaceHolder)而已，总之就是代表一个“位置”，可以放置一个用不到的变量。

而{resource}.axd代表的意思就是：所有*.axd文档网址，在ASP.NET里有许多内建的HttpHandler(大多在ASP.NET Web Form里会用到)，所有*.axd结尾的网址通常都代表着其中一个HttpHandler，例如我们在ASP.NET Web Form常用的WebResource.axd就是其中一个常见的HttpHandler。为了不让ASP.NET MVC把这些*.axd的HttpHandler也被视为是ASP.NET MVC来运行，所以必须加上这条IgnoreRoute规则，将其排除在ASP.NET MVC运行生命周期之外。

④在IgnoreRoute方法中第一个参数里的{*pathInfo}也是一个RouteValue路由变量，其名称为pathInfo，但名称前面的星号(*)代表CatchAll(抓到全部)的意思，这个名为pathInfo的RouteValue会是完整的路径信息(PATH INFO)除标号③比对到的网址。

最后再重新看一遍这条URL样式：

```
{resource}.axd/{*pathInfo}
```

这条IgnoreRoute的网址路由规则所定义的URL样式所代表的就是：只要网址出现任何.axd结尾的网址，而且在该网址后面出现任何路径，都会被视为跳过网址路由的网址。

举个例子来说，若网址是/WebResource.axd/a/b/c/d的话，{resource}.axd就会比对到WebResource.axd这个路由值，而{*pathInfo}得到的路由值将会是a/b/c/d，如果{*pathInfo}没加上星号的话(例如{pathInfo})，那么，该 pathInfo路由值就会等于a。而在这里其实取任何名字都可以，因为这只是代表一个变量的位置而已。

⑤MapRoute则是最常用来定义网址路由的扩充方法，在Visual Studio 2012里的ASP.NET MVC 4项目模板中，跟以往不太一样的地方就是这个MapRoute方法指定参数的方式，已经改用C# 4.0所定义的“具名参数”语法，也代表着程序代码的可读性比以前更高了。

TIPS

C#也越来越像VB.NET，具名参数与选用参数这两个功能在VB.NET里老早就有了，但C#一直到C# 4.0版本才添加，添加这个特性后，以后在使用方法时就不用选择那么多overload方法，而且调用方法也变得非常直观与方便，参数可以设置默认值，且不用每个参数都传入。如果你用C#写过Office Automation的程序就知道为什么选用参数有多棒了！[①]

以下是C#具名参数与选用参数的演示程序：

```
//声明一个M方法，其中第二、第三个参数是包含默认值的选用参数
public void M(int x, int y = 5, int z = 7);
// 声明方法与调用方法与JavaScript简直如出一辙
M(1, 2, 3);      //标准调用法
```

[①] 注：选用参数也是 JavaScript 的特性之一，所以 C#与 JavaScript 也越来越像了。

```
M(1, 2);          //忽略z参数，等同于调用 M(1, 2, 7)因为z的默认值为7
M(1);             //忽略y与z参数，等同于调用M(1,5,7)
C# 4.0虽然支持具名参数与选用参数，不过不允许你这样写：
M(1, , 3);        //C# 4.0不允许忽略参数传入
C# 4.0具名参数与选用参数的语法如下：
M(1, z: 3);       //想忽略第二个参数，那第三个参数就用具名参数的写法
M(x: 1, z: 3);    //也可全部都用具名参数的写法
M(z: 3, x: 1);    //传入具名参数是不需考虑顺序的
```

⑥name参数定义Route名称，在此为“Default”。

⑦url具名参数定义URL样式与每个路径段落(PathSegment)的RouteValue参数名称，在这里，我们的URL样式如下：

```
{controller}/{action}/{id}
```

意思是说，我们在这里定义的URL样式包含三个路由参数，分别命名为controller、action与id。如果输入的网址路径是/Home/About/123的话，那么controller的路由值就是Home，action的路由值是About，而id的路由值就是123。

> **NOTES**
>
> 该 URL 样式不能以斜线(/)开头。

⑧defaults具名参数定义各**RouteValue路由参数的默认值**，当网址路由比对不到HTTP要求的网址时，会先尝试带入这里定义的默认值，然后再进一步比对是否有符合的Controller与Action可以运行。

4.2 HTTP 要求的 URL 如何对应网址路由

由于我们默认定义了两个网址路由，按照ASP.NET Routing的规则，当HTTP要求进来时，要求的URL会进行网址路由的比对，而且是由上而下一条一条地比对，直到发现符合的网址格式才停止比对。

4.2.1 网址路由演示

以下再多举几个网址的例子，让读者能对URL与Routing创建更多的关联。

1．演示一：http://localhost/Trace.axd/a/b/c/d/e

NOTES

所有网址都是从 http://localhost/之后开始比对，我们称为“网址路径”！

(1)比对顺序：

比对routes.IgnoreRoute的{resource}.axd/{*pathInfo}网址格式。

{resource}.axd首先比对到Trace.axd，因此继续比对下一个RouteValue。

接着比对{*pathInfo}，得到a/b/c/d/e。

因为所有的RouteValue都比对成功，所以这一次的HTTP要求会由此网址路由提供服务。

(2)比对结果：

该网址以routes.IgnoreRoute扩充方法进行比对成功，因此，Routing模块不会将本次HTTP要求丢给ASP.NET MVC运行，而是将HTTP重新交还给IIS的其他HTTP模块处理此要求。

2．演示二：http://localhost/Trace.axd

(1)比对顺序：

比对routes.IgnoreRoute的{resource}.axd/{*pathInfo}网址格式。

{resource}.axd首先比对到Trace.axd，因此继续比对下一个RouteValue。

接着比对{*pathInfo}，由于要求的网址已经无数据，一般不会比对到任何数据，但由于{*pathInfo}属于特殊的CatchAll(抓到全部)，此语法会比对包括“空字符串”，所以这个部分也算比对成功，只是{*patchInfo}最后得到的路由值是空字符串而已。

因为所有的RouteValue都比对成功，所以这一次的HTTP要求会由此网址路由提供服务。

(2)比对结果：

该网址以routes.IgnoreRoute扩充方法进行比对成功，因此，Routing模块不会将本次HTTP要求丢给ASP.NET MVC运行，而是将HTTP重新交还给IIS的其他HTTP模块处理此要求。

3．演示三：http://localhost/Member/Detail?id=123

(1)比对顺序：

比对routes.IgnoreRoute的{resource}.axd/{*pathInfo}网址格式。

先比对要求URL的第一个部分为Member，并没有比对到{resource}.axd，所以比对失败。

接着跳到下一段routes.MapRoute的{controller}/{action}/{id}网址格式。

先比对要求URL的第一个部分为Member，并且比对到{controller}。

接着比对要求URL的第二个部分为Detail，并且比对到{action}。

接着的?id=123就不算网址路径的一部分了，而属于QueryString的范围，但QueryString并不算在网址路由之中，所以不会算进RouteValue中。

因为所有网址路径的路径段落(PathSegment)已经比对完毕，所以剩下的{id}没比对到，在比对不成功之后，网址路由会自动读取default具名参数里的设置，也就是取得id路由参数的默认值UrlParameter.Optional，所以最后比对的结果是{id}比对成功。

因为所有的RouteValue都比对成功，所以这一次的HTTP要求会由此网址路由提供服务。

(2)比对结果：

该网址以routes.MapRoute扩充方法进行比对成功，因此，Routing模块将会把此次HTTP要求委托给MvcHandler负责处理，而MvcHandler会通过当前已经取得的RouteValue路由参数查找对应的Controller与Action来运行程序，所以此时就会跑去运行MemberController控制器中的Detail动作。

NOTES

在"URL 样式"的地方出现的所有路由参数，都是"必要的"参数，必须完全符合才算是比对成功，比对失败就会跳至下一条网址路由规则继续比对，但如果所有路由规则都比对失败的话，那么，这次的 HTTP 要求就会交由 IIS 的其他 HTTP 模块负责处理。

在了解ASP.NET MVC默认的网址路由定义后，至少让你能看懂每一个重要部位所代表的意思，让你不再对网址路由感觉陌生。

4.2.2 替网址路由加上路由值的条件约束

MapRoute是最常用来定义网址路由规则的扩充方法，其实它有许多使用的方式(多载)，实务上我们也常用constraints这个具名参数替路由值加上一些条件约束，这些条件约束是以.NET Framework正则表达式为格式，通过正则表达式来验证路由值的属性是否符合该样式。我们以下列网址路由为例：

```
routes.MapRoute(
    name: "Default",
    url: "{controller}/{action}/{id}",
    defaults: new {
```

```
            controller = "Home",
            action = "Index",
            id = UrlParameter.Optional
        },
        // 加上路由值的条件约束
        constraints: new {
            id = @"\d+"
        }
    );
```

我们在MapRoute加上了第四个constraints具名参数，该参数指定了一个匿名对象，其中有个id属性就是比对{id}路由值的限制条件，其限制条件是以正则表达式(Regular Expression)来表示，而\d+就代表着{id}路由值的属性必须全为“数字”才能算比对成功，而这就是路由值的条件约束。

若你的网址路径改为/Member/Index/123ABC时，由于比对到{id}时所得到的RouteValue是"123ABC"，网址路由在最后进行条件约束检查时，就会出现检查失败的情况，也代表着这次的网址路由算是比对失败的！

> **NOTES**
>
> 这里定义的正则表达式默认是“完全比对”，如果你定义的样式为\d+，实际上在比对的时候会被转换成^\d+$进行比对。

4.3　网址路由如何在 ASP.NET MVC 中生成网址

到目前为止，读者应该已经了解URL是如何比对网址路由，这是网址路由其中一个主要目的，而另一个主要目的是在Controller或View中依据网址路由定义生成适当的网址。

通常我们会使用HTML Helper来生成网址，而这部分将留到“第7章　View数据呈现相关技术”再详细介绍。在此会先介绍如何使用RouteTable.Routes.GetVirtualPath静态方法取得ASP.NET MVC里面动态生成的网址。

基本上，使用RouteTable.Routes.GetVirtualPath取得路径是ASP.NET MVC核心在做的事，算是比较艰深的用法，但有时候我们还是有机会用到，尤其是用在自定义Route

路由类别的时候。

我们先以默认的ASP.NET MVC项目模板进行测试，请打开http://localhost/Home/About网址，相信你到现在应该很清楚它会运行HomeController控制器中的About动作，而此要求所得到的路由值(RouteValue)分别如表4-1所示。

表 4-1 根据要求得到的路由值

路由参数	路 由 值
Controller	Home
action	About
id	UrlParameter.Optional

而我们在/Views/Home/About.cshtml检视页面加上以下程序代码：

```
@RouteTable.Routes.GetVirtualPath(
    Request.RequestContext,
    new RouteValueDictionary(new {page = 1})
).VirtualPath
```

可以看到RouteTable.Routes.GetVirtualPath的第一个参数为Request.RequestContext，它会传入现有的要求数据，其中包括RouteValue、QueryString与其他从客户端传来的所有HTTP要求数据，在第二个参数多传入了一个RouteValueDictionary物件，并设置一个名为page的路由参数与路由值，所以最后在生成网址之前，ASP.NET MVC会先合并出一个新的路由值，如表4-2所示。

表 4-2 合并出的新的路由值

路由参数	路 由 值
Controller	Home
Action	About
Id	UrlParameter.Optional
Page	1

最后，ASP.NET MVC会拿这份新的路由值，由上而下一一比对网址路由表(RouteTable)中所有注册的路由规则来选出最适合的路由规则，并生成适当的网址。

拿以下路由规则来说，在URL具名参数里定义了三个路由参数，而我们当前得到的四个路由值中，有三个路由值完全符合定义，所以，这一条网址路由会比对成功，并且以此路由定义好的格式生成网址：

```
routes.MapRoute(
    name: "Default",
```

```
        url: "{controller}/{action}/{id}",
        defaults: new {
            controller = "Home",
            action = "Index",
            id = UrlParameter.Optional
        }
    );
```

由于page并非网址路由的路由参数之一，所以，被新增进来的page参数在ASP.NET MVC中会被自动换成QueryString参数的一部分。最后页面输出的结果如下：

```
/Home/About?page=1
```

再举一个更复杂的例子。现在我们有两条网址路由规则，第一条网址路由规则如下：

```
    routes.MapRoute(
        name: "Member",
        url: "Member/{action}/{page}",
        defaults: new {
            controller = "MemberCenter",
            action = "List"
        },
        constraints: new {
            action = @"Index|List|Detail",
            page = @"\d+"
        }
    );

    routes.MapRoute(
        name: "Default",
        url: "{controller}/{action}/{id}",
        defaults: new {
            controller = "Home",
            action = "Index",
            id = UrlParameter.Optional
        }
    );
```

我们在/Views/Home/About.cshtml检视页面，加上以下程序代码：

```
@RouteTable.Routes.GetVirtualPath(
    Request.RequestContext,
    new RouteValueDictionary(new {
        controller = "MemberCenter",
        action = "Detail"
    })
).VirtualPath
```

首先，当我们链接到/Home/About网址路径时，ASP.NET MVC在显示页面之前会先得到一个Request.RequestContext数据，而当下也会得到一组路由值，如表4-3所示。

表 4-3　得到的一组路由值

路由参数	路由值
Controller	Home
action	About
id	UrlParameter.Optional

当在运行@RouteTable.Routes.GetVirtualPath时，我们在第二个参数传入了controller与action路由参数，且controller的路由值为MemberCenter，而action路由值为Detail，最后在取得网址之前，会先合并出一个新的路由值，如表4-4所示。

表 4-4　合并出的新路由值

路由参数	路由值
Controller	MemberCenter
action	Detail
id	UrlParameter.Optional

ASP.NET MVC会拿这份新的路由值，由上而下一一比对网址路由表(RouteTable)中所有路由规则来选出最适合的路由规则，当比对到第一个规则时，其URL样式为：

```
Member/{action}/{page}
```

在URL具名参数里，由于Member是固定的路径段落，所以不算RouteValue的一部分，之后定义了两个路由参数，分别是{action}与{page}，而我们的路由表中当前只有controller、action与id而已，并没有page，此时，网址路由机制就会查看此网址路由规则是否包含default具名参数，而且default具名参数里是否有page路由参数的默认值，在这边的结果是没有，因此比对失败。

所以，ASP.NET MVC的网址路由机制并不会以该网址路由规则来生成网址，进而跳至下一条网址路由比对。最后比对的结果其实是用第二个Default规则来生成网址，结果如下：

```
/MemberCenter/Detail
```

如果更改/Views/Home/About.cshtml检视页面中的程序代码如下，多加上page参数：

```
@RouteTable.Routes.GetVirtualPath(
    Request.RequestContext,
    new RouteValueDictionary(new {
        controller = "MemberCenter",
        action = "Detail",
        page = "TEST"
    })
).VirtualPath
```

就会合并出一个新的路由表，如表4-5所示。

表 4-5　合并出的新的路由表

路由参数	路 由 值
Controller	MemberCenter
action	Detail
id	UrlParameter.Optional
page	TEST

在URL具名参数里，定义了两个路由参数，分别是{action}与{page}，而我们的路由表中当前已经有了controller、action、id与page这几个路由参数了，所有必要的路由参数已经全部符合，接着就会进一步比对路由值的条件约束。

虽然已定义了page的限制条件为@"\d+"，但当前我们得到的page路由值却是TEST，因为通过正规表达式比对发生失败，所以最后的比对结果还是失败了。

最后，ASP.NET MVC并不会以这个网址路由来生成网址，而是跳至下一条网址路由比对，最后我们比对的结果如下：

```
/MemberCenter/Detail?page=TEST
```

下面我们整理一下重点，使用RouteTable.Routes.GetVirtualPath来生成网址，大致会有以下判断依据。

- 第一个参数若带入 Request.RequestContext 可预先取得当前路由表中所有的路由参数与路由值，也可以传入 null 代表没有默认的路由值。

- 程序会以当前合并后的所有路由值去和网址路由表(RouteTable)一一比对所有规则，它会先比对所有“必要路由参数”部分，如果比对成功就会进一步检查“路由值的条件约束”是否符合。
- 如果“必要路由参数”部分找不到，就会去找“参数默认值”。如果“参数默认值”也找不到，就算比对失败。
- 如果上述完全比对成功，RouteTable.Routes.GetVirtualPath 就会以该网址路由定义的网址格式，来生成最终的网址。

图4-5所示是RouteTable.Routes.GetVirtualPath生成网址的完整判断流程图。

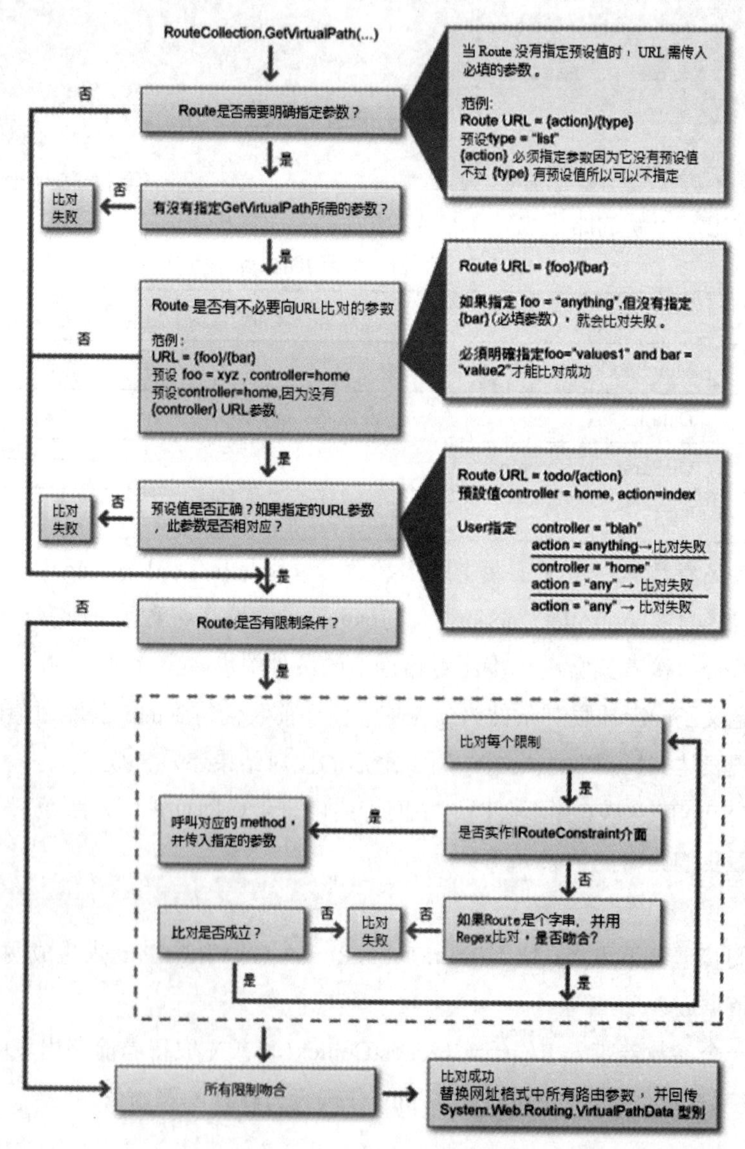

图 4-5　RouteTable.Routes.GetVirtualPath 生成网址的完整判断流程图

4.4　ASP.NET MVC 的运行生命周期

ASP.NET MVC的运行生命周期大致上分成三大过程，分别如下。

(1)网址路由比对。

(2)运行Controller与Action。

(3)运行View并回传结果。

以下是IIS接到HTTP要求后，如果通过Routing路由规则比对出是ASP.NET MVC要求的话，其完整的ASP.NET MVC运行过程图标如图4-6所示。

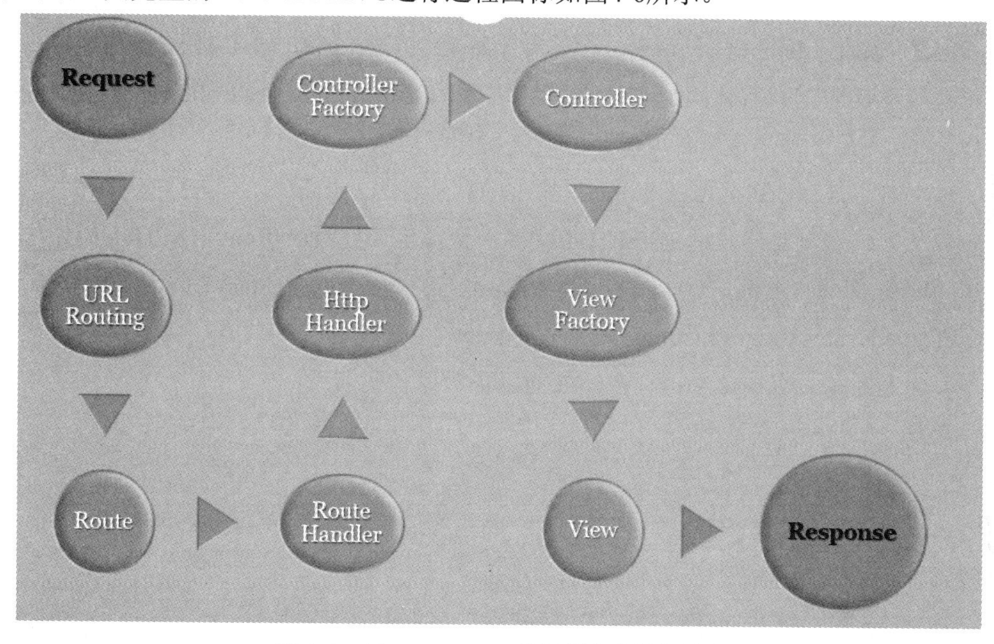

图 4-6　ASP.NET MVC 的运行生命周期过程

4.4.1　网址路由比对

当IIS收到HTTP要求后，会先通过UrlRoutingModule模块处理所有与网址路由有关的运算。默认情况下，如果该网址可以对应到相对于网站根目录下的实体文档，则不会通过ASP.NET MVC进行处理，而是直接交由IIS或ASP.NET运行。

ASP.NET MVC在比对网址路由时，有个默认的行为，就是当本次的网址路径能够在网站实体目录查找相对应的实体文档时，会自动略过所有网址路由比对。

例如以下网址：

```
http://localhost/Content/Site.css
```

由于在该网站根目录下有Content目录，而且Content目录内也正好有个Site.css文档，所以ASP.NET MVC不会将此网址解析成ContentController控制器与Site动作。

再举一个ASP.NET Web Form的例子，如下网址：

```
http://localhost/Member/Login.aspx
```

在这种情况下，如果该网站根目录下有Member目录存在，而且在Member目录下也有个Login.aspx实体文档存在的话，ASP.NET MVC依然不会套用UrlRouting模块，而是将流程的控制权交还给IIS，并由IIS交由下一个模块运行，在这里就会运行这个/Member/Login.aspx程序。

但是，如果/Member/Login.aspx程序并不存在，那么，ASP.NET MVC的网址路由就会正式启动比对，并且比对到上述网址路由后，运行MemberController控制器的Login动作。

以上这点是在UrlRoutingModule模块中的默认行为，如果想要改变这个比对行为，让所有从客户端浏览器发送到IIS的HTTP要求全部都要经过UrlRoutingModule模块进行路由规则判断的话，可以在Global.asax的Application_Start()事件最前面将RouteTable.Routes.RouteExistingFiles设置为true即可。如此一来，UrlRoutingModule模块就不会先判断是否有实体文档存在，如同以下程序代码演示：

```
public class MvcApplication : System.Web.HttpApplication
{
    protected void Application_Start()
    {
        RouteTable.Routes.RouteExistingFiles = true;

        AreaRegistration.RegisterAllAreas();

        WebApiConfig.Register(GlobalConfiguration.Configuration);
        FilterConfig.RegisterGlobalFilters(GlobalFilters.Filters);
        RouteConfig.RegisterRoutes(RouteTable.Routes);
        BundleConfig.RegisterBundles(BundleTable.Bundles);
        AuthConfig.RegisterAuth();
    }
}
```

设置完之后，该网站所有收到的HTTP要求都会以在RegisterRoutes定义的网址路由规则一一进行比对，如果比对成功，就会以ASP.NET MVC的行为进行处理，如果比对失败，就会将运行的权力交还给IIS负责。

NOTES

如果在 ASP.NET MVC 中是由 IgnoreRoute 扩充方法比对成功，这也会直接退出 ASP.NET MVC 的运行生命周期，将程序继续运行的权力交回给 IIS 负责，由 IIS 决定接下来应该由哪个模块(Module)或哪个处理程序对应(Handler)来运行。

在RegisterRoutes定义的网址路由规则一一进行比对时，事实上，在比对成功后，默认会交由MvcRouteHandler来决定该要求会给哪个HttpHandler来运行，而在ASP.NET MVC中默认则是交给MvcHandler来运行，如图4-7所示。

```
public class MvcRouteHandler : IRouteHandler
{
  // Methods
  protected virtual IHttpHandler GetHttpHandler(RequestContext requestContext)
  {
    return new MvcHandler(requestContext);
  }

  IHttpHandler IRouteHandler.GetHttpHandler(RequestContext requestContext)
  {
    return this.GetHttpHandler(requestContext);
  }
}
```

图 4-7　MvcRouteHandler 用来决定该要求会使用哪个 HttpHandler 来运行

图4-7中的MvcRouteHandler程序代码可以得知，若要自定义RouteHandler可以自行开发实作IRouteHandler界面的类别即可，可通过自定义的RouteHandler来决定通过网址路由比对的网址交给哪个HttpHandler运行。所以，你可以自定义RouteHandler与HttpHandler来扩充ASP.NET MVC网站。

4.4.2　运行 Controller 与 Action

当程序运行到MvcHandler之后，我们知道所有HttpHandler运行的入口点是ProcessRequest方法，MvcHandler类别的主要属性如下：

```
    protected virtual void ProcessRequest(HttpContext httpContext)
    {
        HttpContextBase httpContextBase = new
HttpContextWrapper(httpContext);
```

```
        ProcessRequest(httpContextBase);
    }
```

如果继续从ASP.NET MVC 4的源代码追踪下去，即可得知MvcHandler会通过ProcessRequestInit方法，再通过ControllerBuilder对象来取得一个IController与IControllerFactory对象：

```
    protected internal virtual void ProcessRequest(HttpContextBase
httpContext)
    {
        IController controller;
        IControllerFactory factory;
        ProcessRequestInit(httpContext, out controller, out factory);

        try
        {
            controller.Execute(RequestContext);
        }
        finally
        {
            factory.ReleaseController(controller);
        }
    }
```

以下是ProcessRequestInit的源代码，从程序中我们也可以发现，这里取得的IController对象是通过RequestContext，也就是通过路由值(RouteValue)决定的。

```
    private void ProcessRequestInit(HttpContextBase httpContext, out
IController controller, out IControllerFactory factory)
    {
        // If request validation has already been enabled, make it lazy.
This allows attributes like [HttpPost] (which looks
        // at Request.Form) to work correctly without triggering full
validation.
        // Tolerate null HttpContext for testing.
        HttpContext currentContext = HttpContext.Current;
        if (currentContext != null)
```

```
        {
            bool? isRequestValidationEnabled =
ValidationUtility.IsValidationEnabled(currentContext);
            if (isRequestValidationEnabled == true)
            {

ValidationUtility.EnableDynamicValidation(currentContext);
            }
        }

        AddVersionHeader(httpContext);
        RemoveOptionalRoutingParameters();

        // Get the controller type
        string controllerName =
RequestContext.RouteData.GetRequiredString("controller");

        // Instantiate the controller and call Execute
        factory = ControllerBuilder.GetControllerFactory();
        controller = factory.CreateController(RequestContext,
controllerName);
        if (controller == null)
        {
            throw new InvalidOperationException(
                String.Format(
                    CultureInfo.CurrentCulture,
                    MvcResources.ControllerBuilder_FactoryReturnedNull,
                    factory.GetType(),
                    controllerName));
        }
    }
```

TIPS

ASP.NET MVC 默认的 IControllerFactory 为 DefaultControllerFactory，你也可以自定义实作 IControllerFactory 界面的类别，用以扩充取得 Controller 的程序逻辑。一般来说，使用 IoC、DI 的人，都会通过自定义 IControllerFactory 来达到目的。

接着，回到ProcessRequest()方法，运行该Controller的Execute()方法，由于ASP.NET MVC默认所有在Controllers目录下的Controller都会继承System.Web.Mvc.Controller类别，而此System.Web.Mvc.Controller类别，又继承自System.Web.Mvc.ControllerBase类别，该类别下有Execute()方法，运行到过程的最后，会再调用System.Web.Mvc.Controller类别的ExecuteCore()方法：

```
protected virtual void Execute(RequestContext requestContext)
{
    if (requestContext == null)
    {
        throw new ArgumentNullException("requestContext");
    }
    if (requestContext.HttpContext == null)
    {
        throw new ArgumentException(MvcResources.ControllerBase
_CannotExecuteWithNullHttpContext, "requestContext");
    }

    VerifyExecuteCalledOnce();
    Initialize(requestContext);

    using (ScopeStorage.CreateTransientScope())
    {
        ExecuteCore();
    }
}
```

当运行System.Web.Mvc.Controller类别的ExecuteCore()方法时，同样会通过路由值(RouteValue)来决定要运行Controller里的哪个Action，如果从Controller类别中找不到Action可以运行时，就会运行HandleUnknownAction方法：

```
    protected override void ExecuteCore()
    {
        // If code in this method needs to be updated, please also check
the BeginExecuteCore() and
        // EndExecuteCore() methods of AsyncController to see if that code
also must be updated.

        PossiblyLoadTempData();
        try
        {
            string actionName = RouteData.GetRequiredString("action");
            if (!ActionInvoker.InvokeAction(ControllerContext,
actionName))
            {
                HandleUnknownAction(actionName);
            }
        }
        finally
        {
            PossiblySaveTempData();
        }
    }
```

TIPS

关于 HandleUnknownAction 的介绍可以参考第 6.3.1 节“找不到 Action 时的处理方式”的内容。

查找Action并运行之后，如果直接通过Response对象响应输出的话，就会直接将结果回传至客户端，不过在ASP.NET MVC开发框架里不提倡这样使用。此外，Action默认的响应型别是ActionResult，ActionResult型别是一个抽象型别，相关的细节会在第6章“Controller相关技术”介绍。

有个继承自ActionResult 的型别叫做ViewResult，如果该Action回传的型别为ViewResult的话，就还会有下一小节的流程要执行，否则就会通过实际继承自ActionResult的对象去运行结果并响应至客户端。

TIPS

当 Action 运行完毕回传 ActionResult 时，其实尚未真正运行回传的 ActionResult 对象(通常是 ViewResult 对象)，真正运行 ActionResult 对象的时间点是在 Action 运行完毕之后才运行的，千万不要认为在运行 Action 并运行 return View();的时候就已经将 ActionResult 运行完了。

4.4.3 运行 View 并回传结果

如果从Action回传的ActionResult对象为ViewResult的话，ASP.NET MVC会进一步调用实作IViewEngine界面的对象实体的FindView方法，以取得一个实作IView界面的对象实体，然后再调用IView对象实体的Render()方法响应HTML到客户端。

IViewEngine界面是能够扩充的，从ASP.NET MVC 3开始，默认内建两种ViewEngine，分别为System.Web.Mvc.WebFormViewEngine与System.Web.Mvc.RazorViewEngine，而且两种ViewEngine默认都是启用的。

在本书之后所有的演示都将以优异的RazorViewEngine为主要解说方向，其详细的属性可参考第7章“View相关技术”。

TIPS

除了 ASP.NET MVC 内建的两个 ViewEngine 之外，网络上还有许多现成的 ViewEngine 可用，例如，Spark View Engine、Brail、NDjango、NHaml、VelocityViewEngine (MvcContrib)、SharpTiles、StringTemplate View Engine MVC、XsltViewEngine (MvcContrib)等，不同的 ViewEngine 都有各自的特性与优缺点。但在实务上，我们还是尽量使用内建的 ViewEngine 比较简单些。

4.5 总　结

在“技术讲解篇”的开始就讲了这么多生硬的东西，除了网址路由非懂不可外，其他的部分就算看不懂也不用太担心，在大部分情况下，即使不了解这些知识也不会影响你开发出优秀的ASP.NET MVC网站，但如果日后需要深化ASP.NET MVC应用，是否拥有这些观念就非常重要了。

第 5 章　Model 相关技术

在开发应用程序的过程中，经常需要处理许多大大小小的数据，例如，SQL Server数据库存取、连接AD (Active Directory)数据库进行验证、调用外部Web Service取得数据等。除了访问数据外，也经常需要对数据做格式验证、逻辑验证，等等。当然，在开发ASP.NET MVC的时候也不例外，习惯上，我们大多会先在数据库中定义好数据结构(Schema)，然后到Model中撰写数据访问的程序代码，最后再到Controller里使用这些工具类别以取得或写入数据，这些就是Model相关技术的范畴。但不仅仅如此而已！

NOTES

本书将会专注在 Entity Framework 这套 ORM 的开发技术上。

5.1　关于 Model 的责任

在ASP.NE TMVC中，Model负责所有与“数据”有关的任务。所以，不管是Controller或是View，都会参考到Model里定义的所有数据型态，或是用到Model里定义的一些数据操作方法，例如，新增、删除、更改、查询等。

在Model里的程序，由于“只能”跟数据与商业逻辑有关，所以就不负责处理所有与数据处理无关的事，或是用来控制网站的运行流程等，而是专注于如何有效率地提供数据访问机制、交易环境、数据格式验证、商业逻辑验证等工作。

由于Model的独立性非常高，如果你在一个Visual Studio方案中，有多个要开发的项目，比如有时我们会将Model独立成一个项目，让此Model项目共享于不同的项目之间，如图5-1所示。

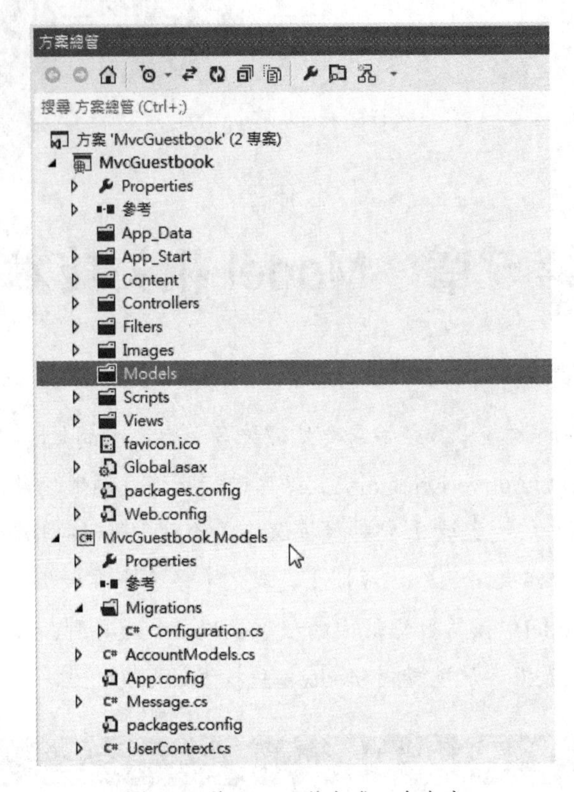

图 5-1　将 Model 独立成一个专案

5.2　开发 Model 的基本观念

当采用ASP.NET MVC框架时，虽然在Model层的开发技术繁多，而且ASP.NET MVC也保留了许多弹性，让各个不同的数据访问技术都能跟ASP.NET MVC集成。不过，若要充分发挥ASP.NET MVC快速开发的优势，还是建议读者在Model层采用ORM信息访问技术来开发，例如，LINQ to SQL、Entity Framework、NHibernate、Telerik OpenAccess ORM等。

5.2.1　何谓 ORM

ORM的全名是Object Relational Mapping，中文翻译为“对象关系映射”，是一种编程技术，用于实现面向对象程序语言里，不同型别系统之间的数据转换。通常在实务的应用上，大多数情况都会应用在数据库与面向对象程序之间的型别转换，例如，SQL Server中的关系型数据与.NET型别对象之间的转换等。

换句话说，ORM是将结构化的关系型数据，映射成面向对象模型。如果以Entity Framework来说，就是试图将关系数据库的各种数据转换成.NET原生对象，或是将.NET具有型别的对象数据转换成关系型数据。

使用ORM开发技术跟常规使用ADO.NET开发技术最大的差异，就在于操作“数据”的方便性与弹性。以往在使用ADO.NET开发数据访问程序时，开发人员通常必须先了解完整的数据库操作方法，才能顺利地从数据库取得数据，或是将对象的数据保存到数据库中。

例如，要撰写操作SQL Server数据库中的数据，就必须先学习T-SQL的使用方式；若要操作Oracle数据库中的数据，也必须先学习Oracle的SQL查询语法。学会之后还要学习各式ADO.NET的标准API，才能知道如何正确地与数据库交互，明白是要进行查询数据、更新数据、新增数据还是删除数据等。不同的数据库，在设计逻辑与SQL语法上都会有些小差异，而导致开发数据访问的程序代码缺乏效率。如此一来，也有违“关注点分离”的特性，若是套用“关注点分离”特性，照理说在开发.NET应用程序时，应该专注在对象的操作上，而非数据库数据的处理，当采用ORM开发技术后，便可以帮助我们达到这个目的。

采用ORM开发技术后，你可以想象如图5-2的架构，当我们的.NET应用程序试图要读取关系数据库中的数据时，只要针对ORM框架中的模型定义(对象)读取数据，剩下的工作便可由ORM框架帮我们完成，让ORM框架处理复杂的数据访问指令后，直接回传.NET应用程序所要求的数据，而且回传的数据是以对象的型态回传给.NET应用程序，如此一来，.NET应用程序便可完全隔离在关系数据库的操作之外，专心处理对象的变化即可。

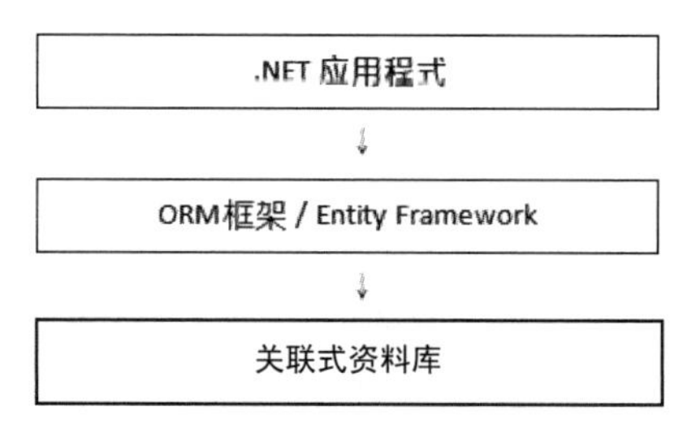

图 5-2　ORM 数据访问架构

NOTES

Entity Framework 是建构在 ADO.NET 数据提供者模型之上，也就是说，只要.NET 运行环境能够使用 ADO.NET 连接数据库，Entity Framework 便能顺利支持，在.NET 运行环境下默认已经支持 SQL Server 2005 以上版本，如果要支持其他如 Oracle、

MySQL、SQLite、PostgreSQL 等各式各样的关系数据库基本上也是没问题的，只要操作出相对应的 Entity Framework 数据提供者即可。

在微软 MSDN Code Gallery 网站也提供了一份完整的演示程序，告诉你如何自行操作 Entity Framework 数据提供者，有兴趣的读者可以到以下网址下载源代码回来研读。

Entity Framework Sample Provider (SQL: Server)

http://code.msdn.microsoft.com/Entity-Framework-Sample-6a9801d0

除此之外，微软也提供了 Entity Framework Provider for Oracle 的演示程序，需要的人也可下载回去研究，以下是下载链连：

Sample Entity Framework Provider for Oracle:

http://archive.msdn.microsoft.com/EFOracleProvider

在微软的 MSDN 网站上公布了一份支持各数据库 ADO.NET Data Providers 列表，如在生产环境需用的话建议参考以下页面列出的 ADO.NET Data Providers 进行安装设置。

ADO.NET Data Providers:

http://msdn.microsoft.com/en-us/data/dd363565.aspx

5.2.2 数据库开发模式

采用Entity Framework或其他ORM开发技术，有时还可区分为三种不同的开发模式，分别是数据库优先开发模式(Database First Development)、模型优先开发模式(Model First Development)、程序代码优先开发模式(Code First Development)。下面先来介绍几个不同的数据库开发模式。

1. 数据库优先开发模式

顾名思义，数据库优先开发模式就是先针对数据库进行设计，以数据库里定义的数据结构(Schema)为主。当应用程序在开发的时候，必须依据数据库的结构设计来进行开发，使用的ORM框架必须能够依据数据库结构设计生成相应的对象模型，才能提供给应用程序来使用。

2. 模型优先开发模式

模型优先开发模式是指先在ORM架构中创建对象模型，让应用程序能够依据这些对象模型进行开发。需要实际访问数据库时，只要通过Entity Framework数据提供者的协助，动态生成相应的SQL语法，即可创建出完整的数据库。

一般来说，支持模型优先开发模式的ORM框架，都会有相对应的程序代码生成技术，在模型被创建的同时自动生成相对应的程序代码。以Entity Framework为例，在搭配Visual Studio的帮助下，即可通过Entity Framework设计工具，帮你创建对象模型，只要保存后，就会自动生成相关程序代码。

3．程序代码优先开发模式

程序代码优先开发模式是一种非常新颖的开发模式，也就是让开发人员直接依据需求，撰写类别与属性(程序代码)，而这些撰写的类别与属性正是定义出应用程序所需的数据模型，并且通过ORM框架的管理，便可让这些POCO[①]类别，转换成实体模型(Entity Model)。

直到程序开始运行后，通过ORM框架，就可以自动依据这些类别，定义创建数据库、表格、字段与其他数据结构(Schema)。这样开发人员便可以完全不需要接触数据库这一端的各种管理工作(如创建表格字段、设计数据表、设计数据表关联等)，也不用学习各式数据库的使用差异(如SQL Server、Oracle、MySQL、SQLite等)，省去这些工作之后，开发人员更能专注在应用程序的需求开发，而不会因为不熟悉数据库操作而束手束脚。

5.3　LocalDB 介绍

微软最新推出的SQL Server 2012 Express LocalDB，是一种SQL Server Express的运行模式，特别适合在开发环境使用，也内建在Visual Studio 2012之中。由于这种SQL Server的运行模式跟以往有很大的区别，接下来本节将介绍LocalDB的运作模式与使用方法。

5.3.1　LocalDB 的运作方式

SQL Server 2012 Express LocalDB拥有独特的运作方式，下面让我们来看看LocalDB到底如何运作，了解这些运作方式有助于了解数据库管理的方式。

1．实例差异

在安装LocalDB时，会复制一个SQL Server Express实例所需的最少文档。LocalDB基本等同于完整的SQL Server Express数据库引擎，且以LocalDB方式启动的SQL Server

① POCO 全名为 Plain Old CLR Object，代表用最原始的方式定义出简单的 CLR 对象，没有继承其他类别、实作界面或关联到其他类别的情况。

Database Engine实例，与SQL Server Express具有相同的限制(因为跟SQL Server Express共享相同的文档)。但是由于LocalDB简化了管理方式，所以比SQL Server Express 还多了一些限制，但这些限制通常不会影响开发。相较于旧版的SQL Server 2012 Express 来说，两者有些差异，比较如表5-1所示。

表5-1　SQL Server Express与SQL Server Express LocalDB的比较

比较项目	SQL Server 2012 Express	SQL Server 2012 Express LocalDB
安装时间	安装 SQL Server 2012 Express 的过程时间花得比较久，约 10～30 分钟	安装 SQL Server 2012 Express LocalDB 的过程非常快，安装时间约 1～3 分钟
实例	通过 SQL Server 2012 Express 安装程序一次只能安装一个 SQL 实例 (Instance)，若要安装更多实例则必须再运行一次 SQL Server 2012 Express 安装程序	安装 SQL Server 2012 Express LocalDB 后，默认会有个**自动实例**，为 **v11.0**，但之后若要创建其他实例不再需要运行安装程序，只需通过 **SqlLocalDB.exe** 工具程序即可任意创建新的实例，创建一个实例的时间不超过 3 秒
默认实例名称	SQLEXPRESS	v11.0
实例启动方式	需通过 SQL Server 配置管理员或 Windows 服务管理员启动该实例	可通过特殊的连接字符串自动启动该实例，或者通过 **SqlLocalDB.exe** 工具程序启动，应用程序不需复杂或耗时的配置工作即可开始使用数据库
运行身份识别	以服务账户为身份识别	在同一台主机里，每位用户都可以创建自己的 LocalDB 实例，每个实例都是以不同使用者身份运行的不同进程，所以不同使用者可有同名的实例
实例定序设置	可在安装时指定实例定序	固定为 SQL_Latin1_General_CP1_CI_AS，且无法变更
数据库定序	支持**数据库层级、数据行层级**和**表达式层级定序**	支持**数据库层级、数据行层级**和**表达式层级定序**。虽然 LocalDB 无法变更实例定序设置，但只要在创建数据库时指定数据库定序即可解决此问题
合并式复写订阅者	支持	不支持
FILESTREAM	支持	不支持
Service Broker	支持远程队列	只允许本机队列

2. 实例类型

SQL Server 2012 Express LocalDB区分两种实例类型，如表5-2所示。

表5-2　SQL Server 2012 Express LocalDB实例比较

LocalDB 自动实例 (Automatic Instances)	● LocalDB 自动实例是公用的。 ● 安装完 LocalDB 后的 v11.0 就是自动实例，虽然只有一个实例，但是由于在同一台主机里，每位用户都可以创建自己的 LocalDB 实例，所有用户虽然都有同名的 v11.0 实例，但彼此都是独立分开的进程(Process)。这些实例会自动为用户创建及管理，并且可供任何应用程序使用。 ● 用户计算机上安装的每一个 LocalDB 版本各存在一个 LocalDB 自动实例。以后如果还有下一版 SQL Server 2012 Express LocalDB 出现，就会再有新的实例名称可用，默认自动实例名称是一个 v 字符后面接着 xx.x 格式的 LocalDB 发行版号码。例如，v11.0 代表 SQL Server 2012
LocalDB 具名实例 (Named Instances)	● LocalDB 具名实例是私有的。 ● 这些实例是由负责创建及管理该实例的用户或特定单一应用程序所拥有。 ● 不同用户默认无法访问自定义的 LocalDB 具名实例，除非你手动创建具名实例的分享功能，开启分享功能后就可以让其他用户访问该具名实例的数据库

3．实例的系统数据库

在安装好SQL Server 2012 Express LocalDB之后，默认会有个实例名，为v11.0，该实例的相关文档所在目录通常位于以下目录(请将<user>替换成你的登录账号)：

```
C:\Users\<user>\AppData\Local\Microsoft\Microsoft SQL Server Local
DB\Instances
```

或者使用%LOCALAPPDATA%环境变量进入该目录比较方便：

```
%LOCALAPPDATA%\Microsoft\Microsoft SQL Server Local DB\Instances
```

如图5-3所示是显示该目录的图标，会列出所有LocalDB的实例：

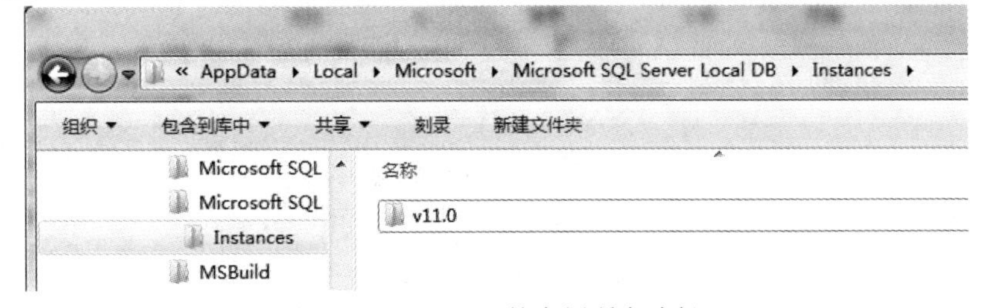

图 5-3　LocalDB 的实例所在路径

在实例所属的目录下所看到的文档，都是实例的相关文档，其中包含系统数据库文档(master、model、msdb、tempdb)、错误记录、记录追踪、加密密钥，等等，不过这个目录并不包含用户数据库，这点必须特别注意。

4．实例的用户数据库

LocalDB实例在运行时，有点像上一版SQL Server Express的用户实体(User Instance)模式，它可以让应用程序运行时，随意挂载任意路径下的数据库文档(*.mdf、*.ldf)。不过，LocalDB也可以在实例下创建用户数据库。在LocalDB实例中创建用户数据库时，必须要明确指定其**数据文件**与**记录文件**的路径，否则默认所有创建的数据库都会位于%USERPROFILE%目录下(C:\Users\<username>)。

5.3.2 如何连接 LocalDB 实例

以前连接本机SQL Server都会用“(local)”当成本地服务器名称，或“(local)**实例名称**”这种格式也很常见。当安装LocalDB后，若要让应用程序连接LocalDB实例，则必须在local后面加上一个db，变成“localdb”。下面就是连接LocalDB的服务器名称格式：

```
(localdb)\实例名称
```

由于安装完LocalDB后，会自动创建一个名为v11.0的自动实例(Automatic Instances)，所以我们要连接这个默认的实例时，可以使用以下格式当作服务器名称即可：

```
(localdb)\v11.0
```

由于SQL Server 2012 Express LocalDB会通过特殊的连接字符串来自动启动其实例，因此，当使用上述服务器名称来连接LocalDB实例时，即使该实例不处于启动状态，系统也会自动将该实例启动，开发人员完全不用担心是否要通过服务管理员来启动数据库。

1．使用Management Studio连接LocalDB

要想通过SQL Server 2012 Management Studio管理工具连接LocalDB实例，只要在连接对话框中输入正确的服务器名称即可，如图5-4所示。

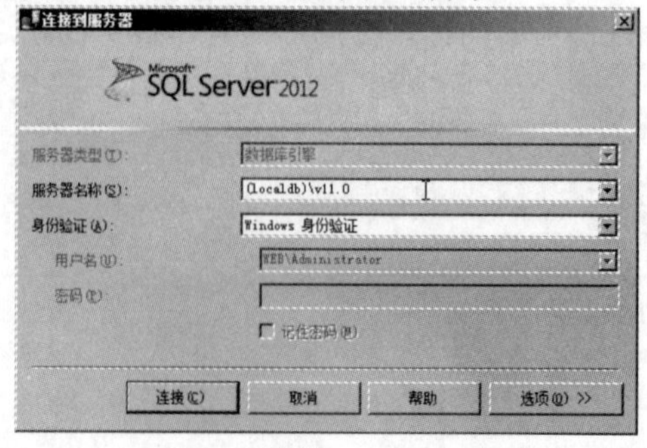

图 5-4　使用 Management Studio 连接 LocalDB 时应输入正确的服务器名称

> **TIPS**
>
> 如果要通过 Management Studio 管理该实例，请安装 SQL Server 2012 Management Studio 进行连接，因为只有新版的 SQL Server 2012 Management Studio 才能识别这组新的服务器名称。如果要下载免费的 SQL Server 2012 Management Studio Express，请到以下网址下载：http://www.microsoft.com/zh-tw/download/details.aspx?id=29062

连接成功后的界面与所有功能将会与SQL Server Express完全一样，如图5-5所示。

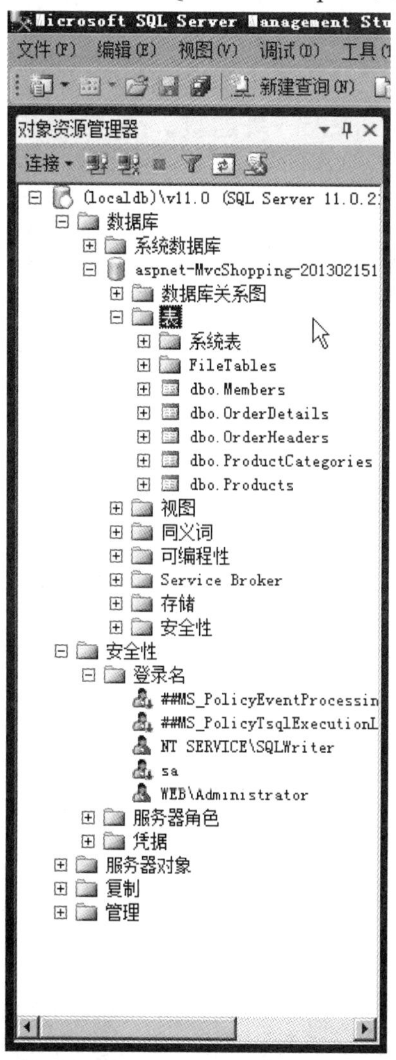

图 5-5　使用 Management Studio 连接 LocalDB 实例后的界面

2. 通过.NET程序连接LocalDB实例

如果要通过.NET应用程序连接LocalDB实例，最简单的方式就是连接到当前用户所拥有的**自动实例**。在不指定数据库的情况下，其连接字符串如下。

```
Server=(localdb)\v11.0;Integrated Security=true
```

如果想要指定数据库连接的话，可以指定Initial Catalog参数：

```
Server=(LocalDB)\v11.0; Integrated Security=true;
Initial Catalog=ContactDB
```

如果想要指定数据库文档连接的话，必须指定AttachDbFileName参数才行：

```
Server=(LocalDB)\v11.0; Integrated Security=true;
AttachDbFileName=D:\Data\MyDB1.mdf
```

这时应该能够发现，用.NET程序连接LocalDB其实没什么不同的地方，主要就是Server参数要注意使用(localdb)来连接，还有就是指定数据库文档时要加上AttachDbFileName参数。

> **TIPS**
>
> 每个实例(Instance)都是以不同用户身份(Identity)运行的不同进程(Process)。所以，上述这段联机字符串在同一台主机里使用时，其 UserA 与 UserB 所连接的将会是完全不同的实例。

5.3.3 管理 LocalDB 自动实例

由于安装完LocalDB后会自动创建一个名为v11.0的自动实例，我们可以把v11.0实例视为一个完整的数据库系统，在里面创建数据库、创建用户、创建连接的服务器等服务器层级的SQL Server对象。这里所谓的“管理LocalDB自动实例”，是指如何针对v11.0这个数据库实例进行管理。

若要管理LocalDB实例，则必须通过SqlLocalDB.exe工具程序，此工具通常位于以下路径：

```
C:\Program Files\Microsoft SQL Server\110\Tools\Binn\SqlLocalDB.exe
```

通过Windows内建的where指令查找另一个运行文件路径的方式如图5-6所示。

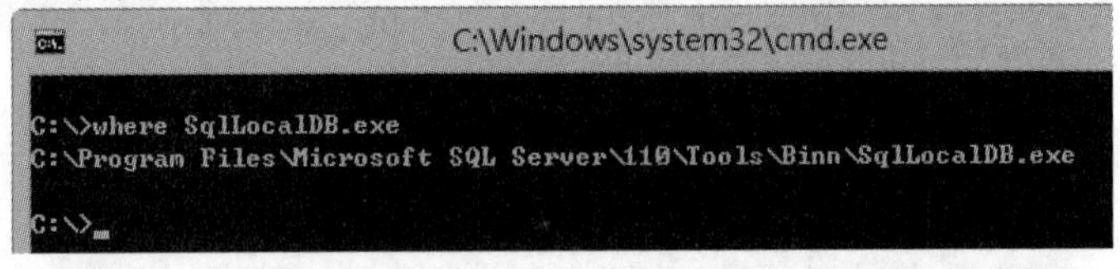

图 5-6 使用 where 指令查找 SqlLocalDB.exe 运行文件路径

如果要使用SqlLocalDB.exe工具程序管理实例，可以先开启Visual Studio 2012的开发人员命令提示字符窗口，如图5-7所示。

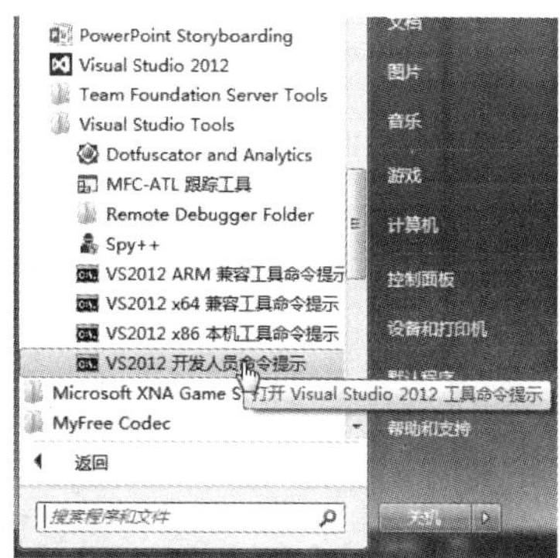

图 5-7　Visual Studio 2012 的开发人员命令提示

1．启动实例

可以通过SqlLocalDB.exe工具程序的start命令启动这个实例，其指令如下：

```
SqlLocalDB.exe start v11.0
```

如图5-8所示，v11.0实例已经被成功启动。

图 5-8　使用 start 命令启动实例

2．查询实例信息

我们可以通过SqlLocalDB.exe工具程序的info命令，查询出这个实例的完整信息，其指令如下：

```
SqlLocalDB.exe info v11.0
```

如图5-9所示，是v11.0实例的名称与版本，还有当前的运行状态为“已停止”。

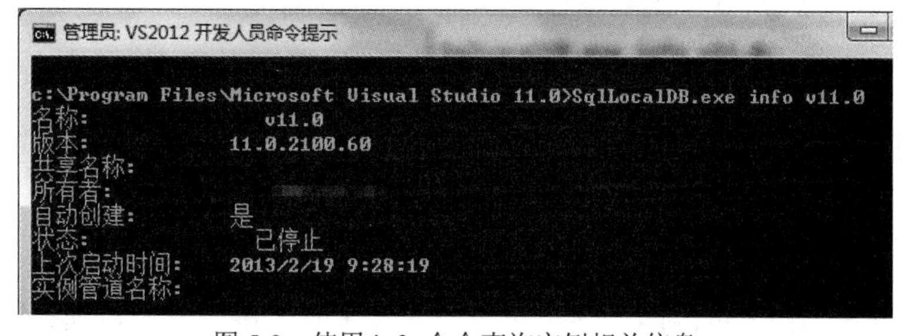

图 5-9　使用 info 命令查询实例相关信息

如果使用SqlLocalDB.exe的start命令人工启动v11.0实例，再用info命令查询相关信息，就会发现运行状态为“运行中”，而且运行时期的“实例管道名称”也会一并显示出来。这代表所有跟v11.0实例连接的客户端，都是连接到这个管道名称(Pipe Name)，如图5-10所示。

```
管理员: VS2012 开发人员命令提示

c:\Program Files\Microsoft Visual Studio 11.0>SqlLocalDB.exe info v11.0
名称:          v11.0
版本:          11.0.2100.60
共享名称:
所有者:
自动创建:      是
状态:           正在运行
上次启动时间:  2013/2/19 9:35:33
实例管道名称: np:\\.\pipe\LOCALDB#C1EA7098\tsql\query
```

图 5-10　使用 info 命令查询已启动过的实例信息

3. 停止实例

我们可以通过SqlLocalDB.exe工具程序的stop命令，强迫立即停止这个实例，其指令如下：

```
SqlLocalDB.exe stop v11.0
```

如图5-11所示，v11.0实例已经成功停止。

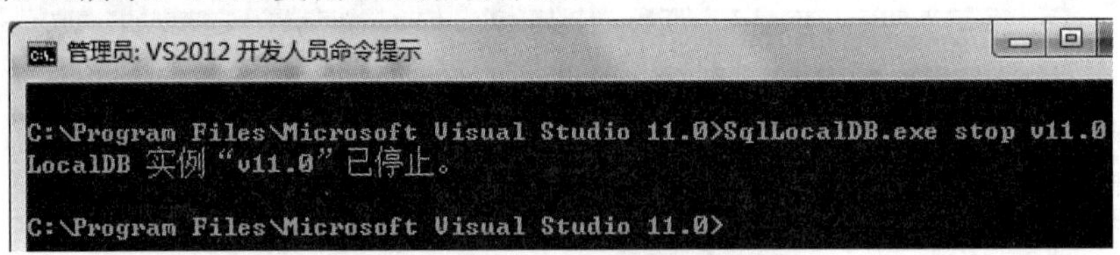

图 5-11　使用 stop 命令停止实例

> **TIPS**
>
> 由于 SQL Server 2012 Express LocalDB 是通过特殊的连接字符串来自动启动实例，所以，就算停用了实例，当客户端尝试连接时，该实例还是会重新被启动。
>
> 另外，如果 LocalDB 的实例超过几分钟的时间都没有与任何客户端连接，也会自动停止该实例，所以，需要手动启动实例的状况并不常见。

5.3.4　管理 LocalDB 具名实例

所谓的LocalDB具名实例，通常讲的就是默认实例(v11.0)以外的实例，因为无论是自动实例还是具名实例，针对单一实例的管理方式在上一节都提到过，并没有什么差异，因此，在这里要讲的是如何创建与删除实例。

1．创建实例

我们可以通过SqlLocalDB.exe工具程序的create命令，创建新的具名实例，其指令如下：

```
SqlLocalDB.exe create [实例名称]
```

如果要创建一个名为Mvc的实例，那么可以输入以下指令：

```
SqlLocalDB.exe create Mvc
```

如图5-12所示，这个名为Mvc的实例已经被成功创建：

图 5-12　使用 create 命令创建新的实例

2．列出所有实例

我们可以通过SqlLocalDB.exe工具程序的info命令，列出所有已创建的实例，当中包括自动实例，其指令如下：

```
SqlLocalDB.exe info
```

如图5-13所示，列出当前在本机所有已被创建的实例列表：

图 5-13　使用 info 命令行出所有已创建的实例

3．删除实例

我们可以通过SqlLocalDB.exe工具程序的delete命令，删除既有的具名实例，其指令如下：

```
SqlLocalDB.exe delete[实例名称]
```

如果要删除一个名为Mvc的实例，那么可以输入以下指令：

```
SqlLocalDB.exe delete Mvc
```

如图5-14所示，这个名为Mvc的实例已经被成功删除。

图 5-14　使用 delete 命令删除实例

TIPS

删除现有的具名实例，只会删除该具名实例中的系统数据库而已，并不会删除曾经创建过的用户数据库，以及该实例曾经记录下来的错误记录(error.log)与追踪记录。如果你想要彻底删除干净的话，必须进入以下目录，删除实例创建时的文件夹。

%LOCALAPPDATA%\Microsoft\Microsoft SQL Server Local DB\Instances\实例名称

如图 5-15 所示。

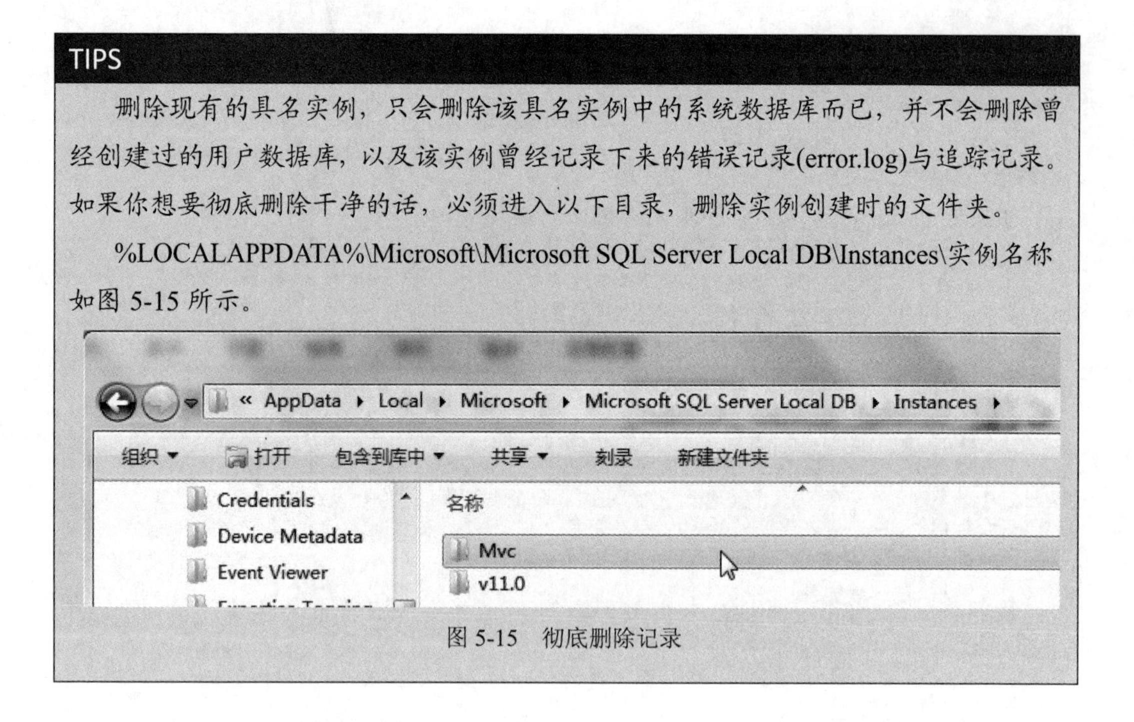

图 5-15　彻底删除记录

5.4　使用 Code First 创建数据模型

ASP.NET MVC 4与当前最新版的Entity Framework 5同时上市，尤其强化了程序代码优先开发模式(Code First Development)的支持。因此，本书的所有Model相关演示，都将会专注在程序代码优先开发方式，如果读者想学习完整的 Entity Framework 相关技术，需要再参考其他相关书籍。

5.4.1　创建数据模型

在ASP.NET MVC中创建模型，其实跟创建通用C#类别没有什么不同，演示程序代码如下：

```
public class Guestbook
{
    public int Id { get; set; }
    public string Name { get; set; }
    public string Email { get; set; }
    public string Message { get; set; }
```

```
        public DateTime CreatedOn { get; set; }
    }
```

如同第3章的案例一样，当Code First正确运行的情况下，这段程序会自动在数据库中创建起一个名为Guestbook的表格，其架构(Schema)如图5-16所示。

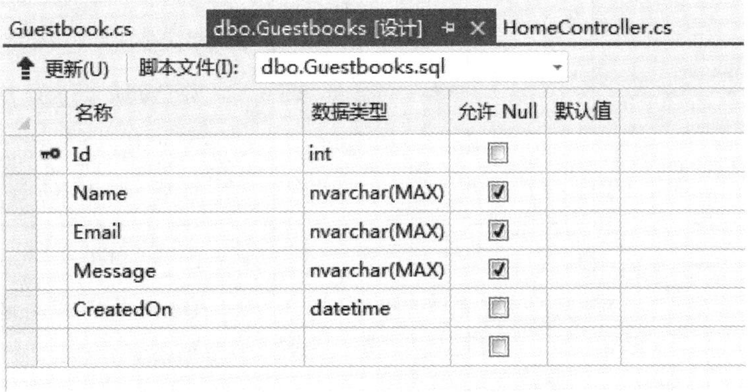

Guestbook.cs　dbo.Guestbooks [设计]　HomeController.cs

更新(U)　脚本文件(I): dbo.Guestbooks.sql

名称	数据类型	允许 Null	默认值
Id	int	☐	
Name	nvarchar(MAX)	☑	
Email	nvarchar(MAX)	☑	
Message	nvarchar(MAX)	☑	
CreatedOn	datetime	☐	
		☐	

图 5-16　Guestbook 生成的架构(Schema)

我们从一个非常简单的.NET类别，通过Entity Framework转换到SQL Server数据库，这个转换的过程如表5-3所示。

表5-3　.NET属性与SQL Server字段之间的对应关系

属性名称	属性型别	字段名称	信息型别	字段长度	允许 Null	主索引键	识别字段
Id	int	Id	int		NOT NULL	是	是
Name	string	Name	nvarchar	MAX	NULL		
Email	string	Email	nvarchar	MAX	NULL		
Message	string	Message	nvarchar	MAX	NULL		
CreatedOn	DateTime	CreatedOn	datetime		NOT NULL		

首先，属性名称会与数据库的域名一样。再者，名称为Id的属性在数据库中创建完成后，也会被标识为主键与标识列(自动编号)。而其他在数据型别转换的过程，也有些有趣的地方，如表5-4所示。

表5-4 .NET型别转换为SQL Server字段对象的对照

.NET 型别	数据库型别	字段长度	允许 Null	转换帮助
int	int		NOT NULL	● 由.NET 的 int 型别转换成数据库的 int 型别很直观 ● 由于.NET 的 int 型别属于实质型别(Value Type)，原本就不允许 Null 信息，因此，当转换到数据库后一样也不允许 Null 信息
string	nvarchar	MAX	NULL	● 因为.NET 字符串处理都是 Unicode 编码，因此转换为数据库型别时默认也会用 nvarchar，但因为 string 看不出字段需要多长，因此在数据库中的字段长度默认会设置为 MAX。 ● 由于.NET 的 string 型别属于参考型别(Reference Type)，原本就是允许 Null 信息，因此转换到数据库后一样也允许 Null 信息
DateTime	datetime		NOT NULL	● 由.NET 的 DateTime 型别转换成数据库的 datetime 型别也很直观。 ● 由于.NET 的 DateTime 型别属于实质型别(Value Type)，原本就不允许 Null 信息，因此转换到数据库后一样也不允许 Null 信息

我们采用Entity Framework支持的Code First开发方式，照理说应该可以大幅减少数据库的相依性，开发人员也不用担心数据库会如何变化，全部由Entity Framework帮我们自动转换即可。但是，对于有经验的开发人员来说，根本无法完全相信由程序帮我们规划的数据表。因此，了解ORM型别转换的过程，对开发人员来说非常重要，这也有助于未来对数据库进行效能调整。

现在你会知道我们在.NET中创建的数据模型，最终还是会变成数据库里的表格与字段。因此，在创建数据模型时，最好能了解这些转换规则，这样有助于日后管理这些由Entity Framework自动帮我们创建的数据库结构。

1．声明主键

要想在Entity Framework声明主键，最简单的方式就是不要声明，直接把属性名称设置为Id或是属性名称中有“Id”也可以，并将该属性指派为int型别即可。EF Code First会自动识别出这个字段就是表格里的主键，并且会加上自动编号的识别规格设置。

当你希望使用其他域名当作主键时，就可能会遇到一些麻烦。假设我们将Guestbook类别更改如下：

```
public class Guestbook
{
    public int No { get; set; }
    public string Name { get; set; }
    public string Email { get; set; }
    public string Message { get; set; }
    public DateTime CreatedOn { get; set; }
}
```

当我们将Id属性名称改为No，当程序运行起来后，你会得到一些错误消息，如图5-17所示。

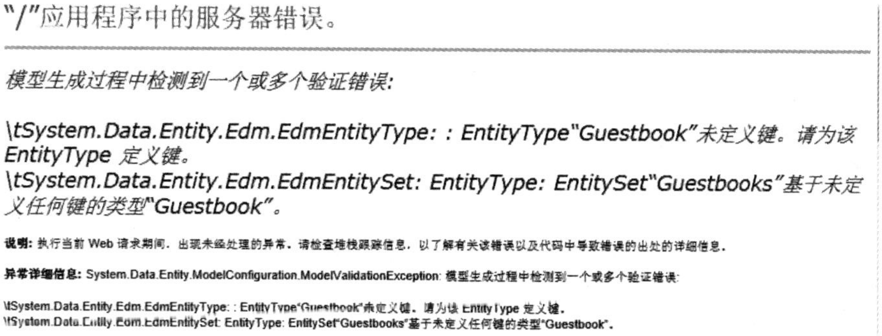

"/"应用程序中的服务器错误。

模型生成过程中检测到一个或多个验证错误:

\tSystem.Data.Entity.Edm.EdmEntityType: : EntityType"Guestbook"未定义键。请为该EntityType 定义键。
\tSystem.Data.Entity.Edm.EdmEntitySet: EntityType: EntitySet"Guestbooks"基于未定义任何键的类型"Guestbook"。

说明: 执行当前 Web 请求期间，出现未经处理的异常。请检查堆栈跟踪信息，以了解有关该错误以及代码中导致错误的出处的详细信息。

异常详细信息: System.Data.Entity.ModelConfiguration.ModelValidationException: 模型生成过程中检测到一个或多个验证错误:

\tSystem.Data.Entity.Edm.EdmEntityType: : EntityType"Guestbook"未定义键。请为该 EntityType 定义键。
\tSystem.Data.Entity.Edm.EdmEntitySet: EntityType: EntitySet"Guestbooks"基于未定义任何键的类型"Guestbook"。

图 5-17　在 Entity Framework 不允许没有主键的模型

这个错误的产生原因在于，任何Entity Framework里的模型，都被要求一定有主键，所以当Entity Framework无法识别出哪个字段是主键时，就会引发这个异常。

解决此问题的方法就是在No属性(Property)加上一个Key属性(Attribute)，套用Key属性(Attribute)时，记得要引用System.ComponentModel.DataAnnotations命名空间，否则程序将无法编译。设置完成后的程序代码如下：

```
using System;
using System.ComponentModel.DataAnnotations;

namespace MvcGuestbook.Models
```

```
{
    public class Guestbook
    {
        [Key]
        public int No { get; set; }
        public string Name { get; set; }
        public string Email { get; set; }
        public string Message { get; set; }
        public DateTime CreatedOn { get; set; }
    }
}
```

数据库创建完成后的架构如图5-18所示，如果No的属性型别是int的话，也会自动加上自动编号(识别规格)的属性。

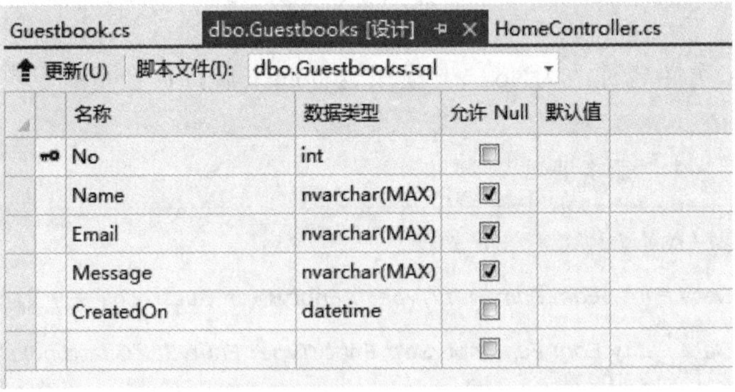

Guestbook.cs　dbo.Guestbooks [设计]　HomeController.cs

更新(U)　脚本文件(I): dbo.Guestbooks.sql

	名称	数据类型	允许 Null	默认值
🔑	No	int	☐	
	Name	nvarchar(MAX)	☑	
	Email	nvarchar(MAX)	☑	
	Message	nvarchar(MAX)	☑	
	CreatedOn	datetime	☐	
			☐	

图 5-18　在属性名称更改为 No 并套用 Key 属性的运行结果

2. 声明必填字段

如果希望把Name与Message这两个名称声明为String属性，在数据库表格里的字段设置为NOT NULL，也就是必填字段的话，那么我们一样也可以在该属性(Property)上加上一个Required属性(Attribute)，套用Required属性(Attribute)时，记得要引用System.ComponentModel.DataAnnotations命名空间，否则程序将无法编译。设置完成后的程序代码如下：

```
using System;
using System.ComponentModel.DataAnnotations;

namespace MvcGuestbook.Models
{
```

```
    public class Guestbook
    {
        [Key]
        public int No { get; set; }
        [Required]
        public string Name { get; set; }
        public string Email { get; set; }
        [Required]
        public string Message { get; set; }
        public DateTime CreatedOn { get; set; }
    }
}
```

数据库创建完成后的架构如图5-19所示，可以发现，Name与Message字段已经被标识为不允许NULL了。

Guestbook.cs　dbo.Guestbooks [设计]　HomeController.cs

更新(U)　脚本文件(I): dbo.Guestbooks.sql

名称	数据类型	允许 Null	默认值
No	int	☐	
Name	nvarchar(MAX)	☐	
Email	nvarchar(MAX)	☑	
Message	nvarchar(MAX)	☐	
CreatedOn	datetime	☐	
		☐	

图 5-19　将属性 Name 与 Message 套用 Required 属性的运行结果

3. 声明允许NULL字段

如果希望把CreatedOn声明为DateTime的属性，在数据库表格里的字段设置为允许NULL的话，那么我们可以在该属性(Property)的类型声明后，加上一个问号(?)，也就是将DateTime这个实值型别转变成Nullable型别，设置上非常直观。完成后的程序代码如下：

```
using System;
using System.ComponentModel.DataAnnotations;

namespace MvcGuestbook.Models
{
    public class Guestbook
```

```
    {
        [Key]
        public int No { get; set; }
        [Required]
        public string Name { get; set; }
        public string Email { get; set; }
        [Required]
        public string Message { get; set; }
        public DateTime? CreatedOn { get; set; }
    }
}
```

数据库创建完成后的架构如图5-20所示，可以发现Name与Message字段已经被标识为不允许NULL了。

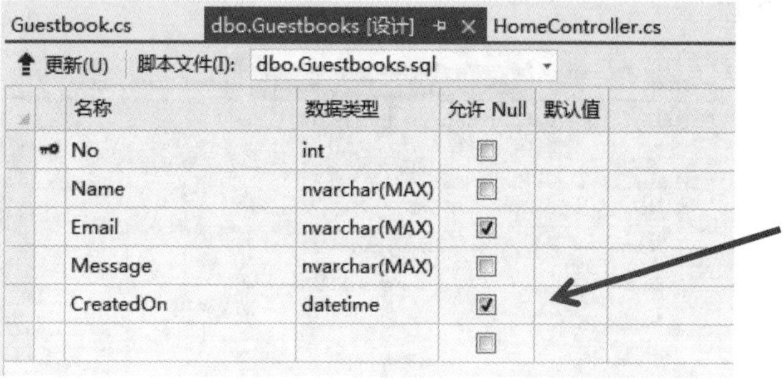

Guestbook.cs　dbo.Guestbooks [设计]　HomeController.cs

更新(U)　脚本文件(I): dbo.Guestbooks.sql

	名称	数据类型	允许 Null	默认值
	No	int	☐	
	Name	nvarchar(MAX)	☐	
	Email	nvarchar(MAX)	☑	
	Message	nvarchar(MAX)	☐	
	CreatedOn	datetime	☑	
			☐	

图 5-20　将属性 Name 与 Message 套用 Required 属性的运行结果

4. 声明字段长度

我们也经常会在数据库中限定特定字段的字符串长度，以方便日后创建字段索引，如果希望把Name与Email这两个属性声明为String的属性，在数据库表格里的字段长度限定为5与200的话，那么我们一样也可以在该属性(Property)上加上一个MaxLength属性(Attribute)，套用MaxLength属性(Attribute)时，记得要引用System.ComponentModel.DataAnnotations命名空间，否则程序将无法编译。设置完成后的程序代码如下：

```
using System;
using System.ComponentModel.DataAnnotations;

namespace MvcGuestbook.Models
{
```

```
    public class Guestbook
    {
        [Key]
        public int No { get; set; }
        [Required]
        [MaxLength(5)]
        public string Name { get; set; }
        [MaxLength(200)]
        public string Email { get; set; }
        [Required]
        public string Message { get; set; }
        public DateTime CreatedOn { get; set; }
    }
}
```

数据库创建完成后的架构如图5-21所示，可以发现，Name与Email字段已经被限定了字段长度。

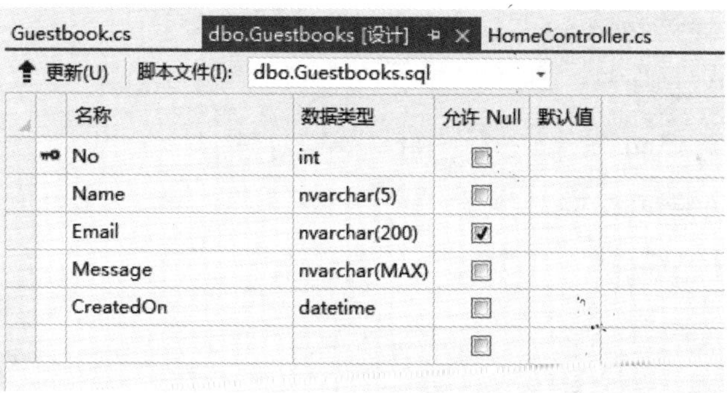

Guestbook.cs　dbo.Guestbooks [设计]　HomeController.cs

更新(U)　脚本文件(I): dbo.Guestbooks.sql

名称	数据类型	允许 Null	默认值
No	int	☐	
Name	nvarchar(5)	☐	
Email	nvarchar(200)	☑	
Message	nvarchar(MAX)	☐	
CreatedOn	datetime	☐	
		☐	

图 5-21　将属性 Name 与 Email 套用 MaxLength 属性的运行结果

NOTES

你也可以设置 StringLength 属性来限定字段长度。

5．声明字段默认值

在作数据库规划时，通常会规划一些系统字段，也就是由数据库本身自行指定默认值到这个字段上，创建信息的“创建时间”字段就会常常这样设计。如果CreatedOn字段希望能有默认值，且让.NET程序在新增信息到数据库时不用指定其值的话，那么你应该在该属性(Property)上加上一个DatabaseGenerated属性(Attribute)，并传入Database-GeneratedOption.Computed参数到DatabaseGenerated属性(Attribute)中，套用Database-

Generated属性(Attribute)时，记得要引用System.ComponentModel.DataAnnotations.Schema命名空间，否则程序将无法编译。设置完成后的程序代码如下：

```
using System;
using System.ComponentModel.DataAnnotations;
using System.ComponentModel.DataAnnotations.Schema;

namespace MvcGuestbook.Models
{
    public class Guestbook
    {
        [Key]
        public int No { get; set; }
        [Required]
        [MaxLength(5)]
        public string Name { get; set; }
        [MaxLength(200)]
        public string Email { get; set; }
        [Required]
        public string Message { get; set; }
        [DatabaseGenerated(DatabaseGeneratedOption.Computed)]
        public DateTime CreatedOn { get; set; }
    }
}
```

数据库创建完成后的架构如图5-22所示。

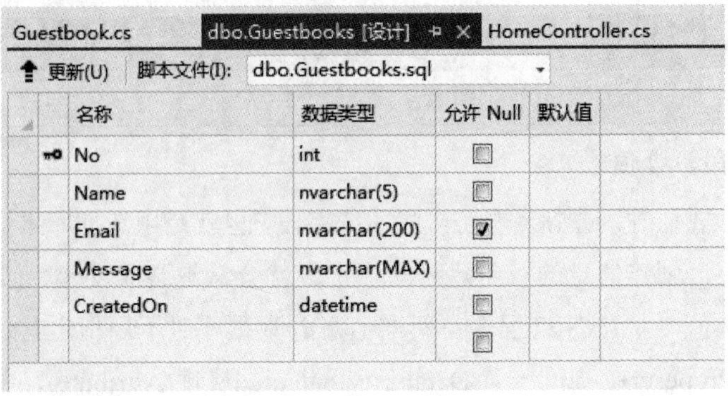

Guestbook.cs　dbo.Guestbooks [设计]　HomeController.cs

更新(U)　脚本文件(I): dbo.Guestbooks.sql

名称	数据类型	允许 Null	默认值
No	int	☐	
Name	nvarchar(5)	☐	
Email	nvarchar(200)	☑	
Message	nvarchar(MAX)	☐	
CreatedOn	datetime	☐	
		☐	

图 5-22　将属性 CreatedOn 套用 DatabaseGenerated 属性的运行结果

不知道你有没有发现，CreatedOn字段并没有被指派默认值上去！

是的，当前Entity Framework 5 Code First并不支持设置默认值，而且以后也可能不支持，其原因在于ORM开发模式就是为了减少.NET原生对象与数据库数据之间转换的变量，当模型的数据来自于数据库自动生成的数据时，就很有可能会导致.NET对象状态无法追踪的情况，因此，在使用Entity Framework的时候并无法指定数据库中的默认值，若要加上默认值，则必须在数据库中手动设置。

我们在这个属性上套用的DatabaseGenerated属性(Attribute)，最主要的目的就是让Entity Framework不再追踪这个属性的任何对象变化。

下面以一个简单的例子来介绍DatabaseGenerated属性的特性。首先，我们在数据库中手动加上CreatedOn字段的默认值，如图5-23所示。

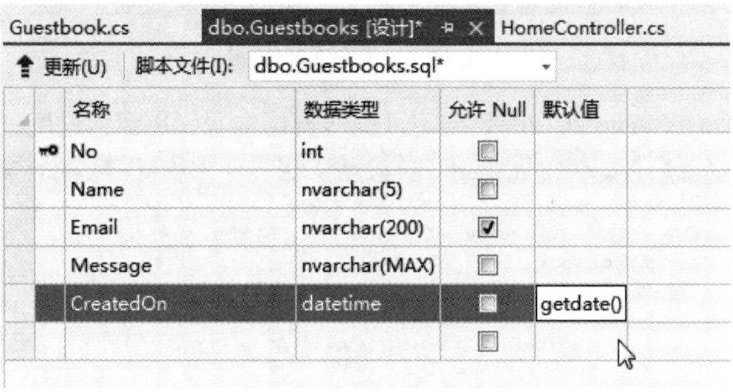

名称	数据类型	允许 Null	默认值
No	int	☐	
Name	nvarchar(5)	☐	
Email	nvarchar(200)	☑	
Message	nvarchar(MAX)	☐	
CreatedOn	datetime	☐	getdate()
		☐	

图 5-23　将数据库字段中的 CreatedOn 字段加上默认值 getdate()

在Visual Studio 2012中更改完字段后，记得单击“更新”按钮，才会将本次的更新反映到数据库中，如图5-24所示。

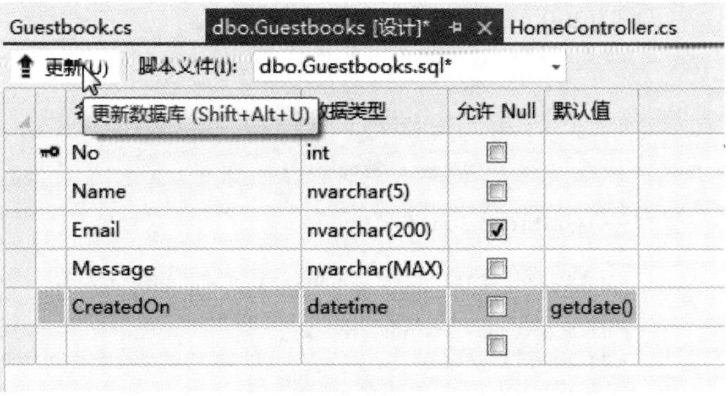

名称	数据类型	允许 Null	默认值
No	int	☐	
Name	nvarchar(5)	☐	
Email	nvarchar(200)	☑	
Message	nvarchar(MAX)	☐	
CreatedOn	datetime	☐	getdate()
		☐	

图 5-24　在 Visual Studio 2012 中更改字段必须单击“更新”按钮

单击“更新”按钮之后，会弹出“预览数据库更新”对话框，如果没问题的话，则单击“更新数据库”按钮确认写入更新，如图5-25所示。

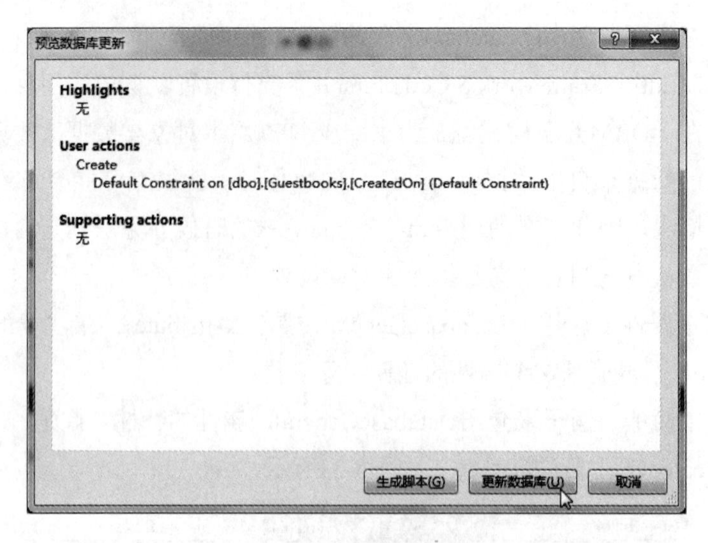

图 5-25　预览数据库更新

也可以在Visual Studio 2012的数据工具操作窗格中看到更新的进度，如图5-26所示。

图 5-26　数据工具操作窗格

如图5-27所示，在写入留言信息到数据库之前，我们特别将guestbook对象的CreatedOn属性设置日期为2000/1/1这个时间点。

```
//接受留言表单资料，需将资料新增到资料库中
// POST: /Guest/Write

[HttpPost]
public ActionResult Write(Guestbook guestbook)
{
    if (ModelState.IsValid)
    {
        guestbook.CreatedOn = DateTime.Parse("2000/1/1");

        db.Guestbooks.Add(guestbook);
        db.SaveChanges();
        return RedirectToAction("Index");
    }

    return View(guestbook);
}
```

图 5-27　将属性 CreatedOn 套用 DatabaseGenerated 属性的运行结果

但事实上CreatedOn字段被写入的信息，仍然是由数据库所指定的默认值，如图5-28所示。

dbo.Guestbooks [数据]　Guestbook.cs　HomeController.cs　GuestbookC

最大行数(O): 1000

	No	Name	Email	Message	CreatedOn
▸	1	will	will@example....	ff	2013/2/14 9:5...
*	NULL	NULL	NULL	NULL	NULL

图 5-28　显示 Guestbooks 表格的信息

6. 声明特定属性不是数据库中的字段

在Entity Framework Code First框架里，只要数据模型中出现公开属性，默认就会在数据库中创建一个对应的字段，但如果在数据模型中的属性，是一个动态计算的属性，我们并不想在数据库中新增对应的字段时，该怎么办？

我们在数据模型中新增一个FamilyName属性如下，你可以看到FamilyName字段里面其实包含的是程序代码，而不是真的想要保存在数据库中的数据字段：

```
using System;
using System.ComponentModel.DataAnnotations;
using System.ComponentModel.DataAnnotations.Schema;

namespace MvcGuestbook.Models
{
    public class Guestbook
    {
        [Key]
        public int No { get; set; }
        [Required]
        [MaxLength(5)]
        public string Name { get; set; }
        [MaxLength(200)]
        public string Email { get; set; }
        [Required]
        public string Message { get; set; }
        [DatabaseGenerated(DatabaseGeneratedOption.Computed)]
        public DateTime CreatedOn { get; set; }
```

```
        public string FamilyName {
            get
            {
                return this.Name.Substring(0, 1);
            }
            set
            {
                this.Name = value.Substring(0, 1) + this.Name.Substring(1);
            }
        }
    }
}
```

如果按照此方式加上去的话，数据库还是会创建FamilyName字段，如图5-29所示。

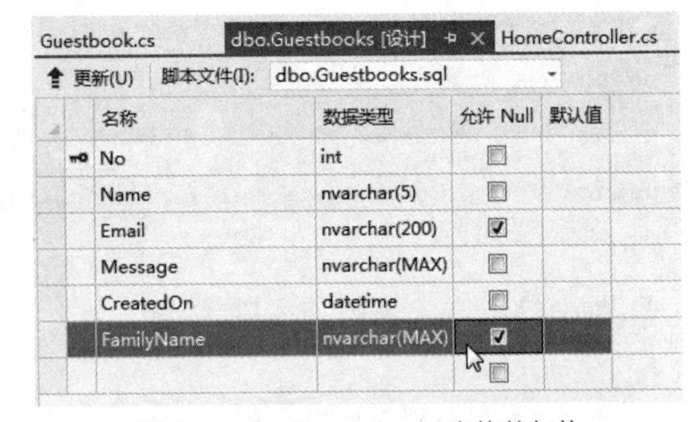

图 5-29　显示 Guestbooks 表格的架构

如果希望把 FamilyName 这个属性排除在Entity Framework自动对应的字段之外，那么，可以在该属性(Property)上加上一个NotMapped属性(Attribute)，套用NotMapped属性(Attribute)时，记得要引用System.ComponentModel.DataAnnotations.Schema命名空间，否则程序将无法编译。设置完成后的程序代码如下：

```
using System;
using System.ComponentModel.DataAnnotations;
using System.ComponentModel.DataAnnotations.Schema;

namespace MvcGuestbook.Models
{
    public class Guestbook
    {
        [Key]
```

```
        public int No { get; set; }
        [Required]
        [MaxLength(5)]
        public string Name { get; set; }
        [MaxLength(200)]
        public string Email { get; set; }
        [Required]
        public string Message { get; set; }
        [DatabaseGenerated(DatabaseGeneratedOption.Computed)]
        public DateTime CreatedOn { get; set; }

        [NotMapped]
        public string FamilyName {
            get
            {
                return this.Name.Substring(0, 1);
            }
            set
            {
                this.Name = value.Substring(0, 1) + this.Name.Substring(1);
            }
        }
    }
}
```

数据库创建完成后的架构如图 5-30 所示，可以发现，FamilyName字段已经不会被创建到数据库中了。

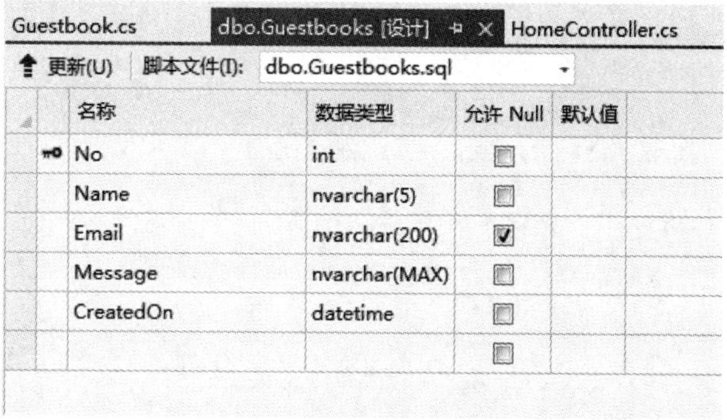

Guestbook.cs　dbo.Guestbooks [设计]　HomeController.cs

更新(U)　脚本文件(I): dbo.Guestbooks.sql

名称	数据类型	允许 Null	默认值
No	int	☐	
Name	nvarchar(5)	☐	
Email	nvarchar(200)	☑	
Message	nvarchar(MAX)	☐	
CreatedOn	datetime	☐	
		☐	

图 5-30　显示 Guestbooks 表格的架构

5.4.2 创建数据上下文类

我们在第3章示范通过 Visual Studio 2012 添加控制器时，会自动帮我们创建一个MvcGuestbookContext.cs类别文档，这个文档就是“数据上下文类”，它在Entity Framework Code First开发模式下非常重要，主要用来追踪与识别对象的变更追踪。少了这个类别，Entity Framework就完全无法运作。

来看看这个数据上下文类的源代码。以下列程序代码为例，在建构子的地方会传入一个MvcGuestbookContext 连接字符串，这个连接字符串必须存储在web.config的连接字符串参数设置中。

```
public class MvcGuestbookContext : DbContext
{
    public MvcGuestbookContext() : base("name=MvcGuestbookContext")
    {
    }

    public DbSet<Guestbook> Guestbooks { get; set; }
}
```

在接下来数据上下文类的属性中，有个声明为DbSet<Guestbook>型别的Guestbooks变量，这个变量代表的是Guestbook这个型别的数据库集合对象，你可以把Guestbooks属性想象成一个数据库表格，然后把该集合中的每个Guestbook对象想象成是数据表中一条一条的数据。

如果你希望将Guestbook数据模型被声明成只读，不让应用程序对其写入任何数据，那么可以修改数据上下文类，让DbSet集合属性只提供get实体，就可以达到这个要求。演示如下：

```
using System.Data.Entity;

namespace MvcGuestbook.Models
{
    public class MvcGuestbookContext : DbContext
    {
        public MvcGuestbookContext() : base("name=MvcGuestbookContext")
        {
```

```
        }

        public DbSet<Guestbook> Guestbooks
        {
            get { return Set<Guestbook>(); }
        }
    }
}
```

5.4.3　设计模型之间的关联性

在设计数据库结构时，当遇到表格与表格间有关联存在时，一般会通过创建外键(Foreign Key)的方式设计表格之间的关联关系。在Management Studio中使用“数据库关系图”功能设置的表格关联图如图5-31所示。

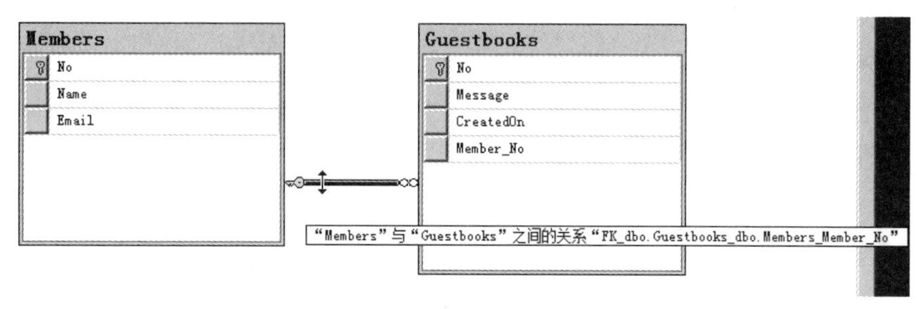

图 5-31　显示 Guestbooks 与 Members 两个表格之间的关联图

在关系数据库中，除了一对多的关联外，另一个最常用的就是多对多关联了，在此，我们将介绍这两种关联的开发方法。

> **NOTES**
>
> 笔者的博客有篇“SQL Server Management Studio 表格设计技巧”文章，示范如何利用 Management Studio 中的“数据库关系图”功能快速设计数据表。文章链接如下：http://bit.ly/SSMSDiagramTips。

1．设计模型之间的一对多关联

如果想要通过Code First定义这种一对多的关联表格，可以先定义好两个数据模型，然后再到数据上下文类里定义两个数据模型之间的关联。

先来看看这两个数据模型的程序演示代码，跟我们之前写的差不多，只是把Name

与Email属性移到另一个名为Member的类别之中，代码如下：

```
public class Guestbook
{
    [Key]
    public int No { get; set; }

    [Required]
    public string Message { get; set; }
    [DatabaseGenerated(DatabaseGeneratedOption.Computed)]
    public DateTime CreatedOn { get; set; }
}

public class Member
{
    [Key]
    public int No { get; set; }

    [Required]
    [MaxLength(5)]
    public string Name { get; set; }
    [MaxLength(200)]
    public string Email { get; set; }
}
```

接着，为了让Entity Framework能够管理这两个数据模型在数据库中对应的表格，我们必须修改数据上下文类，把新增的Member类别添加进来，代码如下：

```
public class MvcGuestbookContext : DbContext
{
    public MvcGuestbookContext() : base("name=MvcGuestbookContext")
    {
    }

    public DbSet<Guestbook> Guestbooks { get; set; }
    public DbSet<Member> Members { get; set; }
```

```
    }
```

如果数据库是通过上述程序代码所创建出来的，将会如图5-32所示。

Members
No
Name
Email

Guestbooks
No
Message
CreatedOn
Member_No

图 5-32　创建 Guestbooks 与 Members 两个独立表格

为了要设计出Guestbook与Member这两个数据模型的关联，必须在个别的类别加上各自的“导览属性”(Navigation Property)。对Member来说，一个Member信息可以包含多条Guestbook数据，因此我们在Member数据模型上，必须新增一个导览属性，并以ICollection<Guestbook>型别做声明；而对Guestbook来说，一条留言信息只会隶属于一个会员，所以必须新增一个导览属性，以Member型别做声明。完成后的程序代码如下：

```
using System;
using System.Collections;
using System.Collections.Generic;
using System.ComponentModel.DataAnnotations;
using System.ComponentModel.DataAnnotations.Schema;

namespace MvcGuestbook.Models
{
    public class Guestbook
    {
        [Key]
        public int No { get; set; }

        [Required]
        public string Message { get; set; }
        [DatabaseGenerated(DatabaseGeneratedOption.Computed)]
        public DateTime CreatedOn { get; set; }

        public Member Member { get; set; }
    }
```

```
    public class Member
    {
        [Key]
        public int No { get; set; }

        [Required]
        [MaxLength(5)]
        public string Name { get; set; }
        [MaxLength(200)]
        public string Email { get; set; }

        public ICollection<Guestbook> Guestbooks { get; set; }
    }
}
```

当我们把程序运行起来后，会发现数据库中的关联也被完整地创建了，如图5-33所示。

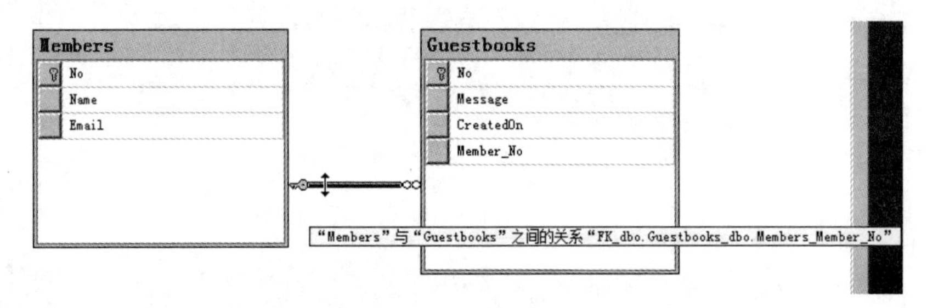

图 5-33　创建 Guestbooks 与 Members 两个表格并创建关联

2. 设计模型之间的多对多关联

在数据库设计中除了一对多关联最为常见外，多对多的关联也经常看到，如果我们想要通过Code First定义出多对多的关联表格，只要调整一下数据模型内的导览属性即可，也就是将单一对象改成集合对象的型别即可。

只将上一小节演示程序的Guestbook型别里以下行：

```
public Member Member { get; set; }
```

更改为以下行：

```
public ICollection<Member> Members { get; set; }
```

更改完后的程序代码如下：

```
using System;
using System.Collections;
using System.Collections.Generic;
using System.ComponentModel.DataAnnotations;
using System.ComponentModel.DataAnnotations.Schema;

namespace MvcGuestbook.Models
{
    public class Guestbook
    {
        [Key]
        public int No { get; set; }

        [Required]
        public string Message { get; set; }
        [DatabaseGenerated(DatabaseGeneratedOption.Computed)]
        public DateTime CreatedOn { get; set; }

        public ICollection<Member> Members { get; set; }
    }

    public class Member
    {
        [Key]
        public int No { get; set; }

        [Required]
        [MaxLength(5)]
        public string Name { get; set; }
        [MaxLength(200)]
        public string Email { get; set; }

        public ICollection<Guestbook> Guestbooks { get; set; }
```

```
    }
}
```

当程序运行后，你会发现数据库中的多对多关联也被完整创建了，如图5-34所示。

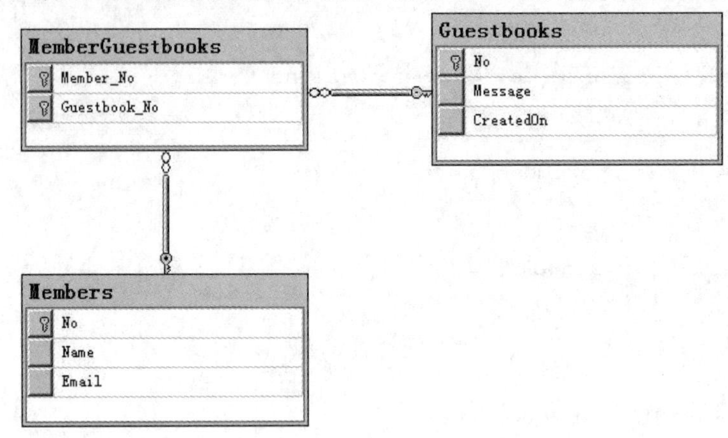

图 5-34　创建 Guestbooks 与 Members 两个表格的多对多关联

5.4.4　启用延迟装入特性

使用ORM框架，基本上都会添加“延迟装入”的特性支持，Entity Framework当然也不例外。当使用Entity Framework的ObjectContext与DbContext操作数据时，默认都启用“延迟装入”。也就是当我们在应用程序里通过LINQ to Entity查询数据时，如果遇到关联数据尚未装入的情况，Entity Framework会自动帮我们再向数据库索取关联数据，全自动地取得关联数据，大幅降低撰写访问关联数据的程序代码。

假设Guestbook与Member之间的关联是属于“多对一”的关系，如第5.4.3节“设计模型之间的关联性”的第一个演示所示。假设有个guestbook对象(Guestbook型别)要取得Message字段的值，只要输入以下程序即可：

```
guestbook.Message
```

但如果要取得Guestbook关联的Member数据表中的Name字段，则通过“点表示法”(Dot Notation)加上一个“点”与“属性名称”就可以取得数据，演示如下：

```
guestbook.Member.Name
```

不过，使用Code First开发时要特别注意，若要在Code First模型类别中启用“延迟装入”特性，必须在属性声明加上virtual关键词，才会启用“延迟装入”特性。因此，我们应该将Guestbook修改为以下程序代码，才能让上述语法自动取得数据：

```
    public class Guestbook
```

```
    {
        [Key]
        public int No { get; set; }

        [Required]
        public string Message { get; set; }
        [DatabaseGenerated(DatabaseGeneratedOption.Computed)]
        public DateTime CreatedOn { get; set; }

        public virtual Member Member { get; set; }
    }
```

5.5 使用 Code First 数据库迁移

我们在第3章“新手上路初体验”的实作中提到过，当Entity Framework Code First的数据模型发生异动时，默认会引发一个System.InvalidOperationException例外。当时的解决方法是在Global.asax文档里的Application_Start方法，加上一段System.Data.Entity.Database.SetInitializer()方法，让Entity Framework自动将数据库删除，然后重新创建模型。不过，这种将数据库砍掉重练的方式实在过于残暴，应该使用更人性化的方式，让Entity Framework帮助我们自动调整数据库架构，并且仍然保留现有数据库中的数据。而这种开发技术就是Code First数据库迁移(DB Migration)。

NOTES

Code First 数据库迁移技术，在 Entity Framework 4.3.1 版之后才支持，使用 Visual Studio 2010 开发 Entity Framework 的人，请记得利用 NuGet 套件管理员将 Entity Framework 升级到最新版本。

在本节的演示中，将用以下数据模型定义示范数据库迁移：

```
using System;
using System.Collections.Generic;
using System.ComponentModel.DataAnnotations;
using System.ComponentModel.DataAnnotations.Schema;
```

```
namespace MvcGuestbook.Models
{
    public class Guestbook
    {
        [Key]
        public int No { get; set; }

        [Required]
        public string Message { get; set; }
        [DatabaseGenerated(DatabaseGeneratedOption.Computed)]
        public DateTime CreatedOn { get; set; }

        public virtual Member Member { get; set; }
    }

    public class Member
    {
        [Key]
        public int No { get; set; }

        [Required]
        [MaxLength(5)]
        public string Name { get; set; }
        [MaxLength(200)]
        public string Email { get; set; }

        public ICollection<Guestbook> Guestbooks { get; set; }
    }
}
```

另外，在进行本节实验之前，请先将 Global.asax 中的以下程序代码进行批注：

```
System.Data.Entity.Database.SetInitializer(new
System.Data.Entity.DropCreateDatabaseIfModelChanges<MvcGuestbook.Models
.MvcGuestbookContext>());
```

5.5.1　EF Code First 如何记录版本

当你的应用程序通过 EF Code First 创建数据库后，在此数据库中将会自动创建一个名为dbo.__MigrationHistory的系统数据表。由于这是一个系统数据表，因此在Visual Studio 2012内建的服务器资源管理器中，默认是无法看到该表格的，如图5-35所示。

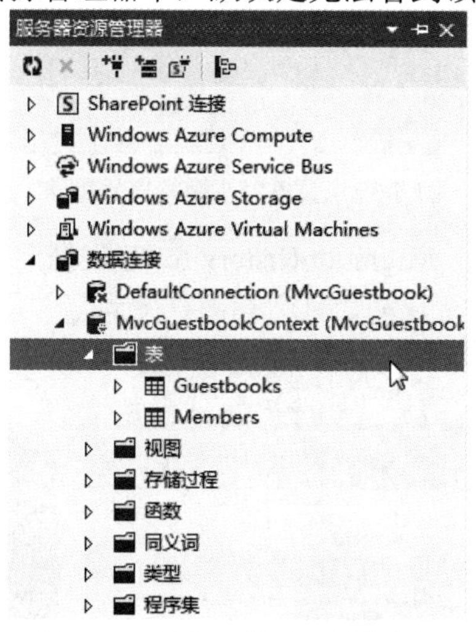

图 5-35　服务器资源管理器窗格

若要在Visual Studio 2012中看见这个系统数据表，必须变更检视表才可以，如图5-36所示。

图 5-36　服务器资源管理器窗格

不过，就算能从Visual Studio 2012中看到这个数据表，依然无法对该数据表进行任何管理，也就是无法删除、无法显示数据表信息，也无法变更数据结构描述，如图5-37所示。

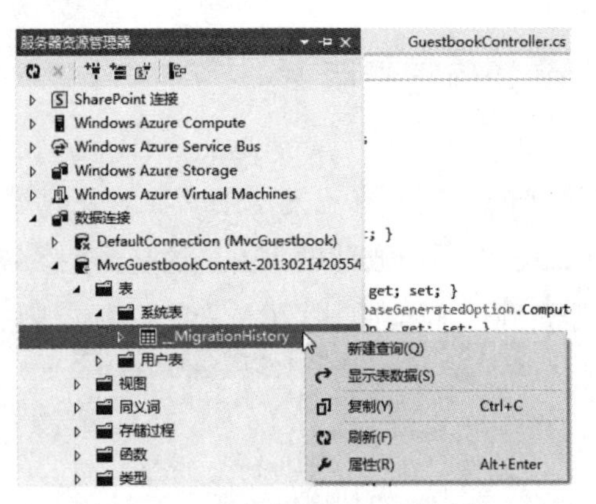

图 5-37　服务器资源管理器窗格

因此，若要查看dbo.__MigrationHistory系统数据表的属性，建议还是使用Management Studio来开启该表格的属性，如图5-38所示。

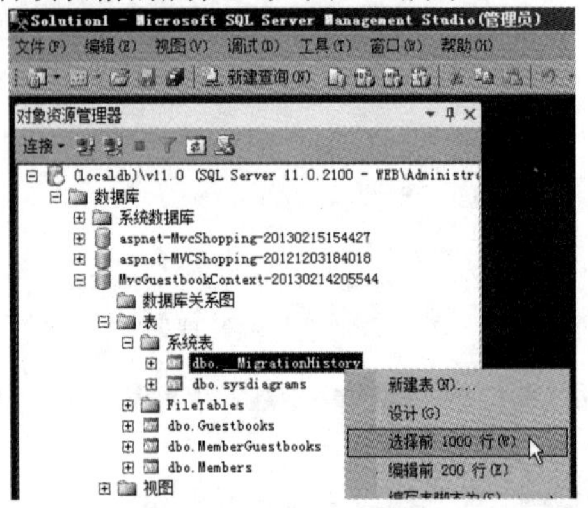

图 5-38　查看 dbo.__MigrationHistory 系统数据表

开启dbo.__MigrationHistory系统数据表的属性后，会发现这里有三个字段：MigrationId字段用来记录这次由EF Code First所创建的一个代表名称，也可以称为一个**版本代码**；Model字段代表着这次创建时的模型数据，这是由Entity Framework将所有数据模型串行化后的版本，所以看不出属性是什么；ProductVersion字段代表当前使用的Entity Framework版本，如图5-39所示。

结果 | 消息

	MigrationId	Model	ProductVersion
1	201302150331504_InitialCreate	0x1F8B080000000000040...	5.0.0.net45

图 5-39　查看 dbo.__MigrationHistory 系统数据表的属性

如果尚未启用数据库迁移功能，每次在应用程序运行时，都会比对程序中当前的数据模型定义，与数据库中dbo.__MigrationHistory系统数据表的Model字段中的属性是否一致，如果有任何不一致的情况，默认就会发生异常。

如果启用数据库迁移功能之后，这个表格就会开始记录每次数据模型异动的记录与版本，用来追踪每次数据模型异动的版本。

5.5.2　启用数据库迁移

若要在项目中启用数据库迁移功能，必须先开启程序包管理器控制台(Package Manager Console)窗格，然后输入Enable-Migrations指令，如图5-40所示。

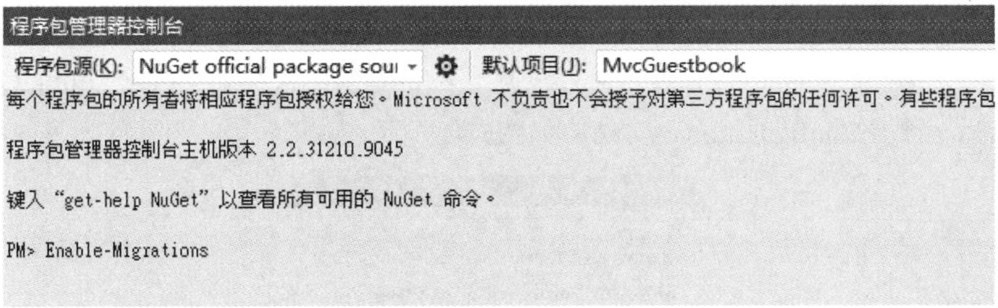

```
程序包管理器控制台
程序包源(K): NuGet official package sou  默认项目(J): MvcGuestbook
每个程序包的所有者将相应程序包授权给您。Microsoft 不负责也不会授予对第三方程序包的任何许可。有些程序包
程序包管理器控制台主机版本 2.2.31210.9045
键入 "get-help NuGet" 以查看所有可用的 NuGet 命令。
PM> Enable-Migrations
```

图 5-40　通过 Package Manager Console 运行 Enable-Migrations 指令

NOTES

如果不知道如何开启 Package Manager Console，请参考第 3.2.3 节“开启程序管理器控制台(Package Manager Console)”一节。

按下Enter键后，Package Manager Console会自动扫描这个项目中所有的数据上下文类。如果一个项目中有一个以上的数据类别，就会出现以下错误，你必须选用其中一个来启用数据库迁移功能。

```
PM> Enable-Migrations
More than one context type was found in the assembly 'MvcGuestbook'.
To enable migrations for MvcGuestbook.Models.UsersContext, use
Enable-Migrations -ContextTypeName MvcGuestbook.Models.UsersContext.
To enable migrations for MvcGuestbook.Models.MvcGuestbookContext, use
Enable-Migrations -ContextTypeName
MvcGuestbook.Models.MvcGuestbookContext.
```

由于ASP.NET MVC 4项目模板中已经包含了一个UsersContext数据上下文类，我们在练习实作的过程中，的确多创建了一个MvcGuestbookContext类别，你可以设法将这两个数据上下文类集成为一个，以解决此错误。

下面以MvcGuestbookContext为例来启用数据库迁移功能，需要输入以下指令：

```
PM> Enable-Migrations -ContextTypeName
MvcGuestbook.Models.MvcGuestbookContext
```

```
正在检查上下文的目标是否为现有数据库…
检测到使用数据库初始值设定项创建的数据库。已搭建与现有数据库对应的迁移
"201302150331504_InitialCreate"的基架。若要改用自动迁移，请删除Migrations文件夹
并重新运行指定了-EnableAutomaticMigrations参数的Enable-Migrations。

已为项目 MvcGuestbook 启用 Code First 迁移。
```

运行Enable-Migrations指令的过程中，Visual Studio 2012会帮助我们在指定的项目里创建一个Migrations目录，该目录下还创建有两个重要的文档，一个是*_InitialCreate.cs文档，另一个是Configuration.cs文档，如图5-41所示。

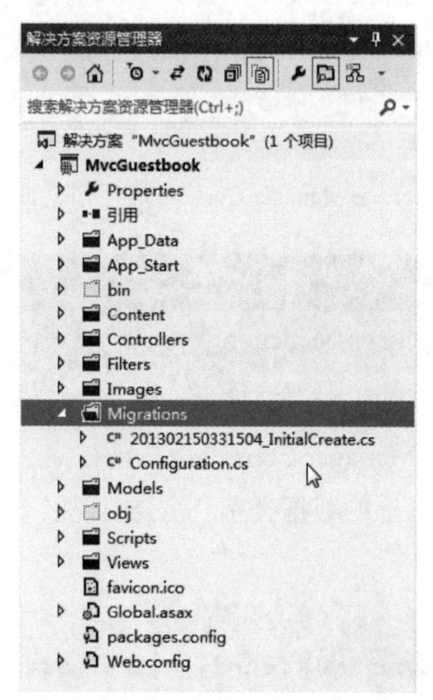

图 5-41　运行 Enable-Migrations 指令后自动生成的目录与文档

这两个重要的文档分别介绍如下。

1. 201302150331504_InitialCreate.cs

在启用数据库迁移功能之前，由于已经通过Code First在数据库中创建好了相关的数据库结构，也创建了一个初始的dbo.__MigrationHistory系统数据表，数据表中也有一条数据，这一条数据的MigrationId字段属性，正好会等于文档名。Visual Studio 2012会将数据库中的Model字段属性读出，并创建这个类别的属性，其属性就是包含原本创建的那次数据模型类别的完整描述(通过程序代码来描述数据结构)，其类别属性演示如下：

```
namespace MvcGuestbook.Migrations
{
```

```
using System;
using System.Data.Entity.Migrations;

public partial class InitialCreate : DbMigration
{
    public override void Up()
    {
        CreateTable(
            "dbo.Guestbooks",
            c => new
                {
                    No = c.Int(nullable: false, identity: true),
                    Message = c.String(nullable: false),
                    CreatedOn = c.DateTime(nullable: false),
                    Member_No = c.Int(),
                })
            .PrimaryKey(t => t.No)
            .ForeignKey("dbo.Members", t => t.Member_No)
            .Index(t => t.Member_No);

        CreateTable(
            "dbo.Members",
            c => new
                {
                    No = c.Int(nullable: false, identity: true),
                    Name = c.String(nullable: false, maxLength: 5),
                    Email = c.String(maxLength: 200),
                })
            .PrimaryKey(t => t.No);

    }

    public override void Down()
```

```
        {
            DropIndex("dbo.Guestbooks", new[] { "Member_No" });
            DropForeignKey("dbo.Guestbooks", "Member_No", "dbo.Members");
            DropTable("dbo.Members");
            DropTable("dbo.Guestbooks");
        }
    }
}
```

2. Configuration.cs

这个Configuration类别定义了运行数据库迁移时该有的行为。默认情况下，数据库并不会自动发生迁移动作，除非将Configuration()建构子内的AutomaticMigrationsEnabled改为true，才会让Code First自动迁移数据库。

在此演示中，我们先不这么做，但读者若为了省事或开发方便，可以更改一下这里的设置，如此一来就不会再引发异常了。

```
namespace MvcGuestbook.Migrations
{
    using System;
    using System.Data.Entity;
    using System.Data.Entity.Migrations;
    using System.Linq;

    internal sealed class Configuration :
DbMigrationsConfiguration<MvcGuestbook.Models.MvcGuestbookContext>
    {
        public Configuration()
        {
            AutomaticMigrationsEnabled = false;
        }

        protected override void
Seed(MvcGuestbook.Models.MvcGuestbookContext context)
        {
            // This method will be called after migrating to the latest
```

```
version.

            // You can use the DbSet<T>.AddOrUpdate() helper extension
method
            // to avoid creating duplicate seed data. E.g.
            //
            //   context.People.AddOrUpdate(
            //     p => p.FullName,
            //     new Person { FullName = "Andrew Peters" },
            //     new Person { FullName = "Brice Lambson" },
            //     new Person { FullName = "Rowan Miller" }
            //   );
            //
        }
    }
}
```

5.5.3 运行数据库迁移

下面来更改Member数据模型。请新增两个字段，分别是Username与Password属性，定义如下：

```
    public class Member
    {
        [Key]
        public int No { get; set; }

        [Required]
        [MaxLength(5)]
        public string Name { get; set; }
        [MaxLength(200)]
        public string Email { get; set; }

```

```
        [Required]
        [MaxLength(16)]
        public string Username { get; set; }
        [Required]
        [MaxLength(40)]
        public string Password { get; set; }

        public ICollection<Guestbook> Guestbooks { get; set; }
    }
```

我们通过Package Manager Console输入Add-Migration指令，来新增一条数据库迁移版本，输入时必须带上一个“版本名称”参数。例如，要想取名为AddUsernamePassword，则可以输入以下指令：

```
PM> Add-Migration AddUsernamePassword
正在为迁移"AddUsernamePassword"搭建基架。

此迁移文件的设计器代码包含当前 Code First 模型的快照。在下一次搭建迁移基架时，将使用
此快照计算对模型的更改。如果对要包含在此迁移中的模型进行其他更改，则可再次运行
"Add-Migration 201302150341362_AddUsernamePassword"重新搭建基架。
```

运行完成后一样会在Migrations文件夹中再新增一个文档，如图5-42所示。

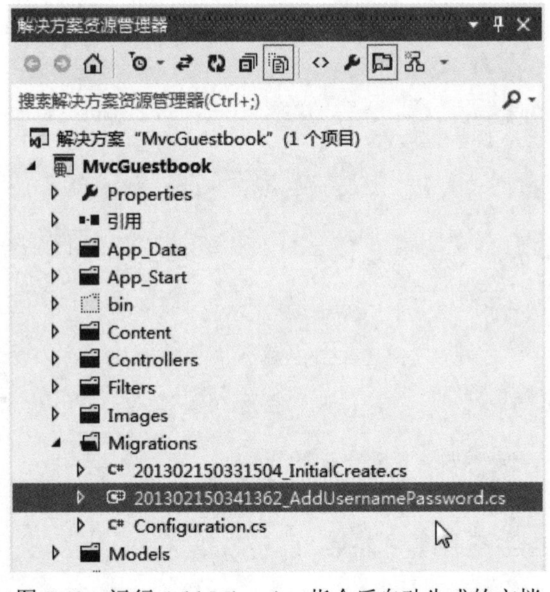

图 5-42　运行 Add-Migration 指令后自动生成的文档

这次运行Add-Migration指令，所代表的意思就是新增一次运行数据库迁移命令，Visual Studio 2012会自动比对当前数据库中的Model定义与当前更改过的数据模型，并将差异的字段变化写入这个自动新增的类别内，程序代码如下：

```
namespace MvcGuestbook.Migrations
{
    using System;
    using System.Data.Entity.Migrations;

    public partial class AddUsernamePassword : DbMigration
    {
        public override void Up()
        {
            AddColumn("dbo.Members", "Username", c => c.String(nullable:
false, maxLength: 16));
            AddColumn("dbo.Members", "Password", c => c.String(nullable:
false, maxLength: 40));
        }

        public override void Down()
        {
            DropColumn("dbo.Members", "Password");
            DropColumn("dbo.Members", "Username");
        }
    }
}
```

NOTES

每一次新增数据库迁移版本，其类别内都会包含一个 Up()方法与 Down()方法，所代表的意思分别是“升级数据库”与“降级数据库”的动作，所以数据库迁移不仅仅只是将数据库升级，还可以恢复到旧版本。

当前还没有对数据库做任何迁移动作，所以数据库中的数据结构并没有任何改变，为了确认实际情况，可以先手动在Members数据表中输入几条数据，以确认过一会儿数据库迁移(升级)之后数据是否消失，如图5-43所示。

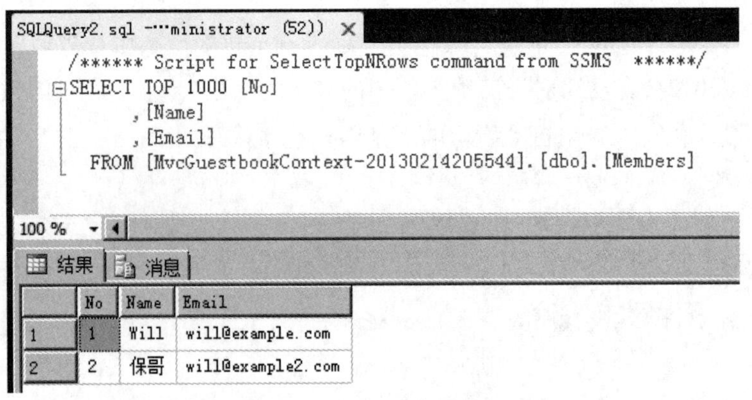
```
/****** Script for SelectTopNRows command from SSMS ******/
SELECT TOP 1000 [No]
      ,[Name]
      ,[Email]
  FROM [MvcGuestbookContext-20130214205544].[dbo].[Members]
```

	No	Name	Email
1	1	Will	will@example.com
2	2	保哥	will@example2.com

图 5-43　在 Member 数据表中新增几条测试数据

接着我们正式对数据库进行迁移动作。请在程序包管理控制台(Package Manager Console)窗格中输入Update-Database指令，如图5-44所示。

```
PM> Update-Database
指定"-Verbose"标记以查看应用于目标数据库的 SQL 语句。
正在应用基于代码的迁移: [201302150341362_AddUsernamePassword]。
正在应用基于代码的迁移: 201302150341362_AddUsernamePassword。
正在运行 Seed 方法。
PM>
```

图 5-44　在程序包管理控制台窗格中运行 Update-Database 指令

更新数据库成功后，你可以再次检查 Member 数据表结构是否发生变化，还有数据表属性是否仍存在，如图5-45所示。

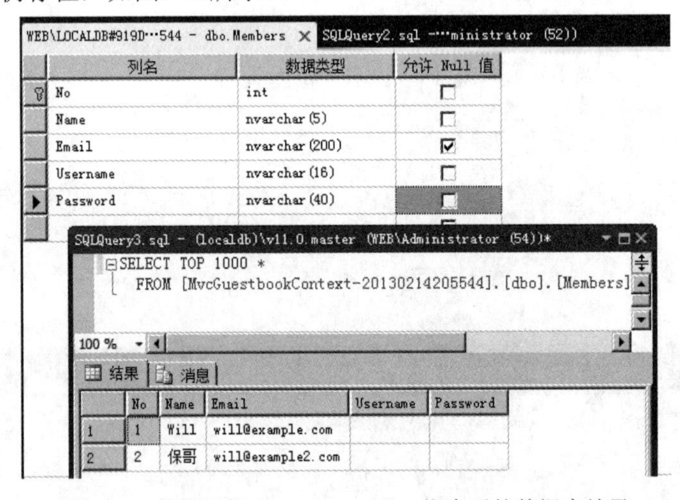

列名	数据类型	允许 Null 值
No	int	☐
Name	nvarchar(5)	☐
Email	nvarchar(200)	☑
Username	nvarchar(16)	☐
Password	nvarchar(40)	☐

```
SELECT TOP 1000 *
  FROM [MvcGuestbookContext-20130214205544].[dbo].[Members]
```

	No	Name	Email	Username	Password
1	1	Will	will@example.com		
2	2	保哥	will@example2.com		

图 5-45　检查运行 Update-Database 指令后的数据库结果

> **NOTES**
>
> 我们都知道，在客户端数据库通常是无法直接联机的，客户的生产环境通常也没有安装 Visual Studio 2012 可用，那么如果数据库迁移动作要进行套用时，应该怎么办呢？你可以通过 Update-Database 指令的其他参数自动生成数据库迁移的 T-SQL 脚本，然后携带 T-SQL 脚本文件到正式主机进行部署或更新即可。
>
> Update-Database 指令的-SourceMigration 参数可以指定来源版本，-TargetMigration 参数可以指定目标版本，-Script 参数则用来输出 T-SQL 脚本。以下是生成本次数据库迁移(升级)的 T-SQL 指令演示：
>
> ```
> Update-Database -SourceMigration 201210101440209_InitialCreate
> -TargetMigration 201210101545061_AddUsernamePassword -Script
> ```
>
> 如果要生成数据库降级的 T-SQL 语法，则不能使用-SourceMigration 参数，直接指定-TargetMigration 参数即可，演示如下：
>
> ```
> Update-Database -TargetMigration 201210101440209_InitialCreate -Script
> ```
>
> 如果要还原数据库到添加 Code First 之前的初始状态，可以输入以下指令：
>
> ```
> Update-Database -TargetMigration: $InitialDatabase -Script
> ```

5.5.4　自定义数据库迁移规则

当了解了数据库迁移的规则后，如果希望在数据库迁移的过程中进行一些微调，例如，Entity Framework并不支持自动设置字段的默认值，假设我们在Member数据模型中想添加一个新的CreatedOn属性代表留言会员的注册日期，并且希望在数据库中自动加上getdate()默认值，这时就必须要定制化数据库迁移的规则。

首先更改Member数据模型，加上CreatedOn属性，并套用前面介绍过的属性：

```
public class Member
{
    [Key]
    public int No { get; set; }

    [Required]
    [MaxLength(5)]
    public string Name { get; set; }
    [MaxLength(200)]
```

```
        public string Email { get; set; }

        [Required]
        [MaxLength(16)]
        public string Username { get; set; }
        [Required]
        [MaxLength(40)]
        public string Password { get; set; }

        [DatabaseGenerated(DatabaseGeneratedOption.Computed)]
        public DateTime CreatedOn { get; set; }

        public ICollection<Guestbook> Guestbooks { get; set; }
    }
```

然后运行一次 Add-Migration 指令，并指定版本名称为 AddMemberCreatedOn。指令如下：

```
PM> Add-Migration AddMemberCreatedOn
正在为迁移"AddMemberCreatedOn"搭建基架。
    此迁移文件的设计器代码包含当前Code First模型的快照。在下一次搭建迁移基架时，将使用此快照计算对模型的更改。如果对要包含在此迁移中的模型进行其他更改，则可再次运行"Add-Migration 201302150345152_AddMemberCreatedOn"重新搭建基架。
PM>
```

这时同样会在Migrations目录下多出一个201302150345152_AddMemberCreatedOn.cs文档，属性如下：

```
namespace MvcGuestbook.Migrations
{
    using System;
    using System.Data.Entity.Migrations;

    public partial class AddMemberCreatedOn : DbMigration
    {
        public override void Up()
        {
```

```
            AddColumn("dbo.Members", "CreatedOn", c => c.DateTime(nullable:
false));
        }

        public override void Down()
        {
            DropColumn("dbo.Members", "CreatedOn");
        }
    }
}
```

这次我们用不一样的参数来运行数据库更新，请加上-Script参数，让工具帮助我们生成T-SQL脚本：

```
Update-Database -Script
```

运行完后，会输出完整的数据库更新T-SQL脚本，其中第一行就是在Members数据表中新增一个CreatedOn字段，而且会看到该字段已经给予'1900-01-01T00:00:00.000'这个默认值。第二行T-SQL则是在__MigrationHistory新增一条版本记录，如下T-SQL：

```
ALTER TABLE [dbo].[Members] ADD [CreatedOn] [datetime] NOT NULL DEFAULT
'1900-01-01T00:00:00.000'
INSERT INTO [__MigrationHistory] ([MigrationId], [Model],
[ProductVersion]) VALUES ('201302150345152_AddMemberCreatedOn',
0x1F8B0800000000000… (略), '5.0.0.net40')
```

此时可以定制化201302150345152_AddMemberCreatedOn.cs文档里的Up()方法，在新增字段的地方改用Sql()方法，传入一段自定义的T-SQL脚本来创建字段，并改用自己的方法新增字段上去，如此一来，即可让数据库迁移在升级时自动加上此字段的默认值。更改后Up()方法的属性如下：

```
public override void Up()
{
    //AddColumn("dbo.Members", "CreatedOn", c => c.DateTime(nullable:
false));
    Sql("ALTER TABLE [dbo].[Members] ADD [CreatedOn] [datetime] NOT NULL
DEFAULT getdate()");
}
```

最后，运行Update-Database指令直接更新数据库，这时再去检查Members数据表的字段定义，就可以发现，数据库迁移升级后的CreatedOn字段上拥有了我们想要的getdate()默认值，如图5-46所示。

当你学会了如何自定义数据库迁移规则，相信再也没有什么难得倒你了，是吧！

Guestbook.cs　dbo.Members [设计]　HomeController.cs

更新(U)　脚本文件(I):　dbo.Members.sql

名称	数据类型	允许 Null	默认值
No	int	☐	
Name	nvarchar(5)	☐	
Email	nvarchar(200)	☑	
Username	nvarchar(16)	☐	('')
Password	nvarchar(40)	☐	('')
CreatedOn	datetime	☐	(getdate())
		☐	

图 5-46　检查运行 Update-Database 指令后的数据库结果

TIPS

请注意，在数据库迁移类别中除了有 Up()方法外，还有 Down()方法，必须留意当降级时必要的架构的变更动作，如果自定义数据库迁移的规则写不好，可能会导致降级失败或数据库结构紊乱，这点要特别小心。

5.5.5　自动数据库迁移

在第3章“新手上路初体验”的实作中，在Global.asax文档里的Application_Start 方法加上一段System.Data.Entity.Database.SetInitializer()方法，其中传入的参数使用的是System.Data.Entity.DropCreateDatabaseIfModelChanges泛型型别，并传入要套用的数据上下文类，当作泛型的型别参数。DropCreateDatabaseIfModelChanges是当数据模型发生异动时自动将数据库砍掉(Drop)后重建(Create)，程序代码如下：

```
System.Data.Entity.Database.SetInitializer(new
System.Data.Entity.DropCreateDatabaseIfModelChanges<MvcGuestbook.Models
.MvcGuestbookContext>());
```

如果要启用自动数据库迁移的话，必须修正这一行程序代码，改用System.Data.Entity.MigrateDatabaseToLatestVersion泛型型别，并且传入两个型别进去，第一个是要套用的数据上下文类，第二个则是在启用数据库迁移时自动生成的Configuration类别，这个类别位于Migrations目录下，所以记得要加上默认的命名空间：

```
System.Data.Entity.Database.SetInitializer(
   new
System.Data.Entity.MigrateDatabaseToLatestVersion<Models.MvcGuestbookCo
ntext, Migrations.Configuration>());
```

接着再开启Migrations\Configuration.cs更改建构子里的AutomaticMigrationsEnabled属性，将其更改为true即可，更改后的建构子如下：

```
public Configuration()
{
    AutomaticMigrationsEnabled = true;
}
```

如此一来，日后所有的数据模型异动时，都会通过数据库迁移功能自动升级数据库，当每一次自动升级发生时，也会在dbo.__MigrationHistory系统数据表里记录，并以AutomaticMigration命名，如图5-47所示。

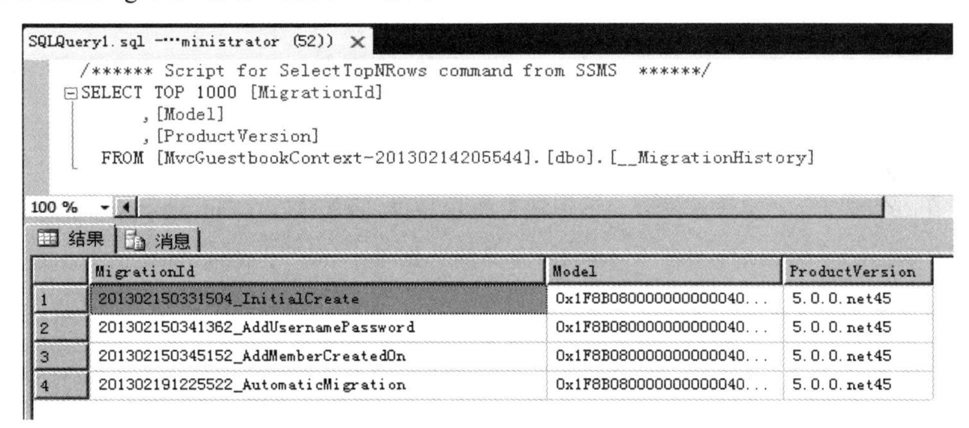

图 5-47　自动数据库迁移的 MigrationId 会以 AutomaticMigration 命名

NOTES

在启用数据库转移时，输入的 Enable-Migrations 指令其实也可以指定–EnableAutomaticMigrations 参数，运行完后，在 Configuration 类别建构子的 AutomaticMigrationsEnabled 属性默认就会被指定为 true，示范如下：

```
PM> Enable-Migrations -EnableAutomaticMigrations
```

5.5.6　如何避免数据库被自动创建或自动迁移

要想避免数据库被自动创建，或是不想既有的数据库被Code First新增dbo.__MigrationHistory系统数据表，那么，可以在Global.asax文档里的 Application_Start方法中，加上一段System.Data.Entity.Database.SetInitializer()方法，并传入数据上下文类当作泛型参数，演示如下：

```
System.Data.Entity.Database.SetInitializer<Models.MvcGuestbookContext>(
null);
```

如此一来，你的Code First应用程序就再也不用担心现有数据库会接收到任何由 EF Code First 主动发出的数据库异动要求。

5.6 使用 ViewModel 数据检视模型

笔者在第1章“在学习ASP.NET MVC之前”的总结中，就提到过M、V、C之间必须有点黏又不能太黏，但在此所自定义的数据模型并不是要决定数据“如何呈现”，而是决定“有哪些数据要呈现”在View上。所以，在View中应该决定的是数据呈现的方式，如HTML、Silverlight等，而在Model中所定义的却是“有哪些字段应该显示在界面上”，这算是商业逻辑的一部分，两者的定义有很大的不同，必须清楚厘清两者之间的差异。

在Model层定义的数据模型会运用在整个项目里，无论是由Controller进行信息操作(CRUD)，还是在View里面参考Model层定义的数据模型(强型别参考)都会用到。不过，毕竟Model层创建数据模型时，主要是以数据为中心来定义，并不一定适用所有View层的要求。

以会员信息为例，同一个Member数据模型，在会员注册时输入的字段可能是Username、Password、Name、Email，等等，而且每个字段都设置为必填。而同样用到Member数据模型，在开发会员登录窗体时，却只要输入Username与Password即可，在登录页面是不用输入Name与Email字段的，因此，若你在会员登录窗体使用Member数据模型进行参考时，就会导致进行数据模型绑定(Model Binding)时发生字段验证失败的问题，此时就需要使用额外定义的ViewModel当作会员登录窗体的数据模型。

这类专门提供给View使用的数据模型，通常称为**数据检视模型**(ViewModel)。

自定义**数据检视模型**的另一种常见的使用情景，是在View中输入窗体时，可以通过Controller的模型绑定技术，自动将窗体信息转换成自定义的数据检视模型，这样也可以大幅降低开发的复杂度，详细介绍请参考“6.7节 模型绑定”。

5.7 扩充数据模型

无论你是使用LINQ to SQL、Entity Framework或其他ORM技术建置基础数据模型，大部分的ORM技术都会提供部分类别(Partial Class)的扩充机制，可以让你扩充通过工具生成的这些数据模型类别，进一步提供更完整的数据服务。

> **NOTES**
>
> 虽然通过工具生成的数据模型类别可以手动更改，但是，通常我们不会去更改这些类别的属性，否则，下次若再通过工具更改模型定义后，又会重新生成程序代码，并覆盖先前自定义更改的部分。

5.7.1　定义数据模型的 Metadata

数据模型的Metadata又称ModelMetadata，ModelMetadata用来定义数据模型的相关属性(Attribute)，例如，显示名称、数据长度及数据格式验证等，在.NET 3.5 SP1时期，ASP.NET 新增了一组 System.ComponetModel.DataAnnotations 命名空间的类别，到了.NET 4.0又进一步扩充这个命名空间的属性(Attribute)，而ASP.NET MVC也更是利用了这个特性，让我们可以直接使用DataAnnotations机制，对ASP.NET MVC中定义的数据模型加以扩充定义。

.NET 4.0的System.ComponetModel.DataAnnotations命名空间中提供了如表5-5所示的验证属性。

表 5-5　System.ComponetModel.DataAnnotations 命名空间的验证属性

属性名称	描　述
StringLength	字符串字段所允许的最大长度
Required	必填字段
RegularExpression	字段属性必须符合所指定的正则表达式
Range	数字字段必须符合的范围
CustomValidation	自定义字段验证规则

以下是一个简单的会员数据模型类别演示，我们利用System.ComponetModel.DataAnnotations命名空间中定义的一些属性，为每个字段加上批注。每个会员信息都有姓名、Email以及表情图标三个字段，姓名是必填字段，所以套用了Required属性；Email必须符合正确的格式，所以利用RegularExpression属性去验证用户输入的格式；表情图标需从限定的三个图标中挑选一个，我们在数据库中以int格式做定义。因此，可以利用 Range 属性去验证该字段的值只能出现1～3的整数。

演示程序代码如下：

```
public class Member
{
    [Required]
    public string Name { get; set; }



[RegularExpression(@"^([\w-\.]+)@((\[[0-9]{1,3}\.[0-9]{1,3}\.[0-9]{1,3}
\.)| (([\w-]+\.)+))([a-zA-Z]{2,4})$"
        , ErrorMessage = "请输入正确的Email格式")]
    public string Email { get; set; }

    [Range(1, 3, ErrorMessage = "请选择代表图标")]
    public int EmotionIcon { get; set; }
}
```

基本上，上述定义方式不适合用于LINQ to SQL的环境，因为在LINQ to SQL中，所有数据模型的类别都由Visual Studio自动生成，所以，我们不会手动去更改由开发工具所生成的程序代码，而是通过部分类别(Partial Class)的方式来延伸该类别的扩充信息。部分类别的演示程序代码如下：

```
namespace MvcGuestbook.Models
{
    public partial class Member
    {
    }
}
```

若要利用部分类别来扩充LINQ to SQL生成的数据模型时，由于数据模型中的字段都已经定义过，无法通过部分类别来重新声明属性，也无法直接在部分类别中直接写上同名的属性(Property)，因此，必须通过DataAnnotations命名空间提供的MetadataType属性来克服这个限制，这样才能在部分类别中加上各字段的属性(Attribute)。

NOTES

由于只有方法、类别、结构或界面可以被声明成partial，所以，当你想要在部分类别中为现有的属性(Property)套用额外属性(Attribute)是行不通的。

这种特殊写法可以参考以下演示程序，比较特别的地方是要先在部分类别上套用一个MetadataType属性，并传入一个用来设置Metadata的型别对象，这个Metadata的类别可以直接声明在数据模型的部分类别里，并设置为私用类别(Private Class)：

```
using System;
using System.ComponentModel;
using System.ComponentModel.DataAnnotations;

namespace MvcGuestbook.Models
{
  [MetadataType(typeof(MemberMetadata))]
  public partial class Member
  {
    private class MemberMetadata
    {
    }
  }
}
```

通过 MetadataType 属性传入一个 Metadata 类别的型别。

自定义的 Metadata 类别必须是 Member 类别可访问的范围内，所以可以直接定义成 Member 类别的子类别，也可以定义在与 Member 类别同一个层级。

最后，完成的程序代码如下：

```
using System;
using System.ComponentModel;
using System.ComponentModel.DataAnnotations;

namespace MvcGuestbook.Models
{
  [MetadataType(typeof(MemberMetadata))]
  public partial class Member
  {
    private class MemberMetadata
    {
      public int ID { get; set; }

      [Required(ErrorMessage = "请输入账号")]
      [StringLength(50, ErrorMessage = "请勿输入超过 50 个字")]
```

```
        [DisplayName("账号")]
        public string Account { get; set; }

        [Required(ErrorMessage = "请输入密码")]
        [StringLength(50, ErrorMessage = "请勿输入超过 50 个字")]
        [DisplayName("密码")]
        public string Password { get; set; }

        [Required(ErrorMessage = "请输入中文姓名")]
        [StringLength(50, ErrorMessage = "请勿输入超过 50 个字")]
        [DisplayName("中文姓名")]
        public string ChName { get; set; }

        [Required(ErrorMessage = "请输入昵称")]
        [StringLength(50, ErrorMessage = "请勿输入超过 50 个字")]
        [DisplayName("昵称")]
        public string NickName { get; set; }

        [Required(ErrorMessage = "请输入 Email")]
        [StringLength(255, ErrorMessage = "请勿输入超过 255 个字")]
        [DisplayName("Email")]

[RegularExpression(@"^([\w-\.]+)@((\[[0-9]{1,3}\.[0-9]{1,3}\.[0-9]{1,3}
\.)|(([\w-]+\.)+))([a-zA-Z]{2,4})$", ErrorMessage = "请输入正确的 Email.")]
        public string Email { get; set; }

        public bool IsAdmin { get; set; }

        [Required(ErrorMessage = "请选择代表图标")]
        [Range(1, 3, ErrorMessage = "输入的值必须介于 1 到 3 之间")]
        [DisplayName("代表图标")]
        public int EmotionIcon { get; set; }
```

```
      public string AuthCode { get; set; }

      public DateTime CreateTime { get; set; }
    }
  }
}
```

NOTES

由于上述方法只为了使用 MetadataType 来扩充各字段的属性(Attribute)，这些 MetadataType 中所定义的属性(Property)，其所定义的型别并不重要，重要的是这些属性(Property)名称要与数据模型类别中定义的属性(Property)名称一样，如果你将所有字段都定义成对象(object)型别也没问题。

部分类别除了可以用来指定Metadata外，如果你使用LINQ to SQL来开发数据模型的话，还可以在Metadata类别中撰写一些LINQ to SQL内建可扩充的部分方法。例如，可利用OnCreated方法在类别创建时指定创建日期。此外，也可以利用OnValidate方法来撰写更复杂的商业逻辑验证规则，以确保输入的数据正确无误。例如，在更新数据或新增数据时，检查数据格式是否与数据库中现有的数据重复。演示程序如下：

```
using System;
using System.Linq;
using System.Web;
using System.Collections.Generic;
using System.ComponentModel;
using System.ComponentModel.DataAnnotations;

namespace MvcGuestbook.Models
{
  [MetadataType(typeof(MemberMetadata))]
  public partial class Member
  {
    private class MemberMetadata
    {
          // …
    }
```

```
    partial void OnCreated()
    {
      this.CreateTime = DateTime.Now;
    }

    partial void OnValidate(System.Data.Linq.ChangeAction action)
    {
      if (action == System.Data.Linq.ChangeAction.Insert)
      {
      }
      else if (action == System.Data.Linq.ChangeAction.Update)
      {
      }
    }
  }
}
```

套用在属性上的这些验证属性(Attribute)虽然只有StringLength、Required、RegularExpression、Range这四个，不过，不需要通过继承这些属性类别即可轻松地扩充这些验证属性，让自定义的验证属性变得更具可读性，相关技巧请参考下一节介绍。

5.7.2 自定义 Metadata 验证属性

之前我们介绍了如何利用RegularExpression属性来验证Email字段，但是若有大量的使用需要，程序代码就会显得有点累赘，所以，可以视需要自定义验证属性。若以验证Email 为例，可以继承 RegularExpressionAttribute 型别，并实作另一个验证属性，程序如下：

```
public class EmailAttribute : RegularExpressionAttribute
{
     public EmailAttribute() :

base(@"^([\w-\.]+)@((\[[0-9]{1,3}\.[0-9]{1,3}\.[0-9]{1,3}\.)|(([\w-]+\.
```

```
)+))([a-zA-Z]{2,4})$"){}
}
```

如此一来，就可以使用 Email 属性来声明字段验证规则了：

```
[Email(ErrorMessage="请输入正确的Email.")]
public string Email { get; set; }
```

5.7.3　ASP.NET MVC 3 新增的验证属性

从 ASP.NET MVC 3 开始，在 ASP.NET MVC 组件里也新增了几个好用的验证属性，这些属性不在 System.ComponetModel.DataAnnotations 命名空间之下，而是在 System.Web.Mvc 命名空间下，请注意不要引用错命名空间。

System.Web.Mvc 命名空间下提供了如表5-6所示的验证属性。

表5-6　System.Web.Mvc 命名空间的验证属性

属性名称	描　述
Compare	用来比对数据模型中另一个字段是否与套用的字段一致。 此属性可用在需要输入两次密码的窗体上，也就是在会员注册页面时，可能会需要输入两次相同的密码，避免使用者的输入错误
Remote	将该字段输入值通过 Ajax 送到指定的 Action 做验证，通过远程验证后回传的结果，当作验证的成功与否。 此属性可用在验证用户输入的会员账号是否已被使用，通过远程 Ajax 调用可提升窗体输入的使用性(Usability)

5.7.4　Entity Framework 新增的验证属性

Entity Framework 4的组件里也新增了两个好用的验证属性，这些属性在System.ComponentModel.DataAnnotations命名空间下，不过却要添加EntityFramework.dll组件参考才会有，如果你用LINQ to SQL开发Model层，记得要添加正确的参考才能使用。

EntityFramework.dll组件的System.ComponentModel.DataAnnotations命名空间下，提供了如表5-7所示的验证属性。

表5-7　System.ComponentModel.DataAnnotations命名空间的验证属性

属性名称	描　述
MinLength	用来验证该字段输入数据的最少字数。 此属性可用在密码输入字段，限制使用者至少输入几位数以上的密码，或是输入用户账号时至少输入多少字数以上
MaxLength	用来验证该字段输入信息的最多字数。 此属性与 StringLength 属性的用法完全相同

5.7.5　.NET 4.5 新增的验证属性

.NET 4.5里也新增了一个好用的验证属性，这些属性在System.Web.Security命名空间下。System.Web.Security命名空间提供了如表5-8所示的验证属性。

表5-8　System.Web.Security命名空间的验证属性

属性名称	描　述
MembershipPasswordAttribute	验证密码字段是否符合成员资格提供者当前的密码需求。 此属性可用在密码输入字段，通过 Membership 提供者所定义的密码复杂度要求进行检查

5.8　总　结

本章学到SQL Server 2012 Express LocalDB的使用方法，如何方便地在开发环境中创建数据库，以及Entity Framework中Code First的各种开发观念与数据库迁移开发技巧，这些都是在进行ASP.NET MVC网站开发的过程中非常重要的基础。

就算不使用Entity Framework Code First数据访问技术，也可以使用LINQ to SQL或Entity Framework等ORM开发框架来快速创建数据模型，并且通过部分类别的扩充，达到基本的字段验证，甚至可以做到商业逻辑验证。

除此之外，给予View专用的检视数据模型(ViewModel)，可以适时地创建使用，也有助于提升ASP.NET MVC开发效率。

由于在Model所开发的程序代码几乎与ASP.NET MVC网站项目中每个环节息息相关，因此也可以称Model为ASP.NET MVC之母。没有好的Model，怎么会有好的ASP.NET MVC专案？只要通过适当的Model规划，才有助于开发出一个容易维护，且关注点分离的ASP.NET MVC专案。

第6章　Controller相关技术

Controller(控制器)在ASP.NET MVC中负责控制所有客户端与服务器端的交互，并且负责协调Model与View之间的数据传递，是ASP.NET MVC整体运作的核心角色，非常重要。本章将详细介绍Controller的各项技术。

6.1　关于Controller的责任

ASP.NET MVC的核心就是控制器(Controller)，负责处理浏览器来的所有要求，并决定响应什么属性给浏览器，但Controller并不负责决定属性应如何显示，仅响应特定型态的属性给ASP.NET MVC框架，最后才由ASP.NET MVC框架依据响应的型态来决定如何响应属性给浏览器。关于决定响应属性是View的责任，在下一章会进一步详述。

6.2　Controller的类别与方法

下面将以一个简单的Controller来剖析其基础结构。Controller本身就是一个类别(Class)，该类别有许多方法(Method)，这些方法中只要是**公开方法**(public method)就会被视为是一个**动作**(Action)或**动作方法**(Action Method)，只要有**动作**存在，就可以通过该**动作方法**接收客户端传来的要求与决定应响应的**检视**(View)。

以下列程序代码为例，即可看出定义一个Controller所必备的一些特性：

```
using System.Web.Mvc;

namespace MvcApplication3.Controllers
{
    public class HomeController : Controller
    {
```

```
        public ActionResult Index()
        {
            ViewBag.Message = "修改此模板以快速启动你的 ASP.NET MVC 应用程序。";

            return View();
        }
    }
}
```

由上述程序得知，撰写Controller的基本要求如下。

- Controller 必须为公开类别。
- Controller 名称必须以 Controller 结尾。
- 必须继承自 ASP.NET MVC 内建的 Controller 类别，或继承有实作 IController 界面的自定义类别，或自行实作 IController 界面。
- 所有**动作方法**必须为**公开方法**。任何非公开的方法如声明为 private 或 protected 的方法都不会被视为一个**动作方法**。

本章后续将解说ASP.NET MVC内建的Controller类别的各种特性与功能。

6.3 Controller 的运行过程

当Controller被MvcHandler选中之后，下一步就是通过ActionInvoker选定适当的Action来运行。在Controller中的每一个Action可以定义0到多个参数，ActionInvoker会依据当下的RouteValue与客户端传来的数据准备好可传入Action参数的数据，最后正式调用Controller中被选中的那个Action方法。

参数传入的属性都是通过一种称为**模型绑定**(Model Binding)机制，从RequestContext取得数据，并将数据对应或传入方法的参数中，让Action不用再像之前ASP或ASP.NET Web Forms中经常使用的Request.Form或Request.QueryString等对象来取得客户端的数据，通过自定义的**模型绑定**，甚至可以让你对应除了Request.Form或Request.QueryString以外的数据来源，例如：HTTP Cookies、HTTP Headers，等等。

Action运行完后的回传值通常是ActionResult类别或其衍生类别(Derived Classes)，事实上，ActionResult是一个抽象类，因此，ASP.NET MVC本身就实作了许多不同类型ActionResult的子类别，例如，常用的ViewResult用来回传一个View、RedirectResult用来将网页转向至其他网址、ContentResult回传一个文字属性、FileResult回传一个二进制的文档，等等，这些都是继承自ActionResult的型别，也都可以拿来当成Action的回传型别。

> **NOTES**
>
> 在 ASP.NET MVC 中并非所有动作方法都必须回传 ActionResult 类别或其衍生类别，也可以直接使用.NET 内建的基本数据型别(primitive types)当作回传型别(如 string 或 int 等)，最后还是都会被 ASP.NET MVC 自动转换成 ContentResult 后输出。当然，你的 Action 若要声明成 void 也是可以的，那就代表这个 Action 不会回传任何数据到客户端。

MvcHandler从Controller得到ActionResult之后，就会开始运行ActionResult提供的ExecuteResult方法，并将运行结果响应到客户端，这时Controller的任务就算完成。

以上是Controller大致的运行过程，不过，Controller在运行时还有一层所谓的**动作过滤器**(Action Filters)机制，分成以下四种类型。

- **授权过滤器(Authorization Filters)**
- **动作过滤器(Action Filters)**
- **结果过滤器(Result Filters)**
- **例外过滤器(Exception Filters)**

因此，Controller的运行过程还必须考虑到**动作过滤器**的运行顺序。除了上述段落的介绍外，在运行Action与ActionResult时还会有这些事件会被运行，这部分会在“6.8 动作过滤器属性”一节进行介绍。

6.3.1　找不到 Action 时的处理方式

如果 ActionInvoker 找不到对应的 Action，默认会运行 System.Web.Mvc.Controller 类别的 HandleUnknownAction 方法，在 System.Web.Mvc.Controller 类别里 HandleUnknownAction 方法默认会响应 HTTP 404 找不到资源的错误消息，如图 6-1 所示。

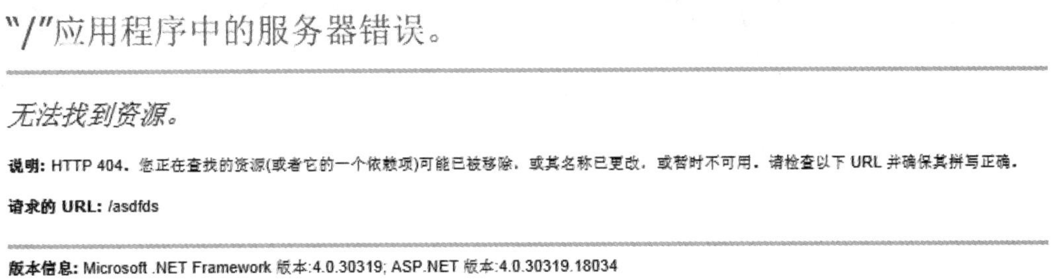

“/”应用程序中的服务器错误。

无法找到资源。

说明: HTTP 404。您正在查找的资源(或者它的一个依赖项)可能已被移除，或其名称已更改，或暂时不可用。请检查以下 URL 并确保其拼写正确。

请求的 URL: /asdfds

版本信息: Microsoft .NET Framework 版本:4.0.30319; ASP.NET 版本:4.0.30319.18034

图 6-1　响应 HTTP 404 找不到资源的错误消息

System.Web.Mvc.Controller类别的HandleUnknownAction程序代码如下：

```
protected virtual void HandleUnknownAction(string actionName)
{
    throw new HttpException(404,
String.Format(CultureInfo.CurrentCulture,
        MvcResources.Controller_UnknownAction, actionName,
GetType().FullName));
}
```

在ASP.NET MVC项目中，所有Controller默认都是继承自System.Web.Mvc.Controller类别，由于在System.Web.Mvc.Controller类别中的HandleUnknownAction方法被标注为“virtual”，代表此方法可以被替换(Override)，因此，可以在项目的Controller中替换HandleUnknownAction方法，即可自定义当MvcHandler找不到Action时的处理方式，演示程序如下：

```
public class HomeController : Controller
{
    public ActionResult Index()
    {
        ViewBag.Message = "修改此模板以快速启动你的ASP.NET MVC应用程序。";

        return View();
    }

    protected override void HandleUnknownAction(string actionName)
    {
        Response.Redirect("http://blog.miniasp.com/");
    }
}
```

TIPS

利用 HandleUnknownAction 可设计许多弹性的 Action 处理机制，不过，需要注意一些陷阱，如果是直接参照 MSDN 上的演示程序的话，会有一些潜在的风险！以下是 MSDN 上关于 HandleUnknownAction 的演示程序：

```
protected override void HandleUnknownAction(string actionName)
{
    try
    {
        this.View(actionName).ExecuteResult(this.ControllerContext);
    }
```

```
    catch (InvalidOperationException ieox)
    {
        ViewData["error"] = "Unknown Action: \"" +
            Server.HtmlEncode(actionName) + "\"";
        ViewData["exMessage"] = ieox.Message;
        this.View("Error").ExecuteResult(this.ControllerContext);
    }
}
```

如果你的 Controller 中有如下的 Action，并套用了 HttpPost 属性(Attribute)，且同时有上述的 HandleUnknownAction 方法定义，那么就很有可能会出现一个细微的安全漏洞：

```
[HttpPost]
public ActionResult DoWork()
{
    return View();
}
```

由于 DoWork() 动作方法只有在允许 HttpPost 的时候才能调用，但是，HandleUnknownAction 又没有判断是否要求 HttpPost，可能会在使用 HTTP GET 的情况下显示 DoWork()动作方法相对应的 View。

6.3.2　动作名称选定器

当通过ActionInvoker选定Controller内的公开方法时，默认会用Reflection的方式取得Controller中拥有与action路由参数同名的方法(不区分英文大小写)，这是默认的行为。如下面的演示程序就很清楚，当RouteValue中的Action是Index的话，默认就会运行Index() 方法：

```
public class HomeController : Controller
{
    /// <summary>
    /// 要求网址 http://localhost/Home/Index
    /// </summary>
    public ActionResult Index()
    {
        return View();
    }
```

```
    }
```

如果在Action加上ActionName属性(Attribute)并指名为Default，此时，路由参数action的值就会变成必须是Default才会正确运行Index()这个动作方法，这就是**动作名称选定器**(Action Name Selector)的用途：

```
public class HomeController : Controller
{
    /// <summary>
    /// 要求网址 http://localhost/Home/Index
    /// </summary>
    [ActionName("Default")]
    public ActionResult Index()
    {
        return View();
    }
}
```

唯一需要特别注意的是，如果你在Controller中使用默认的return View();回传ActionResult，由于你已经在动作方法上套用了ActionName("Default")属性，所以ASP.NET MVC会去寻找/Views/Home/Default.cshtml检视页面来运行，而不是/Views/Home/Index.cshtml。

6.4 动作方法选定器

当通过ActionInvoker选定Controller内的公开方法时，ASP.NET MVC还有另一个特性称为“动作方法选定器(Action Method Selector)”，同样可以套用在动作方法上，以便ActionInvoker“选定”适当的Action。

6.4.1 NonAction 属性

若套用NonAction属性在Controller里的Action方法上，即便该Action方法是“公开方法”，也会告知ActionInvoker不要选定这个Action来运行。这个属性的主要用途是用来保护Controller中的特定公开方法不要发布到Web上，或是功能尚未开发完成就要进行部署，暂时不想将此方法删除就可以套用这个属性不要对外公开。请参考以下演示程序：

```
[NonAction]
public ActionResult Index()
{
    return View();
}
```

将Action方法的public更改成private，也可以达到完全相同的目的：

```
private ActionResult Index()
{
    return View();
}
```

6.4.2　HTTP 动词限定属性

HttpGet、HttpPost、HttpDelete、HttpPut、HttpHead、HttpOptions、HttpPatch属性(Attributes)都是动作方法选定器的一分子，我们以下列程序为例，若在动作方法上套用了HttpGet属性，即代表只有当客户端浏览器发送HTTP GET要求时，ActionInvoker才会选定到这个Action：

```
[HttpPost]
public ActionResult Index()
{
    return View();
}
```

相反的，如果你的动作方法上面都没有套用这些动作限定属性的话，不管客户端浏览器发送任意HTTP动词都会自动选定到对应的Action。

这些属性最常用在需要接收窗体信息的时候，你可以创建两个同名的Action，一个套用HttpGet属性，以显示窗体HTML，另一个套用HttpPost，以接收窗体输出的值，演示程序如下：

```
[HttpGet]
public ActionResult Create()
{
    return View();
}

[HttpPost]
public ActionResult Create(FormCollection c)
{
```

```
        UpdateToDB(c);

        return RedirectToAction("Index");
    }
```

NOTES

由于 HTML 窗体无法输出 DELETE 这个 HTTP 动词，如果希望 Action 能够提供如同 REST 协议的方式来处理删除动作，又同时能够利用同一个窗体来使用这个只能允许 HttpDelete 的激活的话，可以利用 Html.HttpMethodOverride 这个 HTML 辅助方法来仿真 HTTP DELETE 的行为，但实际上窗体还是以 HTTP POST 的方式输出的，详细介绍请参考“7.4.2 使用 HTML 辅助方法输出窗体”节。

6.5 ActionResult 解说

ActionResult是Action运行后的回传型别，但是当Action回传ActionResult的时候，其实并不包含这个ActionResult(例如ViewResult)的运行结果，而是包含运行这个ActionResult时所需的数据，当MvcHandler从Controller取得ActionResult之后才会去运行出ActionResult的结果。我们先来看看ActionResult抽象类的程序代码，在ActionResult抽象类中仅定义了一个ExecuteResult()方法用来运行结果：

```
namespace System.Web.Mvc
{
    public abstract class ActionResult
    {
        public abstract void ExecuteResult(ControllerContext context);
    }
}
```

ASP.NET MVC定义了以下几种ActionResult的衍生型别，如表6-1所示。

表6-1 ActionResult的型别

型 别	Controller 辅助方法	用途帮助
ContentResult	Content	回传一个用户自定义的文字属性
EmptyResult		不响应任何信息到客户端
FileResult ● FileContentResult ● FilePathResult ● FileStreamResult	File	以二进制串流的方式回传一个文档信息： ● 直接输出 byte[]属性 ● 指定文档路径输出文档属性 ● 指定 Stream 对象回传其属性

续 表

型　别	Controller 辅助方法	用途帮助
HttpStatusCodeResult ● HttpNotFoundResult ● HttpUnauthorizedResult	HttpNotFound	回传自定义的 HTTP 状态代码与消息： ● 回传 HTTP 404 状态代码 ● 回传 HTTP 401 状态代码
JavaScriptResult	JavaScript	回传的是 JavaScript 脚本
JsonResult	Json	将数据串行化成 JSON 格式回传
RedirectResult	Redirect RedirectPermanent	重新导向到指定的 URL
RedirectToRouteResult	RedirectToAction RedirectToActionPermanent RedirectToRoute RedirectToRoutePermanent	与 RedirectResult 类似，但是它是重导向到一个 Action 或 Route
ViewResultBase ● ViewResult ● PartialViewResult	View PartialView	回传一个 View 页面 ● 回传检视页面(View Page) ● 回传部分检视页面(Partial View)

如表6-1所示的“Controller辅助方法”都是在ASP.NET MVC的Controller基类里的辅助方法，这些辅助方法的主要目的是为了方便让你在Controller中回传ActionResult相关型别之用。如下程序代码可用来转址到另一个页面：

```
public ActionResult Index()
{
    return new RedirectToRouteResult(new RouteValueDictionary(new { action
= "About" }));
}
```

如果改用Controller辅助方法来撰写，就可以改成以下程序代码：

```
public ActionResult Index()
{
    return RedirectToAction("About");
}
```

实务上来说，大多会使用Controller辅助方法来帮助从Controller中回传正确的ActionResult，不过了解这些ASP.NET MVC内建的ActionResult衍生型别也是很重要的，也许在适当的时候可能会用上，以下就来详细介绍这些ASP.NET MVC内建的ActionResult衍生类别。

6.5.1 ViewResult

ViewResult是在ASP.NET MVC中最常用的ActionResult，用于回传一个标准的检视

(View)页面。通过Controller辅助方法能更方便地定义要如何输出检视页面。你可以指定要输出的View名称、指定该View要套用哪个主版页面(Layout Page)、指定要传入View的数据模型(Model)，等等。以下是几个常用的程序代码演示。

演示一：回传默认的检视页面。

如下演示会运行 /Views/Home/About.cshtml 检视页面，并将结果输出至客户端：

```
public class HomeController : Controller
{
    public ActionResult About()
    {
        return View();
    }
}
```

演示二：指定检视页面名称响应。

如下演示会运行 /Views/Home/About2.cshtml 检视页面，并将结果输出至客户端：

```
public class HomeController : Controller
{
    public ActionResult About()
    {
        return View("About2");
    }
}
```

演示三：指派的检视页面不存在。

如果指派的检视页面不存在，则程序如下：

```
public class HomeController : Controller
{
    public ActionResult About()
    {
        return View("AAA");
    }
}
```

当在Views的对应目录下找不到时，就会出现如图6-2所示的例外消息。

通过这个异常可得知ASP.NET MVC在寻找View页面时的搜索顺序，分别如下。

"/"应用程序中的服务器错误。

未找到视图"AAA"或其母版视图，或没有视图引擎支持搜索的位置。搜索了以下位置:
~/Views/Home/AAA.aspx
~/Views/Home/AAA.ascx
~/Views/Shared/AAA.aspx
~/Views/Shared/AAA.ascx
~/Views/Home/AAA.cshtml
~/Views/Home/AAA.vbhtml
~/Views/Shared/AAA.cshtml
~/Views/Shared/AAA.vbhtml

图 6-2　在 Views 的对应目录找不到时，所出现的消息

- ~/Views/Home/AAA.aspx
- ~/Views/Home/AAA.ascx
- ~/Views/Shared/AAA.aspx
- ~/Views/Shared/AAA.ascx
- ~/Views/Home/AAA.cshtml
- ~/Views/Home/AAA.vbhtml
- ~/Views/Shared/AAA.cshtml
- ~/Views/Shared/AAA.vbhtml

在ASP.NET MVC中为了找出一个同名的View页面，尝试搜索了两个不同的路径与四个不同的扩展名，事实上这八个不同的路径分别由两种不同的检视引擎(ViewEngine)所支持，前四个由WebFormViewEngine负责查找关联视图页面，后四个由RazorViewEngine负责查找关联视图页面。WebFormViewEngine默认支持的检视页面类型为ASP.NET MVC 2以前常用的WebForm页面(*.aspx)与用户控件页面(*.ascx)。而RazorViewEngine默认支持的检视页面类型为ASP.NET MVC 3以后常用的Razor页面，在Razor页面里可支持C#语法(*.cshtml)与VB.NET语法(*.vbhtml)。

由此可知，ASP.NET MVC在查找View页面时第一顺序将会以WebFormViewEngine为主，第二顺序才是RazorViewEngine，不过从ASP.NET MVC 3开始，全新的Razor语法已经广受ASP.NET MVC开发人员喜爱，如果你想要调整这两个ViewEngine的搜索顺序，可以在Global.asax文档的Application_Start()方法中添加以下程序代码，即可变更ASP.NET MVC搜索检视页面的顺序，以缩短ASP.NET MVC在搜索View页面的时间。

```
protected void Application_Start()
{
    AreaRegistration.RegisterAllAreas();

    WebApiConfig.Register(GlobalConfiguration.Configuration);
    FilterConfig.RegisterGlobalFilters(GlobalFilters.Filters);
    RouteConfig.RegisterRoutes(RouteTable.Routes);
    BundleConfig.RegisterBundles(BundleTable.Bundles);
    AuthConfig.RegisterAuth();

    ViewEngines.Engines.Clear();
    ViewEngines.Engines.Add(new RazorViewEngine());
    ViewEngines.Engines.Add(new WebFormViewEngine());
}
```

在搜索目录部分，ASP.NET MVC会到网站根目录下Views目录里先搜索第一层目录，默认将会先搜索与Controller同名的目录，如果找不到相对应的View页面，就会改为搜索Shared目录，在Views目录下的Shared目录中通常会放置共享于多个Controller之间的View页面，例如默认项目模板内就放置了主版页面(_Layout.cshtml)、共享的部分页面(_LoginPartial.cshtml)与错误显示页面(Error.cshtml)，如图6-3所示。

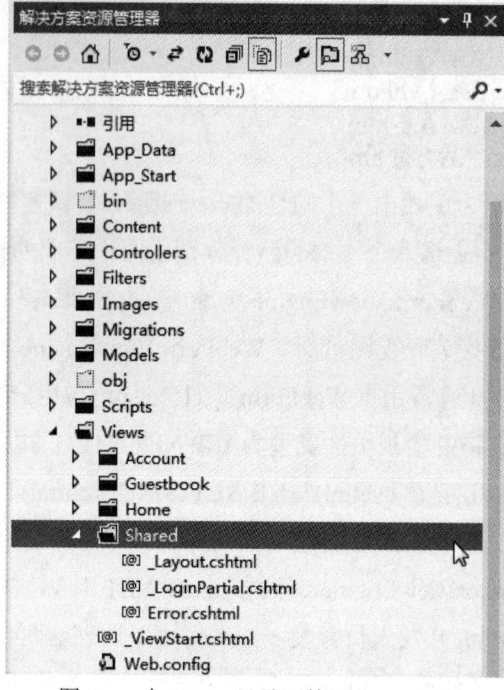

图 6-3 在 Views 目录下的 Shared 目录

指定检视页面名称与要套用的主版页面名称后，如下演示将会运行/Views/Home/Index.cshtml检视页面，并设置套用/View/Shared/_Layout2.cshtml主版页面，将结果输出至客户端。请注意，在套用主版页面时只需要输入文档名即可。

```
public ActionResult Index()
{
    return View("Index", "_Layout2");
}
```

如下演示，我们在HomeController的Read动作方法里，通过Model取得数据后将数据传至默认的检视页面中，这时ASP.NET MVC会尝试找出/Views/Home/Read.cshtml检视页面，并传入model这个强型别对象，最后将结果输出至客户端。

```
public ActionResult Read(int id)
{
    Models.MvcGuestbookContext db = new MvcGuestbookContext();
    var model = from p in db.Messages where p.Id == id select p;
    return View(model);
}
```

6.5.2 PartialViewResult

PartialViewResult与ViewResult非常类似，但无法为选中的View指派主版页面，如果想在页面中设计出更好的关注点分离特性，可以将网页的其中一部分独立成另一个动作(Action)，这时就可以利用PartialViewResult取得页面中的部分属性。

除此之外，当网页前端开发以Ajax为主的网页应用时，也经常会利用PartialViewResult取得网页的部分属性，此时搭配PartialViewResult来取得部分属性也非常适合。

如下演示会运行/Views/Home/Index_Marquee.cshtml检视页面，并将结果输出至客户端。如果在\Views_ViewStart.cshtml文档里定义了默认装入主版页面，由于通过PartialViewResult回传的关系，所以ASP.NET MVC在回传页面时并不会套用主版页面。

```
public ActionResult Index_Marquee()
{
    return PartialView();
}
```

6.5.3 EmptyResult

有些Action不需要回传任何数据，例如，我们想在网站实作联机人数的统计功能，可以从网页中动态发出一个HTTP要求给Controller的其中一个Action，当Controller收到要求后会在Action里运行加总或记录的动作，之后不回传任何数据，因为这个Action的主要目的就是统计数据而已。

遇到这种情况，使用EmptyResult就非常合适，其使用方法如下：

```
public ActionResult OnlineUserHit()
{
    return new EmptyResult();
}
```

在ASP.NET MVC中也有另一种表达EmptyResult的方式，可以将上述语法写成如下形式：

```
public void OnlineUserHit()
{
    return;
}
```

6.5.4 ContentResult

ContentResult可以让你响应任意“文字属性”的结果，可以任意指定文字属性、属性类型(Content-Type)与文字编码(Encoding)。

如下演示将会响应一段XML文字，设置响应的Content-Type为text/xml，并指定该文字的编码为Encoding.UTF8：

```
public ActionResult GetXML()
{
    return Content("<ROOT><TEXT>123</TEXT></ROOT>", "text/xml",
System.Text.Encoding.UTF8);
}
```

如果只想单纯响应一串UTF-8编码的HTML字符串，使用第一个参数传入即可：

```
public ActionResult GetHTML()
{
    string strHTML = "..."; // 省略 HTML 的属性
    return Content(strHTML);
}
```

在ASP.NET MVC中也有另一种表达如上例简单的回传类型，那就是直接将回传型别设置成string即可，这是非常简便的撰写方式，ASP.NET MVC会自动判断从Action回传的型别，只要不是ActionResult的衍生型别，就会将回传的数据自动转换成ContentResult来输出：

```
public string Content()
{
    string strHTML = "...."; // 省略 HTML 的属性
    return strHTML;
}
```

6.5.5 FileResult

FileResult可以响应任意文档的属性，包括二进制格式的数据，例如，图档、PDF、Excel文件或ZIP压缩文件等，可以传入byte[]、文档路径、Stream等不同的属性方式，让ASP.NET MVC帮你将属性回传给客户端。除此之外，还能指定回传时的属性类型(Content-Type)或指定客户端下载时要显示的文件名等。

事实上，FileResult是一个抽象型别，在ASP.NET MVC实作FileResult的型别共有三个，分别如下。

- FilePathResult：响应一个实体文档的属性。
- FileContentResult：回应一个 byte[]属性。
- FileStreamResult：回应一个 Stream 属性。

通过System.Web.Mvc.Controller类别中所提供的File辅助方法可以不用记忆这么

多，一个File辅助方法就能自动选定不同的FileResult响应。

如果你想通过Action输出一个放在App_Data目录下的PNG图文件，可以参考以下程序代码：

```
        public ActionResult GetFile()
        {
            return File(Server.MapPath("~/App_Data/UserA/Avatar.png"),
"image/png");
        }
```

如果希望能够要求浏览器直接下载文件而不是直接在浏览器开启文件，也可以传入要求下载的文档名在第三个参数。例如PDF文档来自于数据库，并希望让使用者下载，可以先取得一个byte[]或Stream数据，并在File辅助方法的第二个参数指定正确的Content-Type，最后再指定要下载的文档名即可，演示程序如下：

```
        public ActionResult GetFile()
        {
            byte[] fileContent = GetFileByteArrayFromDB();
            return File(fileContent, "application/pdf", "YourReport.pdf
");
        }
```

当使用者单击这个Action的网址，就会得到如图6-4所示下载文件的提示。

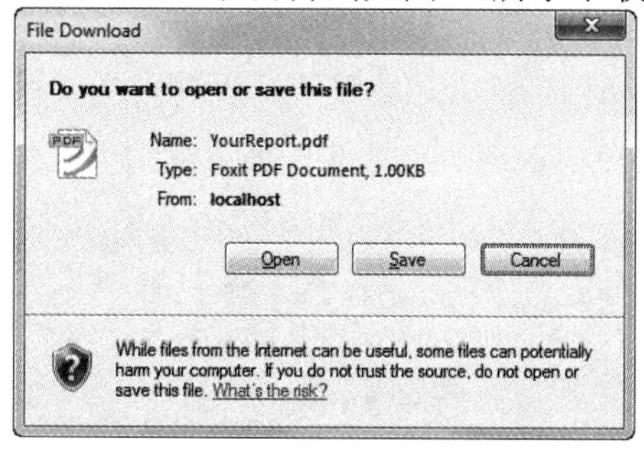

图 6-4　文档下载

如果要指定的文档名是中文，可以直接输入中文字在第三个参数里，如下演示：

```
        public ActionResult GetFile()
        {
            byte[] fileContent = GetFileByteArrayFromDB();
            return File(fileContent, "application/pdf", "你的报表.pdf");
        }
```

不过，由于ASP.NET MVC是依据RFC2231的规范来设置中文的编码，而RFC2231规范对许多旧版浏览器(IE6与旧版的Safari与Chrome浏览器)来说并不支持这种HTTP Header Value的编码格式，以下是ASP.NET MVC用来创建RFC2231兼容Header Value的代码段：

```
private static string CreateRfc2231HeaderValue(string filename)
{
    StringBuilder builder = new StringBuilder("attachment;
filename*=UTF-8''");

    byte[] filenameBytes = Encoding.UTF8.GetBytes(filename);
    foreach (byte b in filenameBytes)
    {
        if (IsByteValidHeaderValueCharacter(b))
        {
            builder.Append((char)b);
        }
        else
        {
            AddByteToStringBuilder(b, builder);
        }
    }

    return builder.ToString();
}
```

所以，为了使中文文档名的文档能够让旧版浏览器顺利下载，在文档名的部分则需要先利用Server.UrlPathEncode编码后才能正确下载到中文文档名的文档，否则指定文件名下载的功能将会完全无效，如下程序演示与图6-5所示：

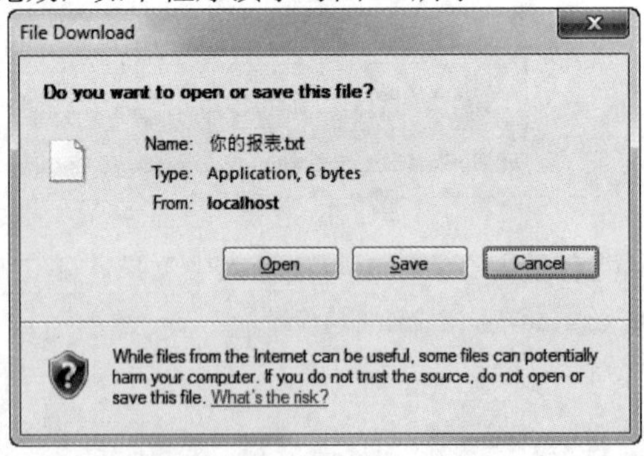

图 6-5　中文文档名文档下载

```
public ActionResult GetFile()
{
    byte[] fileContent = GetFileByteArrayFromDB();
    return File(fileContent, "text/plain", Server.UrlPathEncode("你的报
表.txt"));
```

```
}
```

在ASP.NET MVC中要能让旧版IE支持中文文档名下载的方式就只有这种，不过这种方式只对IE浏览器有效，任何其他非IE的“旧版”浏览器(如Firefox、Google Chrome或Safari)在下载文件时一样会变成乱码，因此，这并非是个完美的解决方案，如图6-6和图6-7所示。

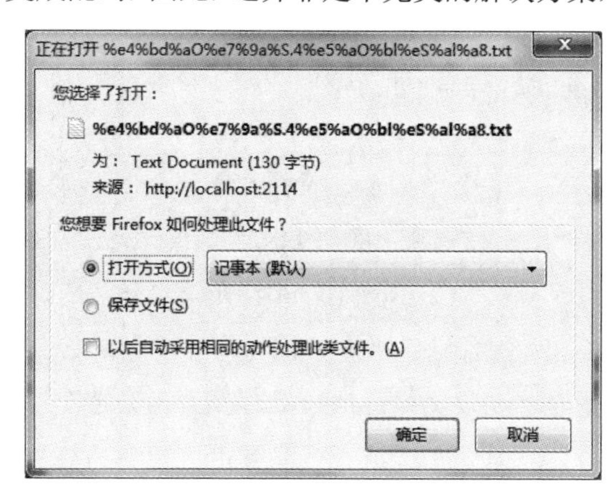

图 6-6　使用 Firefox 下载由 ASP.NET MVC 下载中文文档名的对话框

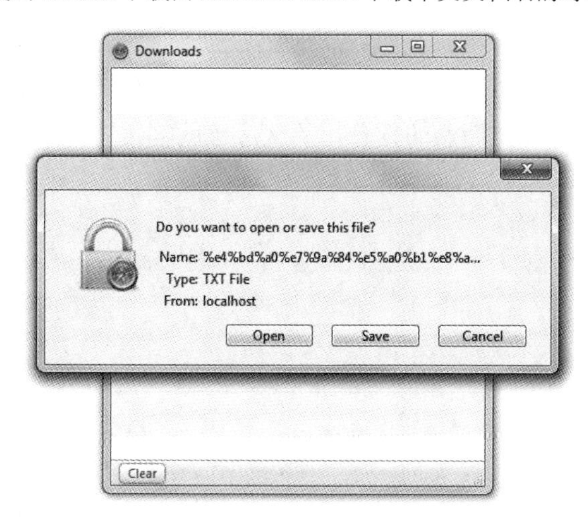

图 6-7　使用 Safari 下载由 ASP.NET MVC 下载中文文档名的对话框

TIPS

虽然这个技巧可以适用于 IE 浏览器，但是笔者在实务开发上还是遇到过问题，如果使用者直接将文档保存是没有问题的，不过如果用户使用的是旧版的 IE 浏览器(IE6、IE7)，那么在下载文件时直接单击“打开”按钮就会遇到一些棘手的问题，如图 6-8 所示。

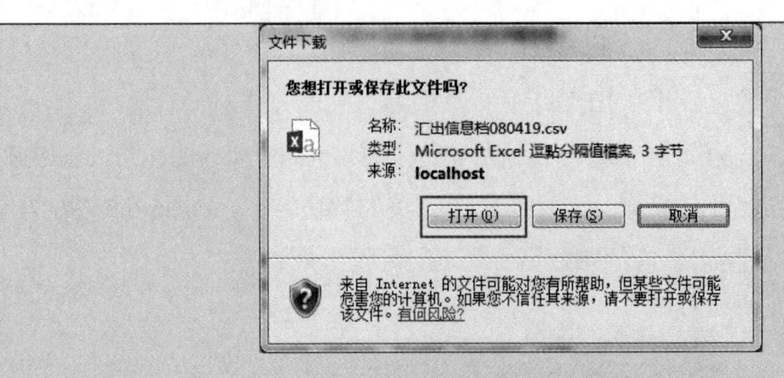

图 6-8　文件下载

我们假设文档名为“汇出信息档 080419.csv”，则在打开旧文档时文档会先保存在系统暂存目录中，然后再以 Microsoft Excel 打开该文档，则该文档的文档名就会变成“%e5%8c%af%e5%87%ba%e8%b3%87%e6%96%99%e6%aa%94080419.csv”，如果用户打开文档后只是看看就没问题，但如果打开文档后还要保存文档，那么该文档名就不是用户看得懂的文档名了，这很有可能被用户抱怨为什么会这样设计，不过这个问题算是旧版 IE 的问题，基本上是无解的。所幸该问题到了 IE8 之后，已经完全修复了。

不过，实务上来说，我们不太会去考虑非IE后向兼容性问题，如果只考虑IE 8以下的版本特别处理过中文文档名的部分，那么应该就非常完美了。演示程序如下：

```
public ActionResult GetFile()
{
    byte[] fileContent = GetFileByteArrayFromDB();

    if (Request.Browser.Browser == "IE" &&
Convert.ToInt32(Request.Browser.MajorVersion) < 9) {
        // 旧版IE使用旧的兼容性作法
        return File(fileContent, "text/plain", Server.UrlPathEncode("你的
报表.txt"));
    } else {
        // 新版浏览器使用RFC2231规范的Header Value作法
        return File(fileContent, "text/plain", "你的报表.txt");
    }
}
```

6.5.6　JavaScriptResult

JavaScriptResult的用途是响应JavaScript程序代码给浏览器，通过Ajax的程序开发，你可以利用JavaScriptResult来响应适当的JavaScript程序代码让浏览器动态运行。因Ajax

功能属于View的一环，因此更多关于ASP.NET MVC的Ajax的功能将在第7章“View数据呈现相关技术”进行介绍。

其实JavaScriptResult的功能与ContentResult差不多，主要的差别在于默认的Content-Type不一样而已，JavaScriptResult默认的Content-Type为application/x-javascript。

如下演示即响应alert('ok')至客户端：

```
public ActionResult JavaScript()
{
    return JavaScript("alert('ok')");
}
```

如果在View中，利用Ajax辅助方法撰写以下程序，就会动态调用JavaScript这个Action，并直接在浏览器中运行结果，过程中并不会换页：

```
@Ajax.ActionLink("Run JavaScript", "JavaScript", new AjaxOptions())
```

请注意，如果你要在ASP.NET MVC 4默认网络项目模板中运行以上这段演示程序，记得要在主版页面(_Layout.cshtml)的<head>标签内装入正确的JavaScript函数库才能正常运行@Ajax.ActionLink辅助方法，代码段如下：

```
@Scripts.Render("~/bundles/jquery")
@Scripts.Render("~/bundles/jqueryval")
```

装入完成后如图6-9所示。

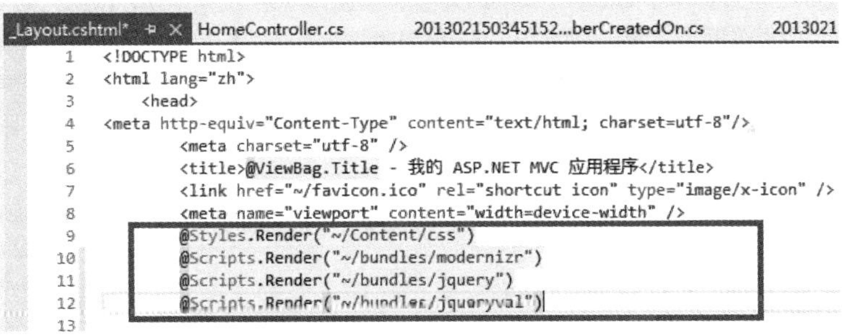

```
_Layout.cshtml*   HomeController.cs   201302150345152...berCreatedOn.cs   2013021
1  <!DOCTYPE html>
2  <html lang="zh">
3      <head>
4  <meta http-equiv="Content-Type" content="text/html; charset=utf-8"/>
5          <meta charset="utf-8" />
6          <title>@ViewBag.Title - 我的 ASP.NET MVC 应用程序</title>
7          <link href="~/favicon.ico" rel="shortcut icon" type="image/x-icon" />
8          <meta name="viewport" content="width=device-width" />
9          @Styles.Render("~/Content/css")
10         @Scripts.Render("~/bundles/modernizr")
11         @Scripts.Render("~/bundles/jquery")
12         @Scripts.Render("~/bundles/jqueryval")
13
```

图 6-9　需装入正确的 JavaScript 函数库才能正常运行 Ajax 辅助方法的程序

6.5.7　JsonResult

JSON(JavaScript Object Notation)是Web在实作Ajax应用程序时经常使用的一种传输数据格式，JsonResult可自动将任意对象数据串行化成JSON格式回传，JsonResult默认的ContentType为application/json，对某些JavaScript Framework这是必要需求，例如，jQuery。

JsonResult是使用JavaScriptSerializer完成JSON串行化操作，但如果你的对象无法串行化，这个转换的过程将会发生例外。

在使用JsonResult时必须特别注意，从ASP.NET MVC 2.0开始，为了避免JSON Hijacking的攻击，ASP.NET MVC开发团队基于安全性考虑，在默认的情况下，任何以JsonResult回传的要求都不允许HTTP GET取得任何JSON信息。

如下演示会响应一个JSON格式的数据：

```
public ActionResult JSON()
{
    return Json(new {
        id = 1,
        name = "Will",
        CreatedOn = DateTime.Now
    });
}
```

如果你是用HTTP POST方法取得该属性，将会得到以下结果：

```
{"id":1,"name":"Will","CreatedOn":"\/Date(1350116309992)\/"}
```

如果直接在浏览器输入网址(即以HTTP GET取得属性)，将会出现如图6-10所示的错误信息。

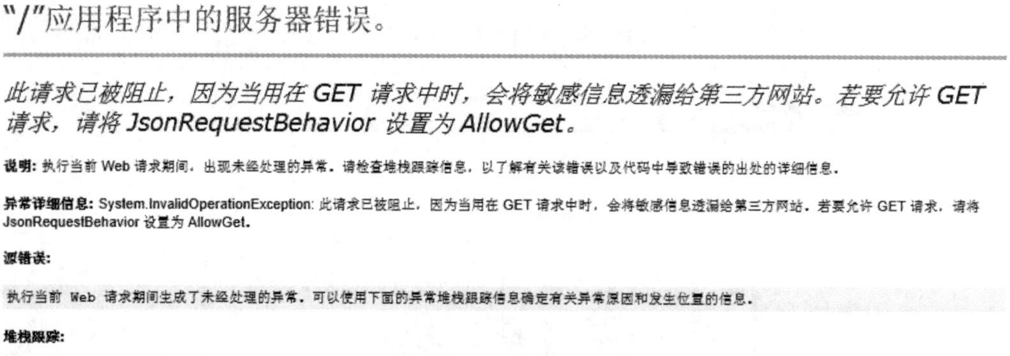

"/"应用程序中的服务器错误。

此请求已被阻止，因为当用在 GET 请求中时，会将敏感信息透漏给第三方网站。若要允许 GET 请求，请将 JsonRequestBehavior 设置为 AllowGet。

说明: 执行当前 Web 请求期间，出现未经处理的异常。请检查堆栈跟踪信息，以了解有关该错误以及代码中导致错误的出处的详细信息。

异常详细信息: System.InvalidOperationException: 此请求已被阻止，因为当用在 GET 请求中时，会将敏感信息透漏给第三方网站。若要允许 GET 请求，请将 JsonRequestBehavior 设置为 AllowGet。

源错误:

执行当前 Web 请求期间生成了未经处理的异常。可以使用下面的异常堆栈跟踪信息确定有关异常原因和发生位置的信息。

堆栈跟踪:

图 6-10　默认 JsonResult 响应时如果客户端使用 HTTP GET 要求会引发异常

我们经常使用jQuery动态取得JSON数据。在jQuery中有一个常用的$.getJSON 就是用GET方法动态取得JSON数据，如果你的JsonResult没有特别设置将会导致无法正常取得JSON信息。

虽然在jQuery中没有内建$.postJSON 方法，但却非常容易实作。以下是jQuery.post官方网站提供的演示，通过这个方式即可新增$.postJSON方法，使用方法与$.getJSON一模一样：

```
$.postJSON = function(url, data, callback) {
    $.post(url, data, callback, "json");
};
```

> **NOTES**
>
> jQuery.getJSON()的帮助文件请参考以下网址:
>
> http://api.jquery.com/jQuery.getJSON/

养成安全的开发习惯非常重要，建议尽量避免使用HTTP GET取得JSON数据。可是只使用HTTP POST取得JSON也有一个问题，那就是从服务器端取回的数据无法被浏览器缓存，如果你的信息敏感度不高且想操作缓存的话，可能还需要让JsonResult可以对HTTP GET要求进行响应，解决方法就是替JSON辅助方法再加上一个JsonRequestBehavior列举参数，这样就可以通过GET方法取得JSON属性了：

```
public ActionResult JSON()
{
    return Json(new {
        id = 1,
        name = "Will",
        CreatedOn = DateTime.Now },
JsonRequestBehavior.AllowGet);
}
```

6.5.8 RedirectResult

RedirectResult的主要用途是运行重新导向到其他网址。在RedirectResult的内部，基本上还是以Response.Redirect方法响应HTTP 302暂时导向。

以下演示就是使用RedirectResult将结果转至/Home/Index页面：

```
public ActionResult Redirect()
{
    return Redirect("/Home/NewIndex");
}
```

在ASP.NET MVC 3的版本之后，System.Web.Mvc.Controller类别里还内建了一个RedirectPermanent辅助方法，可以让Action响应HTTP 301永久导向。使用HTTP 301永久导向可以提升SEO效果，可保留原本页面网址的网页排名(Ranking)记录，并自动迁移到转向的下一页，这对于网站改版导致网站部分页面的网址发生变更时非常实用。如下演示：

```
public ActionResult Redirect()
{
    return RedirectPermanent("/Home/NewIndex");
}
```

6.5.9 RedirectToRoute

RedirectToRoute的行为与RedirectResult类似，不过，它会替你运算所有现有的网址路由值(RouteValue)，并比对网址路由表(RouteTable)中的每条规则，如“4.3 网址路由如何在ASP.NET MVC中生成网址”一节所提到的方式一样，这将有助于生成ASP.NET MVC的网址。

Controller类别中有四个与RedirectToRoute有关的辅助方法。

- RedirectToAction
- RedirectToActionPermanent
- RedirectToRoute
- RedirectToRoutePermanent

RedirectToAction与RedirectToActionPermanent是一个比较简易的版本，直接传入Action名称即可设置让浏览器转向至该Action的网址，也可以传入新增的RouteValue值，其演示如下。

- 转址到同 Controller 的另一个 Action：

```
public ActionResult RedirectToActionSample()
{
    return RedirectToAction("SamplePage");
}
```

- 转址到指定 Controller 的特定 Action 并采用 HTTP 301 永久转址：

```
public ActionResult RedirectToActionSample()
{
    return RedirectToActionPermanent("List", "Member");
}
```

- 转址到 MemberController 的 List Action，并且加上 page 这个 RouteValue：

```
public ActionResult RedirectToActionSample()
{
    return RedirectToAction("List", "Member", new { page = 3 })
;
}
```

RedirectToRoute与RedirectToRoutePermanent则是较为高级的版本，可利用在Global.asax中定义的网址路由表(RouteTable)来指定不同的转向网址。以下是几个常见的使用演示。

- 转址到同 Controller 的另一个 Action：

```
        public ActionResult RedirectToRouteSample()
        {
            return RedirectToRoute(new { action = "SamplePage" });
        }
```

- 转址到指定 Controller 的特定 Action：

```
        public ActionResult RedirectToRouteSample()
        {
            return RedirectToRoute(new { controller = "Member", action =
"List" });
        }
```

- 转址到 MemberController 的 List Action，并且加上 page 这个 RouteValue

```
        public ActionResult RedirectToRouteSample()
        {
            return RedirectToRoute(new { controller = "Member", action =
"List", page = 3 });
        }
```

如果转址到指定的网址路由表定义的网址格式，我们先假设App_Start\RouteConfig.cs中的RegisterRoutes方法定义的网址路由表如下：

```
public static void RegisterRoutes(RouteCollection routes)
{
    routes.IgnoreRoute("{resource}.axd/{*pathInfo}");

    routes.MapRoute(
        name: "MessageHome",
        url: "MsgHome",
        defaults: new { controller = "Message", action = "Index" }
    );
    routes.MapRoute(
        name: "Default",
        url: "{controller}/{action}/{id}",
        defaults: new { controller = "Home", action = "Index", id =
UrlParameter.Optional }
    );
}
```

如果需要设置转址到MessageHome这个路由的话，可以在使用RedirectToRoute辅助方法时传入路由名称(Route Name)，演示如下：

```
        public ActionResult RedirectToRouteSample()
        {
```

```
        return RedirectToRoute("MessageHome");
    }
```

6.5.10 HttpStatusCodeResult

HttpStatusCodeResult的主要用途是让ASP.NET MVC回传特定的HTTP状态代码与消息给客户端。对于一些特殊的HTTP响应，可利用HttpStatusCodeResult帮助我们响应适当的状态代码。

HTTP状态代码是从服务器端响应(HTTP Response)的状态并大致分成五种。

- 1xx：参考信息(Informational)。
- 2xx：成功(OK)，一般最常见的 HTTP 状态代码如 200 代表 OK，也就是网页正常响应的意思，201 代表 Created 服务器端已经成功创建资源。
- 3xx：重新导向 (Redirection)，刚刚看过的 302 代表 Found，意即查找这个资源，但暂时移到另一个 URL，而 301 则代表 Moved Permanently，意即 URL 已经发生永久改变，客户端必须转向到另一个 URL，且不用保留原本 URL 的记录。
- 4xx：客户端错误(Client Error)，这里最常见的就是 404 Not Found，代表找不到网页，还有 401 Unauthorized，代表拒绝访问，也都是常见的客户端错误。
- 5xx：服务器错误(Server Error)，当服务器发生错误时会响应 5xx 的状态代码，而 500 Internal Server Error 属内部服务器错误，也是常见的 HTTP 状态代码。

NOTES

完整的状态代码定义可以参考 RFC 2616 Hypertext Transfer Protocol -- HTTP/1.1 的 10 Status Code Definitions 章节，里面有完整且详尽的讲解，网址如下：
http://www.w3.org/Protocols/rfc2616/rfc2616-sec10.html

如果想要响应201 Created状态代码，可以参考以下演示：

```
[HttpPost]
public ActionResult Create(FormCollection form)
{
    // TODO:依据客户端窗体输入的数据在数据库中创建一条新记录
    return new HttpStatusCodeResult(201,"数据已被成功创建");
}
```

以下演示与上面这个演示程序运行的结果相同，但笔者建议可以使用以下这个演示来撰写自定义的HTTP状态代码响应，以免设置了一个非标准的HTTP状态代码，如下演示：

```
[HttpPost]
public ActionResult Create(FormCollection form)
{
    // TODO:依据客户端窗体输入的数据在数据库中创建一条新记录
    return new HttpStatusCodeResult(System.Net.HttpStatusCode.Created,
"数据已被成功创建");
}
```

6.5.11　HttpNotFoundResult

HttpNotFoundResult 专门用来响应 HTTP 404 找不到网页的错误，在 System.Web.Mvc.Controller类别中内建了一个HttpNotFound辅助方法，可以方便回传HttpNotFoundResult型别的ActionResult结果，程序演示如下：

```
public ActionResult Get(int id)
{
    var data = GetDataFromDB(id);

    if (data == null) {
        return HttpNotFound();
    } else {
        return View(data);
    }
}
```

6.5.12　HttpUnauthorizedResult

HttpUnauthorizedResult专门用来响应HTTP 401拒绝访问的错误，例如，你可以在Action里做出一些额外的权限检查，如果查出客户端用户并没有特定数据的访问权限，即可利用HttpUnauthorizedResult响应“拒绝访问”的HTTP状态代码，程序演示如下：

```
public ActionResult Get(int id)
{
    if (CheckPermission(User.Identity.Name))
    {
        var data = GetDataFromDB(id);

        if (data == null)
```

```
        {
            return HttpNotFound();
        }
        else
        {
            return View(data);
        }
    }
    else
    {
        return new HttpUnauthorizedResult();
    }
}
```

6.6 ViewData、ViewBag与TempData概述

控制器(Controller)负责处理浏览器来的所有要求，并决定响应什么属性给浏览器，除了这件事以外，Controller还负责协调Model与View之间的数据传递，因此，Controller必须在取得数据以后将数据传给View来取用，并由View决定如何呈现这些数据。

在ASP.NET MVC中有好几种传递数据给检视(View)的方式，例如从ASP.NET MVC 1.0就有的ViewData与TempData对象，还有从ASP.NET MVC 3.0开始提供的ViewBag对象，通过这些对象都可以将数据顺利地传到检视里，让检视页面(View Page)可以取用这些从Controller传来的数据。以下我们就来逐一介绍这些对象的使用方式。

6.6.1 ViewData

当你使用ViewResult来运行结果时，可以在Action里面利用ControllerBase类别中的ViewData属性来保存数据，以便这些数据可以传递给View使用。以下是ASP.NET MVC 4在ControllerBase类别中ViewData属性的定义：

```
public ViewDataDictionary ViewData
{
```

```
        get
        {
            if (_viewDataDictionary == null)
            {
                _viewDataDictionary = new ViewDataDictionary();
            }
            return _viewDataDictionary;
        }
        set { _viewDataDictionary = value; }
    }
```

由于ViewData属性是一个ViewDataDictionary型别，进一步查看ViewDataDictionary型别的类别声明定义，如下：

```
public class ViewDataDictionary : IDictionary<string, object>
```

由于ViewDataDictionary继承了IDictionary<string, object>界面，因此在设置ViewData属性时，传入的key必须为字符串型别，而属性部分可以保存任意对象信息。使用ViewData时如图6-11所示。

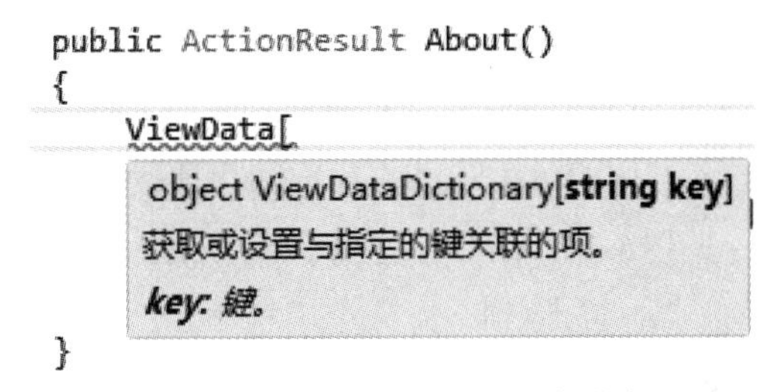

图 6-11　ViewDataDictionary 的快捷提示

ViewData有一个特性，就是它只会存在这次的HTTP要求中而已，并不像Session可以将数据带到下一个HTTP要求，详细的使用方式将在第7章“View数据呈现相关技术”再进行讲解。

6.6.2　ViewData.Model

ViewDataDictionary其实就是一个字典对象(IDictionary<string, object>)，不过在ASP.NET MVC里做出了几个扩充属性，其中包括Model、ModelMetadata与ModelState这三个。ModelMetadata与ModelState这两个属性在下一节将会提及，而这一小节里，笔者想强调的是Model属性。

由于使用ViewData字典在传入时属于“弱型别”的方式保存，也就是在ViewData里特定键值的型别永远是object通用对象型别，传给View使用之后，还必须通过转型才能进一步使用，所以用起来不太方便。

在ASP.NET MVC的View相关技术里，可以将特定检视页面声明为某种型别，让整个检视页面参考着特定型别，并且让Controller传来的Model数据直接自动转型为View所声明的型别，而这个从Controller传来的Model数据就是通过ViewData.Model传过来的。

以下程序代码演示可以将数据通过ViewData.Model传递给View的Model使用：

```
public ActionResult Index()
{
    var data = GetDataFromDB();
    ViewData.Model = data;
    return View();
}
```

上述这段程序代码与以下这段程序代码的结果是完全一样的，都是将ViewData.Model传给View页面使用：

```
public ActionResult Index()
{
    var data = GetDataFromDB();
    return View(data);
}
```

从Visual Studio 2012的快捷提示中(见图6-12)，可以发现ViewData.Model也是object型别，为什么说这个跟“强型别”有关呢？

```
public ActionResult Index()
{
    var data = GetDataFromDB();
    ViewData.Model = data;
    return Vi
}
```

object ViewDataDictionary.Model
获取或设置与视图数据关联的模型。

图 6-12　ViewData.Model 的快捷提示

当你通过ViewData.Model传递数据到检视页面，在检视页面里可以用@model声明一个该检视页面专属的数据模型型别，声明后就可以在检视页面中取用@Model对象，而@Model对象就会拿Controller里设置好的ViewData.Model数据，并自动转型为@model声明的型别，如图6-13所示。

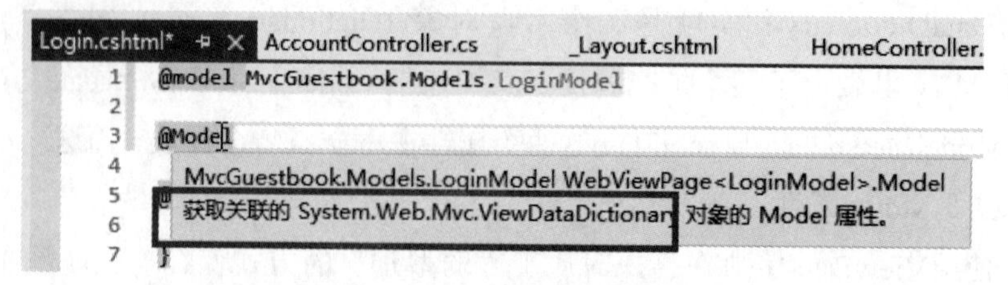

图 6-13　检视页面中@Model 的快捷提示

声明完成后，我们在检视页面就可以以具有型别的@Model对象进行开发，享受Visual Studio 2012里使用Intellisense的方便性，如图6-14所示。

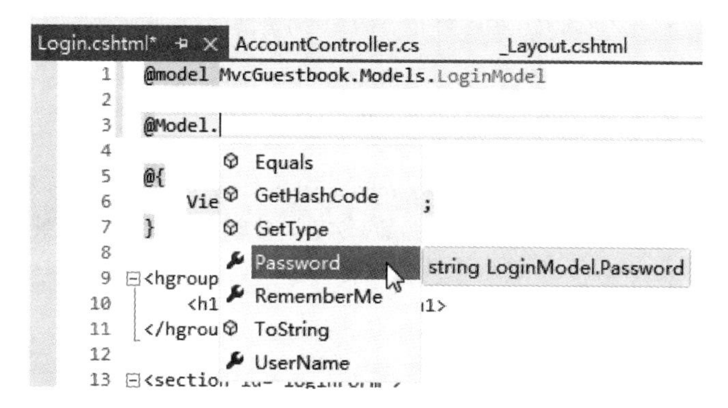

图 6-14　声明@model 型别的检视页面中使用@Model 的 Intellisense 快捷提示

详细的强型别检视开发技术将会在第7章“View数据呈现相关技术”中进行介绍。

6.6.3　ViewBag

ViewBag定义在System.Web.Mvc.ControllerBase抽象类中，其程序代码定义如下：

```
public dynamic ViewBag
{
    get
    {
        if (_dynamicViewDataDictionary == null)
        {
            _dynamicViewDataDictionary = new DynamicViewDataDictionary(()
=> ViewData);
        }
        return _dynamicViewDataDictionary;
    }
}
```

从程序代码中可以发现，ViewData属性被声明为一个dynamic动态型别，并且属性是一个传入ViewData的DynamicViewDataDictionary动态ViewData字典，严格上来说，ViewBag并没有什么特殊之处，因为所有对ViewBag属性的任何访问动作，最终都还是对ViewData来进行操作，唯一的差别仅在于ViewBag是dynamic动态型别而已，优点是可以少输入几个字符。例如以下ViewData的写法：

```
ViewData["Message"] = "更改此模板即可开始着手进行您的 ASP.NET MVC 应用程序。";
```

换成ViewBag的写法则如下：

```
ViewBag.Message = "更改此模板即可开始着手进行您的 ASP.NET MVC 应用程序。";
```

整体来说，每写一次要传给View用的变量大约可省下四个字符，也许可以让你输入的时间少一点点吧。

NOTES

dynamic 型别是.NET Framework 4.0 的新功能。

6.6.4 TempData

TempData的数据结构与ViewData一样都是字典型别，但TempData的型别是TempDataDictionary，如图6-15所示。

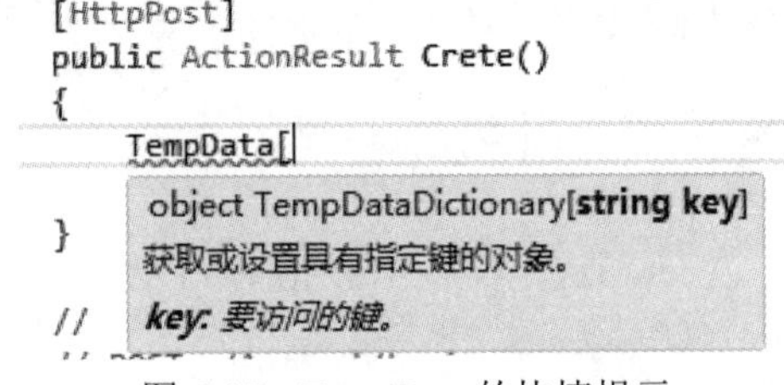

图 6-15 TempData 的快捷提示

不过，TempData还是有那么一点不同的地方，在于它的内部是使用Session来保存信息，更有趣的是它的名称与特性。“Temp”是暂存的意思，但是保存在TempData中的信息会暂存多久呢？答案是：一次网页要求。

接下来，我们用以下演示来解释“一次网页要求”的定义，在窗体数据送出到以下Action保存，如果发生数据库新增失败的消息，我们会希望这次送出的数据可以保留至下一页，此时，就会将这个只希望出现一次的消息保存到TempData中，并在下一页进行取用。

如下程序在更新数据库时发生失败后，会先将这次收到的Message数据保存到TempData["PostedMessage"]变量里，然后转回到了Create这个Action：

```
[HttpPost]
public ActionResult Create(Message msg)
{
    if (!UpdateMessageToDB(msg))
    {
        TempData["PostedMessage"] = msg;

        return RedirectToAction("Create");
    }

    return RedirectToAction("Index");
}
```

此时，重新回到Create动作，数据从TempData["PostedMessage"]再次读出，并再次传递到Create检视页面，当这次ASP.NET MVC生命周期退出的前一刻，由于ASP.NET MVC会记录TempData["PostedMessage"]已经被读取过，因此，在这次HTTP要求退出前就会将TempData["PostedMessage"]删除：

```
[HttpGet]
public ActionResult Create()
{
    string data = TempData["PostedMessage"] as Message;
    return View(data);
}
```

TIPS

一般来说，在 Action 用到 TempData 来保存数据时，通常都会使用 RedirectResult 或 RedirectToRouteResult 来当成 Action 的回传型别(可使用 Redirect，RedirectToAction 或 RedirectToRoute 辅助方法)，如果你的 Action 不是回传 RedirectResult 或 RedirectToRouteResult 型别的话，很可能就会导致 TempData 提前消失的情况！

以下列程序为例，如果你先开启 HomeController 的 Index 页面，并设置一个 TempData["T1"]数据，由于回传型别不是 RedirectResult 或 RedirectToRouteResult 型别，且在同一个 Action 中又同时读取了 TempData["T1"]的值，以致于这一次网页要求运行完毕后 TempData["T1"] 就会被删除，因此，如果这时转向到 HomeController 的 About 页面，就会得不到 TempData["T1"] 的值。

```
public class HomeController : Controller
{
    public ActionResult Index()
    {
        TempData["T1"] = "123";
        string tmp = TempData["T1"].ToString();
        return View();
    }

    public ActionResult About()
    {
        ViewData["T1"] = TempData["T1"];
```

```
        return View();
    }
}
```

从 ASP.NET MVC 2.0 之后的版本，只有在使用 RedirectResult 或 RedirectToRouteResult 当成 ActionResult 型别时，才会强制保留 TempData 不被清除，除此之外，只要有取用 TempData 的键值，默认就会在当次网页要求就被清除。但是，如果你只单纯设置了 TempData 的值，并没有读取行为的话，TempData 还是会被保留到下一次取用。

6.7 模型绑定

在ASP.NET MVC中是通过**模型绑定**(Model Binding)达到解析客户端传来的数据，而解析的工作全都交由DefaultModelBinder类别处理，若需要自定义ModelBinder的行为，则可自行撰写有操作IModelBinder界面的类别即可，但在大部分的情况下，DefaultModelBinder类别就可以处理掉95%以上的信息型态，除非你有特殊的用途。

6.7.1 简单模型绑定

当网页上有个窗体，且窗体内有个名为Username的输入字段，而Action的参数也定义了一个名为Username的参数，只要窗体的域名与Action方法上的参数名称一样，那么Action在被运行的时候，就会通过DefaultModelBinder类别将窗体或QueryString传来的数据进行处理，将原本传来的字符串数据转换成对应的.NET型别并传给Action方法的同名参数里。

我们用个简单的例子来描述“简单模型绑定”的过程，请先参考以下动作方法的程序代码，Action名称为TestForm，它会通过简单模型绑定取得从客户端窗体传来的Username参数，最后会将该参数传入ViewData.Model让View使用：

```
public ActionResult TestForm(string Username)
{
    ViewData.Model = Username;

    return View();
}
```

以下是这个Action相对应的View检视页面，这里只是一个非常简单的HTML窗体，并且在窗体内有一个Username字段，还有若从Action有传入ViewData.Model信息的话，也会在这个View里通过@Model显示在界面上：

```
<form method="post">
    <p>
        使用者名称：
        <input type="text" name="Username" />
    </p>
    <p>
        您输入的使用者名称为： @Model
    </p>
    <input type="submit" />
</form>
```

该页面第一次被运行时，会出现一个简单的窗体，接着在窗体上的Username字段输入一段文字，运行结果如图6-16所示。

当窗体送出后，你会发现窗体上的Username字段已经被成功传送到TestForm这个Action里，并且在Action里也成功接收到Username参数的信息，所以ViewData.Model才会有值，且View上的@Model才会正确显示文字在页面上，如图6-17所示。

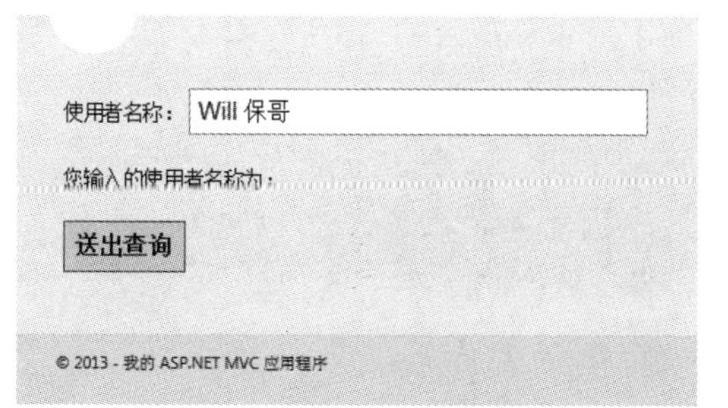

图 6-16　运行结果

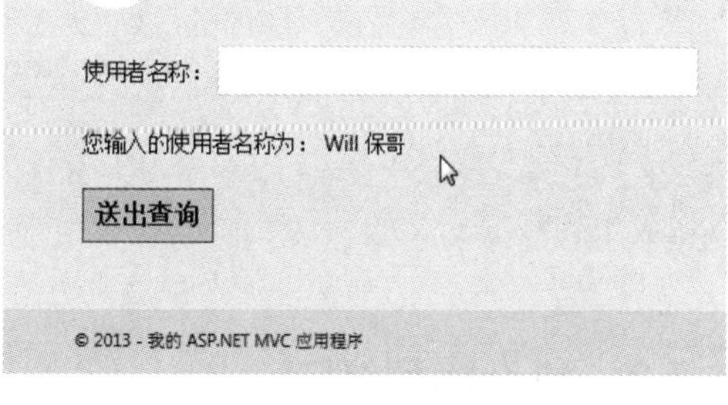

图 6-17　窗体送出后的运行结果

如果在Visual Studio 2012中利用断点功能检查Action运行时是否真正接收到客户端窗体传来的数据，应该可以发现窗体信息的确已经被填入TestForm动作方法的Username参数里，如图6-18所示。

```
24
25      public ActionResult TestForm(string Username)
26      {
27          ViewData.Model = Username;
28                                   Username "Will 保哥"
29          return View();
30      }
```

图 6-18　利用断点检查客户端窗体传入的信息是否正确写入 Username 参数

6.7.2　使用 FormCollection 取得窗体信息

除了通过简单模型绑定取得窗体传来的单栏信息外，还可以通过FormCollection一次取得整份窗体传来的信息。如下程序演示，只要设置一个FormCollection型别的参数，就可以取得所有从窗体传来的信息，这种用法如同使用以前的Request.Form一样，不过，在ASP.NET MVC里还是建议尽量不要使用Request.Form来取得窗体信息。

这个FormCollection类别实际上是继承自NameValueCollection型别，因此，取用窗体信息的方式就如同字典集合的方式一样，差别只在于所有key与value的型别都必须是字符串(String)。

我们将上一小节的演示重新改写Action的部分，原本通过简单模型绑定来接收窗体信息，这次改用FormCollection型别取得上一页传来的所有字段信息，因此，你可以在程序代码中利用这个接收到改写完成后的程序代码如下，其结果将会完全一样：

```
public ActionResult TestForm(FormCollection form)
{
    ViewData.Model = form["Username"];
    return View();
}
```

6.7.3　复杂模型绑定

在ASP.NET MVC中，可以通过DefaultModelBinder将窗体信息映射到非常复杂的.NET型别，称之为“复杂模型”，或简称“模型”。该模型可能是一个List<T>或一个含有多个属性的自定义型别。

我们一样延续上一小节的演示，另外自定义一个名为UserForm的类别，且定义了三个属性(Properties)，此时，Action若直接以UserForm型别来接收窗体信息也是没问题的，只要表单域名称与UserForm型别中的属性名称(Property Name)一样，同样可以将客户端窗体信息自动绑定到form参数的同名属性上，如下程序演示运行结果也会完全一样：

```
public class UserForm
{
    public string Username { get; set; }
    public string Password { get; set; }
    public string Name { get; set; }
}

public ActionResult TestForm(UserForm form)
{
    ViewData.Model = form.Username;

    return View();
}
```

通过这种方式做模型绑定还有个好处，那就是一样可以利用Visual Studio 2012的Intellisense快捷提示功能，帮助我们快速完成属性名称的输入，如图6-19所示。

```
public class UserForm
{
    public string Username { get; set; }
    public string Password { get; set; }
    public string Name { get; set; }
}

public ActionResult TestForm(UserForm form)
{
    ViewData.Model = form.;

    return View();
}
```

Equals
GetHashCode
GetType
Name
Password
ToString
Username   string UserForm.Username

图 6-19 利用 Visual Studio 2012 的 Intellisense 帮助自动完成属性名称的输入

再举另一个例子解释复杂模型绑定。假设窗体中有四个字段，分别为Type、Name、Email和Body(请看input卷标的name属性)：

```
<form method="post">

    Type
    <input type="radio" name="Type" value="1" checked="checked" />
```

```
Type1
        <input type="radio" name="Type" value="2" checked="checked" />
Type2
        <br />


        Name
        <input id="Name" name="Name" type="text" value="" />
        <br />


        Email
        <input id="Email" name="Email" type="text" value="" />
        <br />


        Body
        <textarea cols="20" id="Body" name="Body" rows="2"></textarea>
        <br />


        <input type="submit" />


    </form>
```

而你的数据模型与Action定义如下：

```
public class GuestbookForm
{
   public int Type { get; set; }
   public string Name { get; set; }
   public string Email { get; set; }
   public string Body { get; set; }
}

public ActionResult TestForm(GuestbookForm gbook)
{
   return View();
}
```

当客户端送出窗体到Save动作，ASP.NET MVC的DefaultModelBinder会很神奇地自动将字段信息映射到Action的gbook参数中，如表6-2所示。

表 6-2 HTML 窗体元素名称与复杂模型的映射表

窗体名称	数据模型属性
Type	gbook.Type
Name	gbook.Name
Email	gbook.Email
Body	gbook.Body

从客户端传来的窗体信息，通过DefaultModelBinder自动创建一个GuestbookForm对象，并且将窗体的字段通过.NET的Reflection机制一一将字段设置到该对象的同名属性中，像Type属性为int型别，它也会将字符串型态的信息转型为int。当然，如果转型发生失败，例如客户端窗体传入的Type字段不是数值格式，那么，自动绑定的过程会发生异常。

6.7.4 多个复杂模型绑定

下面示范一个更复杂的例子。如果你在一个窗体内要送出两个复杂模型的数据到Action，也就是你希望在一个窗体内一次送出两条数据到Action里，就可以参考以下例子进行开发，假设窗体的HTML如下：

```
    <form action="/Home/ComplexModelBinding" method="post">
        <fieldset>
        <legend>Form1</legend>
            Type
            <input type="radio" name="form1.Type" value="1" checked="ch
ecked" /> Type1
            <input type="radio" name="form1.Type" value="2" checked="ch
ecked" /> Type2
            <br />

            Name
            <input id="Name" name="form1.Name" type="text" value="" />
            <br />
```

```
            Email
           <input id="Email" name="form1.Email" type="text" value="" />
            <br />

            Body
            <textarea cols="20" id="Body" name="form1.Body" rows="2"></
textarea>
            <br />
        </fieldset>

        <fieldset>
        <legend>Form2</legend>
            Type
            <input type="radio" name="form2.Type" value="1" checked="ch
ecked" /> Type1
            <input type="radio" name="form2.Type" value="2" checked="ch
ecked" /> Type2
            <br />

            Name
            <input id="Text1" name="form2.Name" type="text" value="" />
            <br />

            Email
           <input id="Text2" name="form2.Email" type="text" value="" />
            <br />

            Body
            <textarea cols="20" id="Textarea1" name="form2.Body" rows="
2"></textarea>
            <br />
        </fieldset>
```

```
        <input type="submit" />

    </form>
```

请注意！上述HTML只有一个<form>窗体，但是窗体内却有两组字段，界面显示如图6-20所示。

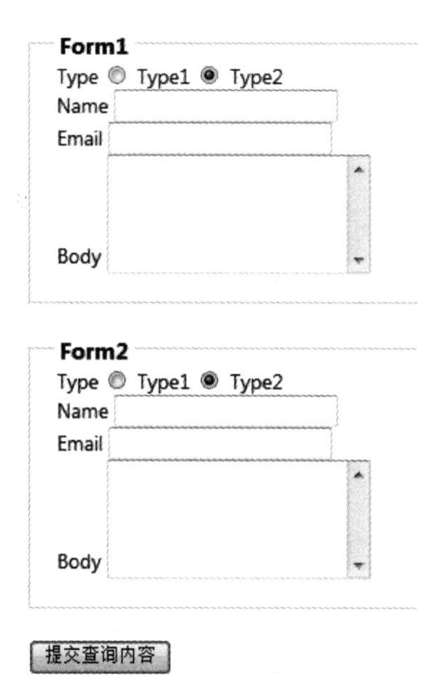

图 6-20 窗体中有两组字段

然而，Action会这样写，是因为我们在ComplexModelBinding动作里设置了两组参数，参数名称分别为form1与form2，然而这两个参数的型别都是GuestbookForm：

```
    public ActionResult ComplexModelBinding(GuestbookForm form1, Gues
tbookForm form2)
    {
        InsertIntoDB(form1);
        InsertIntoDB(form2);

        return Redirect("/");
    }
```

你注意到ASP.NET MVC神奇的地方了吗？DefaultModelBinder通过巧妙的名称映射，让窗体传来信息一一映射到Action的两个复杂模型参数中，如表6-3所示。

表 6-3 HTML 窗体元素名称与复杂模型的映射表

窗体名称	复杂模型
form1.Type	form1.Type
form1.Name	form1.Name
form1.Email	form1.Email
form1.Body	form1.Body
form2.Type	form2.Type
form2.Name	form2.Name
form2.Email	form2.Email
form2.Body	form2.Body

这就是ASP.NET MVC最微妙的特性，也是我们在第2章“创建正确的开发观念”中提到的“以习惯替换配置”观念，从此不必撰写复杂的程序代码做到此映射，只需理解ASP.NET MVC是这样帮你做好模型绑定，当你习惯了这样的绑定方式，就不需要再思考窗体到底是如何转换成复杂型别的，省下这些时间，用来开发更高阶的应用程序，而不用担心这些细微末节的琐事。

6.7.5 判断模型绑定的验证结果

ASP.NET MVC处理模型绑定时，也会顺便处理Model的信息验证工作，在第5章“Model相关技术”中曾提及ModelMetaData的定义，就是为了让模型绑定时，可以自动对传入的信息进行验证，但不只是基础型别转换验证，还包括商业逻辑验证。

当Controller在模型绑定完成后，会得到一个完整的ModelState对象，这个对象将包括模型绑定的过程中所收集到的各种信息，其中有模型绑定在输入验证后的状态、模型绑定过程中发生的异常、以及模型绑定时发生的异常，因此，当模型绑定发生输入验证失败时，会在Action里得到一个ModelState.IsValid为false的属性，此时，你就可以判断程序是否要继续运行下去，例如，原本想要将通过模型绑定取得的信息新增至数据库，就可以改成新增错误消息到页面上。

我们延续之前的演示，试着判断模型绑定成功与否。首先，声明一个含有模型验证属性的数据模型(所有字段必填)，并定义一个含有ModelState.IsValid判断条件的Action方法：

```
public class GuestbookForm
{
    [Required]
```

```
    public int Type { get; set; }
    [Required]
    public string Name { get; set; }
    [Required]
    public string Email { get; set; }
    [Required]
    public string Body { get; set; }
}

public ActionResult TestForm(GuestbookForm gbook)
{
    if (!ModelState.IsValid)
    {
        // 已验证出无效的模型帮定，有某些字段不符合格式要求
        return View();
    }

    // 验证成功，此时可以将信息写入数据库
    //InsertIntoDB(gbook);

    return Redirect("/");
}
```

在View的部分完全不用改写，可以试着在只输入Type与Name字段的情况下输出窗体，也就是Email与Body字段在没有输入的情况下输出窗体。我们在ModelState.IsValid这行设置一个断点，当窗体接收到信息时，你会发现ModelState.IsValid的值为false，如图6-21所示，这也说明ASP.NET MVC在做数据模型绑定时发生验证失败的情况，也可以在程序里针对这种验证失败的情况进行处理。

图 6-21　发现 ModelState.IsValid 的值为 false

TIPS

通过ASP.NET MVC自动模型绑定请务必在动作(Action)里验证ModelState.IsValid属性，否则那些验证失败的数据模型可能还会被你新增到数据库中。

6.7.6 模型绑定验证失败的错误详细信息

除了可以在Action中验证模型绑定的验证状态外，在Action中还可以通过ModelState属性取得ASP.NET MVC内建的验证失败错误消息。例如，当判断出ModelState.IsValid为false，就说明在模型绑定过程中出现过一次以上的验证失败，这些验证失败的详细信息将全部记录在ModelState属性中。

若要取得在模型绑定的过程中总共有多少属性会被绑定，可以通过以下程序取得：

```
ModelState.Count
```

若要取得特定属性在绑定过程中是否出现错误，可用以下程序取得：

```
if(ModelState["Email"].Errors.Count > 0) {
    // ...
}
```

若要取得特定属性在绑定过程中出现的第一个错误，以及其错误消息或Exception对象，可用以下程序取得：

```
if(ModelState["Email"].Errors.Count > 0) {
    ModelError err = ModelState["Email"].Erros[0];
    var errMsg = err.ErrorMessage;
    var errExp = err.Exception;
}
```

除了可以取得模型绑定过程中内建的验证失败信息外，还可以自行增加模型绑定验证失败的信息，也可让View中针对特定字段显示适当的错误消息，不过，这必须搭配View里使用Html辅助方法显示表单域时才会更加实用，这部分将留在第7章“View信息呈现相关技术”中。

```
public ActionResult TestForm(GuestbookForm gbook)
{
    if (!ModelState.IsValid)
    {
        // 已验证出无效的模型绑定，有某些字段不符合格式要求

        if (gbook.Email == null)
        {
```

```
            ModelState.AddModelError("Email", "请输入 Email 字段");
        }

        return View();
    }

    // 验证成功，此时可以将信息写入数据库
    //InsertIntoDB(form1);

    return Redirect("/");
}
```

6.7.7 清空模型绑定状态

在Action里除了得到这些模型绑定的详细信息外，ModelState对象里的信息也一样会传送到View里，如果希望模型绑定状态(ModelState)不要传送到View里，还可以将模型绑定的所有状态清空，让View页面上的强型别信息不受模型绑定状态的影响，演示程序如下：

```
public ActionResult TestForm(GuestbookForm gbook)
{
    if (!ModelState.IsValid)
    {
        // 已验证出无效的模型绑定，有某些字段不符合格式要求

        // 清空模型绑定状态
        ModelState.Clear();

        return View();
    }

    // 验证成功，此时可以将信息写入数据库
    //InsertIntoDB(form1);

    return Redirect("/");
}
```

6.7.8 使用Bind属性限制可被更新的数据模型属性

复杂模型绑定的验证技巧在实务上经常使用也非常方便，但有一个很明显的限制，那就是模型在做绑定的时候，是在Action运行时就完成了，而且不管Model有多少字段，只要客户端有窗体过来就会自动绑定，看来方便，但实际上是有安全风险的。

假设你的数据模型有10个属性，但客户端窗体只有五个字段，通过自动模型绑定机制会绑定到几个字段的数据呢？答案是：可能是10个！

因为客户端的表单域非常容易被窜改，如果黑客企图从窗体塞入一些额外的表单域，只要猜到正确的属性名称，就可以通过ASP.NET MVC的模型绑定功能自动将数据绑定到特定对象的同名属性里。

举个实际的例子来说，假设你有个数据模型名为Member，其属性定义如下，其中LastLoginTime属性代表的是“上次登录时间”：

```
public class Member
{
    public int Id { get; set; }
    public string Username { get; set; }
    public string Password { get; set; }
    public DateTime? LastLoginTime { get; set; }
}
```

而你的客户端窗体上只有让用户输入Username与Password而已，所以当你使用模型绑定的方式传入Member信息后，会预期LastLoginTime字段应该不会绑定到任何信息，而且该字段传入之后的同名属性值应该为null才对。程序代码如下：

```
[HttpPost]
public ActionResult UpdateProfile(Member member)
{
    // TODO: 更新数据库中的Member信息
    return View();
}
```

但如果黑客这时窜改了客户端窗体，多塞一个LastLoginTime字段上去，并设置任意时间，那么，你数据库中的这条信息，其LastLoginTime字段可能就会被用户任意窜改，如此一来，ASP.NET MVC程序就会有风险，因此不得不小心。

此时，可通过ASP.NET MVC内建的Bind属性(Attribute)并套用在该数据模型的参数上，就可以明确声明有哪些字段可以被自动绑定进来，或是哪些字段该被排除在自动绑定的名单外。以下演示程序就是声明Member参数在自动绑定时要排除LastLoginTime字段的信息：

```
[HttpPost]
public ActionResult UpdateProfile(
    [Bind(Exclude = "LastLoginTime")] Member member)
{
    // 更新数据库中的 Member 信息
    return View();
}
```

如果你想明确指明“只有”哪些字段需要绑定，可以使用Include具名参数，程序如下：

```
[HttpPost]
public ActionResult UpdateProfile(
    [Bind(Include = "Password")] Member member)
{
    // 更新数据库中的 Member 信息
    return View();
}
```

除此之外，如果不希望在每个Action的参数都套用Bind属性的话，也可以套用在数据模型声明定义的地方，这样一来，整个项目的模型都不需要额外声明了，程序如下：

```
using System;
using System.ComponentModel.DataAnnotations;

namespace MvcApplication1.Models
{
    [Bind(Include="Name,Email,Body")]
    public class GuestbookForm
    {
        public int ID { get; set; }

        [Required]
        public string Name { get; set; }

        [DataType(DataType.EmailAddress)]
        [RegularExpression(@"^[a-z0-9\._%+-]+@[a-z0-9\.-]+\.([a-z]{2}|c
om|org|net|edu|gov|mil|biz|info|mobi|name|aero|asia|jobs|museum)$")]
        public string Email { get; set; }

        [Required]
        public string Body { get; set; }
```

```
    }
}
```

6.7.9 使用 UpdateModel 与 TryUpdateModel

设置Bind属性可以限制绑定的字段，但是模型验证却不会手软，而这个验证动作同样是在Action运行之前就已经完成，所以会造成一些困扰。

如果你的Model有10个字段，并通过Bind属性声明只要绑定第1～5个字段，不过，第6～10个字段仍然被设置了模型验证，这种情况下，虽然模型不会绑定第6～10个字段的值，但还是会对模型进行验证，这样会导致ModelState.IsValid永远为false，此时就无法通过ModelState.IsValue判断到底是1～5的字段验证失败，还是6～10的字段验证失败。虽然可以通过ModelState["域名"]得知是否该字段发生错误，但这个判断会让ASP.NET MVC的Controller变得过于复杂，因为判断逻辑过多。

在ASP.NET MVC的Controller类别，提供了一个好用的UpdateModel或TryUpdateModel方法可以解决这个问题，让你在Action中再来运行模型绑定的动作！

原本想在Action方法里加上要自动绑定的参数，但现在不采用自动绑定功能，所有参数全部从Action方法中移除，改从Action的程序代码内通过UpdateModel方法来生成绑定的结果。如下演示程序中，我们定义了一个GuestbookForm类别，里面有数据模型的验证属性，演示中还有两个TestForm动作方法，一个负责显示窗体，另一个负责接收窗体POST过来的信息，由于我们不打算采用模型绑定的方式运作，因此直接带入FormCollection型别的参数，事实上根本用不到这个参数。

```
public class GuestbookForm
{
    [Required]
    public int Type { get; set; }
    [Required]
    public string Name { get; set; }
    [Required]
    public string Email { get; set; }
    [Required]
    public string Body { get; set; }
}

public ActionResult TestForm()
{
```

```
    return View();
}

[HttpPost]
public ActionResult TestForm(FormCollection form)
{
    GuestbookForm gbook = new GuestbookForm();
    UpdateModel<GuestbookForm>(gbook);
    return Redirect("/");
}
```

在使用UpdateModel进行模型绑定时，必须传入泛型参数，而UpdateModel传入的第一个参数则是要被绑定的数据模型对象，因此，在UpdateModel的前一行必须先准备好一个数据模型对象，才能让UpdateModel自动绑定数据上去。

UpdateModel运行时，会进行模型绑定的标准动作，自动将客户端传入的字段信息绑定到的数据模型对象的属性上。不过，若发生模型绑定失败，一样会引发异常，如图6-22所示。

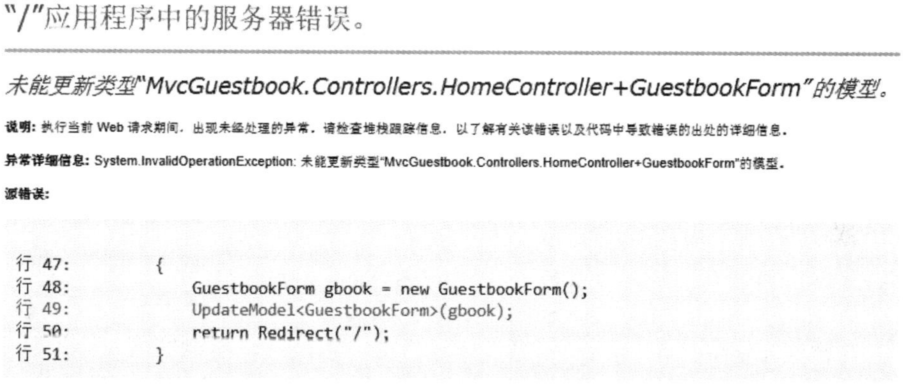

"/"应用程序中的服务器错误。

未能更新类型"MvcGuestbook.Controllers.HomeController+GuestbookForm"的模型。

说明: 执行当前 Web 请求期间，出现未经处理的异常。请检查堆栈跟踪信息，以了解有关该错误以及代码中导致错误的出处的详细信息。

异常详细信息: System.InvalidOperationException: 未能更新类型"MvcGuestbook.Controllers.HomeController+GuestbookForm"的模型。

源错误:

```
行 47:        {
行 48:            GuestbookForm gbook = new GuestbookForm();
行 49:            UpdateModel<GuestbookForm>(gbook);
行 50:            return Redirect("/");
行 51:        }
```

图 6-22　使用 UpdateModel 时若绑定发生失败会引发异常

因为容易引发异常，所以可以改用TryUpdateModel避免例外发生。更改程序代码后的结果如下：

```
[HttpPost]
public ActionResult TestForm(FormCollection form)
{
    GuestbookForm gbook = new GuestbookForm();

    if (!TryUpdateModel<GuestbookForm>(gbook))
    {
        // 模型绑定发生失败
```

```
        return View();
    }

    return Redirect("/");
}
```

TIPS

在运行 TryUpdateModel 之前，ModelState 不会有任何信息，当运行完 TryUpdateModel 之后，就可以通过 ModelState 取得模型绑定过程中完整的验证错误信息。

6.8 动作过滤器

有时在运行Action之前或之后会需要运行一些逻辑运算，以及处理一些运行过程中所生成的异常状况，为了满足这个需求，ASP.NET MVC提供动作过滤器(Action Filter)来处理这些需求。

ASP.NET MVC包含以下四种不同类型的Action Filter，如表6-4所示。

表6-4 动作过滤器

过滤器类型	使用时机	界 面	实 作
授权过滤器(Authorization Filters)	在运行任何 Filter 或 Action 之前被运行，经常用于身份验证或需要尽早运行特殊检查的时候	IAuthorizationFilter	AuthorizeAttribute ChildActionOnlyAttribute RequireHttpsAttribute ValidateAntiForgeryToken-Attribute ValidateInputAttribute
动作过滤器(Action Filters)	在运行 Action 的前后被运行，用于运行 Action 需要生成记录或者缓存信息时	IActionFilter	ActionFilterAttribute OutputCacheAttribute AsyncTimeoutAttribute
结果过滤器(Result Filters)	在运行 ActionResult 的前后被运行，在 View 呈现到浏览器之前，可以运行一些逻辑运算，或用来更改 View Result 的输出结果	IResultFilter	ActionFilterAttribute

续 表

过滤器类型	使用时机	界 面	实 作
例外过滤器 (Exception Filters)	从授权过滤器(Authorization Filters)开始到 ActionResult 运行完后这段过程中如果有任何异常发生，可以使用此 Filter 来针对例外进一步做处理，例如记录错误细节或导向友善的错误界面	IExceptionFilter	HandleErrorAttribute OutputCacheAttribute

通过图6-23可看出这四种不同类型的动作过滤器的运行顺序。

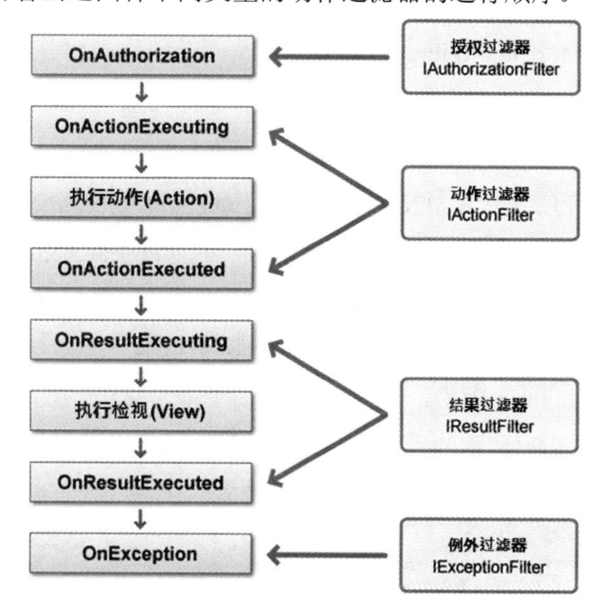

图 6-23 四种不同类型动作过滤器的运行顺序

动作过滤器全部使用属性(Attribute)的方式套用在Action之上，例如，可以套用Authorize属性限制此Action只有登录者拥有Admin角色时才能调用此Action，演示如下：

```
[Authorize(Roles="Admin")]
public ActionResult Edit(int id)
{
    return View();
}
```

这几种动作过滤器都是.NET属性(Attribute)类别，只要继承Attribute与实作相对应的界面就可以扩充功能。

NOTES

动作过滤器属性可以套用在 Action 之上，也可以套用在 Controller 类别上，若动作过滤器属性套用在 Controller 类别上等于套用此属性在此 Controller 的所有 Action 之上。

6.8.1 授权过滤器属性

授权过滤器(Authorization Filters)是在ASP.NET MVC运行Controller与Action之前最早运行的过滤器，可用来对Action在正式运行前做一些额外的判断，例如，授权检查、是否为SSL安全联机、验证输入信息是否包含XSS攻击字符串，等等。所有授权过滤器属性都必须实作IAuthorizationFilter界面。

在ASP.NET MVC里内建了几个授权过滤器，以下将逐一介绍。

1. Authorize 属性

Authorize属性可用来与ASP.NET框架的Membership或FormsAuthentication机制配合使用，当你登录会员，拥有会员身份或角色后，可以设置此Action必须符合哪些用户或角色的要求才能运行特定Action，如果授权验证失败，就会被自动导入登录页面，此部分机制与ASP.NET Web Form的用户验证是一模一样的。

如下演示套用Authorize属性，让Action仅允许Tom与Mary这两位用户可以使用，若未登录或不是这两个用户名称的话，就会自动被导入到登录页面。

```
[Authorize(Users="Tom,Mary")]
public ActionResult Edit(int id)
{
    return View();
}
```

以下演示套用Authorize属性，让Action仅允许拥有Admin角色的登录者才能运行这个Action，若未登录或登录者没有Admin角色的话，就会自动被导入到登录页面。

```
[Authorize(Roles = "Admin")]
public ActionResult Edit(int id)
{
    return View();
}
```

NOTES

在 web.config 的<system.web>设置下包括一个<authentication>设置，其中的<forms>有个 loginUrl 可设置当权限不足时应该转向的地址：

```
<authentication mode="Forms">
  <forms loginUrl="~/Account/LogOn" timeout="2880" />
</authentication>
```

2. AllowAnonymous 属性

AllowAnonymous属性通常与Authorize属性搭配使用，如图6-23所示。我们将Authorize属性套用在控制器(Controller)层级，这意谓着该控制器中所有Action都将受到Authorize属性的影响，也就是当任何人企图运行该控制器中任何Action时，都会受到登录状态检查，如果用户尚未登录就会自动被导向到登录页面。

不过，如果希望在该控制器中设置几个Action拥有例外，也就是在不登录的情况下也可以运行Action，那么这时你就可以套用AllowAnonymous属性。

如图6-24所示，AccountController照理说所有Action都不应该被匿名访问，但Login()动作(Action)因为被套用了AllowAnonymous属性，所以在这个控制器中，Login动作就可以在不登录的情况下被运行。

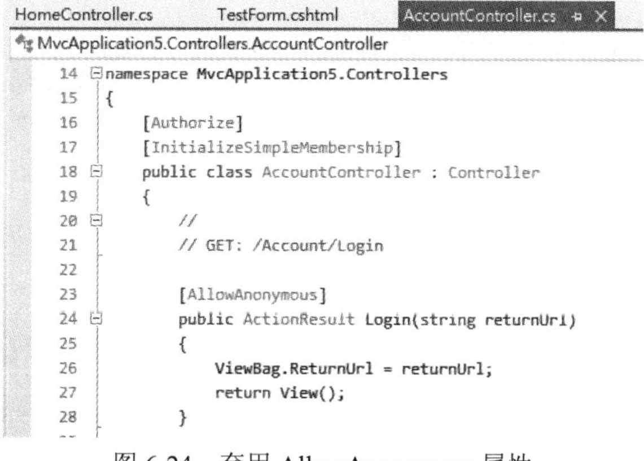

图 6-24 套用 AllowAnonymous 属性

3. ChildActionOnly 属性

ASP.NET MVC的View相关技术有个Html.RenderAction辅助方法，通过这个方法可以在View中再次发出另一个子要求(Sub-request)，再运行一次ASP.NET MVC的运行过程，让其运行完后回传的HTML结果再插入到View中。

这个子要求所运行的Action其实跟通用Action差不多，但如果你希望要通过RenderAction运行的Action只允许通过Html.RenderAction辅助方法运行的话，就可以套用这个属性，演示程序如下：

```
[ChildActionOnly]
public ActionResult GetBanner()
{
    return Content("<img src=\"/Content/Banner1.jpg\" />");
}
```

4．RequireHttps 属性

套用RequireHttps属性，可以让此Action仅能显示在HTTPS安全联机的状态下，如果客户端使用HTTP链接，该Action就会自动重新转向至同一个Action的HTTPS网址上。

例如，联机到 http://localhost/Home/SecuredPage 时，就会自动重新转向到 https://localhost/Home/SecuredPage。

程序演示如下所示：

```
[RequireHttps]
public ActionResult SecuredPage()
{
    return View();
}
```

TIPS

若客户端使用 HTTP POST 发出要求到有套用 RequireHttps 的 Action，将会引发 InvalidOperationException 异常，因此，RequireHttps 属性并不建议与 HttpPost 属性同时使用。

5．ValidateInput 属性

ASP.NET框架默认会验证所有通过窗体来的输入信息，并检查是否含有恶意的标签或程序代码，当需要通过网页输入HTML标签时必须手动关闭此验证。

在写ASP.NET Web Form时，可以在web.config更改 <page> 的validateRequest属性为false来关闭全站的输入验证：

```
<pages validateRequest="false">
```

也可以在页面最上方设置ValidateRequest="false"，如图6-25所示。

```
<%@ Page Title="" Language="C#" MasterPageFile=
ValidateRequest="false" %>
```

图 6-25　ASPX 页面上方的 ValidateRequest 属性为 false

但在ASP.NET MVC中这两种设置都没有用，而是通过在Action上设置ValidateInput属性来关闭输入验证的工作，程序如下：

```
[ValidateInput(false)]
public ActionResult Edit(int id, FormCollection formValues)
{
    // …
}
```

以下演示同时套用了两个属性(Attribute)，一个是HttpPost，另一个是ValidateInput(false)属性。

```
[HttpPost, ValidateInput(false)]
public ActionResult Edit(int id, FormCollection formValues)
{
    // …
}
```

6．ValidateAntiForgeryToken 属性

ValidateAntiForgeryToken属性是ASP.NET MVC为了预防跨网站造假点击(Cross-Site Request Forgery，CSRF)的攻击而生成的，以下将介绍其使用方式。

在检视(View)的窗体需加上以下语法，如下加粗的地方：

```
@using (Html.BeginForm()) {

    @Html.LabelFor(x => x.Name)
    @Html.TextBoxFor(x => x.Name)
    @Html.ValidationMessageFor(x => x.Name)
    <br />

    @Html.LabelFor(x => x.Email)
    @Html.TextBoxFor(x => x.Email)
    @Html.ValidationMessageFor(x => x.Email)
    <br />

    @Html.LabelFor(x => x.Body)
    @Html.TextAreaFor(x => x.Body)
    @Html.ValidationMessageFor(x => x.Body)
```

```
    <br />

    @Html.AntiForgeryToken()

    <input type="submit" />

}
```

而在Action之中则要相对应地套用ValidateAntiForgeryToken属性即可验证来源是否为相同网站：

```
[ValidateAntiForgeryToken]
public ActionResult ComplexModelBinding(GuestbookForm form1)
{
    // …
}
```

6.8.2 动作过滤器属性

动作过滤器(Action Filters)属性提供了两个事件会在Action的前后运行，分别是OnActionExecuting与OnActionExecuted事件，属性类别实作IActionFilter界面就会被要求必须实作这两个方法。

在ASP.NET MVC里内建了几个动作过滤器，以下将逐一介绍。

1. ActionFilter 属性

ASP.NET MVC内建的ActionFilter属性是一个抽象类，这里面其实没有任何程序代码，只是一个基本Action Filter程序代码框架，当你想自定义动作过滤器时可以直接继承这个ActionFilterAttribute方便让你替换(override)其中的四个方法。以下是ASP.NET MVC内建的ActionFilterAttribute源代码：

```
namespace System.Web.Mvc
{
    [AttributeUsage(AttributeTargets.Class | AttributeTargets.Method,
Inherited = true, AllowMultiple = false)]
    public abstract class ActionFilterAttribute : FilterAttribute,
```

```
IActionFilter, IResultFilter
    {

        // The OnXxx() methods are virtual rather than abstract so that a
developer need override

        // only the ones that interest him.


        public virtual void OnActionExecuting(ActionExecutingContext
filterContext)
        {
        }


        public virtual void OnActionExecuted(ActionExecutedContext
filterContext)
        {
        }


        public virtual void OnResultExecuting(ResultExecutingContext
filterContext)
        {
        }


        public virtual void OnResultExecuted(ResultExecutedContext
filterContext)
        {
        }
    }
}
```

2. AsyncTimeout 属性

AsyncTimeout属性可让你设置在运行异步控制器时的逾时毫秒数(ms)，例如，以下程序套用AsyncTimeout属性，并指定Duration参数为5000毫秒(5秒钟)：

```
using System.IO;
using System.Net;
using System.Threading;
```

```
using System.Web.Mvc;

namespace MvcApplication5.Controllers
{
    public class TestAsyncController : AsyncController
    {
        [AsyncTimeout(5000)] // 设置Action的逾期时间为5秒钟
        public void IndexAsync()
        {
            AsyncManager.OutstandingOperations.Increment(1);

            WebRequest req = HttpWebRequest.Create("http://www.asp.net/");
            req.BeginGetResponse((ar) =>
            {
                WebResponse response = req.EndGetResponse(ar);
                Stream resp = response.GetResponseStream();
                using (var sr = new StreamReader(resp))
                {
                    AsyncManager.Parameters["html"] = sr.ReadToEnd();
                    AsyncManager.OutstandingOperations.Decrement();
                }
            }, null);
        }

        public string IndexCompleted(string html)
        {
            return html;
        }
    }
}
```

3. NoAsyncTimeout 属性

NoAsyncTimeout属性可让你设置在运行**异步控制器**时不要有逾期时间(逾期时间无限大)，程序演示如下：

```
using System.IO;
using System.Net;
using System.Threading;
using System.Web.Mvc;

namespace MvcApplication5.Controllers
{
    public class TestAsyncController : AsyncController
    {
        [NoAsyncTimeout] // 设置Action无逾期时间限制
        public void IndexAsync()
        {
            AsyncManager.OutstandingOperations.Increment(1);

            WebRequest req = HttpWebRequest.Create("http://www.asp.net/");
            req.BeginGetResponse((ar) =>
            {
                WebResponse response = req.EndGetResponse(ar);
                Stream resp = response.GetResponseStream();
                using (var sr = new StreamReader(resp))
                {
                    AsyncManager.Parameters["html"] = sr.ReadToEnd();
                    AsyncManager.OutstandingOperations.Decrement();
                }
            }, null);
        }

        public string IndexCompleted(string html)
        {
            return html;
        }
    }
}
```

TIPS

套用 AsyncTimeout 或 NoAsyncTimeout 属性时，该 Controller 必须更改继承的上层类别为 AsyncController，而且此属性只能套用在 ControllerNameAsync 方法上，由于异步控制器为高级议题，有兴趣的读者请参考 MSDN 文件或笔者的博客。

- **Using an** Asynchronous **Controller in ASP.NET MVC**

http://msdn.microsoft.com/en-us/library/ee728598(VS.100).aspx

- **ASP.NET** MVC 开发心得分享 **(18)**：异步控制器开发

http://blog.miniasp.com/post/2010/06/06/ASPNET-MVC-Developer-Note-Part-18-AsyncController.aspx

6.8.3 结果过滤器属性

结果过滤器(Result Filters)属性提供了两个事件会在运行检视(ActionResult.ExecuteResult)的前后运行，分别是OnResultExecuting与OnResultExecuted事件，属性类别实作IResultFilter界面会被要求必须实作这两个方法。

由于从Action回传的ActionResult一定有个ExecuteResult方法用来运行检视的结果，所以，通过这个过滤器可以在运行之前整理一些信息给ActionResult使用，或在运行之后针对结果进行，最常见的例子就是实做输出缓存机制，ASP.NET MVC内建的属性有OutputCache属性。

OutputCache此属性用来实作ASP.NET MVC的输出缓存(OutputCache)机制，由于从Action回传的ActionResult一定有个ExecuteResult方法，可用来运行要输出到客户端的结果，所以，通过这个结果过滤器可以在运行之前，将输出缓存的环境准备好，让所有之后通过ActionResult.ExecuteResult运行的输出属性全部塞进输出缓存，这个属性其实仍然沿用ASP.NET Web Form的输出缓存架构，设置的方式大家应该不算陌生。如图6-26所示是在Visual Studio 2010中设置OutputCache属性时的快

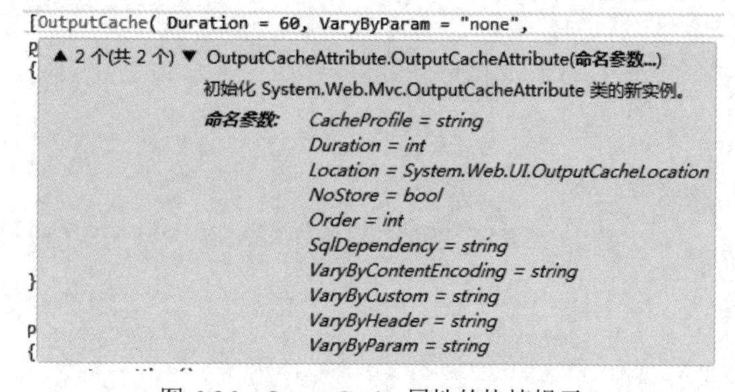

图 6-26 OutputCache 属性的快捷提示

捷提示界面。

以下演示是将GetCachedTime这个Action的输出结果缓存60秒：

```
[OutputCache(Duration = 60, VaryByParam = "none")]
public string GetCachedTime()
{
   return DateTime.Now.ToString("yyyy-MM-dd HH:mm:ss.fffff");
}
```

假设你在web.config的<system.web>下有以下缓存配置文件：

```
<caching>
  <outputCacheSettings>
    <outputCacheProfiles>
      <add name="HomePageProfile" duration="60" varyByParam="none" />
    </outputCacheProfiles>
  </outputCacheSettings>
</caching>
```

就可以在Action套用以下属性：

```
[OutputCache(CacheProfile = "HomePageProfile")]
public ActionResult Index()
{
   return View();
}
```

如此一来，在Index动作方法就会自动套用HomePageProfile这个缓存配置文件了。

6.8.4　例外过滤器属性

例外过滤器(Exception Filters)属性提供了一个事件，从第一个授权过滤器(Authorization Filters)运行开始，到ActionResult运行完后这段过程中，如果有任何异常发生，都可以在例外过滤器(Exception Filters)属性里做进一步的处理，例如，记录错误细节或导向友好的错误界面等，属性类别实作IExceptionFilter界面会被要求必须实作OnException方法。

由于例外过滤器是ASP.NET MVC运行的最后一个事件，通常用它来做ASP.NET MVC的例外处理，因此，它内建了一个HandlerError属性，用来处理运行过程中发生例外的状况。

HandleError属性套用后，不管在Action运行时发生例外，还是在View运行时发生例外，都会去运行HandleError.OnException方法。默认的HandleError属性套用后，当运行过程发生任何例外，就会通过ViewEngine寻找名叫Error的检视页面(View Page)，并直接响应至客户端。

搜索Error检视的顺序与平常使用ViewResult回传所搜索的顺序一样。

- ~/Views/ControllerName/Error.aspx
- ~/Views/ControllerName/Error.ascx
- ~/Views/Shared/Error.aspx
- ~/Views/Shared/Error.ascx
- ~/Views/ControllerName/Error.cshtml
- ~/Views/ControllerName/Error.vbhtml
- ~/Views/Shared/Error.cshtml
- ~/Views/Shared/Error.vbhtml

在Visual Studio的ASP.NET MVC项目模板里，默认有一个Error检视的网页，路径在 /Views/Shared/Error.aspx，属性如下：

```
@model System.Web.Mvc.HandleErrorInfo

@{
    ViewBag.Title = "错误";
}

<hgroup class="title">
    <h1 class="error">错误。</h1>
    <h2 class="error">处理您的要求时发生错误。</h2>
</hgroup>
```

值得一提的是，默认Error检视会使用System.Web.Mvc.HandleErrorInfo为传入的数据模型(Model)，所以，在View里可以使用Visual Studio的Intellisense功能，来选定你希望输出的信息，如图6-27所示。

```
1  @model System.Web.Mvc.HandleErrorInfo
2
3  @{
4      ViewBag.Title = "错误";
5  }
6
7  <hgroup class="title">
8      <h1 class="error">错误。</h1>
9      <h2 class="error">在处理你的请求时出错。</h2>
10     @Model.
11 </hgroup>
12
```

ActionName　string HandleErrorInfo.ActionName
获取或设置在引发异常时正在执行的操作的名称。
ControllerName
Equals
Exception
GetHashCode
GetType
ToString

图 6-27　在 Error 检视中使用 HandleErrorInfo 这个 Model 的 Intellisense

若要针对特定的例外型别做错误处理，也可以指定明确的例外型别，甚至可以指定要显示错误的检视名称，演示程序如下：

```
[HandleError(ExceptionType = typeof(ArgumentNullException), View =
"ArgNullError")]
public ActionResult Index()
{
    return View();
}
```

若要针对整个Controller所有Action都套用HandleError属性的话，可将该属性套用在类别层级，即可默认套用到所有Action，演示程序如下：

```
[HandleError]
public class HomeController : Controller
{
    public ActionResult Index()
    {
        return View();
    }

    public ActionResult Read(int? id)
    {
        return View();
    }
```

```
    }
}
```

通过ASP.NET MVC 4项目模板创建的ASP.NET MVC专案中，在专案的/App_Start/FilterConfig.cs文档里默认已经注册了一个全局的例外过滤器，因此，默认情况下，你可以不用特别在每个Controller上套用HandleError属性。FilterConfig.cs的程序代码如下：

```
using System.Web;
using System.Web.Mvc;

namespace MvcApplication5
{
    public class FilterConfig
    {
        public static void RegisterGlobalFilters(GlobalFilterCollection
filters)
        {
            filters.Add(new HandleErrorAttribute());
        }
    }
}
```

6.8.5 自定义动作过滤器属性

在实际工作中，经常通过自定义的动作过滤器属性来帮助我们达成一些目的，在ASP.NET MVC中有一个实作ActionFilterAttribute抽象类，此类别继承自FilterAttribute类别，并同时操作了IActionFilter与IResultFilter界面，自定义的动作过滤器属性通常都直接继承ActionFilterAttribute抽象类即可。

最常用来自定义动作过滤器属性的情况，大多用于多个Action要读取同一份信息的时候，假设有五个Action需要读取同一份信息，读取信息的程序代码如下：

```
        IShoppingService s = new ShoppingService();
        ViewData["MyCart"] = s.GetMyCart();
```

可以将这段程序代码写五遍，也可以将这段程序代码抽离成一个独立的Method来运行，但无论如何都不会比将这段程序写在自定义的动作过滤器属性里来得漂亮。

假设自定义一个动作过滤器属性为ShoppingCartInfoAttribute，其属性如下：

```
using System;
using System.Collections.Generic;
using System.Linq;
using System.Web;
using System.Web.Mvc;

namespace MvcApplication5.ActionFilters
{
    public class ShoppingCartInfoAttribute : ActionFilterAttribute
    {
        public override void OnActionExecuting(ActionExecutingContext
filterContext)
        {
            filterContext.Controller.ViewData["MyCart"] =
Utils.GetShoppingCartInfo();
        }
    }
}
```

仅仅替换OnActionExecuting方法，并将数据库取得的数据写入到ViewData["MyCart"]之中，之后只要套用此属性到Action上，即可取得ViewData["MyCart"]的数据，当然也可以在View使用。Action的程序代码演示如下，是不是简洁很多呢！

```
[ShoppingCartInfoAttribute]
public ActionResult ShoppingIndex()
{
    return View();
}
[ShoppingCartInfoAttribute]
public ActionResult ShoppingDetail()
{
    return View();
}
```

6.9 总 结

在看完本章的介绍后，你应该感受到Controller在ASP.NET MVC中的重要地位，它必须适当地选中Action来运行、接收客户端的数据，并通过模型绑定将窗体数据映射成强型别数据、操作ViewData与TempData、将强型别的Model数据通过ViewResult传递给View使用、适当地使用动作过滤器等。

此外，在Controller里到处可以看到、第2章所提到的种种观念，比如“关注点分离”、“以习惯替换配置”、“不要重复你自己”等，只要能一步一个脚印慢慢地进入ASP.NET MVC的殿堂，你就会发现ASP.NET MVC的核心之美。

第7章　View数据呈现相关技术

不可否认的，View应该是整个ASP.NET MVC专案开发过程中最花时间的部分，因为与显示逻辑相关的技术五花八门，你可能要学习的有HTML、CSS、JavaScript、DOM、jQuery、JSON、Ajax等，当然不只这些，但也不需全部精通，因为在不同的显示环境下可能会用到不同的技术。

与数据呈现逻辑相关的技术真的太多了！以前有ASP.NET Web Form可以通过元件化技术，来简化这些数据呈现技术的复杂度，让完全不懂HTML、CSS、JavaScript的人也能够开发出一个多功能的网站。但就以数据呈现技术来说，ASP.NET MVC恐怕至今还无法与ASP.NET Web Form匹敌，但ASP.NET MVC还是有许多简化View复杂度的技术，如果深入了解这些技术，将可大幅提升网站的可维护性，甚至于开发速度还会比ASP.NET Web Form来得迅速，本章将解说这些相关技术。

7.1　关于View的责任

首先来谈谈View的责任，View负责将Controller传过来的资料转换成用户端所需的输出格式，所有在View中出现的代码也应该仅止于“呈现数据”这件工作，不应该还有其他的用途，因此，在View中不应该出现复杂的应用代码逻辑或商业逻辑在内。

我们在开发ASP.NET MVC时，经常有一句口头禅：“Model要重、Controller要轻、View要够笨”。ASP.NET MVC不希望在开发View时，还需判断过多与View无关的技术，所以在开发时必须尽可能维持View的逻辑简单，千万不要让View承担过多的责任。

7.2　了解Razor语法

以往在开发ASP.NET Web Form时，在ASPX页面上都会出现许多夹杂C#/VB.NET

与 HTML的情况，而先前使用<% … %>这种传统角括弧的表示法会让HTML标签与ASP.NET代码区块混杂一起，当页面变得复杂后，这类混合的代码也开始变得难以阅读，相信大家都有相同的感受。

从ASP.NET MVC 3开始引入了全新的Razor语法，有别于先前使用<% … %>这种传统角括弧的表示法，取而代之的是俗称“小老鼠”的@符号来代表代码片段，试图提供一个容易学习又精简的语法。Razor语法推出之后，广受ASP.NET MVC开发人员的喜爱，搭配Visual Studio开发工具的语法高亮显示下，Razor语法也让整份View页面内的HTML标签与伺服器代码结合得非常漂亮，不再有吃意大利面的感觉了。

我们先来回顾以往ASP.NET Web Form在ASPX页面上输出当前时间的表示法：

```
<%: DateTime.Now %>
```

若使用Razor语法，将会变成以下撰写风格：

```
@DateTime.Now
```

Razor并不是一个代码语言，它只是一种用在View页面的代码区块撰写风格罢了，所写的代码一样是C#或VB.NET，因此开发人员并不用额外学习过多的语言知识就能快速上手。不过，由于Razor语法对于初次接触ASP.NET MVC的人可能会有点陌生，本节将详细介绍Razor语法与其注意事项，让大家对Razor语法能有所了解，并感受其语法的精妙之处。

> NOTES
>
> 若要使用 C#语言来撰写 Razor 页面，记得 View 页面的副文档名必须使用 cshtml 才行。若要用 VB.NET 语言来撰写 Razor 页面的话，要用 vbhtml 当成 View 页面的副文档名才行。在本书的所有范例会以 C#为主。

7.2.1 Razor 基本语法

在页面中输出单一变量时，只要在C#语句之前加上@符号即可，范例如下：

```
<p>
   现在时刻：@DateTime.Now
</p>
```

请注意，上述范例中虽然使用C#语言撰写代码，但输出单一变量时不需要加上分号结尾。在页面中输出一段含有空白字元或运算子的结果时，必须在前后加上一个小括弧，范例如下：

```
<p>
```

```
    会员名称: @(User.Identity.Name + Model.MemberLevel)
    启用状态: @(ViewBag.IsEnabled ? "启用" : "停用")
</p>
```

在页面中执行多行C#代码时，必须在前后加上一个大括弧，语法范例如下：

```
@{
    var name = "Will";
    var message = "你好，我是 " + name;
}
```

请注意，上述范例中由于@{到}之间属于一个C#代码区段，在撰写代码时必须符合C#语言规范，也就是每段句都要由分号结尾。

如果要在多行C#代码的Razor语法中插入HTML或其他文字内容，必须在每一行最前面加上一个“@:”符号，而且加上“@:”符号的这行代码里，也可以再加上其他Razor变量，如下范例：

```
@{
    var name = "Will";
    @:你好，我是 @name
}
```

如果要在Razor检视页面中标示伺服器端注解，可以使用“@*”与“*@”来当注解的头尾，如下范例：

```
@*<hgroup class="title">
    <h1>@ViewBag.Title.</h1>
    <h2>@ViewBag.Message</h2>
</hgroup>*@
```

如果要在Razor检视页面中输出“@”符号，可以用“@”符号当成跳脱字元，如下范例：

```
@@Will_Huang
```

上述Razor语法最后会输出：

```
@Will_Huang
```

7.2.2　Razor 与 HTML 混合输出

在View页面里混合使用HTML标签与Razor语法，在许多情况下可以用得非常顺利，但如果不了解Razor的判断逻辑，也可能会让你在开发的过程中不断受挫，现在就来介绍几个常用的混合撰写风格。

在页面中撰写if判断句，其范例如下：

```
@if (ViewBag.IsEnabled) {
    @:启用
} else {
    @:停用
}
```

请注意上述语法，因为if与else在Razor里算是两个代码区块，因此，在代码区块中输出文字时，必须加上“@:”符号。

NOTES

若要在 Razor 页面使用 if 判断句，并且仅传入一个 ViewBag 参数时，如果该 ViewBag 参数并不存在，其回传的结果将为 null，但是 if 判断句中必须回传 Boolean 型别，因此会引发“无法将 null 转换成 'bool'，因为它是不可为 null 的实值型别”例外情况，如图 7-1 所示。

"/"应用程序中的服务器错误。

无法将 null 转换为"bool"，因为后者是不可以为 null 的值类型

说明: 执行当前 Web 请求期间，出现未经处理的异常。请检查堆栈跟踪信息，以了解有关该错误以及代码中导致错误的出处的详细信息。

异常详细信息: Microsoft.CSharp.RuntimeBinder.RuntimeBinderException: 无法将 null 转换为"bool"，因为后者是不可以为 null 的值类型

源错误:

```
行 3:  }
行 4:
行 5:  @if (ViewBag.IsEnabled) {
行 6:      @:启用
行 7:  } else {
```

图 7-1　引发例外情况

因此，若要有效避免发生例外状况，建议可将判断句改成以下格式：

```
@if (ViewBag.IsEnabled != null && ViewBag.IsEnabled)
{
    @:启用
} else {
    @:停用
```

```
}
```

如果将上述语法改成以下方式，也是可以的：

```
@if (ViewBag.IsEnabled)
{
    @:启用
}
else
{
    @:停用
}
```

不过，如果在这段if与else的代码区块里放置大量的HTML标签，每一行前面都加上“@:”符号不是很不方便吗？Razor帮你想到了这点，如果改成以下方式：

```
@if (ViewBag.IsEnabled)
{
    启用
}
else
{
    停用
}
```

很抱歉，这样是不行的，因为纯文字在Razor的代码区块中会自动被视为是C#陈述句，如图7-2所示。

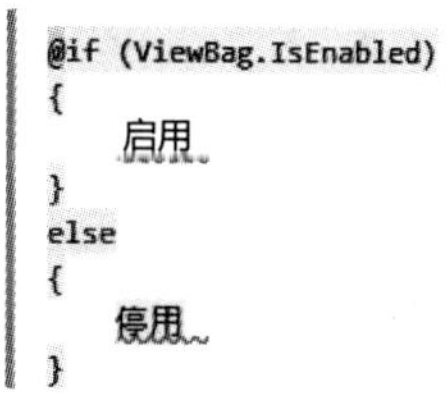

```
@if (ViewBag.IsEnabled)
{
    启用
}
else
{
    停用
}
```

图 7-2　Razor 语法错误

如果要在代码区块中输出大量文字，只要在代码区块里的前后加上一组HTML标签即可，Razor会智能地判断出这不是一段C#语法，而是一段HTML标签文字，如此一来，如果在大范围的代码区段中就不用在每一行前面加上“@:”符号了，如下范例：

```
@if (ViewBag.IsEnabled)
{
    <span>启用</span>
}
else
{
```

```
    <span>停用</span>
}
```

图7-3所示是上述这段代码在Visual Studio 2012中的界面，因为Visual Studio 2012提供Razor语法的高亮显示，只要是Razor可被识别的C#代码，都会在背景加上一个淡淡的蓝色，如果是白底色的话，那就代表是Razor以外的纯文字。

```
@if (ViewBag.IsEnabled)
{
    <span>启用</span>
}
else
{
    <span>停用</span>
}
```

图 7-3　Razor 语法的代码区段内会自动辨别 HTML 标签

Razor虽然会很智能地自动辨别在代码区段里出现HTML标签，但如果我们在这个区段中完全不想输出任何前后的标签该怎么办呢？在Razor页面里，可以使用特殊的<text>标签来代替这个HTML标签，最后输出到浏览器时不会输出<text>这个标签，如下范例：

```
@if (ViewBag.IsEnabled) {
    <text>
        显示启用的 HTML 段落：
        <p>
            @ViewBag.EnabledMessage
        </p>
    </text>
} else {
    <text>
        显示停用的 HTML 段落：
        <p>
            @ViewBag.DisabledMessage
        </p>
    </text>
}
```

也可以在多行C#代码段落里使用相同的语法，利用“@:”或<text>作为HTML与Razor语法之间的切换，如下范例：

```
@{
    var is_valid = true;

    if(!is_valid){
        <text>无权限!</text>
```

```
    }
}
```

在页面中撰写foreach循环，其原理也都一样，如果以下列范例来说，虽然@foreach包含了一个代码区块，但因为循环内刚好有 <li> 与 </li> 包围着，因此，Razor可以自动判断出这段不是C#代码，所以也不需要加上“@:”符号。

```
<ul>
@foreach (var myItem in Request.ServerVariables){
    <li>@myItem</li>
}
</ul>
```

再举一个复杂一点的例子。以下范例中，先以“@{”作开头，区块内第一行是一个<h3>标签，因此Razor会自动识别出不是C#代码，但到了</h3>结尾后，接着在同一行出现的是一个C#语法的字符串阵列声明，Razor也会自动识别出这是C#段落，接着进入一个foreach循环，循环里也出现了一个<p>标签，所以Razor又自动判断出这是一个HTML标签，最后到了</p>又再回到代码区块。

```
@{
    <h3>团队成员</h3> string[] teamMembers = {"Will", "James",
"Brinkley", "Porin"};

    foreach (var person in teamMembers)
    {
        <p>@person</p>
    }
}
```

Razor就是这样全自动地判断出C#代码与HTML标签的关系，并且精准地融合在一起，你是不是觉得Razor语法跟HTML整合得很漂亮呢！

7.2.3　Razor 与 HTML 混合输出陷阱与技巧

在看了这么多Razor语法后，相信各位对Razor语法与HTML标签混合使用有了基本了解。不过，Razor可能比你想象的还更有智慧一些，除了能够在代码区块中自动判断HTML标签的出现，并自动切换Razor与HTML解析外，Razor甚至对内容结构的前后文也会进行分析，并自动判断该如何解析这份Razor页面，进而精准控制Razor语法在页面中的呈现。

1. 属性名称误判

有时候我们必须让HTML内容与Razor语句紧紧黏在一起。举个例子来说，如果以下这段文字，在Will的部分要改写成Razor语法输出一个变量：

```
您好，Will 先生
```

假设变量名称为ViewBag.Name，那么，你可能会先输入以下Razor语法：

```
您好，@ViewBag.Name 先生
```

不过，这段语法最终将会输出以下文字，也就是连“@ViewBag.Name”与“先生”都不见了，因为Razor把"@ViewBag.Name先生"当成了一个C#语法，它把“Name先生”当成ViewBag的属性了：

```
您好，
```

如果要解决这个问题，只要在Razor语法前后加上小括弧就可以明确地分割Razor与HTML内容，如下范例：

```
您好，@(ViewBag.Name)先生
```

另外一种解决方法就是多用一个HTML标签包起来，如下范例：

```
您好，<span>@ViewBag.Name</span>先生
```

除了用HTML标签包裹住Razor语法外，在Razor语法后面加上HTML标签也是可以的，Razor都会自动辨识出哪一段是Razor，以及哪一段是HTML内容，如下范例：

```
您好，@ViewBag.Name<span>先生</span>
```

2. 未预期的额外属性

如果想输出一个C#的命名空间，而输出的部分内容要变成Razor变量，以下列输出结果为例，我们要将"System.Web.Mvc"变成一个Razor变量：

```
类别是 System.Web.Mvc.Controller
```

也许你可能会写成以下语法，但这是错的：

```
@{
    ViewBag.MvcNamespace = "System.Web.Mvc";
}


类别是 @ViewBag.MvcNamespace.Controller
```

撰写上述这段Razor语法，结果输出时会引发例外情况，如图7-4所示。

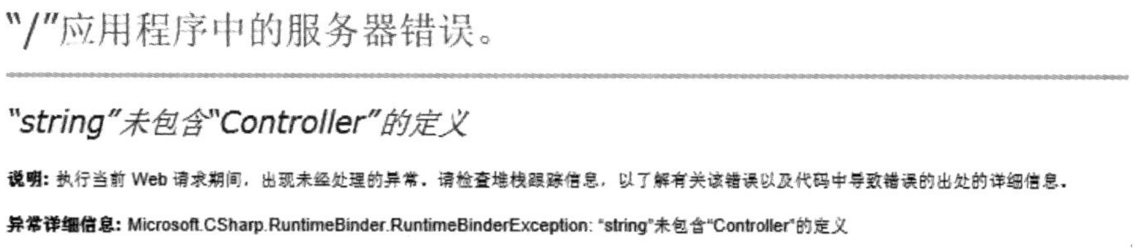

"/"应用程序中的服务器错误。

"string"未包含"Controller"的定义

说明: 执行当前 Web 请求期间，出现未经处理的异常。请检查堆栈跟踪信息，以了解有关该错误以及代码中导致错误的出处的详细信息。

异常详细信息: Microsoft.CSharp.RuntimeBinder.RuntimeBinderException: "string"未包含"Controller"的定义

图 7-4　应用程序中发生伺服器错误

原因在于Razor解析 @ViewBag.MvcNamespace 时把Controller这段当成是@ViewBag.MvcNamespace 的一个Controller属性，因此解析发生错误。遇到这种情况，我们一样可以在Razor语句前后加上小括弧，也能解决此问题，如下范例：

```
类别是 @(ViewBag.MvcNamespace).Controller
```

如果我们调整一下输出格式，希望改输出成以下结果：

```
<p>
    命名空间是 System.Web.Mvc.
</p>
```

当然可以输出以下这种万无一失的格式：

```
@{
    ViewBag.MvcNamespace = "System.Web.Mvc";
}

<p>
    命名空间是 @(ViewBag.MvcNamespace).
</p>
```

不过，Razor还内建一种前后文判断的条件，上述这段我们改写一下，把小括弧移除，结果竟然可以正确执行，那是因为当Razor解析到@ViewBag.MvcNamespace之后虽然有个小数点，但小数点后面并没有接着任何含有属性名称的文字，所以这里的“小数点”Razor并不会去执行它：

```
@{
    ViewBag.MvcNamespace = "System.Web.Mvc";
}

<p>
    命名空间是 @ViewBag.MvcNamespace.
</p>
```

虽然看起来似乎非常弹性，但笔者建议为了提高Razor语法的可读性，还是加上小括弧，这样至少不用猜怎样的写法才是对的。

3．输出 Email 地址与@跳脱字元

如果我们要在Razor页面中输出Email超链接，输出的结果可能是这样：

```
<a href="mailto:teacher@example.com">teacher@example.com</a>
```

你可能会说，因为“@”符号在Razor页面中是个独特的关键字，所以我们应该在页面中所有出现“@”符号的字元全部都改成两个，如下范例：

```
<a href="mailto:teacher@@example.com">teacher@@example.com</a>
```

事实上Razor并不需要你这么做，因为Razor会自动判断前后文，只要“@”的前面与后面都有文字的情况下，预设这次“@”就会停用Razor语法解析，所以在Razor里输入Email是完全不用撰写“@”跳脱字元的。

相对的，如果我们今天输出的HTML格式如下：

```
<a id="LinkBlog01" href="http://blog.miniasp.com">The Will Will Web</a>
```

我们要将Blog01替换成Razor变量，那又应该如何输入呢？如果你用以下格式撰写，那么你的Razor将不会被正常解析，也就是@View.BlogID并不会正常输出Blog01字符串：

```
@{
    ViewBag.BlogID = "Blog01";
}

<a id="Link@View.BlogID" href="http://blog.miniasp.com">The Will Will
Web</a>
```

如果要解决这个问题，同样在Razor语法前后加上小括弧即可，如下范例：

```
<a id="Link@(ViewBag.BlogID)" href="http://blog.miniasp.com">The Will
Will Web</a>
```

4．输出未经 HtmlEncode 的字串

预设使用Razor语法输出变量，所有内容预设都会被HTML编码(HtmlEncode)，这是为了保护网页不致遭受跨网站脚本攻击(Cross-Site Scripting，XSS)，有了这个预设值，确实能保证新手开发人员写出不安全的代码。

我们以下列程序为例：

```
@{
    ViewBag.Description = "<span style='font-weight: bold;'>描述文字
</span>";
```

```
}

@ViewBag.Description
```

最后输出的结果会是HtmlEncode过的版本如下：

```
&lt;span style=&#39;font-weight: bold;&#39;&gt;这是描述文字&lt;/span&gt;
```

如果我们要强迫字串能原封不动地输出，可以利用@Html.Raw辅助方法帮助我们输出内容，我们可以修改上述Razor代码，代码如下：

```
@{
    ViewBag.Description = "<span style='font-weight: bold;'>这是描述文
字</span>";
}

@Html.Raw(ViewBag.Description)
```

最后的输出如下：

```
<span style='font-weight: bold;'>这是描述文字</span>
```

7.2.4　Razor 与 ASPX 语法比较

看完了基本Razor语法，接下来我们将其和大家常用的ASPX语法进行一次比较，如表7-1所示，也让原本熟悉ASP.NET MVC 2的开发人员了解到这两者之间的语法如何进行升级或改写。

表7-1　Razor与ASPX语法比较

<table>
<tr><td rowspan="2">输出单一变量</td><td>ASPX</td><td><code><%: DateTime.Now %></code></td></tr>
<tr><td>Razor(cshtml)</td><td><code>@DateTime.Now</code></td></tr>
<tr><td rowspan="2">输出一段陈述句结果</td><td>ASPX</td><td><code><%: ViewBag.IsEnabled ? "启用" : "停用" %></code></td></tr>
<tr><td>Razor(cshtml)</td><td><code>@(ViewBag.IsEnabled ? "启用" : "停用")</code></td></tr>
<tr><td rowspan="2">执行多行 C#代码</td><td>ASPX</td><td><code><%
    var name = "Will";
    Response.Write("你好，我是 " + name);
%></code></td></tr>
<tr><td>Razor(cshtml)</td><td><code>@{
    var name = "Will";
    @:你好，我是 @name
}</code></td></tr>
</table>

续 表

标示伺服器端注解	ASPX	<%--<%: ViewBag.IsEnabled ? "启用" : "停用" %>--%>
	Razor(cshtml)	@*@(ViewBag.IsEnabled ? "启用" : "停用")*@
if 判断式	ASPX	<% if (ViewBag.IsEnabled) { %> 启用 <% } else { %> 停用 <% } %>

	Razor(cshtml)	@if (ViewBag.IsEnabled) {
		@:启用
		} else {
		@:停用
		}

if 判断式 (复杂用法)	ASPX	<% if (ViewBag.IsEnabled) { %> 显示启用的HTML段落： <p> <%: ViewBag.EnabledMessage %> </p> <% } else { %> 显示停用的HTML段落： <p> <%: ViewBag.DisabledMessage %> </p> <% } %>

if 判断式
(复杂用法)
	Razor(cshtml)	@if (ViewBag.IsEnabled) {
		<text>
		显示启用的HTML段落：
		<p>
		@ViewBag.EnabledMessage
		</p>
		</text>
		} else {
		<text>
		显示停用的HTML段落：
		<p>
		@ViewBag.DisabledMessage
		</p>
		</text>
		}

续 表

在程序码区块中穿插文字内容	ASPX	<%
		    var is_valid = true;
		    if(!is_valid){
		        %>无权限!<%
		    }
		%>

	Razor(cshtml)	@{
		    var is_valid = true;
		    if(!is_valid){
		        <text>无权限!</text>
		    }
		}

Foreach 循环式	ASPX	<ul> <% foreach (var myItem in Request.ServerVariables){ %> <li><%: myItem %></li> <% } %> </ul>

	Razor(cshtml)	<ul>
		@foreach (var myItem in Request.ServerVariables){
		    <li>@myItem</li>
		}
		</ul>

混合范例比较	ASPX	<%
		    %><h3>团队成员</h3><% string[] teamMembers = {"Will", "James", "Brinkley", "Porin"};
		
		    foreach (var person in teamMembers)
		    {
		        %><p><%: person %></p><%
		    }
		%>

	Razor(cshtml)	@{
		    <h3>团队成员</h3> string[] teamMembers = {"Will", "James", "Brinkley", "Porin"};
		
		    foreach (var person in teamMembers)
		    {
		        <p>@person</p>
		    }
		}

7.2.5 Razor 的主版页面框架

传统的ASP.NET 从2.0版开始推出了MasterPage主版页面框架，让你在ASP.NET Web Form页面可以通过MasterPage组织出全站一致的外观与界面。而ASP.NET MVC 1.0/2.0也沿用MasterPage架构组织View页面的HTML版面架构，不过，ASP.NET MVC 3.0推出的RazorView内建的主版页面语法与原本的WebFormView的MasterPage相差甚远，因此，你可以把Razor主版页面当成是一个全新的架构来学习，只是主版页面在观念上是差不多的。

1. Razor 页面执行顺序

当Controller回传ViewResult给MvcHandler之后，MvcHandler会先设法找出对应的检视页面，当找到适当的Razor页面后，就会进入Razor页面执行生命周期，在Razor页面的执行过程中有个固定的执行顺序。

被MvcHandler找到的Razor页面会优先执行，执行完毕后，会检查这个View页面是否含有主版页面所需的Layout属性，如果有的话便试图载入Layout属性指定的Razor主版页面，找到主版页面之后会开始将内容响应给用户端。

我们先以传统ASP.NET Web Form的MasterPage作为例子，当MasterPage执行的时候，会先找出ContentPlaceHolder控制项，并将之前主要页面的执行结果填入后输出到用户端。如下范例：

```
<asp:ContentPlaceHolder ID="MainContent" runat="server" />
```

实务上在沟通的时候，会把这种在MasterPage定义一个区块的动作戏称为“挖洞”，也就是在MasterPage里挖了一个洞，然后由主要页面的内容填入。

在Razor里，当主版页面被载入后，执行的过程也一样，在Razor主版页面里也会定义出一些需要被填入的内容(挖洞)，然后让主要页面的内容填入。后面的章节就会介绍如何撰写这些“挖洞”的语法。

2. 关于_ViewStart 档案

在ASP.NET MVC 4解决方案资源管理器模板中你可以看到一个预设的/Views/_ViewStart.cshtml文件，如图7-5所示。

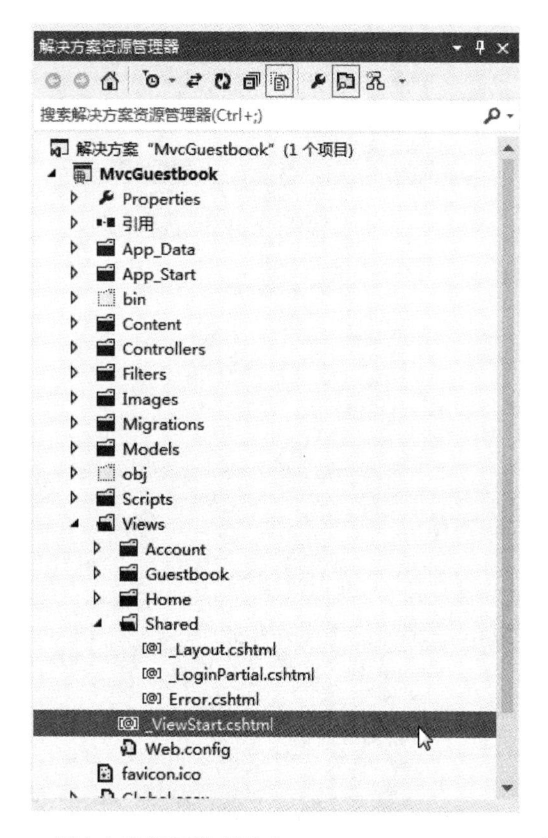

图 7-5　解决方案资源管理器中/Views/_ViewStart.cshtml 文件

这个/Views/_ViewStart.cshtml文件会在/Views/目录下任何View被载入前就先被载入，也就是View检视页面在执行之前，一定会先来这里寻找有没有/Views/_ViewStart.cshtml这个文件，只要有这个文件就会先载入执行。

接着再来看看这个预设文件的内容，如图7-6所示，此文件只包含了一行指定Layout属性的代码，所代表的意义是：所有/Views/目录下的View预设都要以~/Views/Shared/_Layout.cshtml为主版页面。

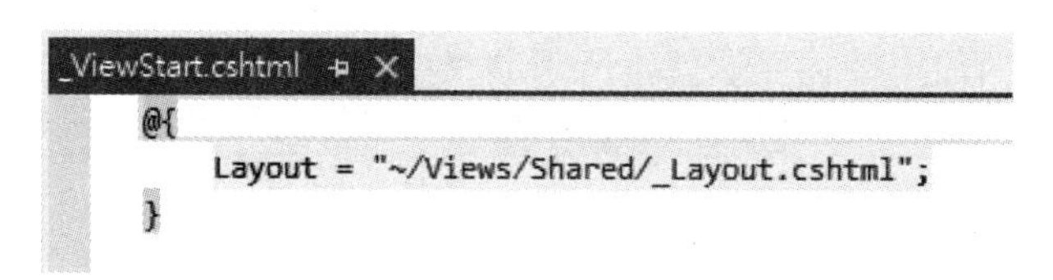

图 7-6　/Views/_ViewStart.cshtml 文件内容

这个_ViewStart.cshtml文件不仅能出现在/Views/目录下，任何与Controller同名的Views子目录下也都能出现相同的_ViewStart.cshtml文件，如此一来，就可以让不同的Controller预设载入不同的主版页面。如图7-7所示，在HomeController相对应的Views目录下也新增了一个_ViewStart.cshtml文件。

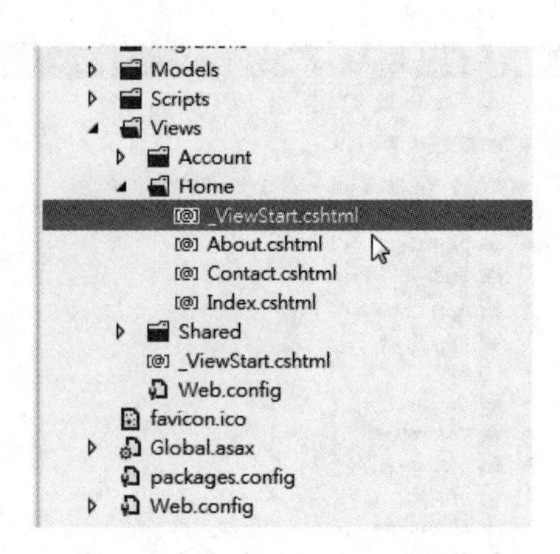

图 7-7 /Views/Home/_ViewStart.cshtml 文件

3. 关于_Layout 主版页面

在ASP.NET MVC 4解决方案资源管理器模板中，你也可以看到一个预设的/Views/Shared/_Layout.cshtml文件，如图7-8所示。

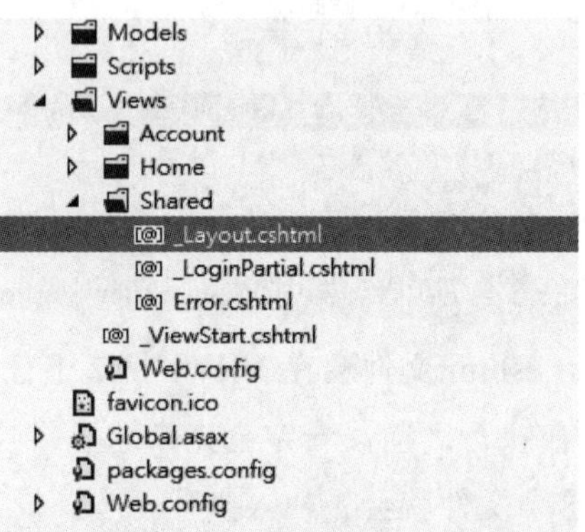

图 7-8 解决方案资源管理器中/Views/Shared/_Layout.cshtml 文件

这个/Views/Shared/_Layout.cshtml文件其实和一般Razor检视页面差不多，同样要撰写 Razor 语法，但不同的地方是有两个 Razor 语法，分别是 @RenderBody 与 @RenderSection这两段声明，而这就是所谓的“挖洞宣言”，如图7-9所示。

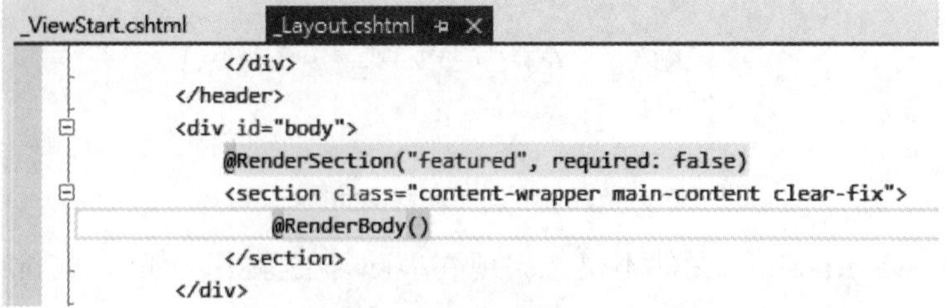

图 7-9 在主版页面中的@RenderBody 与@RenderSection 声明

@RenderBody()在Razor主版页面中可以视为“预设坑洞”，也就是主要的View页面在没有特别声明的情况下，所有内容都会被填入到@RenderBody()这个位置。

我们以ASP.NET MVC 4专案模板内建的Contact.cshtml页面来说明，打开后，你可以发现在页面上还看不到什么特殊之处，也说明这个Razor页面的执行结果会自动被填入主版页面的@RenderBody()这个位置，如图7-10所示。

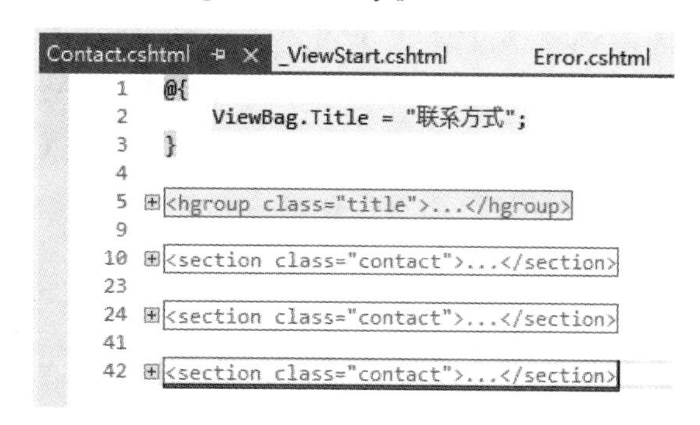

图 7-10 Contact.cshtml 页面的内容

另一个@RenderSection在Razor主版页面中可以被视为“具名坑洞”，以下列语法为例，我们在主版页面中定义了一个名为featured的坑洞，第二个required具名参数则是声明这个坑洞是否必须被填满，如果你在主版页面设定的“具名坑洞”把required参数指定为true的话，那么，所有载入这个主版页面的View页面都必须输出相对应的内容，否则就会发生例外状况。

```
@RenderSection("featured", required: false)
```

接下来，要看看在View页面中，如何把这个“具名坑洞”给填满，如图7-11所示是ASP.NET MVC 4专案模板预设的Index.cshtml页面，这边用了一个特殊的Razor语法，名为@section，且在后面必须接上一个“坑洞名称”，以这个例子来说，“坑洞名称”就是featured，而在这个@section featured声明里，对Razor来说这就是一个代码区块，所套用的Razor规则也都一样，如先前所描述的那样。

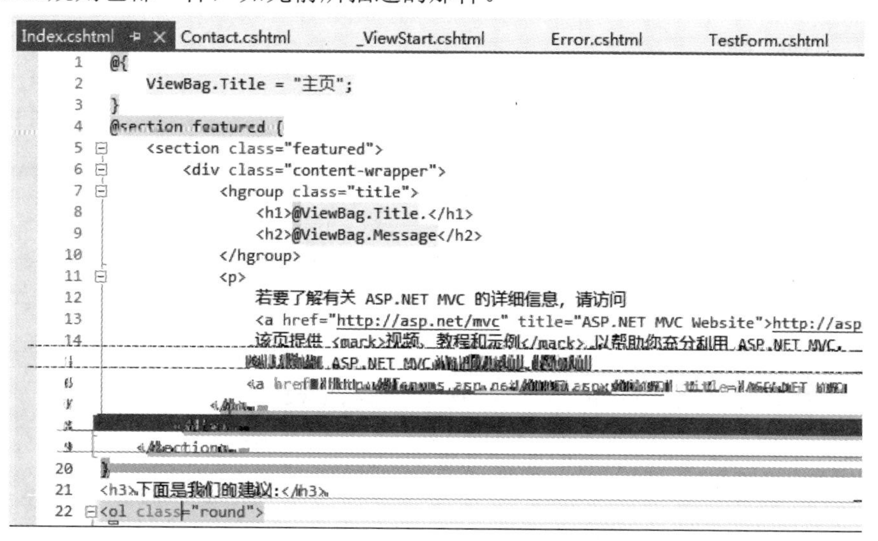

图 7-11 Index.cshtml 页面的内容包含 featured 区段(@section)声明

NOTES

由于 Razor 页面有其执行顺序，主要是先执行 View 再执行 Layout 主版页面，因为 View 与 Layout 共用一个 ViewDataDictionary 实体，因此，如果要将数据传递到 Layout 页面中一样可以通过 ViewData 或 ViewBag 的方式传递过去。

不过，各位千万别误以为你可以从 Layout 传数据回 View 页面，因为执行顺序是不一样的。

7.2.6 @helper 辅助方法

Razor提供了一种很方便的语法，让你可以将View页面中部分内容或部分代码抽取出来，变成一个独立的辅助方法。

我们直接用个例子来说明@helper的使用方式，如下Razor代码片段是将Controller传来的数据模型(Model)通过foreach循环显示到网页上：

```
@foreach (var item in Model) {
    <tr>
        <td>
            @item.Name
        </td>
        <td>
            @item.Description
        </td>
        <td>
            @item.UnitPrice
        </td>
    </tr>
}
```

如果我们希望针对UnitPrice这个栏位做出一些额外的运算，例如，当价格为0的时候不要显示0，而是显示“免费”，这时我们可以将这段Razor代码修改成如下：

```
@foreach (var item in Model) {
    <tr>
        <td>
            @item.Name
        </td>
```

```
        <td>
            @item.Description
        </td>
        <td>
            @if (item.UnitPrice == 0) {
                @:免费
            } else {
                @item.UnitPrice
            }
        </td>
    </tr>
}
```

不过，如果在整个网站里出现UnitPrice栏位的地方都要这样显示，都要是用复制、粘贴的方式将这些判断逻辑分散在多个View里那就不好了，因为这违反了我们在第2章曾经提到的不要重复你自己(DRY)的原则。

这时我们可以利用Razor的@helper将这部分逻辑取出，变成一个独立的方法。而@helper语法是在@helper后方加入一个方法声明，可以包含一些参数，代码如下：

```
@helper ShowUnitPrice(int price)
{
    if (price == 0) {
        @:免费
    } else {
        @price
    }
}
```

最后，我们再修改原本循环内的程序如下：

```
@foreach (var item in Model)
{
    <tr>
        <td>
            @item.Name
        </td>
        <td>
```

```
            @item.Description
        </td>
        <td>
            @ShowUnitPrice(item.UnitPrice)
        </td>
    </tr>
}
```

其实声明 @helper 辅助方法的语法与在C#中声明方法的方式非常像，唯一的差别就在于不用回传任何型别，预设就是网页输出，十分方便。你可以把这种撰写风格当成是Razor版的代码片段。

如果要将这个@helper辅助方法用在多个不同的View页面里，你可以考虑将@helper辅助方法独立出来，放置在专案根目录App_Code下，这个独立的文件副文档名必须为cshtml，至于文件名称可以自己命名，预设文件名就是类别名称，这是“以习惯取代配置”的另一个实践，不用问为什么，也不能改。

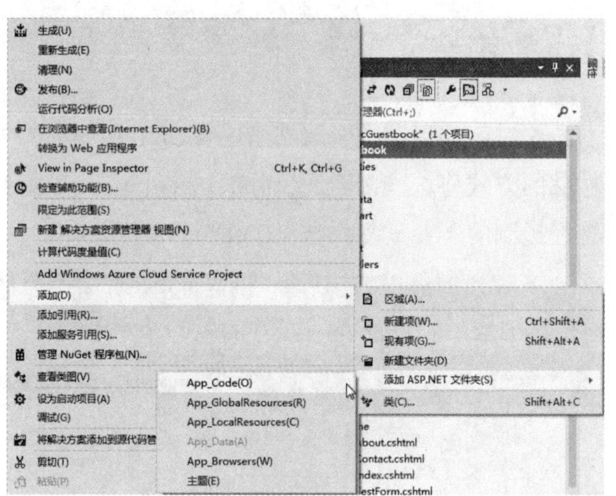

图 7-12　新增 App_Code 文件夹

我们先在文件目录下新增一个App_Code文件夹，如图7-12所示。

然后新增一个项目，如图7-13所示。

在加入新项目时，请选择“MVC 4布局页(Razor)”这一项，并将文件名称修改为UIHelper.cshtml(你也可以取其他文件名称)，如图7-14所示。

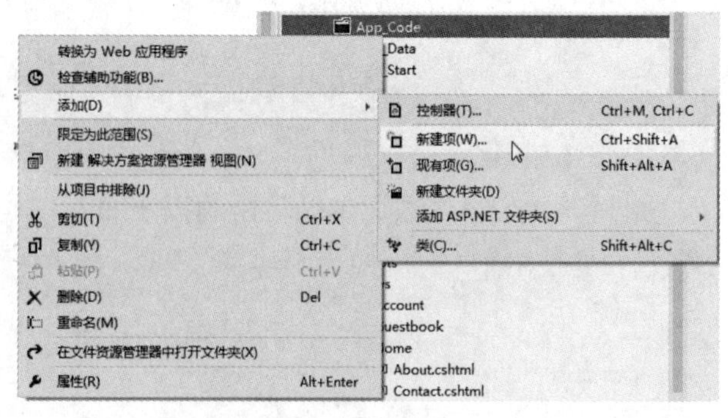

图 7-13　新增项目

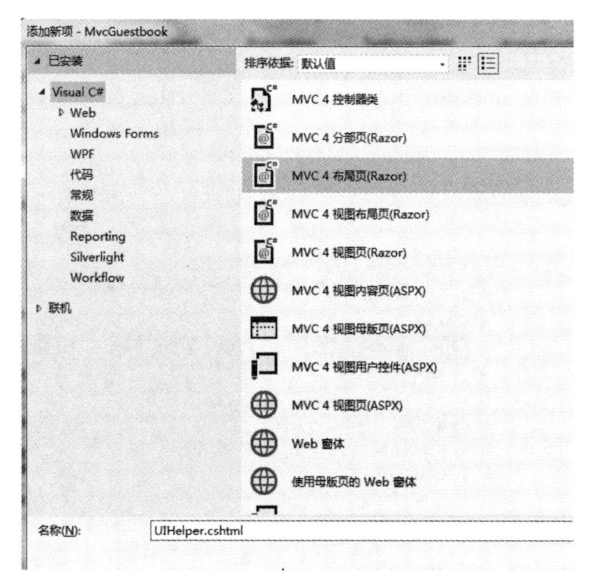

图 7-14　加入新项目

这时把刚刚写好的@helper辅助方法原封不动地移到UIHelper.cshtml文件里，如图7-15所示。

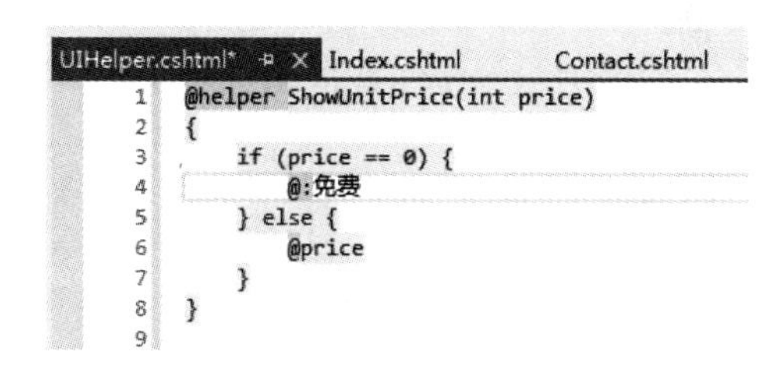

图 7-15　将@helper 辅助方法移到 UIHelper.cshtml 文件里

最后我们再改写原本循环内的@ShowUnitPrice方法，加上这个方法的类别名称即可，代码如下：

```
@foreach (var item in Model)
{
    <tr>
        <td>
            @item.Name
        </td>
        <td>
            @item.Description
        </td>
        <td>
            @UIHelper.ShowUnitPrice(item.UnitPrice)
        </td>
    </tr>
```

```
    }
```

如图7-16所示是在Visual Studio 2012中通过@UIHelper引发Intellisense的快捷提示界面。

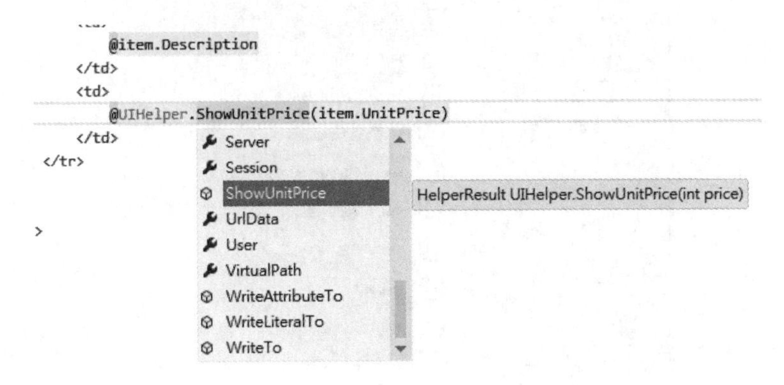

图 7-16 将@helper 辅助方法移到 UIHelper.cshtml 文件里

7.2.7 @functions 自定义函数

@helper辅助方法的确可以很方便地完成辅助方法开发，不过却失去了一些弹性，例如，无法在@helper辅助方法中自定义属性(Property)，只能单纯地传入参数，然后格式化成你想要呈现的样子后直接输出。因此，Razor还提供了@functions自定义函数功能，能够让你用接近C#类别的方式进一步定义更复杂的辅助方法。

我们先用一个简单的例子来说明@functions的用法，如下代码范例中，你必须先通过@functions定义出一个代码区块，然后把C#方法写在里面，如果该方法必须将执行结果回传到View页面上的话，则必须以IHtmlString型别回传：

```
@functions {
    public IHtmlString GetYesterday() {
        var theDay = DateTime.Now.AddDays(-1);
        return new HtmlString(theDay.ToShortDateString());
    }
}
```

在与@functions同一页里，就能使用上述定义的@GetYesterday()方法来执行，如图7-17所示。

```
@GetYesterday()
IHtmlString _Page_Views_Product_Index_cshtml.GetYesterday()

@functions {
    public IHtmlString GetYesterday() {
        var theDay = DateTime.Now.AddDays(-1);
        return new HtmlString(theDay.ToShortDateString());
    }
}
```

图 7-17 使用@functions 的方式

与@helper辅助方法相同，如果希望在多个不同的View页面里都能使用这个由@functions定义的方法，你也可以将这段@functions声明移到专案根目录的App_Code目录下的其中一个cshtml文件里。

不过，在搬移@functions代码声明时有一个小地方需注意，也就是移过去之后的方法或属性，必须要声明为静态(static)才能让各页面取用，如下@functions代码是移进UIHelper.cshtml之后的修正版本：

```
@functions {
    public static IHtmlString GetYesterday()
    {
        var theDay = DateTime.Now.AddDays(-1);
        return new HtmlString(theDay.ToShortDateString());
    }
}
```

7.2.8　@model 引用参考资料型别

在Razor页面里可以在页面最上方通过@model语法设定一组View页面的强型别数据模型参考，套用了数据模型号，在这个View页面里就可以用具有型别的方式取用Model物件。

以下是@model语法的声明范例：

```
@model IEnumerable<MvcApplication6.Models.Product>
```

请注意@model语法的第一个字是小写字母的m，千万不要和Model给搞混了。

7.2.9　@using 引用命名空间

在Razor页面里可以在页面最上方通过@using引用这一个View页面里会用到的命名空间，以简化程序的长度。以上一小节载入的@model为例，当引用MvcApplication6.Models命名空间后，@model的代码就会大幅缩短，如下范例：

```
@using MvcApplication6.Models
@model IEnumerable<Product>
```

在ASP.NET MVC专案的Views\web.config设定档，有个<system.web.webPages.razor> 区段设定，底下有个<namespaces>区段设定了所有View页面都会引入的命名空间，如果大部分视图页面都要引用相同命名空间的话，可以在这里设定载入，如此一来，就不用在每页最上方加上@using语法了，如下范例就是让页面预设引用MvcApplication6.Models这个命名空间：

```
<pages pageBaseType="System.Web.Mvc.WebViewPage">
  <namespaces>
    <add namespace="System.Web.Mvc" />
    <add namespace="System.Web.Mvc.Ajax" />
    <add namespace="System.Web.Mvc.Html" />
    <add namespace="System.Web.Optimization"/>
    <add namespace="System.Web.Routing" />
    <add namespace="MvcApplication6.Models" />
  </namespaces>
</pages>
```

7.3 View 如何从 Action 取得数据

从Action取得数据，在ASP.NET MVC可区分成两种方式，一种是“使用弱型别取得数据”，另一种则是“使用强型别取得数据”，两者的差别在于View页面最上方声明的方式。

如果View页面使用弱型别接收来自Controller的数据，在View页面里完全不需要有任何声明，数据可以从ViewData、ViewBag或TempData取得，在页面中也可以通过@Model属性，取得从Action传来的ViewData.Model数据模型，但@Model数据模型的型别将会是object，所以算是弱型别的传值方式。

如果View页面使用强型别方式接收来自Controller的数据，那么，必须在View页面的第一行使用@model关键字引入一个View页面专用的数据模型型别参考，如下范例：

```
@model MvcApplication5.Models.LoginModel

<hgroup class="title">
    <h1>@ViewBag.Title.</h1>
</hgroup>
```

使用这种方式有助于提升View的开发效率，因为可以使用Visual Studio 2012的Intellisense提示功能。

7.3.1　使用弱型别模型取得数据

如果View页面没有声明型别时，就必须用弱型别来取得数据，此时，要从Action传递数据到View主要有三种方式，分别是使用ViewData(或ViewBag)、TempData与通过Model传递。

使用ViewData(或ViewBag)或TempData传递参数非常容易理解，因为在前几章的范例中应该看过好几遍了，如果我们以ASP.NET MVC 4预设专案模板当范例，先开启/Controllers/HomeController.cs中的About()动作方法，其内容如下：

```
public ActionResult About()
{
    ViewBag.Message = "您的应用程序描述页面。";

    return View();
}
```

这里指定了一个ViewBag.Message变量，试图传到View里，此时再打开/Views/Home/About.cshtml 文件来看，如图7-18所示。

这时候，你会看到前几行<hgroup>标签里包含两个ViewBag变量，而Controller里定义的ViewBag.Message将会正确无误地显示在页面上：

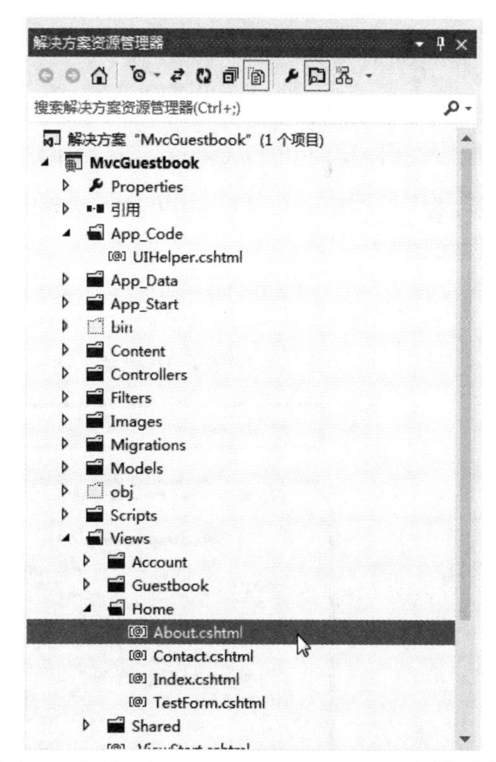

图 7-18　打开/Views/Home/About.cshtml 检视页面文件

```
@{
    ViewBag.Title = "关于";
}

<hgroup class="title">
    <h1>@ViewBag.Title.</h1>
    <h2>@ViewBag.Message</h2>
</hgroup>
```

除此之外，另一个取得数据的方式是通过Model来传递，稍稍修改一下About()动作方法，将ViewBag.Message改成通过ViewData.Model来传递数据，如下Action代码：

```
public ActionResult About()
{
    ViewBag.Message = "您的应用程序描述页面。";

    ViewData.Model = db.Guestbooks.ToList();

    return View();
}
```

虽然我们传入了db.Guestbooks.ToList()这个集合物件给View，如果View没有特别指定强型别模型的话，在使用@Model时就必须先转换类型，才能享受Intellisense带来的便利，如图7-19所示。

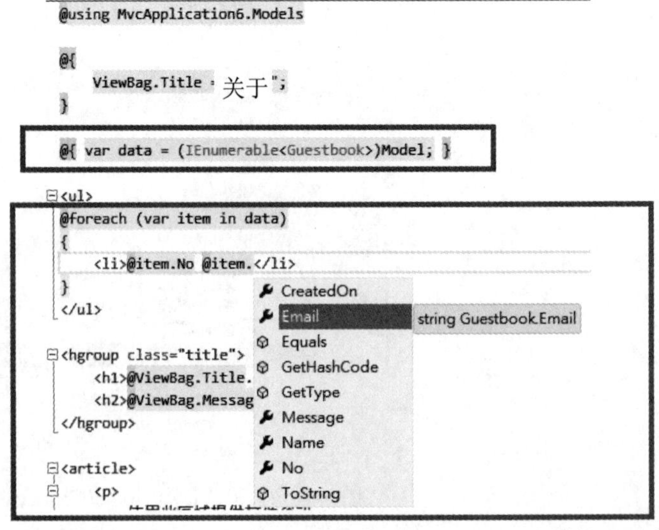

图 7-19　使用弱型别传递至 View，若要改用强型别操作时，需先转换类型才能使用

NOTES

如上述例子，在 View 中要使用 Guestbook 这个型别，必须先载入本专案 Models 目录的命名空间，否则无法辨识 Guestbook 型别的存在，在 Razor 的语法里要使用 @using 关键字。

7.3.2　使用强型别模型取得数据

接续上一节的例子，如果将View修改如图7-20所示。

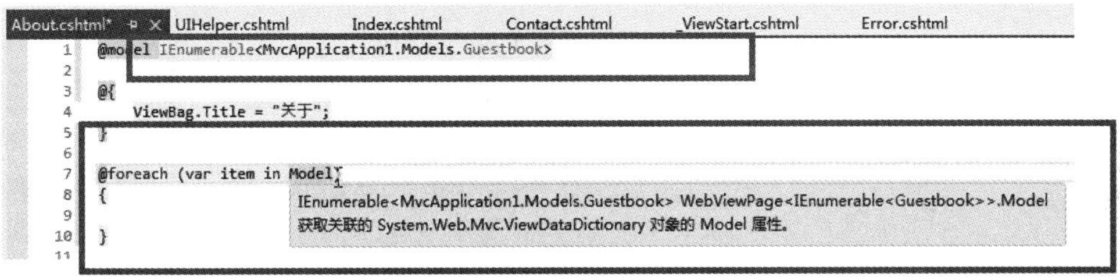

```
About.cshtml*   UIHelper.cshtml   Index.cshtml   Contact.cshtml   _ViewStart.cshtml   Error.cshtml
1   @model IEnumerable<MvcApplication1.Models.Guestbook>
2
3   @{
4       ViewBag.Title = "关于";
5   }
6
7   @foreach (var item in Model)
8   {
9
10  }
11
    IEnumerable<MvcApplication1.Models.Guestbook> WebViewPage<IEnumerable<Guestbook>>.Model
    获取关联的 System.Web.Mvc.ViewDataDictionary 对象的 Model 属性。
```

图 7-20　使用强型别模型取得数据

上述代码主要修改了两个地方，第一个是加上了@model关键字，加入了IEnumerable<Guestbook>参考型别，若该型别没有载入命名空间，则需输入完整的命名空间才能抓到。第二个部分是在使用Model物件时，Model物件会自动被视为IEnumerable<Guestbook>型别来操作，而这就是强型别的操作方式。

7.4　HTML 辅助方法

顾名思义，HTML辅助方法(HTML Helper)就是用来辅助产生HTML之用，在开发View的时候一定会面对许多HTML标签，处理这些HTML的工作非常烦琐，为了降低View的复杂度，可以使用HTML辅助方法帮助你产生一些HTML标签或内容，因这些HTML标签都有固定标准的写法，所以将其包装成HTML辅助方法，可让View开发更快速，也可以避免不必要的语法错误。

ASP.NET MVC中内建了许多HTML辅助方法，这些HTML辅助方法都是利用C# 3.0的扩充方法特性，将各种不同的HTML辅助方法扩充在HtmlHelper类别里，并且都拥有多载。

通过HTML辅助方法的讲解，可以有效协助你面对常见但又烦琐的HTML撰写工作，例如，超链接、表单声明(<form>)、表单栏位(<input>、<select>、<textarea>)、HTML

编码与解码、载入其他分部视图页面(Partial View Page)、显示Model验证失败的错误信息等，撰写ASP.NET MVC一定少不了它。

7.4.1 使用 HTML 辅助方法输出超链接

在开发View页面时最常用的HTML辅助方法莫过于输出超链接，在View中输出ASP.NET MVC的超链接通常会用Html.ActionLink辅助方法，该方法用于产生文字链接，其文字部分会自动进行HTML编码(HtmlEncode)，这也算是最常使用到的HTML辅助方法链接。表7-2是几种常见的使用范例。

表7-2 Html.ActionLink多载

语法范例	说 明
`@Html.ActionLink("链接文字","ActionName")`	这是最基本的用法 当只输入链接文字与ActionName时，预设会链接到"ActionName"这个名称的 Action，由于没有指定 Controller 名称，因此指向的 Controller 将会与这次检视页面所属的 Controller 一样
`@Html.ActionLink("链接文字", "ActionName", "ControllerName")`	若要链接到其他 Controller 的 Action 时，就可以用第三个参数传入 Controller 名称
`@Html.ActionLink("链接文字", "ActionName", new { id = 123, page = 5 })`	当需要设定额外的 RouteValue 时，可以在第三个参数传入 object 型别的数据
`@Html.ActionLink("链接文字", "ActionName", null, new { @class = "btnLink" })`	当需要传入超链接额外的 HTML 属性时，可以将参数加在第四个参数上。 请注意：由于 HTML 标签里在套用 CSS 样式类别时会用到 class 属性名称，不过，由于在 C#里 class 属于“关键字”并无法实用为匿名物件的属性，因此，若要使用 class 关键字作为属性名称，必须在属性名称前加上“@”跳转符号，这样 C#代码才会正确编译。 此外，若要输出 HTML 属性包含减号（-）时，例如 data-value 属性，设定 C#属性名称必须将减号(-)改成用底线（_）替代，最后输出 HTML 属性的时候自动会变成减号（-）

TIPS

使用 Html.ActionLink()时，第一个参数为超链接的显示文字，此参数不可以输入空字符串、空白字符串或 null 值，只要传入空白或 null，就会抛出 The Value cannot be null or empty.的例外。

> 实际上，笔者的确看过有网页设计师在设计 HTML 标签时将超链接设定为完全没有链接内容的情况，通常这种状况会用在输出以图片为主的超链接上，因为设计师想设计出一个包含超链接的图片按钮，因此图片选择用<A>超链接标签来输出，并通过 CSS 加上一个背景图。例如以下 HTML 格式就是我说的这种格式：
>
> ```
> <a href="/Home/Index" class="lnkButton"></a>
> ```
>
> 然而这样的 HTML 输出是无法利用 ASP.NET MVC 的 @Html.ActionLink 辅助方法达成的，必须改用@Url.Action 辅助方法才行，例如：
>
> ```
> <a href="@Url.Action("ActionName")" class="lnkButton"></a>
> ```

ASP.NET MVC还有另一个Html.RouteLink辅助方法，其用法与Html.ActionLink其实非常相似，差别仅在于输入的参数要以RouteValue为主。例如：

```
@Html.RouteLink("回会员专区", new { type = "default" })
@Html.RouteLink("回会员专区", new { type = "default" }, new { @class =
"back" })
```

输出结果如下：

```
<a href="/Account/Login?type=default">回会员专区</a>
<a class="back" href="/Account/Login?type=default">回会员专区</a>
```

或者也可以指定网址路由表(RouteTable)中的路由名称，然后再加上额外的 RouteValue参数：

```
@Html.RouteLink("回会员专区", "Member", new { })
@Html.RouteLink("回会员专区", "Member", new { type = "default" })
@Html.RouteLink("回会员专区", "Member", new { type = "default" }, new { @class
= "back" })
```

> **TIPS**
>
> 笔者在实务上好几次遇到一个奇怪问题，就是在 View 里面输出超链接时竟然会多出奇怪的查询字串(QueryString)。我们使用标准的@Html.ActionLink 辅助方法输出<A>超链接，输出 HTML 时竟然有些超链接的尾巴会加上?Length=4 这个查询字串，但是在 ASP.NET MVC 的 View 里根本就没这样设定。如果你也遇到相同的问题，建议参考笔者写过的一篇文章，上面详述了这个问题发生的始末。
>
> 文章网址：http://bit.ly/ActionLinkMistake

7.4.2 使用 HTML 辅助方法输出表单

ASP.NET MVC内提供了许多HTML辅助方法可供使用，例如ASP.NET MVC 4专案模板里的AccountController控制器里的Login动作建立一个登录页面，并通过HTML辅助方法输出表单与栏位等标签，范例如下：

```
@using (Html.BeginForm())
{
    <p>
        账号：@Html.TextBox("Account")
    </p>
    <p>
        密码：@Html.Password("Password")
    </p>

    <input type="submit" value="注册" />
}
```

实际输出的HTML内容如下：

```
<form action="/Account/Login" method="post">
    <p>
        账号：<input id="Account" name="Account" type="text" value="" />
    </p>
    <p>
        密码：<input id="Password" name="Password" type="password" />
    </p>
    <input type="submit" value="注册" />
</form>
```

以上范例使用了三个内建的辅助方法，其中特别需要注意Html.BeginForm()辅助方法是建立<form>的HTML标签，而且我们使用using包住，以确保<form>标签会在using结尾时输出</form>标签。当然，你也可以选择不要用using包住Html.BeginForm()，而是在结尾时，使用Html.EndForm()来关闭这个<form>标签，需要注意的细节将在下一小节提及。

1. 产生表单元素

在使用表单之前，大家应该已经看过好几遍关于Html.BeginForm()的使用，该辅助方法主要用来产生<form>标签，可以通过using语法来使用，也可以配合Html.EndForm()使用以产生适当的</form>表单结尾。以下是几个Html.BeginForm()的代码范例。

使用using语法产生表单标签：

```
@using (Html.BeginForm("About", "Home")) {
    @Html.TextArea("Date")
    @Html.TextArea("MEMO")
    <input type="submit" />
}
```

如果要在ASP.NET MVC 4使用Html.BeginForm()与Html.EndForm()产生表单标签，事实上语法在撰写上非常不漂亮，因为Html.BeginForm无法直接通过“@”输出，必须通过C#陈述句的方式执行，因此，笔者并不建议用这种方法呈现表单。使用方式如下：

```
@{ Html.BeginForm("About", "Home"); }
    @Html.TextArea("Date")
    @Html.TextArea("MEMO")
    <input type="submit" />
@{ Html.EndForm(); }
```

使用Html.BeginForm辅助方法输出的表单预设输出的method属性会是POST，如果你想指定为GET的话，可以输入第三个参数，如下范例：

```
@using (Html.BeginForm("Search", "Home", FormMethod.Get)) {
    @Html.TextArea("Keyword")
    <input type="submit" />
}
```

如果想要用HTML表单实作档案上传的功能，那么必须在输出的<form>表单标签加上一个enctype属性，且内容必须设定为multipart/form-data，要通过Html.BeginForm辅助方法新增额外的属性必须再加上第四个参数，并传入一个匿名物件即可。如下范例：

```
@using (Html.BeginForm("Upload", "File", FormMethod.Post,
    new { enctype = "multipart/form-data" }))
{
    @Html.TextBox("File1", "", new { type="file", size="25" })
    <input type="submit" />
}
```

上述代码输出的HTML如下：

```
<form action="/File/Upload" enctype="multipart/form-data" method="post">
    <input id="File1" name="File1" size="25" type="file" value="" />
    <input type="submit" />
</form>
```

NOTES

Html 辅助方法并没有 File 方法，因此必须用 TextBox 方法来代替，并传入第三个参数将内建的 type 属性换成 file 即可。

除了使用Html.BeginForm辅助方法输出表单，并可以设定Controller与Action指向表单要传送的目标外，在ASP.NET MVC里还有一个Html.BeginRouteForm辅助方法，这个方法唯一的差别仅在于输入的参数不同，使用Html.BeginRouteForm辅助方法所输入的参数全部都是与Routing相关的参数，例如，可以设定表单送出的目标网址限定在特定路由规则，这时你就可以利用Html.BeginRouteForm辅助方法指定路由名称，如下范例：

```
@using (Html.BeginRouteForm("Inquiry", new { action = "Index" }))
{

}
```

2．模拟各种 HTTP 动词

我们在第6.4.2节："HTTP动词限定属性"曾提到，由于HTML表单无法送出DELETE这个HTTP动词，如果希望Action能够提供如同RESTful风格的方式来处理删除动作，又同时能够利用同一个表单来使用这个只能允许HttpDelete的动作的话，可以利用Html.HttpMethodOverride这个HTML辅助方法来模拟HTTP DELETE的行为，而模拟的方法其实只是加入一个隐藏栏位在表单里而已。

使用范例如下，在Html.BeginForm()与Html.EndForm()之间，利用Html.HttpMethod-Override()，设定这个表单要改用HTTP DELETE的方式模拟输出表单。

```
@using (Html.BeginForm("DeleteMessage", "Message"))
{
    @Html.HttpMethodOverride(HttpVerbs.Delete)
    @Html.Hidden("ID")
    <input type="submit" value="删除此条数据" />
}
```

输出的HTML如下，其最重要的就是新增了一个X-HTTP-Method-Override隐藏栏位，其值就是模拟出来的HTTP动词：

```
<form action="/Message/DeleteMessage" method="post">
    <input name="X-HTTP-Method-Override" type="hidden" value="DELETE" />
    <input id="ID" name="ID" type="hidden" value="" />
    <input type="submit" value="删除此条数据" />
</form>
```

NOTES

使用 Html.HttpMethodOverride()辅助方法模拟 HTTP 动词，是 ASP.NET MVC 特别设计用来让开发人员能够方便地让支援 REST 的 Action 也同时能支持一般 HTML 表单所能输出类似 HTTP DELETE 的行为，但事实上，从浏览器输出表单是以 HTTP POST 的方式输出的，只是当 ASP.NET MVC 收到用户端来的要求，并执行到**动作方法选取器**（Action Method Selector）时，会被自动当成 HTTP DELETE 来判断而已。

3. 常用表单输入栏位

在ASP.NET MVC的HTML辅助方法中内建许多与表单相关的辅助方法，如表7-3所示。

表7-3　表单栏位相关的HTML辅助方法

HTML 辅助方法	说　明
Html.BeginForm()	输出<form>标签
Html.EndForm()	输出</form>标签
Html.Label()	输出<label>标签
Html.TextBox()	输出<input type="text">标签
Html.TextArea()	输出<textarea>标签
Html.Password()	输出<input type="password">标签
Html.Checkbox()	输出<input type="checkbox">标签
Html.RadioButton()	输出<input type="radio">标签
Html.DropDownList()	输出<select>标签
Html.ListBox()	输出<select multiple>标签
Html.Hidden()	输出<input type="hidden">标签
Html.ValidationSummary()	输出表单验证失败时的错误信息摘要

除了输出完整的HTML表单栏位，HTML辅助方法还支援输出一些HTML表单栏位中的一些属性值，如表7-4所示。

表7-4　表单栏位Id、名称与值的HTML辅助方法

HTML 辅助方法	说　明
Html.Id()	输出特定栏位的 id 值
Html.Name()	输出特定栏位的 name 值
Html.Value()	输出特定栏位的 value 值，这里的数据来自于 ASP.NET MVC 通过 ValueProvider 提供的值，可能是上一页表单传来的栏位数据、路由值、查询字串(QueryString)或其他模型绑定进来的数据等

接着我们以最常使用的Label与TextBox来举例。通常一个输入栏位会搭配着一个栏位标题(Label)，但很多人不知道原来HTML表单栏位里的标题名称是要加上<label>标签的。例如，以下列HTML输出来看，有一个文字输入的栏位名称为Username，且该栏位的id属性也为Username，而它的标题名称“账号”被一个<label>标签包裹着，且<label>标签上还有一个for属性，for属性的值必须等于输入栏位的id属性值：

```
<label for="Username">账号</label>
<input id="Username" name="Username" type="text" value="" />
```

上述HTML的输出界面如图7-21所示，一般来说，使用键盘输入栏位会点击这个input输入栏位，但你的标题如果加上label标签且是for属性的值，与input栏位的id属性值一致的话，点选栏位标题时也会让键盘游标停留在这个input栏位上，如此设计可以增加网页表单的易用性。

图 7-21　HTML 输入栏位搭配 Label 标签的输出界面

如果要输出上述HTML标签，若通过HTML辅助方法来写，就可以写成以下这段语法：

```
@Html.Label("Username", "账户")
@Html.TextBox("Username")
```

这个例子让我们知道，通过 @Html.TextBox("Username")输出HTML表单栏位时，虽然只有指定Username这个名称，但在HTML辅助方法的帮助下，会同时将id属性赋予和name属性一样的值。

在Html.TextBox辅助方法的多载里还可以输入第二个value参数，让这个文字栏位在显示时包含一个初始值：

```
@Html.TextBox("Username", "will")
```

执行后会输出以下HTML标签：

```
<input id="Username" name="Username" type="text" value="will" />
```

在Html.TextBox辅助方法的多载里还可以输入第三个HtmlAttributes参数，可依据需

求来指定额外的HTML属性值，也可以覆写原本ASP.NET MVC要输出的属性值。例如，在一个语法范例中，就可以通过第三个参数将id属性改为自定义的testID，如下范例：

```
@Html.TextBox("Username", "will", new { id = "testID" })
```

执行后会输出以下HTML标签：

```
<input id="testID" name="Username" type="text" value="will" />
```

TextBox的第四个多载则使用了IDictionary<string,object>型别传入第三个参数，此多载的使用时机在于同一个页面中有许多的HTML标签需要用到相同的HTML属性，例如class或style等。由于一个一个套用匿名对象时代码的重复性会太高，若用前面介绍的用法会导致View变丑(这里所谓的“丑”是指重复的代码太多)，因此，你可以先在Controller建立一个Dictionary对象，并且通过ViewData传给View使用，再传入Html.TextBox辅助方法，以下提供另一个范例说明。

先假设在Controller中有个HelperSample()动作方法，我们将从Action之中传入一个Dictionary物件给View的HTML辅助方法使用：

```
public ActionResult HelperSample()
{
    IDictionary<string, object> attr = new Dictionary<string, object>();
    attr.Add("size", "32");
    attr.Add("style", "color:red;");
    ViewData["Dictionary"] = attr;
    return View();
}
```

其对应的View页面内容如下，由于通过ViewData传递变量是属于“弱型别”的传递方法，因此所有对象预设型别都是object，为了要传入辅助方法的第三个参数，我们必须要先将ViewData["Dictionary"]转型成IDictionary<string, object>才行，如下范例：

```
@{
    var htmlAttribute = ViewData["Dictionary"] as IDictionary<string,
object>;
}
@Html.TextBox("name", "Value", htmlAttribute)
@Html.Password("password", "Value", htmlAttribute)
@Html.TextBox("email", "Value", htmlAttribute)
@Html.TextBox("tel", "Value", htmlAttribute)
@Html.Hidden("id", "1")
```

最后输出的HTML会变成以下：

```
<input id="name" name="name" size="32" style="color:red;" type="text"
value="Value" />
<input id="password" name="password" size="32" style="color:red;"
type="password" value="Value" />
<input id="email" name="email" size="32" style="color:red;" type="text"
value="Value" />
<input id="tel" name="tel" size="32" style="color:red;" type="text"
value="Value" />
<input id="id" name="id" type="hidden" value="1" />
```

如上例所示，除了用到Html.TextBox()这个HTML辅助方法之外，还用到了Html.Password()与Html.Hidden()，这两个方法的用途说明如下。

- Html.Password()：用于产生 HTML 密码栏位，使用方式与 Html.Textbox 一样。
- Html.Hidden()：用于产生 HTML 隐藏栏位，使用方式与 Html.Textbox 一样，不同的是页面上并不会看到此栏位。

除此之外，还有许多类似的HTML辅助方法，如下所示。

- Html.TextArea(): 用于产生多行文字的输入框，使用方式与 Html.Textbox 类似，但拥有较多的多载可以指定 rows 与 column 的值。
- Html.DropDownList()：用于产生下拉式菜单。
- Html.ListBox()：用于产生多选的下拉式菜单，和 Html.DropDownList()用法是相同的。
- Html.RadioButton()：用于产生单选按钮@Html.RadioButton("name","value")，也可以在产生的时候就指定是否要预设选取@Html.RadioButton("name", "value",true)。
- Html.CheckBox()：用于产生选取方块(复选)，使用方式为@Html.CheckBox ("name","value")。

以下范例将解说Html.DropDownList()的使用方式。

我们先在Controller中整理好一个型别为SelectList的数据，并通过ViewData["List"]传入View中，该型别是ASP.NET MVC专门用来给项目列表有关的数据型别，例如，Html.DropDownList()、Html.ListBox()都可以使用。

```
public ActionResult HelperSample()
{
```

```
    List<SelectListItem> listItem = new List<SelectListItem>();
    listItem.Add(new SelectListItem { Text = "是", Value = "1" });
    listItem.Add(new SelectListItem { Text = "否", Value = "0" });
    ViewData["List"] = new SelectList(listItem, "Value", "Text", "");
    return View("Test");
}
```

在View中使用Html.DropDownList()时，可以在第三个参数设定下拉菜单的第一个选项为“请选择”，这是当SelectList的所有选项(SelectListItem)都没有设定预设选取时的预设选项：

```
@Html.DropDownList("List", ViewData["List"] as SelectList, "请选择")
```

最后输出的HTML会变成以下：

```
<select id="List" name="List">
    <option value="">请选择</option>
    <option value="1">是</option>
    <option value="0">否</option>
</select>
```

4．使用强型别辅助方法

ASP.NET MVC从2.0版开始更进一步地提供了强型别的辅助方法，避免因为输入错误而导致数据没有显示或是编辑时无法储存的问题，除此之外，如果能活用这些强型别辅助方法还能提升整体开发效率。

基本上，属于强型别的辅助方法命名方式皆为“原先的名称最后加上For”，例如，Html.TextboxFor()或Html.LabelFor()。使用强型别辅助方法拥有许多优点，不过，最重要的一点就是在View页面的最上方一定要用@model定义出这个View页面的参考数据模型，如果没有声明就无法正常使用强型别辅助方法。如下范例：

```
@model MvcApplication6.Models.Product
```

如表7-5所示是支持一般表单栏位输出的强型别辅助方法：

表7-5　一般表单栏位相关的强型别HTML辅助方法

强型别辅助方法	说　明
Html.LabelFor()	输出<label>标签
Html.TextBoxFor()	输出<input type="text">标签
Html.TextAreaFor()	输出<textarea>标签
Html.PasswordFor()	输出<input type="password">标签

续 表

强型别辅助方法	说 明
Html.CheckboxFor()	输出<input type="checkbox">标签
Html.RadioButtonFor()	输出<input type="radio">标签
Html.DropDownListFor()	输出<select>标签
Html.ListBoxFor()	输出<select multiple>标签
Html.HiddenFor()	输出<input type="hidden">标签

除了输出完整的HTML表单栏位，HTML辅助方法还支持输出一些HTML表单栏位中的一些属性值，如表7-6所示。

表7-6 HTML表单栏位相关的强型别HTML辅助方法

强型别辅助方法	说 明
Html.IdFor()	输出数据模型相对应的栏位 id 值
Html.NameFor()	输出数据模型相对应的栏位 name 值
Html.ValueFor()	输出数据模型相对应的栏位 value 值，这里的数据来自于ASP.NET MVC 通过 ValueProvider 提供的值，可能是上一页表单传来的栏位数据、路由值、查询字串(QueryString)或其他模型绑定进来的数据等

还有一些与表单输出相关的强型别辅助方法，如表7-7所示。

表7-7 表单栏位Id、名称与值的强型别HTML辅助方法

强型别辅助方法	说 明
Html.DisplayNameFor()	显示数据模型在 Metadata 定义的显示名称
Html.DisplayTextFor()	显示数据模型的文字资料
Html.ValidationMessageFor()	显示数据模型当输入验证失败时显示的错误信息

这里用一个常见的例子来解释强型别辅助方法的使用，先看看Product数据模型的定义：

```
using System.ComponentModel;
using System.ComponentModel.DataAnnotations;

namespace MvcApplication6.Models
{
    public class Product
    {
        public int Id { get; set; }
```

```
        [Required]
        [DisplayName("产品名称")]
        public string Name { get; set; }

        [MaxLength(200)]
        [DisplayName("产品说明")]
        public string Description { get; set; }

        [Required]
        public int UnitPrice { get; set; }
    }
}
```

接着来看View页面的内容，一开始先通过 @model 注册一个该页面专用的参考数据模型MvcApplication6.Models.Product，然后通过Html.BeginForm声明一个HTML表单，接着通过Html.ValidationSummary输出表单验证失败时的错误信息。接下来看到主要栏位的部分，我们先通过强型别的Html.LabelFor辅助方法输出一个参考数据模型里的Name属性相对应的Label，而Html.TextBoxFor就用来输出Name属性相对应的文字输入框，而Html.ValidationMessageFor用来输出当这个栏位发生输入验证错误时应显示的信息内容。

```
@model MvcApplication6.Models.Product

@using (Html.BeginForm()) {
    @Html.ValidationSummary(true)

    <fieldset>
        <legend>产品资讯</legend>

        <div class="editor-label">
            @Html.LabelFor(model => model.Name)
        </div>
        <div class="editor-field">
            @Html.TextBoxFor(model => model.Name)
```

```
            @Html.ValidationMessageFor(model => model.Name)
        </div>

        <div class="editor-label">
            @Html.LabelFor(model => model.Description)
        </div>
        <div class="editor-field">
            @Html.TextAreaFor(model => model.Description)
            @Html.ValidationMessageFor(model => model.Description)
        </div>

        <p>
            <input type="submit" />
        </p>
    </fieldset>
}
```

上述代码输出的HTML如下：

```
<form action="/Home/CreateName" method="post">

    <div class="validation-summary-errors">
        <ul>
            <li style="display: none"></li>
        </ul>
    </div>

    <fieldset>
        <legend>产品资讯</legend>

        <div class="editor-label">
            <label for="Name">产品名称</label>
        </div>
        <div class="editor-field">
            <input data-val="true" data-val-required="请输入产品名称"
```

```
id="Name" name="Name" type="text" value="" />
            <span class="field-validation-valid" data-valmsg-for="Name"
data-valmsg-replace="true"></span>
        </div>

        <div class="editor-label">
            <label for="Description">产品说明</label>
        </div>
        <div class="editor-field">
            <textarea cols="20" id="Description" name="Description"
rows="2"></textarea>
            <span class="field-validation-valid"
data-valmsg-for="Description" data-valmsg-replace="true"></span>
        </div>

        <p>
            <input type="submit" />
        </p>
    </fieldset>
</form>
```

ASP.NET MVC帮助我们输出了许多HTML标签与属性，而这些内容大多来自于Model里的数据模型定义，只需要知道该输出些什么类型的栏位，至于栏位的名称、内容、错误信息，甚至于用户端验证的JavaScript等，全部都来自于Model层的Metadata定义。

由此可知，使用强型别辅助方法在开发ASP.NET MVC时能再度落实“关注点分离”的特性，不仅View页面中的代码变得精简且清楚，而且网站也会变得更加容易维护。

7.4.3 使用 HTML 辅助方法载入分部视图

以往在ASP.NET Web form的开发经验中，对于User Control使用非常频繁，不但可以减少重复的代码，也利于将页面模组化，这个好用的概念也可以用在ASP.NET MVC，只不过换了一个名字，称为“分部视图(Partial View)”。

1. 什么是分部视图

从Partial View的字面上翻译，很容易了解它就是一个片段的View，因此，可以利用Partial View把部分的HTML或显示逻辑包装起来，方便重复引用。当你将建立出来的分部视图放置于Views\Shared目录时，任何Controller下的Action或View都可以载入。共用的Partial View放在Views\Shared目录，请参考图7-22所示。

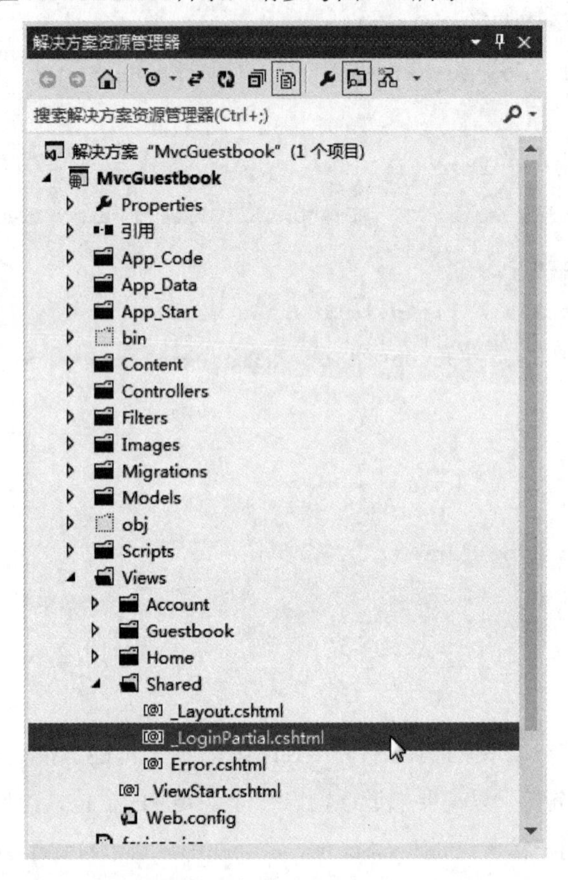

图 7-22　将共用的 Partial Views 放在 Views\Shared 目录下

分部视图(Partial View)的应用范围相当广，因为是片段的HTML或显示逻辑，因此，整体重复性高或某段HTML会共同出现在多个检视页面中的网页片段，利用分部视图来开发会是不错的选择，并且基于这个优点，Ajax技术所需要的片段View也就更适合使用分部视图。

2. 如何建立一个分部视图

建立分部视图(Partial View)与建立检视页面(View)的步骤一样，在专案的/Views/Shared目录，单击鼠标右键，在弹出的快捷菜单中选择“添加”→“视图”命令，如图7-23所示。

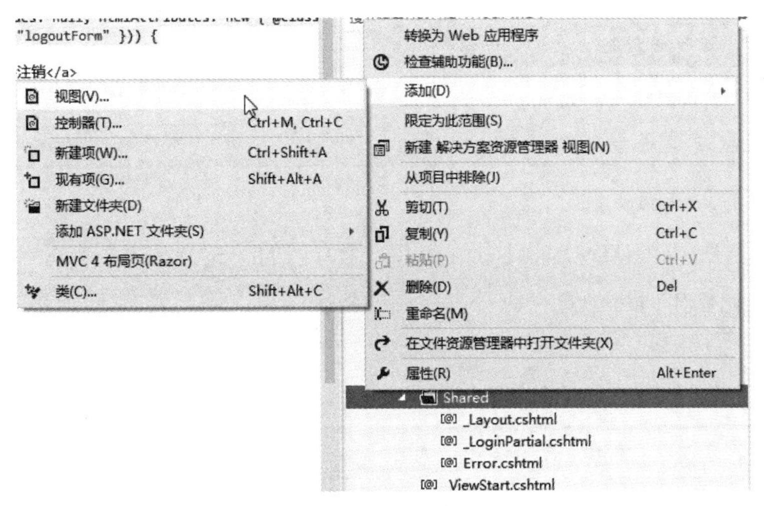

图 7-23　加入检视

接着设定“视图名称”为OnlineUserCounter，并选中“**创建为分部视图**”复选框，如图7-24所示。

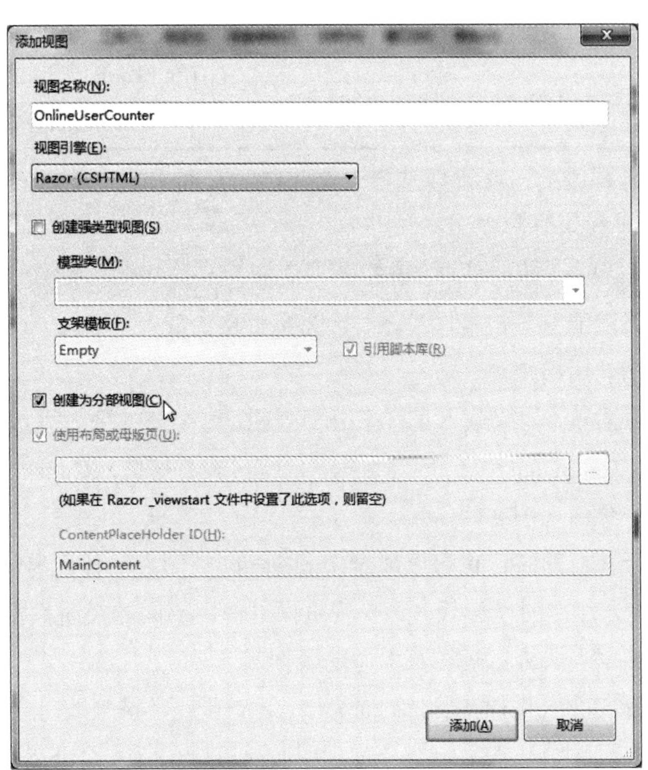

图 7-24　选中“创建为分部视图”复选框

只要选中“**创建为分部视图**”复选框，所建立的预设检视页面将不会有任何预设内容，这时我们试图在这个分部视图页面加上以下HTML片段来示范：

```
<span style="color:red">线上人数：88888</span>
```

NOTES

使用分部视图不一定需要建立相关的 Action，因为它仅仅是片段的 HTML，且调用时，也不会调用 Action 来执行。

3．如何载入分部视图

ASP.NET MVC的HTML辅助方法拥有一个专门的扩充方法来载入分部视图，称为Partial，可以让你在View中直接将分部视图的执行结果取回，表7-8所示是Partial的各种使用方式。

表7-8　Html.Partial多载

使用方式	使用范例
Partial(HtmlHelper, String)	Html.Partial("ajaxPage")
Partial(HtmlHelper, String, Object)	Html.Partial("ajaxPage", Model)
Partial(HtmlHelper, String, ViewDataDictionary)	Html.Partial("ajaxPage", ViewData["Model"])
Partial(HtmlHelper, String, Object, ViewDataDictionary)	Html.Partial("ajaxPage", Model, ViewData["Model"])

因分部视图是片段的，必须要选择一个完整的页面来将它载入。此范例直接使用Home/About.aspx来载入分部视图：

```
@Html.Partial("OnlineUserCounter")
```

利用上述方式就能将分部视图载入，因为是直接的载入，因此，调用的页面若有传递数据也可以直接调用出来。

在一个检视页面里，如果载入了多个分部视图，每个分部视图里也可以存取到原本页面的ViewData、TempData及Model等数据，也就代表着这些从Controller传入的数据模型可以共用于各个分部视图之间。

不过，载入分部视图时，也可以通过Html.Partial辅助方法传入另一个Model数据，如此一来，就能让分部视图里与载入该检视页面时使用不同的模型数据，也可以把检视页面中的一部分数据当成分部视图页面中的数据。

我们以AccountController的Login页面为例，这一页在登录失败时会传入上一页输入的数据，当从检视页面中载入另一个分部视图时，可以传入一个object型别的参数作为分部视图的模型数据，如下检视页面：

```
@using MvcApplication4.Models
@model LoginModel
```

```
@{
    ViewBag.Title = "登录";
}

@Html.Partial("LoginFail", (object)Model.UserName)
```

接着在/Views/Account目录下新增一个名为LoginFail的分部视图，其内容如下：

```
@model System.String
从检视页面传入的模型数据为：@Model
```

由上述范例可以知道，在一般检视页面中的Model与LoginFail这个分部视图里的Model已经是不同的物件了。

4．从控制器载入分部视图

分部视图页面除了可以直接从检视页面载入外，也可以像一般检视页面一样从Controller中使用。如下OnlineUserCount这个动作方法就是利用Controller类别中的PartialView辅助方法来载入分部视图，而这种载入方式与用View辅助方法唯一的差别，仅在于它不会套用主版页面，其他则都完全相同。

```
public ActionResult OnlineUserCount()
{
    return PartialView();
}
```

5．使用 Html.Action 辅助方法载入分部视图

除了在检视页面里能够使用Html.Partial辅助方法载入分部视图外，在ASP.NET MVC中还能使用Html.Action辅助方法载入另一个Action的执行结果回来。

例如，通过一个Action来载入分部视图，代码如下：

```
public ActionResult OnlineUserCounter()
{
    return PartialView();
}
```

然后可以在检视页面利用Html.Action来载入这个Action的执行结果：

```
@Html.Action("OnlineUserCounter")
```

通过Html.Action与Html.Partial载入分部视图结果是一样的，但载入的过程却差很多。若使用Html.Partial载入分部视图是通过HtmlHelper直接读取*.cshtml文件，直接执行该检视并取得结果。若使用Html.Action的话，则会通过HtmlHelper对IIS再进行一次处

理要求(通过Server.Execute方法)，因此，使用Html.Action会重新执行一遍Controller的生命周期。

7.4.4 使用检视模板输出内容

通过上一小节的说明，大家应该了解到使用强型别辅助方法的好处非常多，除了可以方便输出具有型别的表单栏位外，还能将HTML里的内容整理成“模板”，使你在输出HTML时更加快速。

ASP.NET MVC支持两种不同的“检视模板”，一种是“显示模板(Display Template)”，负责将特定型别数据映射成一串HTML内容；另一种是“编辑器模板(Editor Template)”，负责将特定型别的数据映射成一个表单栏位。无论是“显示模板”还是“编辑器模板”其实都是输出HTML内容，撰写格式上并没有什么两样，都使用Razor或ASPX语法来撰写检视页面。

事实上，在ASP.NET MVC里原本就内建了许多检视模板让你可以直接使用，下面我们以一个简单的例子来说明检视模板的使用方式。

1. 使用编辑器模板

首先，要使用强型别检视之前，一定要先有个“型别”出现，也就是必须先定义出一个数据模型出来，我们直接沿用ASP.NET MVC 4专案模板里的LoginModel类别来说明，在这个检视数据模型定义了三个属性(Properties)，也分别加上了一些Metadata属性(Attributes)：

```
public class LoginModel
{
    [Required]
    [Display(Name = "使用者名称")]
    public string UserName { get; set; }

    [Required]
    [DataType(DataType.Password)]
    [Display(Name = "密码")]
    public string Password { get; set; }

    [Display(Name = "记住我?")]
```

```
    public bool RememberMe { get; set; }
}
```

接着来定义参考到这个检视数据模型的View页面：

```
@model TemplatedHelperDemo.Models.LoginModel

@using (Html.BeginForm()) {

    <fieldset>
        <legend>登录表单</legend>
        <ol>
            <li>
                @Html.LabelFor(m => m.UserName)
                @Html.EditorFor(m => m.UserName)
                @Html.ValidationMessageFor(m => m.UserName)
            </li>
            <li>
                @Html.LabelFor(m => m.Password)
                @Html.EditorFor(m => m.Password)
                @Html.ValidationMessageFor(m => m.Password)
            </li>
            <li>
                @Html.EditorFor(m => m.RememberMe)
                @Html.LabelFor(m => m.RememberMe, new { @class = "checkbox" })
            </li>
        </ol>
        <input type="submit" value="登录" />
    </fieldset>
}
```

如果看过前一小节的说明，相信对这段代码应该不会陌生，因为大部分用的都是先前讲过的HTML辅助方法，但唯一不同的地方在于@Html.EditorFor这个HTML辅助方法，这个辅助方法就是用来显示特定型别的“编辑器模板”，也称为“模板辅助方法(Templated Helpers)”。

ASP.NET MVC内建了许多检视模板，但问题是，ASP.NET MVC如何知道要挑哪一个模板出来显示？答案就是依据模板辅助方法代入的型别来决定！

用以下@Html.EditorFor模板辅助方法来说，传入模板辅助方法的Lambda运算式的参考数据模型是检视页面的参考模型LoginModel，而在运算式的部分用了UserName这个属性，这时模板辅助方法将会传入两个重要信息：UserName的型别和m.UserName的模型数据。

```
@Html.EditorFor(m => m.UserName)
```

这个模板辅助方法的输出如下：

```
<input class="text-box single-line" data-val="true" data-val-required="使用者名称 栏位是必要项。" id="UserName" name="UserName" type="text" value="" />
```

当@Html.EditorFor模板辅助方法接收到这两个重要信息后，会开始找出相对应的检视模板，m.UserName属性的型别是string，而string只是型别的简写，完整的.NET型别应该是System.String才对，而这个型别名称(类别名称)则为String，因此模板名称将会是String。

得到String这个模板名称之后，就会开始去比对ASP.NET MVC里是否有完全同名的模板名称，目前我们还没有自定义任何模板，因此ASP.NET MVC会改往内建模板寻找。ASP.NET MVC 4内建的编辑器模板有22个，模板名称分别为：HiddenInput、MultilineText、Password、Text、Collection、PhoneNumber、Url、EmailAddress、DateTime、Date、Time、Color、Byte、SByte、Int32、UInt32、Int64、UInt64、Boolean、Decimal、String与Object。

由于我们计算出的模板名称为String，而且就出现在内建的编辑器模板清单中，因此模板辅助方法就会挑出String这个检视模板来执行，并传入m.UserName这个模型的数据，检视模板页面执行完后便输出HTML内容。

接着再来看Password这个栏位的输出：

```
@Html.EditorFor(m => m.Password)
```

这个模板辅助方法的输出如下：

```
<input class="text-box single-line password" data-val="true"
data-val-required="密码 栏位是必要项。" id="Password" name="Password"
type="password" value="" />
```

但奇怪的是，传入的Password栏位一样是String模板名称，为何输出的HTML内容会有所差异呢？尤其是type属性变成了password属性值，照理说String模板输出的属性值为text才对。

那是因为模板辅助方法在判断模板名称时，除了判断型别名称外，还会判断该型别定义的Metadata属性(Attributes)，以Password这个属性来说，其定义如下：

```
[Required]
[DataType(DataType.Password)]
[Display(Name = "密码")]
public string Password { get; set; }
```

模板辅助方法会优先判断传入型别中是否定义了DataType属性，在Password属性(Property)上声明了一个DataType属性(Attribute)，并传入DataType.Password为参数，因此，最终计算出来的模板名称将会是Password，而非String，因为Password也是ASP.NET MVC 4内建的模板之一，因此最后执行的检视模板将会是Password模板。

NOTES

在 ASP.NET MVC 里的 DataType 属性(Attribute)传入的 DataType 其实是一个枚举型别(enum)，其中定义了许多枚举项目如 DateTime、EmailAddress、String 等，但并不是所有枚举项目都有相对应的内建检视模板，不过你还是可以自定检视模板来扩充，这部分我们稍后就会看到。其 DataType 枚举型别的定义如下:

```
public enum DataType
{
    // 表示自定义数据型别。
    Custom = 0,
    // 表示时间的瞬间，以一天的日期和时间表示。
    DateTime = 1,
    // 表示日期值。
    Date = 2,
    // 表示时间值。
    Time = 3,
    // 表示物件存在的持续时间。
    Duration = 4,
    // 表示电话号码值。
    PhoneNumber = 5,
    // 表示货币值。
    Currency = 6,
    // 表示显示的文字。
    Text = 7,
    // 表示 HTML 文档。
```

```
    Html = 8,
    // 表示多行文字。
    MultilineText = 9,
    // 表示电子邮件地址。
    EmailAddress = 10,
    // 表示密码值。
    Password = 11,
    // 表示URL值。
    Url = 12,
    // 表示影像的URL。
    ImageUrl = 13,
}
```

2. 使用显示模板

接下来再以一个简单的例子来说明“显示模板”的使用方式。跟以往一样，我们先定义一个数据模型，其代码如下：

```
public class Member
{
    [Key]
    public int Id { get; set; }

    [Required]
    [MaxLength(5)]
    [DisplayName("会员名称")]
    public string Name { get; set; }

    [Required]
    [MaxLength(200)]
    [DataType(DataType.EmailAddress)]
    [DisplayName("会员电子邮件")]
    public string Email { get; set; }

    [NotMapped]
```

```
    [UIHint("Gravatar")]
    [DisplayName("会员Gravatar照片")]
    public string Gravatar { get; set; }
}
```

接着在HomeController定义一个ShowMemberInfo动作方法，并传入一个Member数据给强型别检视使用，代码如下：

```
public ActionResult ShowMemberInfo()
{
    var member = new Member()
    {
        Id = 1,
        Name = "Will",
        Email = "will@example.com",
        Gravatar = "will@example.com",
    };

    return View(member);
}
```

然后再通过Visual Studio 2012加入检视，并在“添加视图”对话框中选中“创建强类型视图”复选框并选择正确的选项，如图7-25所示。

Visual Studio 2012帮我们产生的检视页面内容如下：

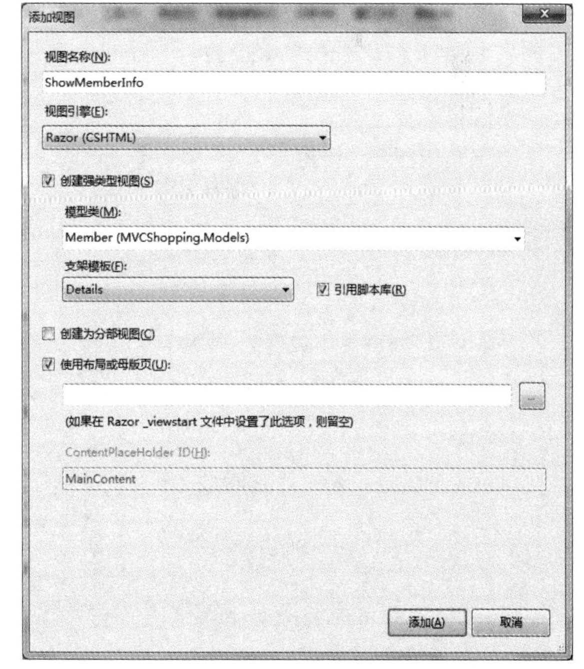

图 7-25　新增 ShowMemberInfo 检视

```
@model TemplatedHelperDemo.Models.Member

@{
    ViewBag.Title = "ShowMemberInfo";
}

<h2>ShowMemberInfo</h2>

<fieldset>
    <legend>Member</legend>

    <div class="display-label">
         @Html.DisplayNameFor(model => model.Name)
    </div>
    <div class="display-field">
        @Html.DisplayFor(model => model.Name)
    </div>

    <div class="display-label">
         @Html.DisplayNameFor(model => model.Email)
    </div>
    <div class="display-field">
        @Html.DisplayFor(model => model.Email)
    </div>

    <div class="display-label">
         @Html.DisplayNameFor(model => model.Gravatar)
    </div>
    <div class="display-field">
        @Html.DisplayFor(model => model.Gravatar)
    </div>
</fieldset>
```

从这个范例中我们可以看到有两个新的模板辅助方法，一个是@Html.DisplayName-

For辅助方法，另一个是@Html.DisplayFor辅助方法，下面先来看看输出的HTML结果：

```
<h2>ShowMemberInfo</h2>

<fieldset>
    <legend>Member</legend>

    <div class="display-label">
        会员名称
    </div>
    <div class="display-field">
       Will
    </div>

    <div class="display-label">
        会员电子邮件
    </div>
    <div class="display-field">
       <a href="mailto:will@example.com">will@example.com</a>
    </div>

    <div class="display-label">
        会员Gravatar照片
    </div>
    <div class="display-field">
       will@example.com
    </div>
</fieldset>
```

@Html.DisplayNameFor辅助方法仅输出单纯的文字，完全没有额外的标签，而且输出的显示文字是在Member数据模型中各栏位的DisplayName属性(Attributes)参数值，如果没有定义DisplayName属性(Attributes)的参数值的话，预设就会输出属性名称(Property Name)。

@Html.DisplayFor是个模板辅助方法，专门用来输出“显示模板”，可以发现大部分栏位都直接输出数据模型传入的值(没有额外的HTML标签)，但有个特别的栏位不太一样，那就是Email这个栏位输出，因为这个栏位的输出竟然是一个含有超链接的Email地址，下面我们再来看一次Email栏位的属性定义：

```
[Required]
[MaxLength(200)]
[DataType(DataType.EmailAddress)]
[DisplayName("会员电子邮件")]
public string Email { get; set; }
```

这里定义了上一小节介绍过的DataType属性(Attribute)，这里定义的EmailAddress正是指定的模板名称。在ASP.NET MVC 4里也内建了10个显示模板，模板名称分别是EmailAddress、HiddenInput、Html、Text、Url、Collection、Boolean、Decimal、String和Object。

因为EmailAddress是在内建的模板内，因此DisplayFor模板辅助方法便以内建的EmailAddress模板进行输出，也就是加上mailto：超链接的HTML标签。

3．如何自定义检视模板

检视模板其实就跟一般检视页面没什么两样，但检视模板所放置的路径有一定的规范(以习惯取代配置)，分别位于如表7-9所示的目录里，表中斜体字的ControllerName代表的是每个Controller相对应的目录，也代表着每个不同的Controller里都能有自己的检视模板。

表7-9　检视模板须置于特定目录下

检视模板	文件路径
显示模板 (Display Template)	/Views/ControllerName/**DisplayTemplates** /Views/Shared/**DisplayTemplates**
编辑器模板 (Editor Template)	/Views/ControllerName/**EditorTemplates** /Views/Shared/**EditorTemplates**

如果想要自定义检视模板，只要符合ASP.NET MVC的检视模板规则就能正常使用，其规则如下。

- 模板检视一定要放在如表 7-9 所示的那几个规定的目录下。
- 文档名必须等于型别名称，例如 System.Drawing.Color 的型别名称就是 Color。
- 文件副文档名必须是 *.cshtml、*.vbhtml、*.aspx 或*.ascx 中的其中一个。

直接延续上一小节的范例，在上一个范例中其实有个栏位被跳过了，也就是Gravatar这个栏位，我们再看一次该栏位的定义如下：

```
[NotMapped]
[UIHint("Gravatar")]
[DisplayName("会员Gravatar照片")]
public string Gravatar { get; set; }
```

这里定义了三个属性(Attributes)，第一个NotMapped，在“5.4.1创建数据模型”一节中提到过，此栏位是Code First的相关定义，只要这是一个计算栏位，不需要建立在数据库中的栏位，就可以声明该属性。而UIHint属性在这里要特别提出，也就是当你要自定义检视模板时，可以在属性上新增UIHint属性，并给予一个指定的模板名称。

在这里声明了一个名为Gravatar的模板名称，也就说明在输出栏位时要让DisplayFor或EditorFor模板辅助方法去寻找名为Gravatar的检视模板。

在这个范例里，因为在View里使用的是DisplayFor模板辅助方法，所以这时模板辅助方法找寻模板的先后顺序将会用以下列出的顺序进行：

- /Views/ControllerName/DisplayTemplates/Gravatar.*(* = cshtml、vbhtml、aspx 或 ascx)
- /Views/Shared/DisplayTemplates/Gravatar.*

接下来，我们选择用/Views/Shared/DisplayTemplates/这个目录来放置Gravatar.cshtml检视模板文件，如图7-26所示。

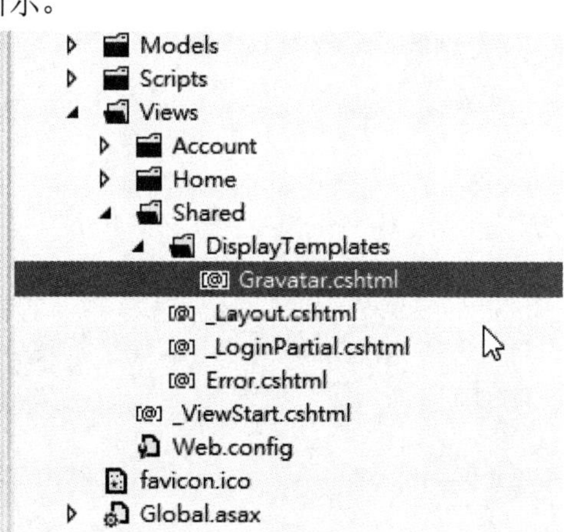

图 7-26 在/Views/Shared/目录下建立 DisplayTemplates 目录并新增 Gravatar.cshtml

由于Gravatar栏位输入的是一个Email地址，我们的目的是希望将这个Email地址通过检视模板，自动转换成一个可以从Gravatar网站下载的图片文件，相关设定方法可参考 https://en.gravatar.com/site/implement/ 网页的说明。

NOTES

Gravatar 是一个国外知名网站，任何人可以在上面用你的 Email 注册为会员，并上传一张代表你自己的照片，并提供一种方法让你的照片可以显示在其他网站里。由于国内外已有许多网站皆有实作 Gravatar 照片的功能，如果你在此注册了照片，很有可能在某个博客或网站留言时看见自己的照片。有兴趣深入了解的人可以拜访这个网站：http://www.gravatar.com/。

这时我们会利用从Controller传入的模型资料进一步输出适当的Gravatar图片，以下是Gravatar.cshtml检视模板的内容[①]：

```
@using System.Security.Cryptography
@using System.Text
@model System.String
@functions {
    public string GetMD5Hash(string input)
    {
        MD5CryptoServiceProvider x = new MD5CryptoServiceProvider();
        byte[] bs = Encoding.UTF8.GetBytes(input);
        bs = x.ComputeHash(bs);
        StringBuilder s = new StringBuilder();
        foreach (byte b in bs)
        {
            s.Append(b.ToString("x2").ToLower());
        }
        string password = s.ToString();
        return password;
    }
}
@{
    var Email = Model;
    //var Email = ViewData.Model;
    //var Email = ViewData.TemplateInfo.FormattedModelValue as String;
    var EmailHash = GetMD5Hash(Email);
```

① 这段代码用到许多我们在本章稍早讲过的技巧，尤其是@using 与@functions 这两个部分。

```
    var GravatarUrl = "http://www.gravatar.com/avatar/" + EmailHash;
}
<img src="@GravatarUrl" />
```

上述代码中，特别需要说明的部分是Email这个变量的值，由于这是一个检视模板页面，传入该检视模板页面的数据，会先从Controller传一个ViewData.Model数据到View里，我们在View里通过模板辅助方法再传入一个ViewData.Model的Gravatar属性(Property)进来。最后传到这个检视模板的Model并不是从Controller传进来的那个Model，而是从View页面中传入的Gravatar属性的数据与型别。

在这里，你可以通过Model或ViewData.Model取得传入的数据，也可以通过ViewData.TemplateInfo.FormattedModelValue传入，这个FormattedModelValue变量是一个object型别，它可能会依照数据模型中属性的定义不同而会有所变化，所以在开发进阶模板时，可能会用到这个变量来进行数据操作。

4. 如何自定义编辑器模板

编辑器模板其实就跟检视模板一模一样，只是放置的路径从DisplayTemplates换成EditorTemplates而已，所以这一小节将以一个DateTime.cshtml为范例，说明自定义编辑器模板的好处。

在实际众多ASP.NET MVC专案中，最常被自定义的编辑器模板就是DateTime这个型别了，虽然 ASP.NET MVC 4内建了DateTime模板，不过当遇到“中文”环境后，这个DateTime模板根本不能用，原因就在于日期格式的问题。

当在实作编辑数据功能时，如果数据模型中有日期栏位属性声明为DateTime型别，当通过@Html.EditorFor()辅助方法输出时，会预设将DateTime型别的值直接通过ToString()方法输出，假设数据库中的日期是2012/11/25 13:41:46，但通过ASP.NET MVC内建的DateTime编辑器模板输出的日期数据，却变成以下结果：

```
2012/11/25 下午 01:41:46
```

在日期格式中出现了中文的“下午”，而整份表单要输出数据时，却无法通过ASP.NET MVC的前端JavaScript栏位验证，以致于这个栏位阻止了整份表单输出数据。

要解决这个问题，最快速的方法是设计一个文档名为DateTime的编辑器模板，覆盖掉ASP.NET MVC内建的DateTime模板即可。以下是DateTime.cshtml的代码：

```
@model System.DateTime
<input type="datetime" class="text-box single-line"
    id="@Html.IdForModel()"
    name="@Html.NameForModel()"
    value="@Model.ToString("yyyy-MM-dd HH:mm:ss")" />
```

DateTime.cshtml档案的位置可以选择放置在Views\Shared\EditorTemplates目录下，如图7-27所示。

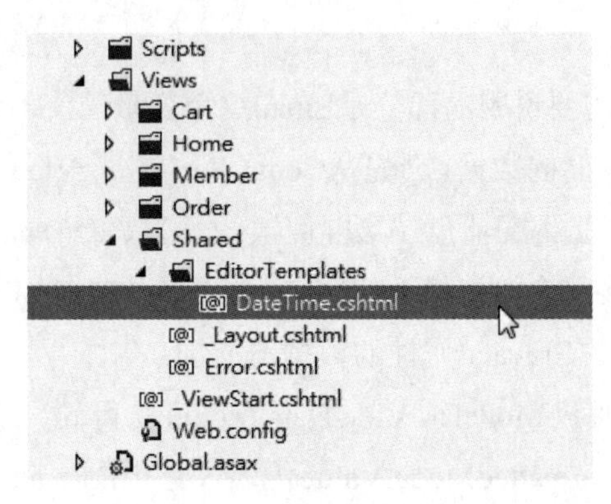

图 7-27　DateTime 编辑器模板的放置路径

以下是另一个DateTime编辑器模板的范例：

```
@model DateTime?
@if (Model.HasValue)
{
    @Html.TextBox("", Model.Value.ToString("yyyy/MM/dd"),
        new { @class = "text datebox", style = "width:120px" })
}
else
{
    @Html.TextBox("", "", new { @class = "text datebox", style = "width
:120px" })
}
```

5. 选用检视模板的判断顺序

由于套用模板名称的方式很多，可以针对型别名称、DataType属性(Attribute)或UIHint属性等，模板辅助方法在套用时有其优先顺序，在使用检视模板开发时必须要了解这个顺序，才不会发生模板套错的情况。以下是套用检视模板的顺序列表。

- UIHint 属性。
- DataType 属性。
- 对象的数据型别名称(不含命名空间的.NET 型别名称)。

6. 针对模型输出数据的强型别辅助方法

除了刚介绍的“检视模板”外，在ASP.NET MVC里还有所谓的“模型检视模板”，不过这两种类型的检视模板其实是完全一样的，包括套用模板名称的方式与模板档案放置的路径都一样，唯一的差别仅在于使用的模板辅助方法不同。

在使用“检视模板”输出时，使用以下语法，使用时会传入一个Lambda运算式：

```
@Html.DisplayFor(model => model.Name)
```

但若使用“模型检视模板”，则可以完全不用传入参数。不传入参数则代表你要传入由Controller传入的那个数据模型：

```
@Html.DisplayForModel()
```

使用DisplayForModel有趣的地方在于，当你修改原本的View页面内容成如下简短的语法时，所有的栏位会被浓缩成一个@Html.DisplayForModel()，并且输出的HTML结果竟然跟刚刚通过Visual Studio 2012自动产生的代码输出的HTML结果完全一样！

```
@model TemplatedHelperDemo.Models.Member

@{
    ViewBag.Title = "ShowMemberInfo";
}

<h2>ShowMemberInfo</h2>

<fieldset>
    <legend>Member</legend>

    @Html.DisplayForModel()
</fieldset>
```

那是因为在ASP.NET MVC里，当找不到相对应的检视模型模板时，会用预设的Object显示模板来输出，而这个Object显示模板会自动找出该模型里所有的属性来输出，并且每个属性又会挑选适当的检视模板来输出，并一直递回下去，是不是非常有趣呢！☺

当你能活用检视模板的各种细节，我绝对相信ASP.NET MVC的开发速度会比ASP.NET Web Form快许多。

以下列出所有跟模型检视模板相关的模板辅助方法：

- Html.DisplayNameForModel()
- Html.EditorForModel()
- Html.DisplayForModel()
- Html.IdForModel()

- Html.LabelForModel()
- Html.NameForModel()
- Html.ValueForModel()

7.4.5 自定义 HTML 辅助方法

使用HTML辅助方法可以让开发View页面的过程节省不少时间，但有时候难免会觉得内建的HTML辅助方法不太够用，怎么办才好呢？ASP.NET MVC的另一项优点就是“高扩充性”，此刻就派上用场。ASP.NET MVC允许开发人员自行扩充HTML辅助方法，而且方法众多，你可以选择喜爱的方式来建立适当的HTML辅助方法。

以下是一个非常简单的范例，该范例传入三个参数，分别是url、alternateText与title，最后的结果仅响应一个HTML标签。我们先在专案根目录下新增一个Helpers目录，并建立一个ImageHelpers类别档案，如图7-28所示。

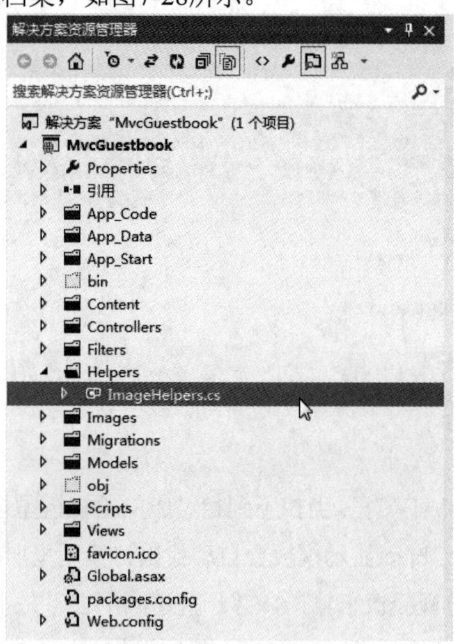

图 7-28　建立 Helpers 目录

开发HTML辅助方法必须替HtmlHelper型别新增扩充方法(Extension Method)，因为C# 3.0的扩充方法是一种特殊的静态方法，因此在开发HTML辅助方法时必须声明为静态方法(static method)并放在一个静态类别里。

此外，自定义HTML辅助方法时还有一个重点，那就是从HTML辅助方法里回传的型别可以是简单的string字符串类型，也可以是System.Web.Mvc.MvcHtmlString型别，差别在于，通过Razor输出HTML预设就会对所有输出进行HTML编码动作，所以如果回传string字符串类型，其输出的内容将会被HTML编码后输出，如果你从HTML辅助方法回传MvcHtmlString型别的话，如果内容包含标签数据，那么就会原封不动地输出HTML标签。以我们的这个范例来说，必须回传MvcHtmlString型别，代码范例如下：

```
using System;
using System.Web.Mvc;

namespace MvcApplication4.Helpers
{
    public static class ImageHelpers
    {
        /// <summary>
        /// 输出基本 &lt;img&gt; 标签
        /// </summary>
        /// <param name="helper">HtmlHelper</param>
        /// <param name="url">图片网址</param>
        /// <param name="alternateText">说明文字</param>
        /// <param name="title">标题文字</param>
        /// <returns>string</returns>
        public static MvcHtmlString Img(this HtmlHelper helper,
            string url, string alternateText, string title)
        {
            return MvcHtmlString.Create(String.Format("<img src='{0}'
alt='{1}' title='{2}'/>",
                url, alternateText, title));
        }
    }
}
```

接着若要在View页面中使用这个Img辅助方法，由于使用扩充方法的关系，必须要预先载入命名空间才可以使用，因此，必须在View的最上方将命名空间引用，才能在View里使用这个自定义的HTML扩充方法：

```
@using MvcApplication4.Helpers
```

使用时的界面示意如图7-29所示。

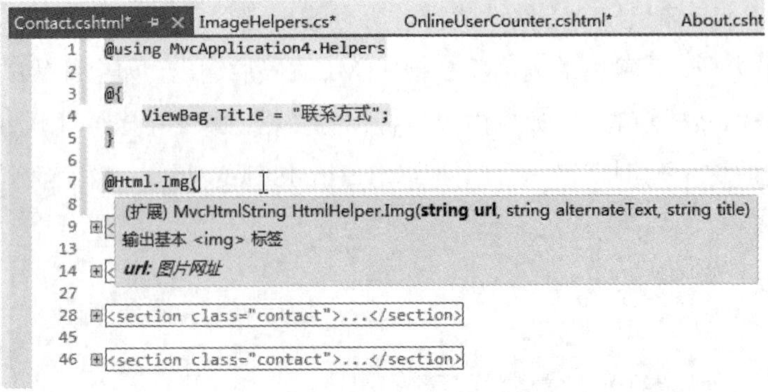

图 7-29　使用自定义的 HtmlHelper，在 Visual Studio 中也会有 Intellisense

我们试着再将上述范例写得更复杂一点：

```
using System;
using System.Text;
using System.Web.Mvc;

namespace MvcApplication4.Helpers
{
    public static class ImageHelpers
    {
        public static MvcHtmlString Img(this HtmlHelper helper,
            string LinkUrl, string target,
            string ImgUrl, string AlternateText, string Title)
        {
            StringBuilder sb = new StringBuilder();
            sb.Append("<a href=\"");
            sb.Append(LinkUrl);
            sb.Append("\" target=\"");
            sb.Append(target);
            sb.Append("\">");
            sb.Append("<img src=\"");
            sb.Append(ImgUrl);
            sb.Append("\" alt=\"");
            sb.Append(AlternateText);
            sb.Append("\" title=\"");
```

```
            sb.Append(Title);
            sb.Append("\" /></a>");
            return MvcHtmlString.Create(sb.ToString());
        }
    }
}
```

使用范例如下：

```
@Html.Img("http://plurk.com/willh", "_Top",
    "http://images.plurk.com/5Q3dfNKSvSm4LOcDic8laN.jpg", "逻辑测验", "你
答的出这个日本小学问题吗？")
```

这种利用StringBuilder组字串的方式没有任何弹性，ASP.NET MVC专门为了产生HTML标签的需求而设计了一个TagBuilder类别，能够以更物件化的方式产生HTML标签。接着来改写上述范例，以TagBuilder实作如下：

```
using System;
using System.Text;
using System.Web.Mvc;
using System.Web.Routing;

namespace MvcApplication4.Helpers
{
    public static class ImageHelpers
    {
        public static MvcHtmlString ImageLink(this HtmlHelper helper, string
actionName, string imageUrl, string alternateText, object routeValues,
object linkHtmlAttributes, object imageHtmlAttributes)
        {
            var urlHelper = new
UrlHelper(helper.ViewContext.RequestContext);
            var url = urlHelper.Action(actionName, routeValues);

            // 建立链接
            var linkTagBuilder = new TagBuilder("a");
            linkTagBuilder.MergeAttribute("href", url);
```

```
            linkTagBuilder.MergeAttributes(new
RouteValueDictionary(linkHtmlAttributes));

            // 建立图片
            var imageTagBuilder = new TagBuilder("img");
            imageTagBuilder.MergeAttribute("src",
urlHelper.Content(imageUrl));
            imageTagBuilder.MergeAttribute("alt", alternateText);
            imageTagBuilder.MergeAttribute("title", alternateText);
            imageTagBuilder.MergeAttributes(new
RouteValueDictionary(imageHtmlAttributes));

            // 将图片加至链接中
            linkTagBuilder.InnerHtml =
imageTagBuilder.ToString(TagRenderMode.SelfClosing);

            return MvcHtmlString.Create(linkTagBuilder.ToString());
        }
    }
}
```

接着，在View中就可以下列语法调用：

```
@Html.ImageLink("Index","http://i.msdn.microsoft.com/Platform/Controls/
MastheadMSDN/resources/logo_msdn.png","alt",new{id="1"},new{@Class="tes
tClass"} ,new{style="border:0"})
```

上述使用TagBuilder的写法可能看起来复杂了些，但这样不管是需要增加什么HTML属性，都无须再改写辅助方法，你将发现程序的弹性大幅增加！下面将详解TagBuilder类别的详细用法。

ASP.NET MVC包含了一个很好用的类别——TagBuilder，因考虑到使用MVC时会有很多时候需要产生HTML，而内建的HTML辅助方法不一定能满足我们的需求，在不了解TagBuilder之前，可能会利用StringBuilder的方式一行一行地组出来，但现在有更具有弹性的方法来建立一个HTML辅助方法。

表7-10所示是TagBuilder类别必须要了解的方法。

表7-10　TagBuilder方法

方法名称	说　明
AddCssClass()	可在标签添加一个新的 class 属性
GenerateId()	可赋予 ID 属性，此方法可以自动地将产生的 ID 属性转变成一个符合国际标准的 ID 名称
MergeAttribute()	可在标签内添加属性(多载)
SetInnerText()	可新增在标签区块内的主文，而且会自动做编码动作
ToString()	建立标签，拥有多载，可以指定建立一个正常的标签、一个开始标签、一个结尾标签、一个自我结束标签

表7-11所示为TagBuilder类别的属性。

表7-11　TagBuilder属性

属性名称	说　明
Attributes	表示此标签的所有属性
IdAttributeDotReplacement	表示 GenerateId()方法是用来取代句点使用的(预设是取代成下底线)
InnerHTML	表示标签的内容，可以传入字符串来产生，但利用此方法的字符串不会被编码
TagName	表示此标签的名称

利用TagBuilder建立一个HTML辅助方法，代码如下：

```
using System.Web.Mvc;
using System.Web.Routing;

namespace MvcApplication4.Helpers
{
    public static class ImageHelpers
    {
        public static MvcHtmlString Image(this HtmlHelper helper, string id,
string url, string alternateText)
        {
            return Image(helper, id, url, alternateText, null);
        }

        public static MvcHtmlString Image(this HtmlHelper helper, string id,
string url, string alternateText, object htmlAttributes)
        {
```

```
            // 建立一个 tag builder
            var builder = new TagBuilder("img");

            // 赋予它 id
            builder.GenerateId(id);

            // 增加属性
            builder.MergeAttribute("src", url);
            builder.MergeAttribute("alt", alternateText);
            builder.MergeAttributes(new
RouteValueDictionary(htmlAttributes));

            // 产生
            return
MvcHtmlString.Create(builder.ToString(TagRenderMode.SelfClosing));
        }
    }
}
```

TIPS

TagBuilder.MergeAttribute 方法添加属性的方式，可一次增加一个属性或是利用 Dictionary<string, object>的方式一次增加多个属性，RouteValueDictionary 可以把传入的属性集合转换为 Dictionary<string, object>型别。

接着，在页面上就可以直接调用刚刚建立好的Image辅助方法，范例如下：

```
@Html.Image("img1",
"http://statics.plurk.com/f4c3b981a09c1e932ad9e9e5ec691feb.png",
"PLURK")

@Html.Image("img2",
"http://statics.plurk.com/f4c3b981a09c1e932ad9e9e5ec691feb.png", " PLURK
", new { border = "4px" })
```

利用以上的HTML辅助方法，即可顺利产生两张图片，因第2张图片传入了HTML标签的属性，所以可以看到有边框。现在来看一下产生的HTML语法究竟是什么样子。

```
<img alt="PLURK" id="img1"
src="http://statics.plurk.com/f4c3b981a09c1e932ad9e9e5ec691feb.png" />

<img alt=" PLURK " border="4px" id="img2"
src="http://statics.plurk.com/f4c3b981a09c1e932ad9e9e5ec691feb.png" />
```

可以发现产生的HTML非常简洁，没有任何拖泥带水的部分。接着，我们回头看看之前提到TagBuilder的ToString() 方法是拥有多载的，如表7-12所示。

表7-12　TagBuilder.ToString()多载

ToString()多载	产生的 HTML 范例
ToString()	<Label id="test" style="color:red; ">测试</Label>
ToString(**TagRenderMode**.Normal)	<Label id="test" style="color:red; ">测试</Label>
ToString(**TagRenderMode**.StartTag)	<Label id="test" style="color:red;">
ToString(**TagRenderMode**.SelfClosing)	<Label id="test" style="color:red;"/>
ToString(**TagRenderMode**.EndTag)	</Label>

究竟这所谓的正常的标签(TagRenderMode.Normal)、开始标签(TagRenderMode.StartTag)、结尾标签(TagRenderMode.EndTag)、自我结束标签(TagRenderMode.SelfClosing)的差别在哪里？以下使用一个很简单的范例来说明。

```
public static MvcHtmlString MyLabel(this HtmlHelper helper, string id)
{
    TagBuilder builder = new TagBuilder("Label");
    builder.GenerateId(id);
    builder.MergeAttribute("style", "color:red;");
    builder.SetInnerText("测试");
    return MvcHtmlString.Create(builder.ToString(TagRenderMode.Normal));
}
```

上述代码输出后的HTML如下：

```
<Label id="TestId" style="color:red;">测试</Label>
```

如果最后ToString输出的参数更换为TagRenderMode.StartTag：

```
return MvcHtmlString.Create(builder.ToString(TagRenderMode.StartTag));
```

其输出的内容就只有Label的开始标签：

```
<Label id="TestId" style="color:red;">
```

如果最后ToString输出的参数更换为TagRenderMode.EndTag：

```
return MvcHtmlString.Create(builder.ToString(TagRenderMode.EndTag));
```

其输出的内容就只有Label的结束标签：

```
</Label>
```

最后把ToString输出的参数更换为TagRenderMode.SelfClosing：

```
return MvcHtmlString.Create(builder.ToString(TagRenderMode.SelfClosing));
```

其输出的内容就只有Label，就是一个会自行结束的标签，如下所示：

```
<Label id="TestId" style="color:red;" />
```

因为TagBuilder的ToString()提供了多载的方法，因此，更能弹性地产生出实务上所需要的HTML标签。

7.5 Url 辅助方法

Url辅助方法与HTML辅助方法很类似，HTML辅助方法用来产生HTML标签，而Url辅助方法则负责用来产生Url网址。什么时候需要用到Url辅助方法呢？以输出超链接来说，使用Html.ActionLink()辅助方法一定会产生超链接的<A>标签，如果只是单纯地想输出ASP.NET MVC的某个网址，就可以利用Url辅助方法来处理。

例如，希望输出同一个Controller里About动作的网址，那么可以这样使用：

```
@Url.Action("About")
```

最后的输出网址如下：

```
/Home/About
```

表7-13所示是Url.Action辅助方法的几个常见使用范例。

表7-13 Url.Action多载

用 法	输出结果	说 明
@Url.Action("About")	/Home/About	目前 Controller 下名称为 About 的 Action
@Url.Action("About", new { id = 1 })	/Home/About/1	目前 Controller 下名称为 About 的 Action 带有参数 id
@Url.Action("About", "Home")	/Home/About	指定 HomeController 下名称为 About 的 Action
@Url.Action("About", "Home", new { PageNo = 1 })	/Home/About?PageNo=1	指定 HomeController 下名称为 About 的 Action 带有参数 id

与之前讲过的HTML辅助方法一样，Url辅助方法里也提供了一个Url.RouteUrl辅助方法，跟上述Url.Action唯一的差别就在于传入的参数是以RouteValue为主。表7-14所示

是几个范例。

表7-14　Url辅助方法使用范例

用　法	输出结果
@Url.RouteUrl(new { id = 123 })	/Home/HelperSample/123
@Url.RouteUrl("路由名称")	/root/Home/HelperSample
@Url.RouteUrl("路由名称", new { id = 123 })	/root/Home/HelperSample/123
@Url.RouteUrl("路由名称", new { id = 1 }, "https")	https://localhost/root/Home/HelperSample/1
@Url.RouteUrl(new { id = 123 })	/Home/HelperSample/123

在Url辅助方法中除了使用Url.Action与Url.RouteUrl取得特定Controller/Action的网址外，还提供了一个Url.Content辅助方法，可以用来产生网站里静态档案的路径。

假设我们想要取得 /Images/Logo.png 这个图档的网址路径，就可用以下语法取得网址：

```
@Url.Content("~/images/Logo.png")
```

如果网站安装在IIS预设站台的App1这个应用程序目录下，那么，上述Url.Content辅助方法就会产生以下网址，也代表无论这个ASP.NET MVC网站安装在哪个应用程序目录下，都会由Url.Content辅助方法帮助我们计算出真正的网址路径：

```
/App1/images/Logo.png
```

在Url辅助方法中还有一个专门用来做Url编码(UrlEncode)的方法，语法如下：

```
<a href="https://www.google.com/search?q=@Url.Encode("保哥")">Google搜寻:
保哥</a>
```

上述这行文字因为经过Url.Encode编码过，因此，最后输出的结果将会如下：

```
<a href="https://www.google.com/search?q=%e4%bf%9d%e5%93%a5">Google 搜
寻:保哥</a>
```

7.6　Ajax 辅助方法

Ajax是Asynchronous JavaScript and XML的缩写，是目前非常热门的网页开发技术之一，利用Ajax开发技术可以帮助网站减少切换页面的机会、加快网页响应速度、降低网络下载流量，也能让用户经验变得更好，ASP.NET MVC内建了Ajax辅助方法，可以帮助开发人员快速且方便地做到许多Ajax互动效果。

在开始使用Ajax辅助方法之前，必须要先在页面中载入jQuery以及ASP.NET MVC 4专案模板内附的jquery.unobtrusive-ajax.js文件才能正常执行，该文件所在位置如图7-30所示。

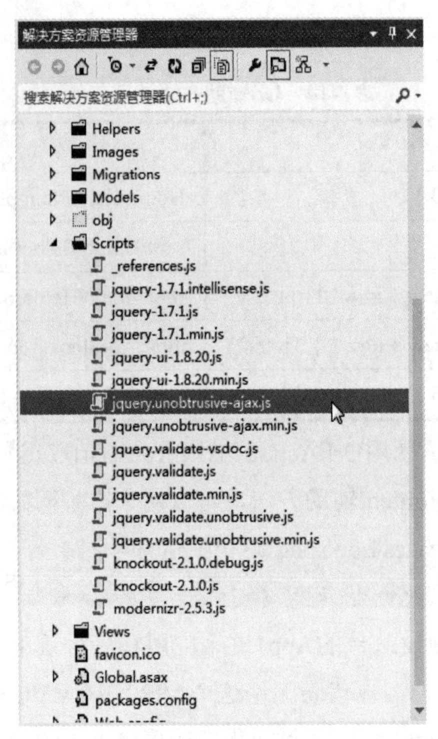

图 7-30　ASP.NET MVC 4 专案模板内附的 jquery.unobtrusive-ajax.js 文件

为了让网站载入适当的JavaScript函数库，必须先在Layout页面载入适当的JavaScript文件才行。事实上，在ASP.NET MVC 4的网际网路专案模板中已经在_Layout.cshtml页面中加上了jQuery载入，可以开启主版页面的最下方看到以下这段：

```
    @Scripts.Render("~/bundles/jquery")
    @RenderSection("scripts", required: false)
  </body>
</html>
```

在预设的主版页面中，@Scripts.Render("~/bundles/jquery")就是载入专案里的jquery-1.7.1.js文件，因为Ajax功能并不是每一页都需要使用，所以预设并没有载入，可以通过主版页面预留的@RenderSection("scripts",required： false)区域来载入jquery.unobtrusive-ajax.js文件。

如果需要在页面中使用ASP.NET MVC的Ajax辅助方法，那么可以在每个需要使用Ajax辅助方法的页面最上方加上以下这段@section语法：

```
@section scripts
{
   <script
src="@Url.Content("~/Scripts/jquery.unobtrusive-ajax.js")"></script>
```

```
}
```

接下来我们就来介绍Ajax辅助方法的使用方式。

7.6.1　使用 Ajax 超链接功能

使用Ajax辅助方法和使用HTML辅助方法非常类似，但Ajax辅助方法会比HTML辅助方法多出一个AjaxOptions型别参数，用来控制Ajax执行时的各种参数，稍后马上会提到这个部分。

我们先以输出超链接来做比较，在撰写View之前，先在HomeController里面新增一个GetTime动作方法，代码如下：

```
public ActionResult GetTime()
{
    return Content(DateTime.Now.ToString("F"));
}
```

先前学过的Html.ActionLink辅助方法用来输出一个超链接，语法如下：

```
@Html.ActionLink("取得目前时间", "GetTime")
```

这段语法的HTML输出如下：

```
<a href="/Home/GetTime">取得目前时间</a>
```

当这个超链接被点击后，会链接到另一个/Home/GetTime页面，如果希望改用Ajax的方式动态地将/Home/GetTime网页的执行结果回传到目前网页的其中一个div里，那么可以改写成如下方式：

```
@Ajax.ActionLink("取得目前时间", "GetTime", new AjaxOptions { UpdateTargetId
= "now" })

<div id="now"></div>
```

这段代码的HTML输出如下：

```
<a data-ajax="true" data-ajax-mode="replace" data-ajax-update="#now"
href="/Home/GetTime">取得目前时间</a>

<div id="now"></div>
```

当网页开启后，单击“取得目前时间”超链接后，浏览器便会自动取得/Home/GetTime网页的完整内容，并将内容直接填入名为now的div区块里。

NOTES

第一次使用 Ajax 辅助方法可能会觉得@Ajax.ActionLink 输出的 HTML 怎么这么奇怪？连一行 JavaScript 都没有，只在<a>标签上加了几个 data-*属性而已，而且功能竟然都还能正常执行。是的，这是一种 JavaScript 的撰写风格，称为“Unobtrusive JavaScript”，且 ASP.NET MVC 4 预设就是使用这种风格来执行各式 Ajax 功能。

这里有一点必须特别说明一下，就是通过Ajax远端取得网页内容的过程。浏览器为了让执行效率提升，会预设通过Ajax取得的网页内容只要Ajax调用网址没有改变，且远端的HTTP没有包含缓存相关标头(Headers)，那么浏览器就不会再次发出Ajax要求。以上述Ajax.ActionLink辅助方法输出的结果为例，当第一次点选取得/Home/GetTime 时会回传当下的伺服器时间，当第二次点选同一个网址，按理说应该要看到内容更新才对，但结果却永远无法更新，除非你清空浏览器缓存。

如果你的Ajax回传的数据必须即时更新，那么，就必须调整你的Action方法定义，新增一个OutputCache属性(Attribute)，强迫浏览器不要缓存这一页的要求，范例如下：

```
[OutputCache(NoStore=true, Duration=0)]
public ActionResult GetTime()
{
    return Content(DateTime.Now.ToString("F"));
}
```

7.6.2 使用 Ajax 表单功能

在上一小节中，Ajax超链接能是通过超链接启动Ajax功能，而使用Ajax表单功能也非常类似，例如，以下使用Html.BeginForm的辅助方法：

```
@using (Html.BeginForm()) {
```

若改用Ajax辅助方法，可以改成以下语法：

```
@using (Ajax.BeginForm(new AjaxOptions { UpdateTargetId = "now" }))
```

从这些细微的地方可以发现，要在ASP.NET MVC开发Ajax互动界面是多么简单，学会HTML辅助方法后，只要将现有HTML改换成Ajax再加上AjaxOptions参数即可。

下面来看一下这两个Ajax辅助方法的比较，如表7-15所示。

表7-15　Ajax辅助方法ActionLink与BeginForm的比较

	Ajax 超链接功能	Ajax 表单功能
Ajax 辅助方法	@Ajax.ActionLink	@Ajax.BeginForm
执行流程	1.用户单点击超链接； 2.对<a>超链接上的 href 属性定义的 Action 网址发出 HTTP 要求； 3.取回内容后再将内容填入 AjaxOptions 物件的 UpdateTargetId 属性所指定的 id 元素中	1.用户送出表单； 2.对<form>表单元素上的 action 属性的 Action 网址发出 HTTP 要求，并将表单所有数据传过去； 3.取回内容后再将内容填入 AjaxOptions 物件的 UpdateTargetId 属性所指定的 id 元素中

7.6.3　了解 AjaxOptions 型别

无论你使用Ajax.ActionLink或Ajax.BeginForm，都需要传入AjaxOptions型别的物件当参数，这个参数将决定ASP.NET MVC的Ajax如何运作。表7-16所示将说明了AjaxOptions各属性所代表的意义。

表7-16　AjaxOptions属性说明

AjaxOptions 属性名称	说　明
Confirm	执行 Ajax 之前会先跳出一个确认对话框
HttpMethod	设定 HTTP 要求的方法(GET 或 POST)
InsertionMode	设定通过 Ajax 辅助方法取回数据时，要如何将数据新增至 UpdateTargetId 指定的元素中，有以下三种方法。 InsertionMode.Replace：取代 UpdateTargetId 的内容。(预设) InsertionMode.InsertBefore：在 UpdateTargetId 之前插入。 InsertionMode.InsertAfter：在 UpdateTargetId 之后插入
LoadingElementId	在 Ajax 尚未完成所有工作前显示的元素 Id 值
OnBegin	设定开始时要执行的 JavaScript 函数名称
OnComplete	设定结束时要执行的 JavaScript 函数名称
OnFailure	设定失败时要执行的 JavaScript 函数名称
OnSuccess	设定完成时要执行的 JavaScript 函数名称
UpdateTargetId	设定回传值要显示在哪一个 ID 上
Url	设定 Ajax Request 的网址

> **TIPS**
>
> 当使用 OnBegin、OnComplete、OnFailure、OnSuccess 这四个属性时，如果指定的函数名称不存在于网页中，就会发生 JavaScript 错误，初学者很有可能因为这个错误找不到原因而放弃使用内建的 Ajax 辅助方法。

以下是一个通过Ajax辅助方法来删除数据的范例：

```
@Ajax.ActionLink("删除数据", "GetTime", new {controller="Home" ,id = 3 },
new AjaxOptions { OnSuccess = "Delete", Confirm="你确定要删除吗？",
HttpMethod="POST", LoadingElementId="ajaxLoad" })


<script>
    function Delete(data) {
        alert(data);
    }
</script>
```

当单击链接后，会出现一个确认对话框，如图7-31所示。

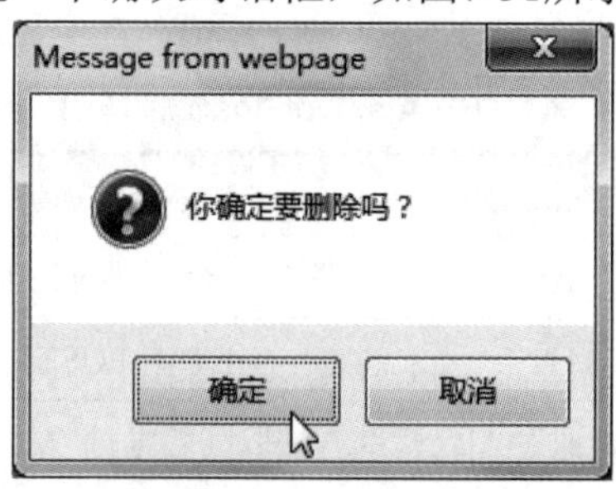

图 7-31　确认对话框

7.7 总　结

在本章里，大家学到许多与View相关的知识。由于开发View时与操作界面息息相关，因此会花上非常多的时间在这上面，熟悉这些Razor语法、HTML辅助方法、Url辅助方法、Ajax辅助方法等非常重要，当你能心领神会这些语法、观念与工具后，相信对View页面开发更能够掌控，并提升开发效率。

View负责数据的呈现，所有呈现数据的逻辑都会由View来控制。除此之外，其他事项千万要避免在View中出现，这样才能做到“关注点分离”的目的，也让你的ASP.NET MVC网站更容易维护。

第 8 章　Area 区域相关技术

本章将介绍如何利用ASP.NET MVC 4.0新增的Area(区域)机制，协助你架构较为大型的ASP.NET MVC项目，让独立性较高的部分功能独立成一个MVC子网站，以降低网站与网站之间的耦合性，也可以通过Area的切割，让多人同时开发同一项目时，能够减少互相冲突的机会。

8.1　何时会需要使用 Area 切割网站

当在开发大型ASP.NET MVC网站时，通常整个专案会被切割成多个模块，在ASP.NET MVC 1.0会把Controller全部写在一起，或是依照目录分门别类地放置在不同的Controller，但基于ASP.NET MVC的架构限制，在一个ASP.NET MVC专案中，不能有两个同名的Controller，即便你有区分不同的命名空间可以正常编译，但实际上在运行时仍然出错。

以图8-1为例，虽然在同一个ASP.NET MVC项目中区分了多个子系统的模块，但有时难免会有某个子系统会用到和其他子系统一样的Controller名称。

图 8-1　两个相同名称的 Controller

如果不小心设置了同名的Controller，就会发生如图8-2所示的错误。

"/"应用程序中的服务器错误。

找到多个与名为"Member"的控制器匹配的类型。如果为此请求("{controller}/{action}/{id}")提供服务的路由在搜索匹配此请求的控制器时没有指定命名空间，则会发生此情况。如果是这样，请通过调用含有 'namespaces' 参数的 'MapRoute' 方法的重载来注册此路由。

"Member"请求找到下列匹配的控制器:
MvcApplication1.Controllers.会员系统.MemberController
MvcApplication1.Controllers.订单系统.MemberController

说明: 执行当前 Web 请求期间，出现未经处理的异常。请检查堆栈跟踪信息，以了解有关该错误以及代码中导致错误的出处的详细信息。

异常详细信息: System.InvalidOperationException: 找到多个与名为"Member"的控制器匹配的类型。如果为此请求("{controller}/{action}/{id}")提供服务的路由在搜索匹配此请求的控制器时没有指定命名空间，则会发生此情况。如果是这样，请通过调用含有 'namespaces' 参数的 'MapRoute' 方法的重载来注册此路由。

图 8-2　当 Controller 名称发生冲突时的界面

除非你在App_Start\RouteConfig.cs文件中，通过MapRoute方法新增网址路由的设置，并明确指定命名空间，才能让此功能正常运行，请参考以下代码段：

```
routes.MapRoute(
    name: "订单系统",
    url: "Orders/{controller}/{action}/{id}",
    defaults: new { controller = "Member", action = "Index", id =
UrlParameter.Optional },
    namespaces: new string[] { "MvcApplication1.Controllers.订单系统" }
);

routes.MapRoute(
    name: "会员系统",
    url: "Members/{controller}/{action}/{id}",
    defaults: new { controller = "Member", action = "Index", id =
UrlParameter.Optional },
    namespaces: new string[] { "MvcApplication1.Controllers.会员系统" }
);
```

如果你的网站真的很大，也许Controller就有好几十个文件，这样不断维护下去，网站就会越来越复杂，慢慢的也就会失去关注点分离的好处。ASP.NET MVC项目如果在网站独立性很高的情况下，通常就会直接拆分成不同的项目来开发，但在管理上变得比较麻烦，例如，不同项目中会有重复定义的Web.config属性、部署的复杂度增加等。

也因为有这样的需求，ASP.NET MVC 2.0之后都提供Area(区域)机制，让你可以在同一个项目内就能够切割出不同的ASP.NET MVC网站，且每一个子网站都会有完整的

MVC目录结构，在开发上就像是区分成不同的MVC网站一样。

8.2　如何在现有项目中新增区域

在 Visual Studio 2012 解决方案资源管理器下的 ASP.NET MVC 项目上单击鼠标右键，在弹出的快捷菜单中选择“添加”→“区域”命令，并设置区域名称，如图 8-3 所示。

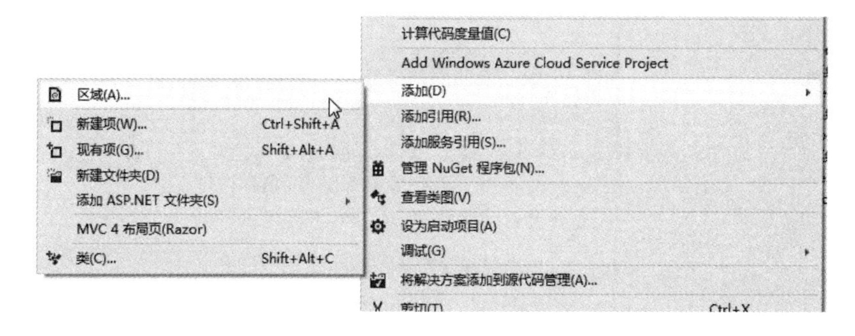

图 8-3　在 Visual Studio 2010 的项目上单击鼠标右键，选择“添加”→“区域”命令

设置区域名称为 Order，如图 8-4 所示。

此时，就会在解决方案资源管理器中看到新增的 Areas 目录，在其目录下会新增一个以“区域名称”为名的目录，该目录下会有与根目录一样的 MVC 结构，可以用既有的 ASP.NET MVC 技术开发 Order 这个区域(Area)网站，没有什么差别。

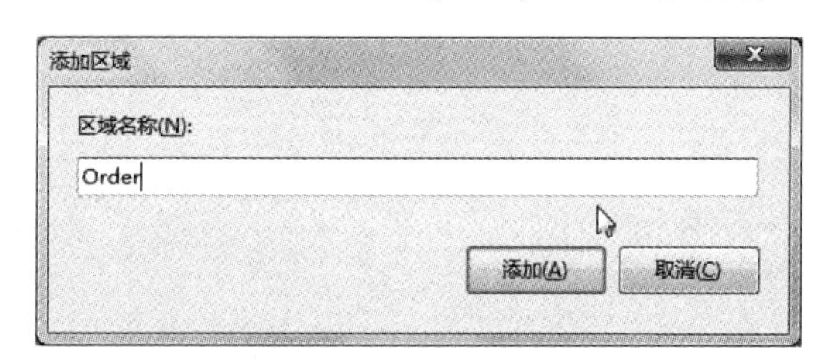

图 8-4　设置区域名称

8.3　如何设置区域的网址路由

在每一个 Area 目录下都会有一个[AreaName]AreaRegistration.cs 文档，例如你刚新增一个 Order 区域，那么就会有一个 OrderAreaRegistration.cs，如图 8-5 所示。此文档就如同在 App_Start\RouteConfig.cs 一样可以用来定义网址路由。若以上一节的 Order 区域为例，默认就会生成 OrderAreaRegistration.cs 文档，属性如下：

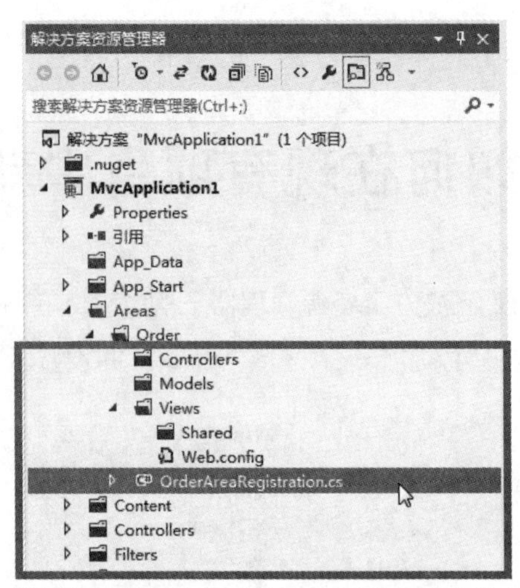

图 8-5　刚添加区域后在解决方案资源管理器中的显示

```
using System.Web.Mvc;

namespace MvcApplication1.Areas.Order
{
    public class OrderAreaRegistration : AreaRegistration
    {
        public override string AreaName
        {
            get
            {
                return "Order";
            }
        }

        public override void RegisterArea(AreaRegistrationContext context)
        {
            context.MapRoute(
                "Order_default",
                "Order/{controller}/{action}/{id}",
                new { action = "Index", id = UrlParameter.Optional }
            );
        }
```

```
    }
}
```

这个 OrderAreaRegistration 类别继承了 AreaRegistration 抽象类，并替换一个 AreaName 属性用来指明这个区域的名称，另外替换一个方法名为 RegisterArea，这个 RegisterArea 的属性与 App_Start\RouteConfig.cs 中的 RegisterRoutes 方法如出一辙，这里不再赘述。

8.4　默认路由与区域路由的优先级

我们在网站根目录下的 Global.asax 中的 Application_Start()方法中会看到 AreaRegistration.RegisterAllAreas();这行默认的程序代码：

```
protected void Application_Start()
{
    AreaRegistration.RegisterAllAreas();

    WebApiConfig.Register(GlobalConfiguration.Configuration);
    FilterConfig.RegisterGlobalFilters(GlobalFilters.Filters);
    RouteConfig.RegisterRoutes(RouteTable.Routes);
    BundleConfig.RegisterBundles(BundleTable.Bundles);
    AuthConfig.RegisterAuth();
}
```

其中的第一行就是将区域(Area)的路由注册进 RouteTable.Routes，正所谓"先注册先赢"，所以，如果你已经在 Order 区域的 OrderAreaRegistration.cs 定义了某个网址路由，而在网站根目录下的 Global.asax 的 RegisterRoutes 也注册了相同规则的话，最后比对成功的规则将会是区域的路由。

相应的，若将这两行交换顺序的话，顺序就会相反，而是会以 Global.asax 的 RegisterRoutes 注册的路由为主。不过，通常都会有以下这条默认路由，这条网址路由规则会比对到大部分的 HTTP 要求，因此，若顺序调整时，记得这一条路由规则要做出相应的调整。

```
routes.MapRoute(
    name: "Default",
    url: "{controller}/{action}/{id}",
```

```
    defaults: new { controller = "Home", action = "Index", id =
UrlParameter.Optional },
    namespaces: new string[] { "MvcApplication1.Controllers" }
);
```

8.5 就算使用区域，控制器的名称仍然会冲突

默认 ASP.NET MVC 对于 Controller 的选定是很弹性的，它会扫描整个网站组件中所有类别名称以 Controller 结尾的型别，无论这些 Controller 结尾的类别命名空间是什么，全部都会抓出来比对，所以在运行时期如果有发现相同的 Controller 名称，就会遇到如图 8-1 所示的错误消息，不过这种情况只会出现在默认网站下，在区域网站浏览网页时，并不会发生名称冲突的问题。

解决方法也非常简单，只要在 App_Start\RouteConfig.cs 中的 RegisterRoutes 方法将遇到冲突的路由额外加上默认的命名空间，就不会到 Area 区域网站下搜索不同命名空间的 Controller 型别。

以下面的程序为例，我们在注册一个新的网址路由时，在 namespace 参数后面加上一个字符串数组，并传入要套用此网址路由时要找寻 Controller 的命名空间为何，当指定了命名空间后，ASP.NET MVC 就不会再搜索整个网站的类别来寻找 Controller，而是利用指定的命名空间去寻找。

```
routes.MapRoute(
    name: "订单系统",
    url: "Orders/{controller}/{action}/{id}",
    defaults: new { controller = "Order", action = "Index", id =
UrlParameter.Optional },
    namespaces: new string[] { "MvcApplication1.Controllers" }
);
```

8.6　如何指定默认网站与区域网站的链接

在 ASP.NET MVC 中有三个默认的 RouteValue 名称，分别是 controller、action 与 area，其中 controller 与 Action 参数是必要参数，缺一不可，剩下的 area 这个 RouteValue 就是当需要特别指定 Area 的时候才必须加上的。我们以 Html.ActionLink 辅助方法为例 (Url.Action 的用法一样)，若要生成指定 Order 区域下 Member 控制器的 Index 动作，可使用以下语法，只要额外指定一个 area 路由值给它即可：

```
@Html.ActionLink("会员的订单", "Index", new { controller = "Member",
area = "Order" })
```

如果要用 Html.RenderAction 辅助方法来装入部分检视属性，运用相同的技巧即可：

```
@Html.Action("OrderDetail", " Member", new { area = "Order" })
```

TIPS

这里指定的 area 路由值就是之前 OrderAreaRegistration 类别中替换的 AreaName 属性中所设置的值。

8.7　总　结

通过 ASP.NET MVC 区域(Area)的特性可以用更结构化的方式开发大型网站，而且在同一个项目内就可以开发，同时简化了部署的复杂度，只要搭配适当的版本控制机制，即可达到多人同时开发的目的。

读书笔记

第 3 篇　开发实战篇

学习了这么多软知识与硬道理，当然需要在上战场前演练一番了。本篇将会带领大家运用前几章学习到的技术，加以灵活运用并开发出一套完整的电子商务网站，以及分享笔者多年来累积的各种 ASP.NET MVC 开发经验，最后讲解如何对 ASP.NET MVC 网站进行部署。

本篇包括以下三个章节。

第 9 章：高级实战：电子商务网站开发

本章将通过第 2 篇所学得的知识，以一套完整的电子商务网站为蓝图，详述 ASP.NET MVC 4 开发流程与分享许多实务开发技巧，从数据模型规划、控制器架构规划、创建检视页面、添加数据库功能与购物车功能，最后再介绍如何强化现有 ASP.NET MVC 项目与信息分页技巧，相信在融会贯通之后，即可有效运用于其他更复杂的项目上。

第 10 章：ASP.NET MVC 开发技巧

本章将整理一些在实务上经常使用的开发技巧，包括强化网站安全性、多国语言支持、使用 Visual Studio 程序代码模板快速开发、如何在 ASP.NET MVC 与 ASP.NET Web Form 之间传递信息、如何对 ASP.NET MVC 4 源代码进行调试等、使用 Visual Studio 程序代码模板快速开发等。虽然善用工具能有效提升开发效率，但还是要记得，拥有正确的观念与扎实的技术，才是开发效率提升的不二法门。

第 11 章：安装部署

部署网站往往是一件麻烦事，因为在安装部署的过程中，经常有许多步骤要运行，对于许多不太熟悉 IIS/SQL 的新手来说，部署网站变成一件非常困难且危险的事。Visual Studio 2012 在 ASP.NET 网站部署方面提升了不少能力，有助于让你将现有网站快速且简便地发布到远程的 IIS 服务器上，而免除了许多繁杂的设置程序。此外还整理了几个部署 ASP.NET MVC 的常见问题，当遇到问题时可供读者参考。

第9章　高级实战：电子商务网站开发

通过第3章“新手上路初体验”，大家快速体验了ASP.NET MVC 4开发流程，再经过第2篇“技术讲解篇”学习了Model、Controller、View等相关技术，本章通过将学得的知识加以活用，开发一个简易版的电子商务网站，让大家在工作上得以参考与利用。本章将涵盖许多第2篇“技术讲解篇”中提到的技术属性，相信在融会贯通之后，即可有效运用于其他更复杂的网站上。

9.1 需求分析

我们打算创建一个拥有基本功能的电子商务网站，其功能包括会员注册、登录注销、商品浏览、添加购物车、购物车列表、订单完成结账等最常见的电子商务功能。在创建网站前，最重要的就是先规划网站的架构、会有哪些页面、做好页面规划等动作，唯有先了解需求，才能减少重工(Re-work)，并提高开发速度。

1. 规划网站页面

首先，我们先规划该网站会呈现的页面列表，定义页面的层级关系与操作流程，并针对每一页介绍其用途与功能，如表9-1所示。

表9-1　网站架构与页面介绍

第一层	第二层	第三层	页面名称	页面介绍
•			首页	显示“商品类别”数据清单，在点击类别名称的链接后会进入“商品列表”页面，并且在此页面加上商品搜索功能
	•		商品列表	显示选定商品类别的“商品列表”页面，在点击商品名称的链接后会进入“商品明细”页面

续 表

第一层	第二层	第三层	页面名称	页面介绍
		●	商品明细	显示单一商品的详细信息，商品页会加上一个“添加购物车”按钮，单击后会将商品添加到购物车
	●		商品搜索	显示选定商品类别的“商品列表”页面，在单击商品名称的链接后会进入“商品明细”页面
●			注册会员	提供会员注册的窗体，让用户添加并成为网站会员
●			会员登录	提供会员登录的窗体，让用户可以登录会员
●			会员注销	提供会员注销的链接，只有登录成功的用户可以看到这个链接
●			购物车列表	显示当前会员所有已经添加到购物车的商品信息，该页面可以任意调整商品数量与移除购物车中的项目，并提供“结账”按钮完成订单
	●		订单完成结账	当在购物车列表页面单击“结账”按钮后，会显示“订单完成页面”使用户输入商品递送信息

2．规划网站功能

规划出有多少页面后，我们再来定义该网站应该要有哪些细部功能与要求。

- 商品浏览
  - 商品类别列表。
  - 特定商品类别下的商品列表。
  - 显示单一商品明细信息。
- 会员功能
  - 注册会员。
  - 注册账号不能重复。
  - 注册完会员信息后系统会发送一封确认信到用户信箱。
  - 该确认信包含一个会员启用验证码和一个可以直接点击即可启用的超链接，点击链接可进入网站用以确认用户已确认收到信，完成Email验证。
- 登录
  - 只有点击过确认信中的超链接才能登录。
  - 会员登录必须使用ASP.NET窗体验证机制(FormsAuthentication)。
  - 注销。
  - 只有登录的会员才看到此功能，用户运行注销后，必须清楚该会员在客户端与服务器端的所有暂存信息，例如：Sessions、Cookies。
- 购物车功能

- 添加购物车。
  - 用户可在商品列表与商品明细页面将商品添加到购物车。
  - 尚未登录的会员可以使用添加购物车。
- 购物车管理。
  - 会员可以管理自己的购物车内的商品列表，可删除添加购物车的商品或变更购买数量，最后必须显示当前购物车所有购买商品的总价。
  - 尚未登录的会员可以使用购物车功能。
  - 须提供“结账”按钮，并引导尚未登录的会员注册账号。
- 订单结账功能
  - 必须登录，会员才能使用订单结账功能。
  - 订单结账时，必须将当前所有购物车商品写入订单相关的数据表。
  - 订单完成后，必须清空现有购物车信息。

9.2 数据模型规划

在 ASP.NET MVC 开发流程中，实务上都会先定义 Model 数据模型，再规划 Controller，最后再来开发 View 视图页面。在定义 Model 数据模型时，可以用许多方法来完成，在本章我们利用 Entity Framework 的 Code First 开发技术直接定义 POCO 信息类别，并直接声明我们从第 5 章“Model 相关技术”学到的那些 DataAnnotation 属性(Attributes)，这些属性在未来将会直接与 ASP.NET MVC 完美结合，其中包括定义从 Entity Framework 创建数据库表格时的字段型态与长度限制，以及做模型绑定时的输入验证，或是在 Visual Studio 2012 利用程序代码生成器功能，都会参考 Model 数据模型定义。

在这个电子商务网站中，我们依据需求设计以下数据模型实体(Entities)。

- 商品类别(ProductCategory)
- 商品信息(Product)
- 会员信息(Member)
- 购物车(Cart)
- 订单主文件(OrderHeader)
- 订单明细(OrderDetail)

在开始设计数据模型之前，我们先创建一个基本的 ASP.NET MVC 4 专案，创建 ASP.NET MVC 4 项目时，我们以 MvcShopping 为项目名称，并选择“基本”项目模板即可，如图 9-1 所示。

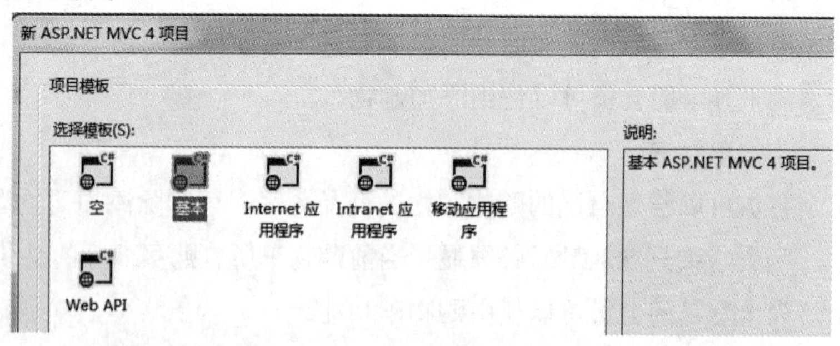

图 9-1　创建 ASP.NET MVC 4 项目时选择“基本”项目模板

创建完成后，我们将会在 MvcShopping 的 Models 目录下创建相关数据模型相关文档。

9.2.1　商品类别

在 Models 文件夹下创建一个 ProductCategory 类别，定义完成后的程序代码如下：

```
using System.ComponentModel;
using System.ComponentModel.DataAnnotations;

namespace MvcShopping.Models
{
    [DisplayName("商品类别")]
    [DisplayColumn("Name")]
    public class ProductCategory
    {
        [Key]
        public int Id { get; set; }

        [DisplayName("商品类别名称")]
        [Required(ErrorMessage = "请输入商品类别名称")]
        [MaxLength(20, ErrorMessage="类别名称不可超过20个字")]
        public string Name { get; set; }
    }
}
```

NOTES

上述程序代码演示所套用的 DisplayName 属性是当我们使用 Html.LabelFor 时，会显示的标题文字，例如，Name 属性被标示[DisplayName("商品类别名称")]则在 View 中输入以下程序时，就会显示“商品类别名称”在界面上：

```
<%: Html.LabelFor(model => model.Name) %>
```

9.2.2　商品信息

在 Models 文件夹下创建一个 Product 类别，定义完成后的程序代码如下：

```
using System;
using System.ComponentModel;
using System.ComponentModel.DataAnnotations;
using System.Drawing;

namespace MvcShopping.Models
{
    [DisplayName("商品信息")]
    [DisplayColumn("Name")]
    public class Product
    {
        [Key]
        public int Id { get; set; }

        [DisplayName("商品类别")]
        [Required]
        public ProductCategory ProductCategory { get; set; }

        [DisplayName("商品名称")]
        [Required(ErrorMessage = "请输入商品名称")]
        [MaxLength(60, ErrorMessage = "商品名称不可超过60个字")]
        public string Name { get; set; }
```

```
        [DisplayName("商品简介")]
        [Required(ErrorMessage = "请输入商品简介")]
        [MaxLength(250, ErrorMessage = "商品简介请勿输入超过250个字")]
        public string Description { get; set; }

        [DisplayName("商品颜色")]
        [Required(ErrorMessage = "请选择商品颜色")]
        public Color Color { get; set; }

        [DisplayName("商品售价")]
        [Required(ErrorMessage = "请输入商品售价")]
        [Range(99, 10000, ErrorMessage = "商品售价必须介于 99 ~ 10,000 之间")]
        public int Price { get; set; }

        [DisplayName("上架时间")]
        [Description("如果不设置上架时间，代表此商品永不上架")]
        public DateTime? PublishOn { get; set; }
    }
}
```

9.2.3 会员信息

在 Models 文件夹下创建一个 Member 类别，定义完成后的程序代码如下：

```
using System;
using System.ComponentModel;
using System.ComponentModel.DataAnnotations;
using System.Drawing;

namespace MvcShopping.Models
{
    [DisplayName("会员信息")]
    [DisplayColumn("Name")]
```

```
public class Member
{
    [Key]
    public int Id { get; set; }

    [DisplayName("会员账号")]
    [Required(ErrorMessage = "请输入 Email 地址")]
    [Description("我们直接以 Email 当成会员的登录账号")]
    [MaxLength(250, ErrorMessage = "Email地址长度无法超过250个字符")]
    [DataType(DataType.EmailAddress)]
    public string Email { get; set; }

    [DisplayName("会员密码")]
    [Required(ErrorMessage = "请输入密码")]
    [MaxLength(40, ErrorMessage = "密码不得超过40个字符")]
    [Description("密码将以SHA1进行哈希运算，通过SHA1哈希运算后的结果转为HEX表
示法的字符串长度皆为40个字符")]
    [DataType(DataType.Password)]
    public string Password { get; set; }

    [DisplayName("中文姓名")]
    [Required(ErrorMessage = "请输入中文姓名")]
    [MaxLength(5, ErrorMessage = "中文姓名不可超过5个字")]
    [Description("暂不考虑有外国人用英文注册会员的情况")]
    public string Name { get; set; }

    [DisplayName("网络昵称")]
    [Required(ErrorMessage = "请输入网络昵称")]
    [MaxLength(10, ErrorMessage = "网络昵称请勿输入超过10个字")]
    public string Nickname { get; set; }

    [DisplayName("会员注册时间")]
    public DateTime RegisterOn { get; set; }
```

```
        [DisplayName("会员启用认证码")]
        [MaxLength(36)]
        [Description("当 AuthCode 等于 null 则代表此会员已经通过Email有效性验证
")]
        public string AuthCode { get; set; }
    }
}
```

NOTES

会员信息的 AuthCode 我们之后会保存一个 GUID 信息，因此，每个人的 AuthCode 是不会重复的，而且长度固定为 36 个字符。

9.2.4 购物车项目

在 Models 文件夹下创建一个 Cart 类别，定义完成后的程序代码如下：

```
using System.ComponentModel;
using System.ComponentModel.DataAnnotations;

namespace MvcShopping.Models
{
    public class Cart
    {
        [DisplayName("选购商品")]
        [Required]
        public Product Product { get; set; }

        [DisplayName("选购数量")]
        [Required]
        public int Amount { get; set; }
    }
}
```

9.2.5　订单主文件

在 Models 文件夹下创建一个 OrderHeader 类别，定义完成后的程序代码如下：

```
using System;
using System.ComponentModel;
using System.ComponentModel.DataAnnotations;
using System.ComponentModel.DataAnnotations.Schema;

namespace MvcShopping.Models
{
    [DisplayName("订单主文件")]
    [DisplayColumn("DisplayName")]
    public class OrderHeader
    {
        [Key]
        public int Id { get; set; }

        [DisplayName("订购会员")]
        [Required]
        public Member Member { get; set; }

        [DisplayName("收件人姓名")]
        [Required(ErrorMessage = "请输入收件人姓名")]
        [MaxLength(40, ErrorMessage = "收件人姓名长度不可超过 40 个字符")]
[Description("订购的会员不一定就是收到商品的人")]
        public string ContactName { get; set; }

        [DisplayName("联络电话")]
        [Required(ErrorMessage = "请输入您的联络电话，例如：
+886-2-23222480#6342")]
        [MaxLength(25, ErrorMessage = "电话号码长度不可超过 25 个字符")]
        [DataType(DataType.PhoneNumber)]
```

```
        public string ContactPhoneNo { get; set; }

        [DisplayName("递送地址")]
        [Required(ErrorMessage = "请输入商品递送地址")]
        public string ContactAddress { get; set; }

        [DisplayName("订单金额")]
        [Required]
        [DataType(DataType.Currency)]
        [Description("由于订单金额可能会受商品递送方式或优惠折扣等方式异动价格，因
此必须保留购买当下算出来的订单金额")]
        public int TotalPrice { get; set; }

        [DisplayName("订单备注")]
        [DataType(DataType.MultilineText)]
        public string Memo { get; set; }

        [DisplayName("订购时间")]
        public DateTime BuyOn { get; set; }

        [NotMapped]
        public string DisplayName
        {
            get { return this.Member.Name + "于" + this.BuyOn + "订购的商品
"; }
        }
    }
}
```

9.2.6 订单明细

在 Models 文件夹下创建一个 OrderDetail 类别，定义完成后的程序代码如下：

```
using System;
using System.ComponentModel;
using System.ComponentModel.DataAnnotations;
using System.Drawing;

namespace MvcShopping.Models
{
    [DisplayName("订单明细")]
    [DisplayColumn("Name")]
    public class OrderDetail
    {
        [Key]
        public int Id { get; set; }

        [DisplayName("订单主文件")]
        [Required]
        public OrderHeader OrderHeader { get; set; }

        [DisplayName("订购商品")]
        [Required]
        public Product Product { get; set; }

        [DisplayName("商品售价")]
        [Required(ErrorMessage = "请输入商品售价")]
        [Range(99, 10000, ErrorMessage = "商品售价必须介于 99 ~ 10,000 之间")]
        [Description("由于商品售价可能会经常异动，因此必须保留购买当下的商品售价
")]
        [DataType(DataType.Currency)]
        public int Price { get; set; }

        [DisplayName("选购数量")]
        [Required]
        public int Amount { get; set; }
```

```
    }
}
```

9.2.7 回顾数据模型定义

在开发 ASP.NET MVC 网站的过程中，数据模型定义的工作十分重要，这个时候定义会清楚而完善，将有助于日后开发 Controller 与 View。再者，从上述数据模型定义来看，可以发现，程序代码本身就包含了许多说明性的属性(Attributes)定义，不需要额外的文件或工具来介绍每个模型代表什么意思，也就是说，程序代码本身就能解释自己，这也是采用 Code First 开发模式优越的地方。

现在我们已创建好所有数据模型类别，如图 9-2 所示。

图 9-2 现在已创建好的数据模型类别

有了这些数据模型，已经可以帮助我们开发 ASP.NET MVC 的 Controller 与 View 部分。下面我们就从 Controller 控制器类别开始。

9.3 控制器架构规划

当我们已经了解了网站的需求，也知道有多少功能可以开发，并知道有哪些数据模型可以参考，此时就可以将整个网站所有会用到的 Controller 与 Action 都规划出来，并撰写基本程序框架。如果你可以预想到该 Action 需要什么信息输入、应该响应什么 ActionResult 的话，在这时也都可以全部加上，让一开始规划的框架更加完整。

在这个阶段不见得能想到未来所有会用到的 Controller 与 Action，但是，至少可以将所有已知且规划中的 Controller 与 Action 给创建起来，如果未来在开发的过程中需要额外的 Action 再另外创建。

9.3.1　商品浏览

我们在商品浏览功能中主要有三个页面，分别是“首页”显示商品类别列表、次页显示商品列表、最后显示商品明细信息，因此我们可以将这三页的功能放在一个 Controller 控制器里面，并取名为 HomeController，当作前台浏览商品时主要的控制器。

新增控制器时，我们选择“空 MVC 控制器”模板，如图 9-3 所示。

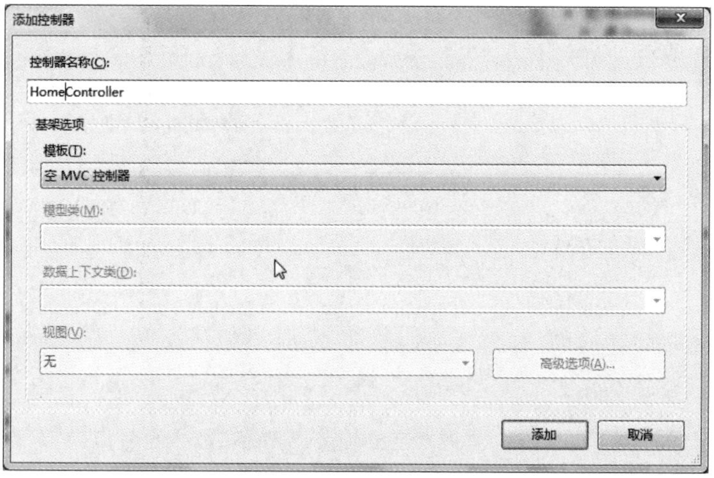

图 9-3　添加控制器

我们先完成“商品浏览”部分的 Controller 框架：

```
using MvcShopping.Models;
using System;
using System.Collections.Generic;
using System.Drawing;
using System.Linq;
using System.Web;
using System.Web.Mvc;
```

```
namespace MvcShopping.Controllers
{
    public class HomeController : Controller
    {
        // 首页
        public ActionResult Index()
        {
            return View();
        }

        // 商品列表
        public ActionResult ProductList(int id)
        {
            return View();
        }

        // 商品明细
        public ActionResult ProductDetail(int id)
        {
            return View();
        }
    }
}
```

9.3.2 会员功能

一般来说，规划 Controller 的时候，会把同类型的功能都放在一起，所以我们可以新增一个 MemberController 控制器类别。在会员功能中主要有两个页面，分别是“注册会员”与“登录”页面，在这两个页面中，因为都含有窗体，所以除了原本的 Action 要创建外，还会同时提供一个仅允许 HTTP POST 的同名方法。这部分的 Controller 框架如下：

```
using MvcShopping.Models;
using System;
using System.Collections.Generic;
using System.Linq;
using System.Web;
using System.Web.Mvc;
using System.Web.Security;

namespace MvcShopping.Controllers
{
    public class MemberController : Controller
    {
        // 会员注册页面
        public ActionResult Register()
        {
            return View();
        }

        // 写入会员信息
        [HttpPost]
        public ActionResult Register(Member member)
        {
            return View();
        }

        // 显示会员登录页面
        public ActionResult Login(string returnUrl)
        {
            ViewBag.ReturnUrl = returnUrl;

            return View();
        }
```

```
        // 运行会员登录
        [HttpPost]
        public ActionResult Login(string email, string password, string
returnUrl)
        {
            if (ValidateUser(email, password))
            {
                FormsAuthentication.SetAuthCookie(email, false);

                if (String.IsNullOrEmpty(returnUrl)) {
                    return RedirectToAction("Index", "Home");
                } else {
                    return Redirect(returnUrl);
                }
            }

            ModelState.AddModelError("", "您输入的账号或密码错误");
            return View();
        }

        private bool ValidateUser(string email, string password)
        {
            throw new NotImplementedException();
        }

        // 运行会员注销
        public ActionResult Logout()
        {
            // 清除窗体验证的 Cookies
            FormsAuthentication.SignOut();

            // 清除所有曾经写入过的 Session 信息
            Session.Clear();
```

```
            return RedirectToAction("Index", "Home");
        }
    }
}
```

在会员功能的 Controller 里，除了 Action 动作方法可以事先创建外，会员登录、注销功能也可以事先撰写完成，因为我们打算使用 ASP.NET 标准的窗体验证功能，所以先将登录或注销的程序代码完成，最后再补上验证账号密码的逻辑即可。

9.3.3 购物车功能

购物车功能主要有两个，分别是“添加购物车”与“购物车管理”，“添加购物车”我们可以通过 Ajax 的方式调用，不需要新增页面，所以只要留一个 AddToCart 动作方法负责写入“添加购物车”的逻辑。

而在“购物车管理”部分，则会包含比较多的交互部分，这部分也应该被规划进购物车的 Controller 里。在这里我们可以预期到购物车管理应该会有以下 Action 需要定义。

- Index：显示当前的购物车项目。
- Remove：移除现有的购物车项目。
- UpdateAmount：更新特定购物车项目的购买数量。

这部分我们新增一个 CartController 控制器，撰写完成后的 Controller 框架如下：

```
using System;
using System.Collections.Generic;
using System.Linq;
using System.Web;
using System.Web.Mvc;

namespace MvcShopping.Controllers
{
    public class CartController : Controller
    {
        // 添加产品项目到购物车，如果没有传入Amount参数则默认购买数量为 1
        [HttpPost]
```

```
        // 因为知道要通过Ajax调用这个Action，所以可以先标示[HttpPost]属性
        public ActionResult AddToCart(int ProductId, int Amount = 1)
        {
            return View();
        }

        // 显示当前的购物车项目
        public ActionResult Index()
        {
            return View();
        }

        // 移除购物车项目
        [HttpPost]
        // 因为知道要通过Ajax调用这个Action，所以可以先标示[HttpPost]属性
        public ActionResult Remove(int ProductId)
        {
            return View();
        }

        // 更新购物车中特定项目的购买数量
        [HttpPost]
        // 因为知道要通过Ajax调用这个Action，所以可以先标示[HttpPost]属性
        public ActionResult UpdateAmount(int ProductId, int NewAmount)
        {
            return View();
        }
    }
}
```

9.3.4　订单结账功能

从购物车转入结账页面时，必须输入一些订单信息，留下会员本次订购的收件人相关联络信息，并将当前所有购物车商品写入订单明细信息。另外，因为必须登录会员才能使用订单结账功能，所以在这个订单结账的控制器中就必须加上[Authorize]属性(Attribute)，确认用户处于登录状态才能使用。

这部分我们新增一个 OrderController 控制器，撰写完成后的 Controller 框架如下：

```
using System;
using System.Collections.Generic;
using System.Linq;
using System.Web;
using System.Web.Mvc;
using MvcShopping.Models;

namespace MvcShopping.Controllers
{
    [Authorize] // 必须登录会员才能使用订单结账功能
    public class OrderController : Controller
    {
        // 显示完成订单的窗体页面
        public ActionResult Complete()
        {
            return View();
        }

        // 将订单信息与购物车信息写入数据库
        [HttpPost]
        public ActionResult Complete(FormCollection form)
        {
            // TODO: 将订单信息与购物车信息写入数据库

            // TODO: 订单完成后必须清空现有购物车信息
```

```
            // 订单完成后回到网站首页
            return RedirectToAction("Index", "Home");
        }
    }
}
```

由于必须登录会员才能使用订单结账功能，同样我们在控制器类别上套用了[Authorize]属性(Attribute)，所以当未登录的用户进入此页面时，就会被ASP.NET导向到默认登录页面~/Account/Login，由于我们的登录页面在Member控制器的Login动作，所以必须手动更改web.config的forms参数，将loginUrl属性改成我们这个网站的登录链接，也就是~/Member/Login才对，演示如下：

```
<authentication mode="Forms">
  <forms loginUrl="~/Member/Login" timeout="2880" />
</authentication>
```

9.3.5 回顾控制器架构规划

先将Controller与Action的框架写好，有助于了解网站如何与用户交互、Controller与View之间要传递什么样的信息，以及基本的权限设置，在这个时间点，开发人员还不能预览运行时的界面，ASP.NET MVC就是要强迫大家做好清晰的关注点分离，在设计Controller的时候，就不应注意界面该如何呈现。

TIPS

截至当前的项目源代码可在书附文档MvcShopping_01.zip压缩文件内查找。

9.4 创建视图页面

使用Visual Studio开发ASP.NET MVC最大的好处就是，可以通过开发工具预先生成许多程序代码，包括视图(View)页面也不例外，因此我们可以将上一节所创建的Action新增视图页面，通过Visual Studio的“新增视图”所生成的HTML或许不会跟你要套版的版型一模一样，但是许多窗体页面都会用到HTML辅助方法来生成表单域，这些程序代码在未来套版时都可使用，能有效省去许多撰写程序的时间。

在创建视图页面之前，通常也会在这个阶段先创建主版页面(Layout Page)，让网站能有个基础的主版面，放些网页共享的信息，例如放置网页 LOGO、主菜单、当前登录状态、购物车链接等。除此之外，与窗体无关的页面也可以在这个时候先利用 Visual Studio 2012 的视图网页模板生成基本的 HTML 属性，最后再来调整网页的整体版面。

9.4.1　商品浏览

在“商品浏览”的 HomeController 控制器中有 Index、ProductList 与 ProductDetail 这三个 Action，且都需要创建视图页面，我们将依据不同需求创建不同的“强类型视图”。

1. 首页/商品分类

这一页我们要输出所有商品分类信息，因此必须创建一个以“ProductCategory”这个数据模型为主的“列表”页面。我们在添加视图的过程中必须要选中“创建强类型视图”复选框，并选择 ProductCategory 作为“模型类”，支架模板(Scaffold)则要选择 List(列表样板)，如图 9-4 所示。

利用 Visual Studio 2012 生成的视图属性，我们只要删除不需要的 HTML 属性，很快的一个基本视图页面即可开发完成，以下是更改过的视图页面属性：

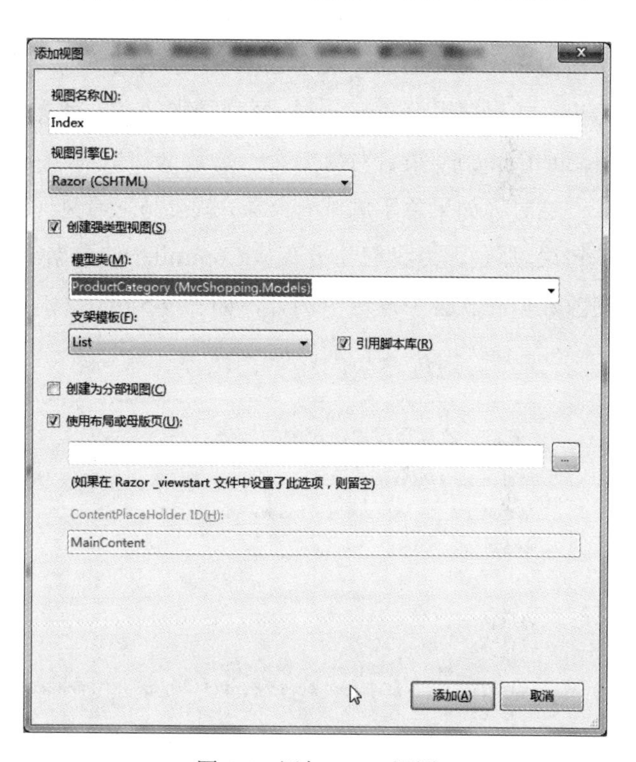

图 9-4　添加 Index 视图

```
@model List<MvcShopping.Models.ProductCategory>

<h2>@Html.DisplayNameFor(model => model[0])</h2>

<ul>
@foreach (var item in Model) {
    <li>@Html.ActionLink(item.Name, "ProductList", new { id =
```

```
item.Id })</li>
}
</ul>
```

这里有特别注意的一点是，通过 Visual Studio 2012 生成的@model 参考型别是 IEnumerable 泛型对象：

```
@model IEnumerable<MvcShopping.Models.ProductCategory>
```

但我们却更改成 List 泛型对象：

```
@model List<MvcShopping.Models.ProductCategory>
```

可以看到，更改过的视图属性中利用了@Html.DisplayNameFor 强型别辅助方法，用来显示 MvcShopping.Models.ProductCategory 这个型别的显示名称，也就是让这段文字改由 ProductCategory 这个数据模型类别上套用的[DisplayName]属性(Attribute)的值来输出，如果使用 IEnumerable 泛型型别的话，就无法使用 model[0]这种方式来指定 ProductCategory 集合对象中第一条数据的型别。

这时你如果急于测试看结果，就会马上看见"**并未将对象参考设置为对象的实例。**"的错误，那是因为我们并没有从 Controller 传数据给 View，因此当从 View 中读取 Model 对象数据时就会引发这个例外，如图 9-5 所示。

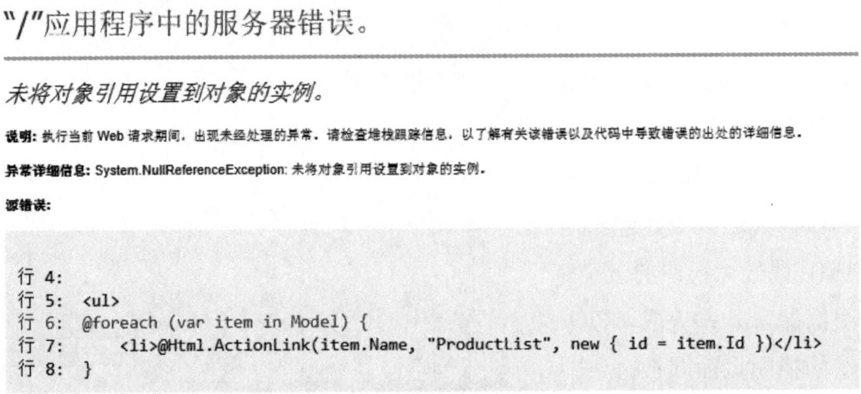

"/"应用程序中的服务器错误。

未将对象引用设置到对象的实例。

说明: 执行当前 Web 请求期间，出现未经处理的异常。请检查堆栈跟踪信息，以了解有关该错误以及代码中导致错误的出处的详细信息。

异常详细信息: System.NullReferenceException: 未将对象引用设置到对象的实例。

源错误:

```
行 4:
行 5:  <ul>
行 6:  @foreach (var item in Model) {
行 7:      <li>@Html.ActionLink(item.Name, "ProductList", new { id = item.Id })</li>
行 8:  }
```

图 9-5　并未将对象引用设置到对象的实例

那是因为我们尚未实作完成任何访问数据库的程序，也没用到 Entity Framework 读取数据库信息，甚至连数据库都尚未创建，所以此时完全没有信息可以显示在页面上。但我们还是可以先从 Action 里准备一些**假信息**给 View 使用，这样我们才能先看到视图页面在套版完成后显示的样子。如下程序代码演示：

```
// 首页
public ActionResult Index()
{
```

```
    var data = new List<ProductCategory>()
    {
        new ProductCategory() { Id = 1, Name = "文具" },
        new ProductCategory() { Id = 2, Name = "礼品" },
        new ProductCategory() { Id = 3, Name = "书籍" },
        new ProductCategory() { Id = 4, Name = "美劳用具" }
        };

    return View(data);
}
```

重新开启这个视图页面(/Home/Index)，可以看到如图 9-6 所示的页面。

商品类别

- 文具
- 礼品
- 书籍
- 美劳用具

图 9-6　显示商品类别

2. 商品列表

在这一页面我们要输出特定分类下所有商品的列表，因此必须创建一个以“Product”数据模型为主的“列表”页面。我们在添加视图的过程必须要选中“创建强类型视图”复选框，并选择 Product 作为“模型类”，支架模板(Scaffold)则要选择 List(列表样板)，如图 9-7 所示。

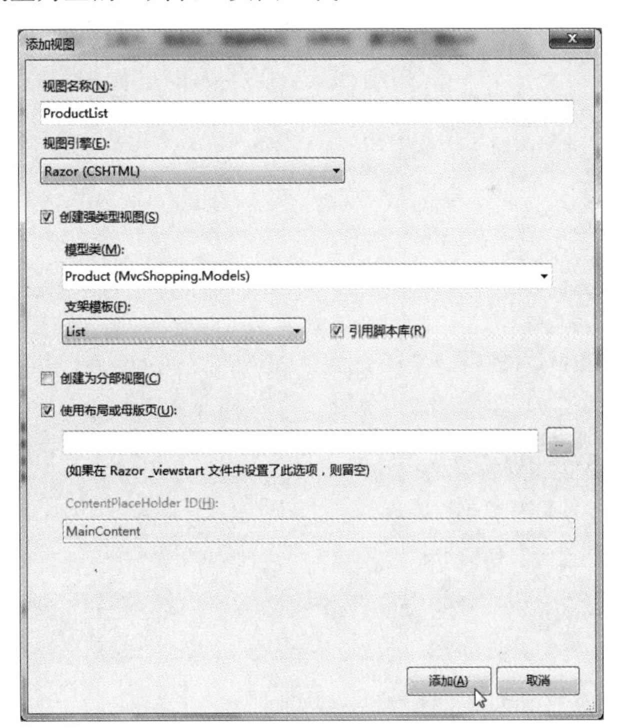

图 9-7　添加 ProductList 视图

利用 Visual Studio 2012 生成的视图属性，我们一样只删除不需要的 HTML 属性，很快一个基本视图页面即可开发完成。

在这一页面因为也有“添加购物车”功能，我们要将添加购物车这个动作改成以 Ajax 的方式运行，所以我们采用 Ajax 辅助方法帮助我们完成 Ajax 运行的动作，这里需记得的是，要装入 jquery.unobtrusive-ajax.js 这个文档才能让 Ajax 辅助方法正常运作。以下是更改过后的视图页面属性：

```
@model IEnumerable<MvcShopping.Models.Product>
@{
    var ajaxOption = new AjaxOptions() {
        OnSuccess = "AddToCartSuccess",
        OnFailure = "AddToCartFailure",
        HttpMethod = "Post"
    };
}
@section scripts {
    @Scripts.Render("~/bundles/jqueryval")
    <script>
        function AddToCartSuccess() {
            alert('添加购物车成功');
        }
        function AddToCartFailure(xhr) {
            alert('添加购物车失败 (HTTP 状态代码: ' + xhr.status + ')');
        }
    </script>
}

<h2>@Html.DisplayNameFor(model => model.ToList()[0])</h2>

<h3>您正在浏览【@Model.First().ProductCategory.Name】分类的商品：</h3>

<table>
    <tr>
        <th>@Html.DisplayNameFor(model => model.Name)</th>
        <th>@Html.DisplayNameFor(model => model.Description)</th>
        <th>@Html.DisplayNameFor(model => model.Price)</th>
        <th>添加购物车</th>
    </tr>
@foreach (var item in Model)
{
```

```
    <tr>
        <td>@Html.ActionLink(item.Name, "ProductDetail", new { id =
item.Id })</td>
        <td>@Html.DisplayFor(modelItem => item.Description)</td>
        <td>@Html.DisplayFor(modelItem => item.Price)</td>
        <td>@Ajax.ActionLink("添加购物车", "AddToCart", "Cart", new
{ ProductId = item.Id }, ajaxOption)</td>
    </tr>
}
</table>
```

这里也有一点必须特别注意，通过 Visual Studio 2012 生成的@model 参考型别是 IEnumerable 泛型：

```
@model IEnumerable<MvcShopping.Models.Product>
```

但这一次我却故意与上一小节不一样，我们继续使用 IEnumerable 泛型。当要显示 MvcShopping.Models.Product 型别的显示名称，也就是让这段文字改由 Product 这个数据模型类别上套用的[DisplayName]属性(Attribute)的值来输出时，如果使用 IEnumerable 泛型型别的话，就必须先将 Model 对象通过 ToList()方法转换成 List 泛型对象，这时才能通过索引访问子的方式来指定 Product 集合对象中第一条数据的型别，如下程序片段：

```
@model IEnumerable<MvcShopping.Models.Product>
<h2>@Html.DisplayNameFor(model => model.ToList()[0])</h2>
```

跟上一小节相同的是，我们要从 Controller 给予假信息才能预览有信息的视图界面，程序如下：

```
// 商品列表
public ActionResult ProductList(int id)
{
    var productCategory = new ProductCategory() { Id = id, Name = "类别 "
+ id };

    var data = new List<Product>()
    {
        new Product() { Id = 1, ProductCategory= productCategory,  Name =
"原子笔", Description = "N/A", Price = 30, PublishOn = DateTime.Now, Color
= Color.Black },
```

```
        new Product() { Id = 1, ProductCategory= productCategory,  Name =
"铅笔", Description = "N/A", Price = 5, PublishOn = DateTime.Now, Color =
Color.Black }
    };

    return View(data);
}
```

3. 商品明细

在这一页面我们要输出某一件商品的明细信息，因此必须创建一个以“Product”这个数据模型为主的“详细”页面。在添加视图的过程必须选中“创建强类型视图”复选框，并选择Product作为“模型类”，支架模板(Scaffold)则要选择 Details(详细信息样板)，如图 9-8 所示。

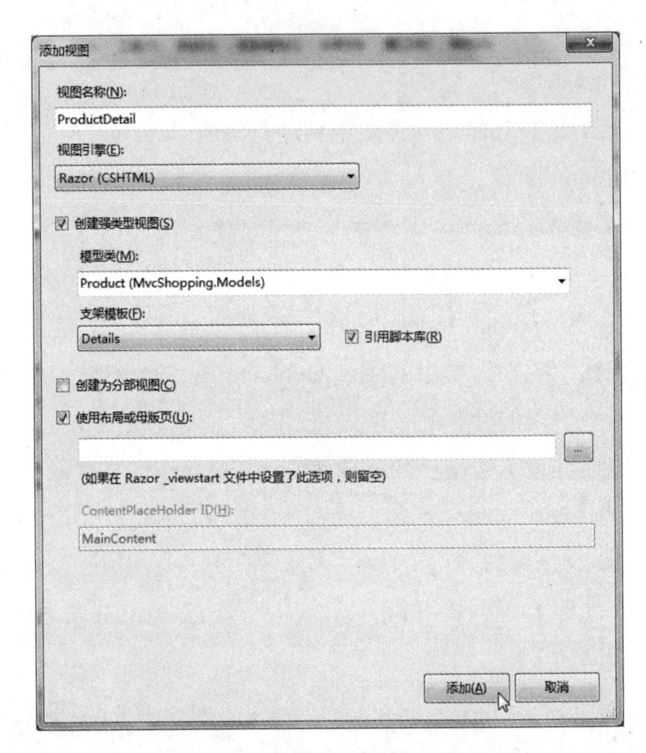

图 9-8　添加 ProductDetail 视图

利用 Visual Studio 2012 生成的视图属性，我们一样只删除不需要的 HTML 属性，很快的一个基本视图页面即可开发完成。在这一页面因为也有“添加购物车”功能，我们要将添加购物车这个动作改以 Ajax 的方式运行，所以我们采用 Ajax 辅助方法帮助我们完成 Ajax 运行的动作，这里要记得的是装入 jquery.unobtrusive-ajax.js 这个文档，才能让 Ajax 辅助方法正常运作。以下是更改过后的视图页面属性：

```
@model MvcShopping.Models.Product
@{
    var ajaxOption = new AjaxOptions() {
        OnSuccess = "AddToCartSuccess",
        OnFailure = "AddToCartFailure"
    };
```

```
}
@section scripts {
    @Scripts.Render("~/bundles/jqueryval")
    <script>
        function AddToCartSuccess() {
            alert('添加购物车成功');
        }
        function AddToCartFailure(xhr) {
            alert('添加购物车失败(HTTP 状态代码: ' + xhr.status + ')');
        }
    </script>
}

<h2>您正在检视“@Model.Name”商品</h2>

<fieldset>
    <legend>@Html.DisplayNameFor(m => m)</legend>
    <div class="display-label">
        @Html.DisplayNameFor(model => model.Description)
    </div>
    <div class="display-field">
        @Html.DisplayFor(model => model.Description)
    </div>

    <div class="display-label">
        @Html.DisplayNameFor(model => model.Price)
    </div>
    <div class="display-field">
        @Html.DisplayFor(model => model.Price)
    </div>

    <div class="display-label">
        @Html.DisplayNameFor(model => model.PublishOn)
```

```
    </div>
    <div class="display-field">
        @Html.DisplayFor(model => model.PublishOn)
    </div>
</fieldset>
<p>
    @Ajax.ActionLink("添加购物车", "AddToCart", "Cart", ajaxOption)
</p>
```

跟上一小节相同的是，我们要从 Controller 给予假信息才能预览有信息的检视界面，程序如下：

```
// 商品明细
public ActionResult ProductDetail(int id)
{
    var productCategory = new ProductCategory() { Id = 1, Name = "文具" };
    var data = new Product() { Id = id, ProductCategory = productCategory,
Name = "商品" + id, Description = "N/A", Price = 30, PublishOn = DateTime.Now,
Color = Color.Black };

    return View(data);
}
```

9.4.2 会员功能

在会员功能中主要有两个页面，分别是“注册会员”与“登录”页面，在这两个页面中，都含有窗体，所以我们先将这两页的视图页面创建起来。

1. 会员注册

会员注册页面需要让用户输入会员注册信息，我们直接用 Member 模型类别来快速创建一个可以输入会员信息的窗体，因此我们在从 Register 动作方法添加视图的过程中必须要选中“创建强类型视图”复选框，并选择 Member 作为“模型类”，支架模板(Scaffold)则要选择 Create(创建信息样板)，如图 9-9 所示。

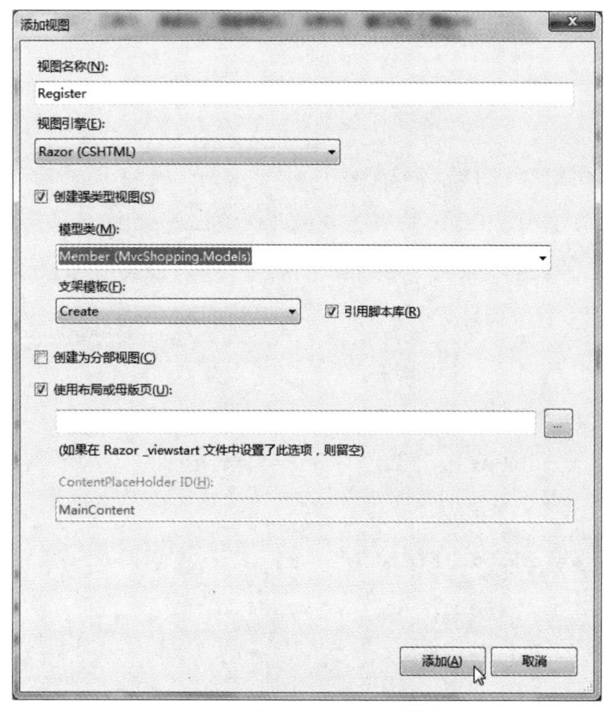

图 9-9　添加 Register 视图

在这一页面中有些字段是不需要让用户输入的，其中包括 RegisterOn 与 AuthCode 字段，可以直接从 View 里面将无关的字段删除即可。以下是更改过后的视图页面属性：

```
@model MvcShopping.Models.Member
<h2>会员注册</h2>
@using (Html.BeginForm()) {
   @Html.ValidationSummary(true)
   <fieldset>
       <legend>请输入会员注册信息</legend>

       <div class="editor-label">
           @Html.LabelFor(model => model.Email)
       </div>
       <div class="editor-field">
           @Html.EditorFor(model => model.Email)
           @Html.ValidationMessageFor(model => model.Email)
       </div>
```

```
        <div class="editor-label">
            @Html.LabelFor(model => model.Password)
        </div>
        <div class="editor-field">
            @Html.EditorFor(model => model.Password)
            @Html.ValidationMessageFor(model => model.Password)
        </div>

        <div class="editor-label">
            @Html.LabelFor(model => model.Name)
        </div>
        <div class="editor-field">
            @Html.EditorFor(model => model.Name)
            @Html.ValidationMessageFor(model => model.Name)
        </div>

        <div class="editor-label">
            @Html.LabelFor(model => model.Nickname)
        </div>
        <div class="editor-field">
            @Html.EditorFor(model => model.Nickname)
            @Html.ValidationMessageFor(model => model.Nickname)
        </div>

        <p>
            <input type="submit" value="注册" />
        </p>
    </fieldset>
}

@section Scripts {
    @Scripts.Render("~/bundles/jqueryval")
}
```

会员注册页面在测试时，你就会发现所有字段验证功能都已经生效，甚至于连“会员密码”字段都会改以屏蔽的方式显示输入的密码(<input type="password">)，这种“关注点分离”的开发方法真的可以省去非常多开发视图页面的时间。测试会员注册页面时的界面如图 9-10 所示。

不过，由于我们知道在 View 里移除了 RegisterOn 与 AuthCode 字段，相对的我们也要在接收注册信息的另一个 Register 动作方法的模型绑定参数中添加[Bind]属性(Attribute)，排除掉这两个字段的模型绑定，如下程序：

图 9-10　测试会员注册窗体输入

```
// 写入会员信息
[HttpPost]
public ActionResult Register([Bind(Exclude="RegisterOn,AuthCode")] Member
member)
{
    return View();
}
```

2. 会员登录

在会员登录页面，我们只需要让用户输入账号(Email)与密码(Password)两个字段，这时为了用强类型视图来开发页面，选择另外创建一个视图数据模型(ViewModel)类别。我们先在 Models 目录下创建一个 MemberLoginViewModel 类别，其程序代码如下：

```
using System.ComponentModel;
using System.ComponentModel.DataAnnotations;

namespace MvcShopping.Models
{
    public class MemberLoginViewModel
    {
        [DisplayName("会员账号")]
        [DataType(DataType.EmailAddress, ErrorMessage="请输入您的Email地址
")]
        [Required(ErrorMessage = "请输入{0}")]
```

```
        public string email { get; set; }


        [DisplayName("会员密码")]
        [DataType(DataType.Password)]
        [Required(ErrorMessage = "请输入{0}")]
        public string password { get; set; }
    }
}
```

接着我们在从 Login 动作方法添加视图的过程中选中“创建强类型视图”复选框，并选择 MemberLoginViewModel 作为“模型类”，支架模板(Scaffold)则要选择 Create(创建信息样板)。

创建完成后，如果你开启会员登录页面并进行测试，试图输入不是 Email 格式的会员账号，这时会看到英文的错误消息，如图 9-11 所示。

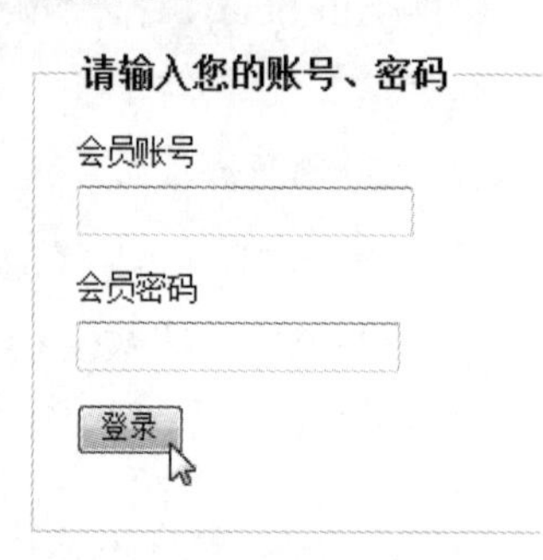

图 9-11　会员登录页面

我们重新看一下 MemberLoginViewModel 类别的 Email 属性定义，如下程序代码，我们在 DataType.EmailAddres 这里的确输入过 ErrorMessage 参数并指明错误消息，为什么没有显示在界面上呢？那是因为 ASP.NET MVC 4 并没有针对 DataType 属性(Attribute)支持客户端 Unobtrusive JavaScript 验证功能。

```
[DisplayName("会员账号")]
[DataType(DataType.EmailAddress, ErrorMessage = "请输入您的 Email 地址")]
[Required(ErrorMessage = "请输入{0}")]
public string email { get; set; }
```

所以，并不是加上 DataType 属性(Attribute)的 ErrorMessage 参数，就一定会在 View 页面中显示验证失败时的错误消息。若我们还要自定义错误消息，可以将原本的：

```
@Html.EditorFor(model => model.email)
```

更改成直接使用 TextBoxFor 辅助方法，并指定一个 data-val-email 属性即可，如下程序：

```
@Html.TextBoxFor(model => model.email, new { data_val_email = "请输入 Email 地址" })
```

请注意：若要通过 HTML 辅助方法输出含有减号(-)的字符，必须将减号(-)改写成下划线(_)才行。

由于 ASP.NET MVC 4 使用 jQuery Validate 来验证表单域，因此你也可以通过以下

JavaScript 语法更改该 Email 字段的错误消息。我们直接更改@section Scripts 这个区块的属性如下：

```
@section Scripts {
    @Scripts.Render("~/bundles/jqueryval")
    <script>
        $(function () {
            $("#@Html.IdFor(model => model.email)")
                .rules("add", { messages: { email: "请输入Email地址" } });
        });
    </script>
}
```

请注意：@Html.IdFor(model => model.email) 是用来输出数据模型的 Email 字段在网页上使用的 id 属性值。

除此之外，你也可以直接在网页中替换原本在 jQuery Validate 的默认错误消息。以下是更改 jQuery Validate 默认错误消息的语法演示，你可以根据需求进行错误消息正文的调整。

```
@section Scripts {
    @Scripts.Render("~/bundles/jqueryval")
    <script>
        $.validator.messages = {
            required: "This field is required.",
            remote: "Please fix this field.",
            email: "请输入 Email 地址",
            url: "Please enter a valid URL.",
            date: "Please enter a valid date.",
            dateISO: "Please enter a valid date (ISO).",
            number: "Please enter a valid number.",
            digits: "Please enter only digits.",
            creditcard: "Please enter a valid credit card number.",
            equalTo: "Please enter the same value again.",
            accept: "Please enter a value with a valid extension.",
            maxlength: $.validator.format("Please enter no more than {0}
characters."),
```

```
            minlength: $.validator.format("Please enter at least {0}
characters."),
            rangelength: $.validator.format("Please enter a value between {0}
and {1} characters long."),
            range: $.validator.format("Please enter a value between {0} and
{1}."),
            max: $.validator.format("Please enter a value less than or equal
to {0}."),
            min: $.validator.format("Please enter a value greater than or equal
to {0}.")
        };
    </script>
}
```

9.4.3 购物车功能

购物车功能的视图页面主要有“购物车管理”，我们在从CartController控制器类别的Index动作方法添加视图的过程中选中“创建强类型视图”复选框，并选择Cart作为“模型类”，支架模板(Scaffold)则要选择List (列表样板)，如图9-12所示。

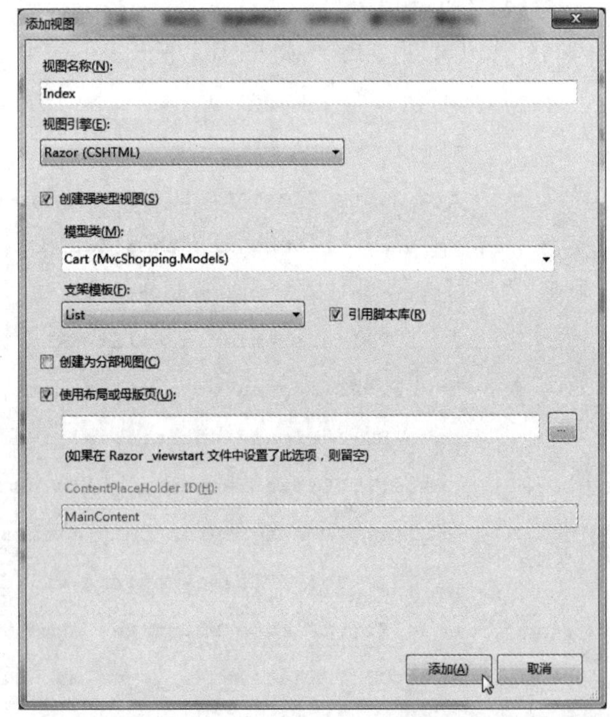

图9-12　添加Index视图

设计购物车界面比之前做过的还复杂一些，这一页面的功能除了显示当前的购物车信息外，还必须能够删除购物车中的购买项目，以及更新购买商品的数量，以下是更改过后的视图页面属性：

```
@model List<MvcShopping.Models.Cart>
@{
    var ajaxOption = new AjaxOptions() {
        OnSuccess = "RemoveCartSuccess",
        OnFailure = "RemoveCartFailure",
        Confirm = "您确定要从购物车删除这个商品吗？",
        HttpMethod = "Post"
    };
}
@section scripts {
    @Scripts.Render("~/bundles/jqueryval")
    <script>
        function RemoveCartSuccess() {
            alert('移除购物车项目成功');
            location.reload();
        }
        function RemoveCartFailure(xhr) {
            alert('移除购物车项目失败 (HTTP 状态代码: ' + xhr.status + ')');
        }
    </script>
}
<h2>购物车列表</h2>

@using (Html.BeginForm("UpdateAmount", "Cart"))
{
    <table>
        <tr>
            <th>产品名称</th>
            <th>单价</th>
            <th>数量</th>
            <th>小计</th>
            <th></th>
        </tr>
```

```
    @{ int subTotal = 0; }
    @for (int i = 0; i < Model.Count; i++)
    {
        // 计算购买商品总价
        subTotal += Model[i].Product.Price * Model[i].Amount;

        // 选择商品数量的菜单只能选择 1 ~ 10
        var ddlAmountList = new SelectList(Enumerable.Range(1, 10),
Model[i].Amount);

        @Html.HiddenFor(modelItem => Model[i].Product.Id)

        <tr>
            <td>@Html.DisplayFor(modelItem => Model[i].Product.Name)</td>
            <td>NT$ @(Model[i].Product.Price)</td>
            <td>@Html.DropDownListFor(modelItem => Model[i].Amount,
ddlAmountList)</td>
            <td>NT$ @(Model[i].Product.Price * Model[i].Amount)</td>
            <td>
                @Ajax.ActionLink("删除", "Remove", new
{ ProductId=Model[i].Product.Id }, ajaxOption)
            </td>
        </tr>
    }
        <tr>
            <th></th>
            <th></th>
            <th>总价</th>
            <th id="subtotal">NT$ @subTotal</th>
            <th></th>
        </tr>
    </table>
    <p>
```

```
        <input type="submit" value="更新数量" />

        <input type="button" value="完成订单"
            onclick="location.href ='@Url.Action("Complete","Order")';"/>
    </p>
}
```

9.4.4 订单结账功能

在订单结账功能中只有一个窗体，在从购物车转入结账页面时必须输入一些订单信息，在我们的数据模型中订单结账时输入的信息都要填入 OrderHeader 这个数据模型中，所以我们就从 OrderController 控制器类别中的 Complete 动作方法添加视图，添加的过程中必须选中“创建强类型视图”复选框，并选择 OrderHeader 作为“模型类”，支架模板(Scaffold)则要选择 Create(创建信息样板)，如图 9-13 所示。

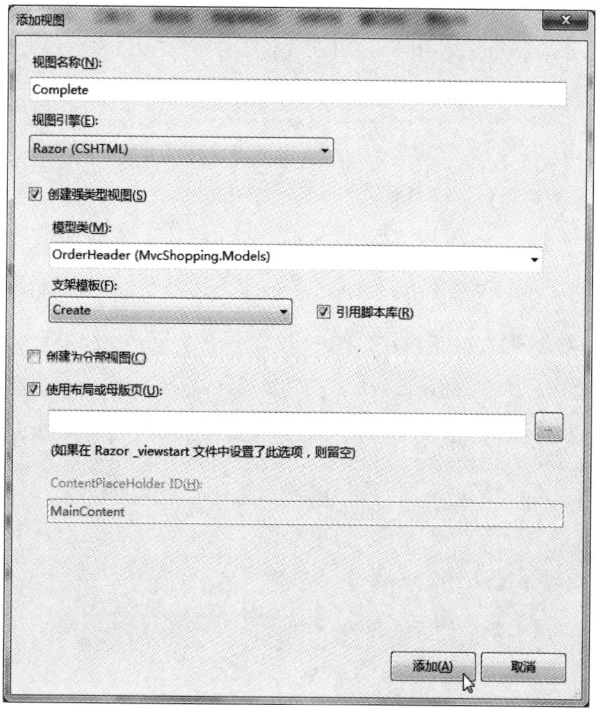

图 9-13　添加 Complete 视图

完成订单的窗体只要输入一些信息即可，所以页面还算简单，以下是更改过后的视图页面属性：

```
@model MvcShopping.Models.OrderHeader

<h2>结账</h2>

@using (Html.BeginForm()) {
    @Html.ValidationSummary(true)

    <fieldset>
        <legend>请输入递送信息与订单备注</legend>

        <div class="editor-label">
            @Html.LabelFor(model => model.ContactName)
        </div>
        <div class="editor-field">
            @Html.EditorFor(model => model.ContactName)
            @Html.ValidationMessageFor(model => model.ContactName)
        </div>

        <div class="editor-label">
            @Html.LabelFor(model => model.ContactPhoneNo)
        </div>
        <div class="editor-field">
            @Html.EditorFor(model => model.ContactPhoneNo)
            @Html.ValidationMessageFor(model => model.ContactPhoneNo)
        </div>

        <div class="editor-label">
            @Html.LabelFor(model => model.ContactAddress)
        </div>
        <div class="editor-field">
            @Html.EditorFor(model => model.ContactAddress)
            @Html.ValidationMessageFor(model => model.ContactAddress)
        </div>
```

```
        <div class="editor-label">
            @Html.LabelFor(model => model.Memo)
        </div>
        <div class="editor-field">
            @Html.EditorFor(model => model.Memo)
            @Html.ValidationMessageFor(model => model.Memo)
        </div>

        <p>
            <input type="submit" value="完成订单" />
        </p>
    </fieldset>
}

<div>
    @Html.ActionLink("回首页", "Index", "Home")
</div>

@section Scripts {
    @Scripts.Render("~/bundles/jqueryval")
}
```

9.4.5　撰写主版页面

我们已经把所有页面都创建好了，不过当前网站的浏览流程并不顺畅，我们来调整一下主版页面，让各页面之间比较容易互相链接。开启\Views\Shared_Layout.cshtml 主版页面文档，并在@RenderBody()之前加上以下主菜单链接：

```
<header>
    <nav>
        @Html.ActionLink("首页", "Index", "Home")
        | @Html.ActionLink("购物车", "Index", "Cart")
```

```
        @if (User.Identity.IsAuthenticated)
        {
            @:| @Html.ActionLink("注销", "Logout", "Member")
        }
        else
        {
            @:| @Html.ActionLink("登录", "Login", "Member")
            @:| @Html.ActionLink("注册", "Register", "Member")
        }
    </nav>
</header>
```

在这个例子里，我们利用 User.Identity.IsAuthenticated 来判断当前用户的登录状态，依据不同的登录状态取不同的链接，例如已登录的用户就显示“注销”，尚未登录的用户就显示“登录”与“注册” 链接。图 9-14 所示是套上主版面后的界面示意图：

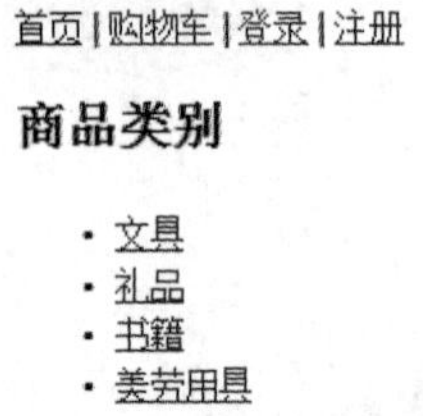

首页 | 购物车 | 登录 | 注册

商品类别

- 文具
- 礼品
- 书籍
- 美劳用具

图 9-14　添加主菜单后的首页界面

9.4.6　回顾创建视图页面

大家看到这里应该已经非常了解 ASP.NET MVC 的开发流程了，先设计 Models，然后撰写 Controller 框架，再新增 View 把必要的数据显示到页面上，如果想预览视图页面的呈现界面，也可以先在 Controller 里设置一些示范信息，以便测试视图页面上的呈现效果。

这时我不得不再次佩服 ASP.NET MVC 的关注点分离特性，因为到当前为止，我们尚未撰写任何与数据库相关的程序代码，但 M、V、C 三个层级的程序代码架构已经大致定了，只要补上信息访问的相关程序代码即可。

在创建网站时，通常会先从系统分析、系统设计开始，然后让网页设计师设计网页，最后让工程师开发程序并套版，不过实务上经常会遇到需求已经清楚，数据库也设计好了，但是网页设计师的网页尚未完成的情况。遇到这种情况有时候会让开发人员却步，不敢在网页完成之前写程序套版，主要是怕先写了程序，之后跟版面的差异太大导致程序重写，若使用 ASP.NET Web Form 经常会因为控制像输出的 HTML 标签与版面不符而导致套版不易，不过 ASP.NET MVC 并不像 ASP.NET Web Form 那样复杂，其视图页面的套版弹性比 ASP.NET Web Form 高出许多，所以在 ASP.NET MVC 里先做出假的版面，之后再重新套版并不会浪费太多时间。

9.5　添加数据库与购物车功能

本章利用 Entity Framework 的 Code First 开发技术，所以允许我们在最后才添加数据库功能，如果你使用其他的信息访问技术，如 Typed DataSet、LINQ to SQL、Entity Framework 以及其他的开发方法，都会先创建好数据模型，并且可以直接在项目里面直接使用，你也可以先在数据库中创建好演示信息再进行开发。

为了添加数据库功能，我们必须创建信息内容类，并将需要创建数据库表格的那些数据模型都添加在其中，当前为止，在这个电子商务网站中，除了设计视图页面时我们新增的 ViewModel 之外，其他重要的数据模型实体如下。

- 商品类别(ProductCategory)
- 商品信息(Product)
- 会员信息(Member)
- 购物车(Cart)
- 订单主文件(OrderHeader)
- 订单明细(OrderDetail)

在这些数据模型中，几乎都要添加数据库功能，但唯独购物车项目(Cart)不需要，因为我们的购物车信息不需要永久保存在数据库中，所以只要保存在 ASP.NET 的 Session 对象里面即可。

9.5.1　添加信息内容类

既然要连接数据库，那么就一定会有连接参数要设置，在 ASP.NET MVC 4 的“基本”项目模板创建起来后，在 web.config 文档中其实已经创建好一组 DefaultConnection 连接字符串可用，且数据库将会自动创建在 App_Data 文件夹下，连接参数如下所示：

```
<connectionStrings>
  <add name="DefaultConnection" providerName="System.Data.SqlClient"
connectionString="Data Source=(LocalDb)\v11.0;Initial
Catalog=aspnet-MvcShopping-20121028183820;Integrated
Security=SSPI;AttachDBFilename=|DataDirectory|\aspnet-MvcShopping-20121
```

```
028183820.mdf" />
  </connectionStrings>
```

最后，我们在 Models 目录下新增一个 MvcShoppingContext 信息内容类，撰写时我们直接使用 DefaultConnection 当作连接字符串名称，完成后的程序代码如下：

```
using System.Data.Entity;

namespace MvcShopping.Models
{
    public class MvcShoppingContext : DbContext
    {
        public MvcShoppingContext()
            : base("name=DefaultConnection")
        {
        }

        public DbSet<ProductCategory> ProductCategories { get; set; }
        public DbSet<Product> Products { get; set; }
        public DbSet<Member> Members { get; set; }
        public DbSet<OrderHeader> Orders { get; set; }
        public DbSet<OrderDetail> OrderDetailItems { get; set; }
    }
}
```

9.5.2 添加导览属性

创建完信息内容类后，为了开发方便，我们还可以在个别数据模型中加上“导览属性”(Navigation Property)，方便我们直接通过导览属性快速取得信息。

在这些数据模型中，ProductCategory 与 Product 之间是一对多的关系，所以我们可以在 ProductCategory 数据模型中添加 Products 导览属性，并启用延迟装入功能，完成后的程序代码如下：

```
using System.Collections.Generic;
using System.ComponentModel;
```

```
using System.ComponentModel.DataAnnotations;

namespace MvcShopping.Models
{
    [DisplayName("商品类别")]
    [DisplayColumn("Name")]
    public class ProductCategory
    {
        [Key]
        public int Id { get; set; }

        [DisplayName("商品类别名称")]
        [Required(ErrorMessage = "请输入商品类别名称")]
        [MaxLength(20, ErrorMessage="类别名称不可超过20个字")]
        public string Name { get; set; }

        public virtual ICollection<Product> Products { get; set; }
    }
}
```

接着我们也更改 Product.cs 数据模型类别，虽然我们已经有 ProductCategory 这个导览属性，不过我们原先的定义并没有延迟装入的功能，要启用延迟装入，只要套用 virtual 关键词即可，如下演示：

```
public virtual ProductCategory ProductCategory { get; set; }
```

Member 与 OrderHeader 之间也是一对多的关系，还有 OrderHeader 与 OrderDetail 之间也是一对多关系，所以都可以套用相同的方式添加导览属性。

以下是 Member.cs 数据模型类别中添加的导览属性：

```
public virtual ICollection<OrderHeader> Orders { get; set; }
```

以下是 OrderHeader.cs 数据模型类别中添加的导览属性：

```
public virtual ICollection<OrderDetail> OrderDetailItems { get; set; }
```

以下是 OrderHeader.cs 数据模型类别中更改 Member 导览属性启用延迟装入的片段：

```
public virtual Member Member { get; set; }
```

以下是 OrderDetail.cs 数据模型类别中更改 OrderHeader 导览属性启用延迟装入的片段：

```
public virtual OrderHeader OrderHeader { get; set; }
```

9.5.3 启用自动数据库迁移

由于数据模型很难一次就设置正确，未来若发生数据模型异动就会发生例外，因此在开发时期设置自动数据库迁移将可大幅降低数据模型异动带来的困扰。启用自动数据库迁移的流程请参见“5.5.5 自动数据库迁移”章节的介绍进行设置。

9.5.4 商品浏览

将商品浏览添加数据库功能，要改动的程序代码非常少，你可以在类别层级创建一个信息属性对象，然后就可以在每个 Action 里操作数据库。因为 Code First 开发方法会自动创建数据库，所以第一次运行时，在数据库中并不会有信息，所以我们也可以在程序代码中新增几笔测试信息进去，方便我们后续测试与除错。

我们首先将 HomeController 的 Index 动作方法改成通过信息库存取，若查无信息，则新增几笔默认的商品类别信息，完成后的程序代码如下：

```
public class HomeController : Controller
{
    MvcShoppingContext db = new MvcShoppingContext();

    // 首页
    public ActionResult Index()
    {
        var data = db.ProductCategories.ToList();

        // 插入演示信息(测试用)
        if (data.Count == 0)
        {
db.ProductCategories.Add(new ProductCategory() { Id = 1, Name = "文具" });
db.ProductCategories.Add(new ProductCategory() { Id = 2, Name = "礼品" });
db.ProductCategories.Add(new ProductCategory() { Id = 3, Name = "书籍" });
db.ProductCategories.Add(new ProductCategory() { Id = 4, Name = "美劳
```

```
用具" });
                db.SaveChanges();

                data = db.ProductCategories.ToList();
            }

            return View(data);
        }
```

这个时候我们可以先运行网站，查看首页是否出现正确的商品类别列表，如果没有意外的话，第一次运行你应该会看到如图 9-15 所示的界面。

商品类别

- 文具
- 礼品
- 书籍
- 美劳用具

图 9-15　显示商品类别

然后我们用 Visual Studio 2012 开启 App_Data 目录下的数据库，你将会发现所有表格都已经成功被创建，而且在 ProductCategories 数据表中也会出现我们从程序中插入的几条测试信息，如图 9-16 所示。

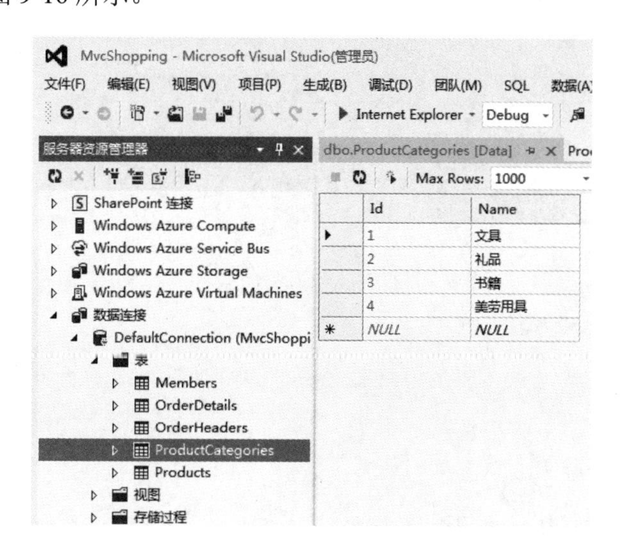

图 9-16　显示商品类别的信息

商品列表页面完成后的程序代码如下，如果排除插入演示信息的程序代码，其程序代码如下：

```
// 商品列表
public ActionResult ProductList(int id)
{
    var productCategory = db.ProductCategories.Find(id);
```

```
    if (productCategory != null)
    {
        var data = productCategory.Products.ToList();

        // 插入演示信息(测试用)
        if (data.Count == 0)
        {
            productCategory.Products.Add(new Product() { Name =
productCategory.Name + "类别下的商品1", Color = Color.Red, Description =
"N/A", Price = 99, PublishOn = DateTime.Now, ProductCategory =
productCategory });
            productCategory.Products.Add(new Product() { Name =
productCategory.Name + "类别下的商品2", Color = Color.Blue, Description =
"N/A", Price = 150, PublishOn = DateTime.Now, ProductCategory =
productCategory });
            db.SaveChanges();

            data = productCategory.Products.ToList();
        }

        return View(data);
    }
    else
    {
        return HttpNotFound();
    }
}
```

商品明细页面完成后的程序代码更少，程序如下：

```
// 商品明细
public ActionResult ProductDetail(int id)
{
    var data = db.Products.Find(id);
```

```
    return View(data);
}
```

9.5.5　会员功能

在会员功能的 Member 控制器中，与数据库相关的操作有注册会员的 Register 动作，以及登录会员时的 Login 动作。在注册会员的程序代码逻辑中，最主要的用途是将会员填写的信息保存到数据库中，但保存之前必须要先将“会员密码”加密后进行哈希处理，让保存在数据库中的密码处于一种不可逆的状态，也就是说，即便是数据库管理员取得该会员的密码字段，也无法算出该会员的真正密码，如此才能保护会员的机密信息永不外泄。

Register 动作方法完成后的程序代码如下：

```
// 密码哈希所需的Salt随机数值
private string pwSalt = "AlrySqloPe2Mh784QQwG6jRAfkdPpDa90J0i";

// 写入会员信息
[HttpPost]
public ActionResult Register([Bind(Exclude="RegisterOn,AuthCode")] Member
member)
{
    // 检查会员是否已存在
    var chk_member = db.Members.Where(p => p.Email ==
member.Email).FirstOrDefault();
    if (chk_member != null)
    {
        ModelState.AddModelError("Email","您输入的Email已经有人注册过了!");
    }

    if (ModelState.IsValid)
    {
        // 将密码加“盐”(Salt)之后进行哈希运算以提升会员密码的安全性
```

```
        member.Password =
FormsAuthentication.HashPasswordForStoringInConfigFile(pwSalt +
member.Password, "SHA1");
        // 会员注册时间
        member.RegisterOn = DateTime.Now;
        // 会员验证码，采用 Guid 当成验证码属性，避免有会员使用到重复的验证码
        member.AuthCode = Guid.NewGuid().ToString();

        db.Members.Add(member);
        db.SaveChanges();

        return RedirectToAction("Index", "Home");
    }
    else
    {
        return View();
    }
}
```

至于 Login 动作里验证用户登录的程序代码逻辑，我们先前就已经移到 ValidateUser 方法来处理，所以我们将登录所需的账号密码验证功能加在 ValidateUser 方法里即可。

ValidateUser 方法完成后的程序代码如下：

```
private bool ValidateUser(string email, string password)
{
    var hash_pw =
FormsAuthentication.HashPasswordForStoringInConfigFile(pwSalt +
password, "SHA1");

    var member = (from p in db.Members
                  where p.Email == email && p.Password == hash_pw
                  select p).FirstOrDefault();

    // 如果member对象不为null则代表会员的账号、密码输入正确
    return (member != null);
```

```
}
```

9.5.6　购物车功能

购物车里的信息，由于非会员也能使用，所以我们不打算保存到数据库中去，直接将所有添加到购物车的信息都保存在 Session 对象里，且在 CartController 类别不会有写入数据库的动作，不过因为添加购物车必须确认添加的产品信息是否存在，所以还需要通过 MvcShoppingContext 读取信息。

为了达到购物车功能的信息访问，我们先在类别层级新增一个名为 db 的字段，以及一个名为 Carts 的属性，Carts 属性声明为 List<Cart>型别，并且完全通过 Session 对象进行操作，以便我们能将用户的购物车信息都保存在内，这部分完成后的程序代码如下：

```
MvcShoppingContext db = new MvcShoppingContext();

List<Cart> Carts
{
    get
    {
        if (Session["Carts"] == null)
        {
            Session["Carts"] = new List<Cart>();
        }
        return (Session["Carts"] as List<Cart>);
    }
    set { Session["Carts"] = value; }
}
```

添加购物车的程序代码可以参考以下：

```
// 添加产品项目到购物车，如果没有传入Amount参数则默认购买数量为1
[HttpPost]
// 因为知道要通过Ajax调用这个Action，所以可以先标示[HttpPost]属性
public ActionResult AddToCart(int ProductId, int Amount = 1)
{
    var product = db.Products.Find(ProductId);
```

```
    // 验证产品是否存在
    if (product == null)
        return HttpNotFound();

    var existingCart = this.Carts.FirstOrDefault(p => p.Product.Id ==
ProductId);
    if (existingCart != null)
    {
        existingCart.Amount += 1;
    }
    else
    {
        this.Carts.Add(new Cart() { Product = product, Amount = Amount });
    }

    return new HttpStatusCodeResult(System.Net.HttpStatusCode.Created);
}
```

显示当前的购物车项目的 Action 也十分直观，直接将 Carts 信息传入 View 即可：

```
public ActionResult Index()
{
    return View(this.Carts);
}
```

移除购物车项目标的代码如下：

```
 [HttpPost]
 // 因为知道要通过Ajax调用这个Action，所以可以先标示[HttpPost]属性
public ActionResult Remove(int ProductId)
{
    var existingCart = this.Carts.FirstOrDefault(p => p.Product.Id ==
ProductId);
    if (existingCart != null)
    {
        this.Carts.Remove(existingCart);
```

```
    }
    return new HttpStatusCodeResult(System.Net.HttpStatusCode.OK);
}
```

更新购物车中特定项目的购买数量的程序代码如下：

```
[HttpPost]
// 因为知道要通过Ajax调用这个Action，所以可以先标示[HttpPost]属性
public ActionResult UpdateAmount(List<Cart> Carts)
{
    foreach (var item in Carts)
    {
        var existingCart = this.Carts.FirstOrDefault(p => p.Product.Id ==
item.Product.Id);
        if (existingCart != null)
        {
            existingCart.Amount = item.Amount;
        }
    }

    return RedirectToAction("Index", "Cart");
}
```

9.5.7 订单结账功能

订单结账功能必须将用户输入的信息写入 OrderHeader 数据模型，然后从购物车里读取所有商品购买信息后逐一写入到 OrderDetail 数据模型中。

这部分跟购物车功能一样同时要访问购物车与数据库，所以同样在类别层级设置好数据库与购物车的访问物件：

```
MvcShoppingContext db = new MvcShoppingContext();


List<Cart> Carts
{
    get
```

```
    {
        if (Session["Carts"] == null)
        {
            Session["Carts"] = new List<Cart>();
        }
        return (Session["Carts"] as List<Cart>);
    }
    set { Session["Carts"] = value; }
}
```

将订单信息与购物车信息写入数据库的 Complete 动作方法的程序代码如下：

```
[HttpPost]
public ActionResult Complete(OrderHeader form)
{
    var member = db.Members.Where(p => p.Email ==
User.Identity.Name).FirstOrDefault();
    if(member == null) return RedirectToAction("Index", "Home");

    if (this.Carts.Count == 0) return RedirectToAction("Index", "Cart");

    // 将订单信息与购物车信息写入数据库
    OrderHeader oh = new OrderHeader()
    {
        Member = member,
        ContactName = form.ContactName,
        ContactAddress = form.ContactAddress,
        ContactPhoneNo = form.ContactPhoneNo,
        BuyOn = DateTime.Now,
        Memo = form.Memo,
        OrderDetailItems = new List<OrderDetail>()
    };

    int total_price = 0;
    foreach (var item in this.Carts)
```

```
    {
        var product = db.Products.Find(item.Product.Id);
        if (product == null) return RedirectToAction("Index", "Cart");

        total_price += item.Product.Price * item.Amount;
        oh.OrderDetailItems.Add(new OrderDetail() { Product = product, Price
= product.Price, Amount = item.Amount });
    }

    oh.TotalPrice = total_price;

    db.Orders.Add(oh);
    db.SaveChanges();

    // 订单完成后必须清空现有购物车信息
    this.Carts.Clear();

    // 订单完成后回到网站首页
    return RedirectToAction("Index", "Home");
}
```

NOTES

User.Identity.Name 的值就是登录会员的账号，在本章的例子里，会员的账号就是Email。

9.5.8　回顾添加数据库与购物车功能

从既有的 ASP.NET MVC 项目添加数据库功能可以说非常简单，严格上来说，我们都只在 Controller 与 Model 中打转，几乎碰不到 View 的程序代码，如果你越做越熟练的话，甚至可以在规划 Model 的时候，就预先把本节要做的事情先完成，那么开发的步骤与流程还将更加简化。

因为购物车功能会利用 ASP.NET 的 Session 对象保存信息，不过，由于 Session 对象所传递的信息都是 object 型别，为了善于加利用“强型别”的开发方法，本节示范利用一个自定义的属性(Property)来操作 Session 中的对象，如此一来就可以用强型别的方式将 List<Cart>型别的对象从 Controller 传给 View 使用，这也是非常实用的开发技巧。

9.6 强化会员功能

当前我们的电子商务网站已经把所有页面与流程动作都完成，不过会员功能的部分还有些地方尚未完成，首先是注册会员时，必须验证会员的 Email 地址是有效的，我们会从系统发出一封邮件到会员设置的 Email 地址(就是会员账号)，当会员收到确认信后，点选邮件里的确认链接，就能确认该会员拥有一个合法且有效的 Email 信箱，这时才能让用户登录该网站进行购物。

9.6.1 修正会员注册机制

我们原本在 MemberController 就已经完成 Register 动作方法的开发，现在保存会员信息后，发出邮件给该会员，这时可以先输入一个“不存在”的 SendAuthCodeToMember 方法名称，并传入一个 member 对象，由于 SendAuthCodeToMember 尚未创建，我们可以利用 Visual Studio 提供的“智能标记(SmartTag)”功能，选择“用于生成方法存根(Stub)”的选项来帮助我们自动创建方法的程序代码框架(Stub)，如图 9-17 所示，鼠标只要接近该方法的左下角，就会出现智能标记的下拉菜单。

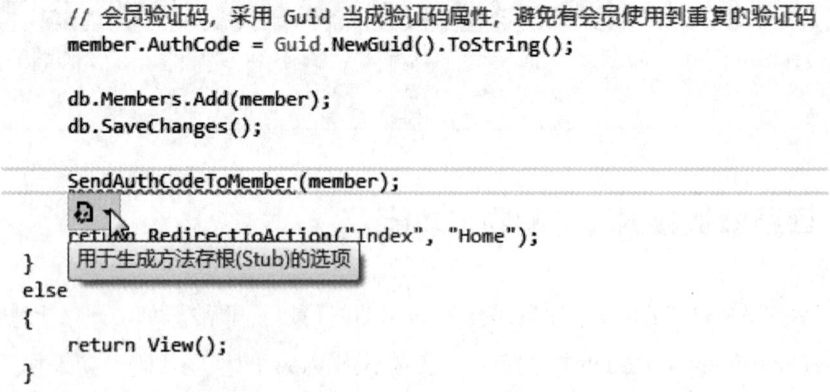

```
        // 会员验证码，采用 Guid 当成验证码属性，避免有会员使用到重复的验证码
        member.AuthCode = Guid.NewGuid().ToString();

        db.Members.Add(member);
        db.SaveChanges();

        SendAuthCodeToMember(member);

        return RedirectToAction("Index", "Home");
    }       用于生成方法存根(Stub)的选项
    else
    {
        return View();
    }
```

图 9-17　创建 SendAuthCodeToMember 方法

生成后的程序代码如下：

```
private void SendAuthCodeToMember(Member member)
{
    throw new NotImplementedException();
}
```

为了要寄信给会员，我们必须先设计一份 Email 邮件内容模板，以便从 Controller 寄信出去，我们先在 App_Data 目录下新增一个 MemberRegisterEMailTemplate.htm 文档当成模板属性，在模板里由于会插入一些会员信息变量，我们可以自行设置特殊的符号变量，作为之后要替换掉的变量名称，在我们的例子里会用{{VariableName}}来作为变量名称，以下就是完成后的邮件模板属性：

```
<!DOCTYPE html>
<html>
<body>
    <h1>会员注册确认信</h1>
    <p>亲爱的{{Name}}您好：</p>
    <p>
        由于您在{{RegisterOn}}注册成为本站会员，为了完成会员注册程序，我们请您点击以下链接用以确认您的Email地址是有效的：
        <br/>
        <a href="{{AUTH_URL}}" target="_blank">{{AUTH_URL}}</a>
    </p>
    <p>
        谢谢！
    </p>
    <p>
        "ASP.NET MVC 4 开发实战-电子商务演示"
    </p>
</body>
</html>
```

有了邮件模板后，我们就可以接着继续完成 SendAuthCodeToMember 方法，将邮件发送给会员。这个方法里有两个主要任务，一个是准备邮件属性；另一个是将邮件寄出。在准备寄送邮件的过程中，我们要将邮件内容模板中的变量替换成真正要寄给会员的属性，这里我们定义了三个变量，分别是{{Name}}，要替换成会员姓名；{{RegisterOn}}，要替换成会员注册会员的时间；{{AUTH_URL}}，要替换成验证的链接位置。

这里的{{AUTH_URL}}变量需要特别提及的有以下两点。

(1)我们先前在“控制器架构规划”一节，并没有规划到这个负责用来验证会员验证码的 Action，这也是个很常见的情况，有时候我们就是没办法想得这么完整，不过 ASP.NET MVC 的架构非常弹性，你可以随时加上想要的功能，只要把 Action 动作方法补上即可，在这里我们在 MemberController 新增一个 ValidateRegister 动作方法，稍后我们再来补上程序代码。

(2)我们利用 UriBuilder 类别会员当前浏览的网址(Request.Url)作为基底网址，只要将网址的 Path 部分换成负责用来验证会员验证码的 Action 链接即可完成，而这部分我们利用 Url.Action 辅助方法帮助我们完成。

这部分完成后的程序代码如下：

```
string mailBody =
System.IO.File.ReadAllText(Server.MapPath("~/App_Data/MemberRegisterEMa
ilTemplate.htm"));


mailBody = mailBody.Replace("{{Name}}", member.Name);
mailBody = mailBody.Replace("{{RegisterOn}}",
member.RegisterOn.ToString("F"));
var auth_url = new UriBuilder(Request.Url)
{
    Path = Url.Action("ValidateRegister", new { id = member.AuthCode }) ,
    Query = ""
};
mailBody = mailBody.Replace("{{AUTH_URL}}", auth_url.ToString());
```

TIPS

在 ASP.NET MVC 中，千万不要把网址写死在程序里，因为在维护网站的过程中，很有可能 http://blog.miniasp.com/post/2008/10/URL-URI-Description-and-usage-tips.aspx 会更改 ASP.NET MVC 的网址路由，只要更改路由设置，网址路径就会变化，如果把网址写死的话，确认信中的网址也就不对了！所以建议尽量利用 Url.Action 辅助方法来生成网址。

接着我们来写寄出邮件的程序代码。这里我们以通过 Gmail 的 SMTP 为例，你必须设置一组 Gmail 的账号、密码才能进行测试，而在 mail.From 的地方你可以设置一个 Gmail 邮件地址作为邮件的寄件人。当然，你若要使用在正式环境下，请更改成正确的

SMTP 与寄件人信息，千万别用 Gmail 来发送大量邮件，以免账号被 Gmail 停权。这部分完成后的程序代码如下：

```
try
{
    SmtpClient SmtpServer = new SmtpClient("smtp.gmail.com");
    SmtpServer.Port = 587;
    SmtpServer.Credentials = new
System.Net.NetworkCredential("YourGmailAccount", "password");
    SmtpServer.EnableSsl = true;

    MailMessage mail = new MailMessage();
    mail.From = new MailAddress("YourGmailAccount@gmail.com");
    mail.To.Add(member.Email);
    mail.Subject = "“我的电子商务网站”会员注册确认信";
    mail.Body = mailBody;
    mail.IsBodyHtml = true;

    SmtpServer.Send(mail);
}
catch (Exception ex)
{
    throw ex;
    // 发生邮件寄送失败，需记录进数据库备查，以免有会员无法登录
}
```

完成后可以立即做个测试，在会员注册完成后，看是否能收到会员注册确认信的邮件，如能正确收到，应该会看到类似图 9-18 所示的邮件属性。

会员注册确认信

亲爱的 保哥 您好：

由于您在 Friday, February 15, 2013 4:59:07 PM 注册成为本站会员，为了完成会员注册程序，我们请您点击以下连结用以确认您的Email地址是有效的：
http://localhost:1130/Member/ValidateRegister/eb6ce849-ade4-4d38-aaf3-637b46bc3e79

谢谢！

【ASP.NET MVC 4 开发实战-电子商务演示】

图 9-18　会员注册确认信

NOTES

有关网址结构的相关知识，请参考笔者博客的文章：讲解 URL 结构与分享几个相对路径与绝对路径的开发技巧

http://blog.miniasp.com/post/2008/10/URL-URI-Description-and-usage-tips.aspx

9.6.2 完成会员 E-mail 验证功能

当用户点击链接到 MemberController 的 ValidateRegister 动作方法，会传入一个 id 路由值，这个路由值就是会员的 AuthCode，我们只要从数据库比对出相同的 AuthCode 并找出会员信息，就代表这是个尚未验证过的会员，验证通过后，就可以将该会员的 AuthCode 字段信息清除，并回写数据库。

另外，我们也必须判断出找不到会员验证码的情况，通常这种情况会发生在会员已经验证过，但再次点击邮件中的链接才会再次进来，遇到这种情况，我们可以利用 TempData 将要告知用户的消息暂存起来，等最后重新导向到 MemberController 的 Login 动作之后，再显示这个消息。这部分完成后的程序代码如下：

```
public ActionResult ValidateRegister(string id)
{
    if (String.IsNullOrEmpty(id))
        return HttpNotFound();

    var member = db.Members.Where(p => p.AuthCode == id).FirstOrDefault();

    if (member != null)
    {
        TempData["LastTempMessage"] = "会员验证成功，您现在可以登录网站了！";
        // 验证成功后要将 member.AuthCode 的属性清空
        member.AuthCode = null;
        db.SaveChanges();
    }
    else
    {
        TempData["LastTempMessage"] = "查无此会员验证码，您可能已经验证过了！";
```

```
    }

    return RedirectToAction("Login", "Member");
}
```

接着我们更改一下 Login.cshtml 视图页面，让该页面能输出 TempData["LastTemp-Message"]的属性，我们可以将这部分程序撰写在@section Scripts 这个程序代码区块即可。完成后的代码段如下：

```
@section Scripts {
    @Scripts.Render("~/bundles/jqueryval")

    @if (TempData["LastTempMessage"] != null)
    {
    <script>

alert('@HttpUtility.JavaScriptStringEncode(Convert.ToString(TempData
["LastTempMessage"]))');
    </script>
    }
}
```

由于我们使用 JavaScript 的 alert()方法输出消息，所以记得在传入 JavaScript 的字符串时必须使用 HttpUtility.JavaScriptStringEncode 方法进行编码，确保输出的文字符合 JavaScript 的字符串格式。

9.6.3　修正会员登录机制

由于添加了会员验证状态的判断，所以我们也要限定会员登录时是否已通过验证，如果验证尚未通过的话，要拒绝该会员登录，这时我们可以调整一下登录时所需的 ValidateUser 方法，将这些逻辑添加。另外，我们原本写在 Login 激活的 ModelState.AddModelError 方法也会移入 ValidateUser 方法内，这部分完成后的程序代码如下：

```
private bool ValidateUser(string email, string password)
{
```

```
    var hash_pw =
FormsAuthentication.HashPasswordForStoringInConfigFile(pwSalt +
password, "SHA1");

    var member = (from p in db.Members
                  where p.Email == email && p.Password == hash_pw
                  select p).FirstOrDefault();

    // 如果member对象不为null，则代表会员的账号、密码输入正确
    if (member != null) {
        if (member.AuthCode == null) {
            return true;
        } else {
            ModelState.AddModelError("", "您尚未通过会员验证，请收信并点击会员验
证链接!");
            return false;
        }
    } else {
        ModelState.AddModelError("", "您输入的账号或密码错误");
        return false;
    }
}
```

这时，如果尚未通过验证的会员试图登录，就会看到如图 9-19 所示的错误消息。

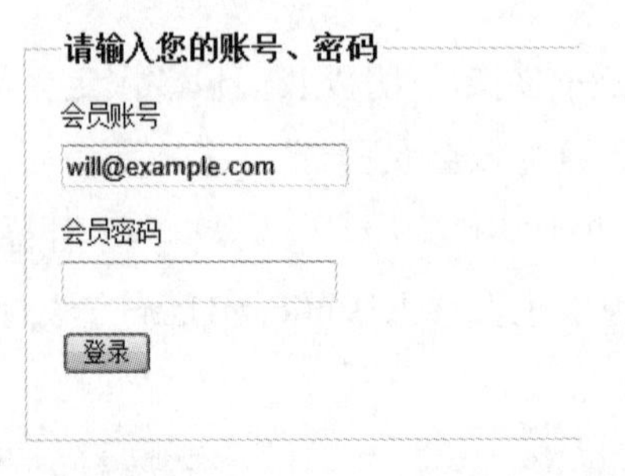

图 9-19　尚未通过验证的会员登录的错误消息

9.6.4　检查会员注册的账户是否重复

会员注册的时候，不允许会员注册重复的账户名称，这在我们 MemberController 的 Register 动作中已经处里过，但如果我们想在 View 视图页面中加上客户端 JavaScript 检查，ASP.NET MVC 也提供了一种远程验证的机制，可以让网页在不换页的情况下就能取得验证结果，这部分同样是通过 jQuery Validate 套件帮助我们完成，通过 ASP.NET MVC 的帮助，我们甚至可以完全不碰触 View 视图页面，就能满足这个需求。

要使用 ASP.NET MVC 的远程验证功能，有两个地方必须设置，一个是在 Member 数据模型类别的 Email 属性上新增一个 Remote 属性(Attribute)，这个属性必须传入要运行远程验证的 Controller 与 Action 名称，在这个例子中，我们的 Action 名称用 CheckDup，而 Controller 设置为 Member。另外，你也可以指定远程验证时要用的 HTTP 方法(HttpMethod)，例如，我们可以指定用 POST 方法。这部分更改后代码段如下：

```
[DisplayName("会员账号")]
[Required(ErrorMessage = "请输入Email地址")]
[Description("我们直接以Email作为会员的登录账号")]
[MaxLength(250, ErrorMessage = "Email地址长度无法超过250个字符")]
[DataType(DataType.EmailAddress)]
[Remote("CheckDup", "Member", HttpMethod="POST", ErrorMessage="您输入的
Email已经有人注册过了!")]
public string Email { get; set; }
```

另一个就是在 MemberController 里新增一个 CheckDup 动作，好接收客户端发过来的验证要求。这部分的程序代码完成后如下：

```
[HttpPost]
public ActionResult CheckDup(string Email)
{
    var member = db.Members.Where(p => p.Email == Email).FirstOrDefault();

    if (member != null)
        return Json(false);
    else
        return Json(true);
}
```

在撰写提供远程验证的 Action 时，有四个注意事项。

(1)传入的参数名称必须等同于要验证的那个属性名称。例如，我们要验证 Email 属性是否重复，那么我们的 CheckDup 激活的第一个参数就必须使用 Email 作为变量名称，这样才能通过模型绑定取得信息。

(2)结果必须使用 JsonResult 回传，可以使用 System.Web.Mvc.Controller 基类中的 Json 辅助方法帮助我们输出这个结果。

(3)回传的信息，只要响应结果是 true，就代表验证成功(代表账号没有重复)，如果回传 false 就会被视为验证失败，并显示默认的错误消息。除此之外，只要任何不是 true 或 false 的属性，都会被视为验证失败时的自定义错误消息，如下程序演示：

```
return Json("您输入的Email已经有人注册过了!");
```

(4)如果你使用 HTTP GET 方法进行验证，那么你的 Json 辅助方法必须输入第二个参数，明确指定允许 GET 方法调用这个动作，如下程序演示：

```
return Json(false, JsonRequestBehavior.AllowGet);
```

设置好之后先建置网站，立刻就能测试远程验证是否成功，我们也可以开启 IE 开发者工具分析远程验证的过程，浏览器确实会发出一个 Ajax 要求到/Member/CheckDup，并取得一个验证结果，如图 9-20 所示。

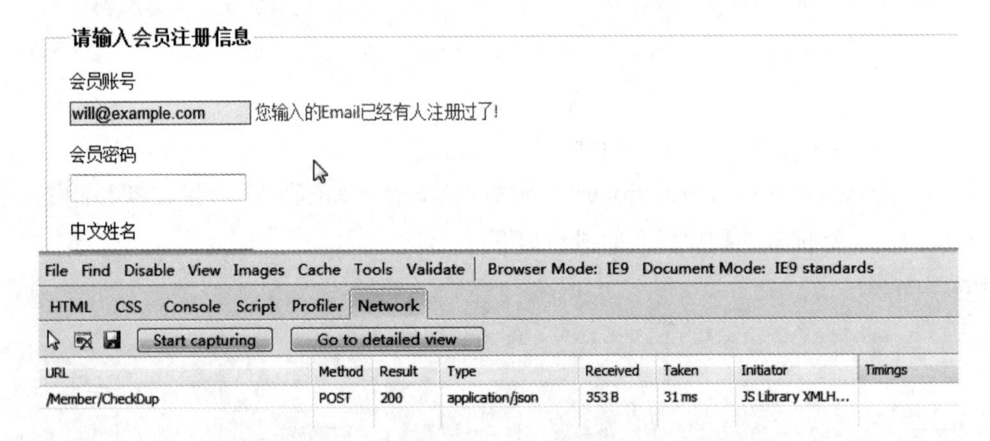

图 9-20 使用 ASP.NET MVC 提供的远程验证功能

9.7 强化现有的 ASP.NET MVC 程序

本章实作已经渐渐进入尾声，我们再针对几个可以改善的部分做出调整，务必做到 ASP.NET MVC 强调的“关注点分离”与“不要重复你自己”这些重要的基本观念。

9.7.1　抽离多个 Controller 重复的程序代码

到当前应该可以发现，在不同的 Controller 里出现了不少重复的程序代码，尤其是 MvcShoppingContext db 这一段声明存在于每个 Controller 类别中，我们可以将这些程序代码统一并集中到一个自定义的基类中。

我们先分析一下在不同 Controller 中，到底有多少重复的程序代码，可以发现除了每一个 Controller 里都有 db 字段(Field)之外，在 OrderController 与 MemberController 里也共享了一个 Carts 属性(Property)，为了开发方便，我们也可以将这段抽取出来放入基类中。

在 Controllers 目录下新增一个 BaseController.cs 类别，并将每一个 Controller 类别里都有的 MvcShoppingContext 以及 Carts 属性定义全部移到这边来，请注意这两个类别层级的字段与属性移过来之后，要声明成 public 或 protected 才能让继承的子类别访问。最后完成的 BaseController 程序代码如下：

```
using MvcShopping.Models;
using System.Collections.Generic;
using System.Web.Mvc;

namespace MvcShopping.Controllers
{
    public class BaseController : Controller
    {
        protected MvcShoppingContext db = new MvcShoppingContext();

        protected List<Cart> Carts
        {
            get
            {
                if (Session["Carts"] == null)
                {
                    Session["Carts"] = new List<Cart>();
                }
                return (Session["Carts"] as List<Cart>);
```

```
            }
            set { Session["Carts"] = value; }
        }
    }
}
```

接着我们把每一个Controller类别里的父类别声明改成BaseController，程序如下所示：

```
public class HomeController : BaseController
```

当然也要记得每一个Controller类别里的db与Carts也要移除，因为我们已经将这些字段与属性都移到BaseController父类别了。

9.7.2 将调试用的程序代码区分不同配置

每一个通过Visual Studio创建的项目默认都会区分Debug与Release配置，在实务上我们经常会利用这个配置来帮助我们编译不同环境使用的程序，如图9-21所示是切换方案配置的界面：

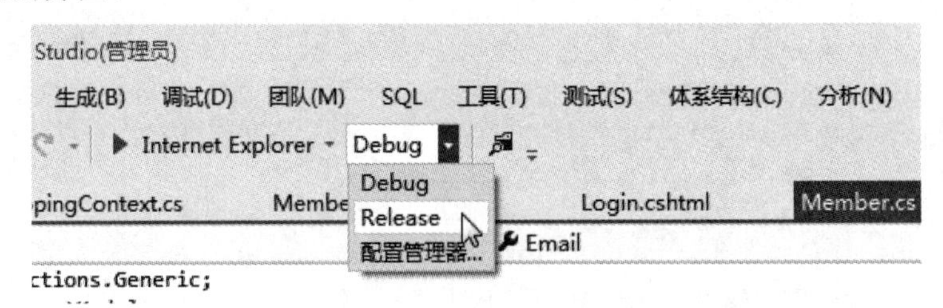

图9-21 切换方案配置

我们在HomeController里曾经有几个Action添加过几段创建默认信息的程序代码，这时我们就可以利用#if与#endif指示词(Directive)设置特定程序代码区段是否要出现在特定方案配置下，如下程序演示：

```
public ActionResult Index()
{
    var data = db.ProductCategories.ToList();
#if DEBUG
    // 插入演示信息(测试用)
    if (data.Count == 0)
    {
        db.ProductCategories.Add(new ProductCategory() { Id = 1, Name = "
```

```
文具" });
        db.ProductCategories.Add(new ProductCategory() { Id = 2, Name = "
礼品" });
        db.ProductCategories.Add(new ProductCategory() { Id = 3, Name = "
书籍" });
        db.ProductCategories.Add(new ProductCategory() { Id = 4, Name = "
美劳用具" });
        db.SaveChanges();
        data = db.ProductCategories.ToList();
    }
#endif

    return View(data);
}
```

上述演示中，DEBUG 是一个预先定义好的常量，这个常量是给 C#编译程序看的，而 Visual Studio 会帮助我们处理好所有编译时期的细节。而#if DEBUG 的意思是，当前项目选择 DEBUG 配置时，这段程序代码才会被编译进.NET 组件(DLL)里。

这时你也可以试试将 Visual Studio 的方案配置切换到 Release 配置，从 Visual Studio 就会看到这段使用#if DEBUG 与#endif 范围包覆的程序代码全都变成了灰阶色，也代表着在 Release 配置下编译该程序代码不会被编译进.NET 组件。

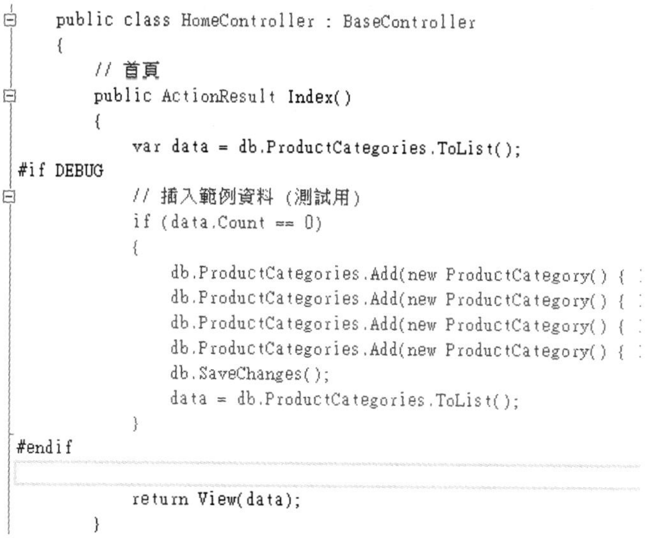

```
public class HomeController : BaseController
{
    // 首頁
    public ActionResult Index()
    {
        var data = db.ProductCategories.ToList();
#if DEBUG
        // 插入範例資料 (測試用)
        if (data.Count == 0)
        {
            db.ProductCategories.Add(new ProductCategory() {
            db.ProductCategories.Add(new ProductCategory() {
            db.ProductCategories.Add(new ProductCategory() {
            db.ProductCategories.Add(new ProductCategory() {
            db.SaveChanges();
            data = db.ProductCategories.ToList();
        }
#endif

        return View(data);
    }
```

图 9-22　切换至 Release 方案配置时，在 Visual Studio 程序代码编辑器中的颜色变化

9.7.3 替产品列表加上分页功能

当商品信息越来越多，实作分页是个必要的功能，要在 ASP.NET MVC 实作分页可以采用网络上大多数人使用的 PagedList 函数库，这个函数库可通过 NuGet 套件管理员来安装，支持 ASP.NET MVC 的 NuGet 套件名称为 PagedList.Mvc。图 9-23 所示是通过 NuGet 套件管理员安装的界面。

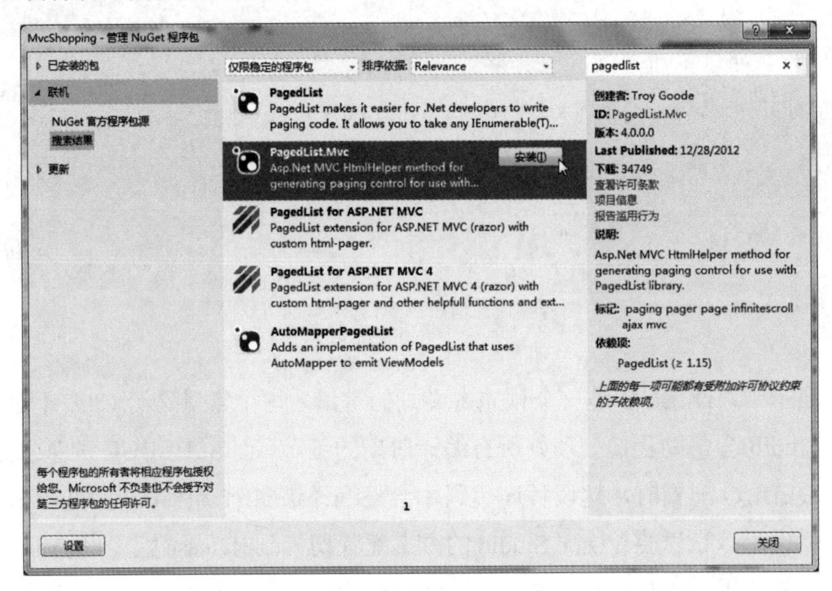

图 9-23　通过 NuGet 管理员安装 PagedList.Mvc 分页套件

NOTES

关于 PagedList 函数库可以参考以下网址:

https://github.com/TroyGoode/PagedList

在 ASP.NET MVC 通过 PagedList.Mvc 分页套件实作分页功能，主要开发工作可以拆解成以下三个部分。

- 取得 IEnumerable 或 IQueryable 型别的源数据，或继承这两个型别的子类别也可以。
- 通过 ToPagedList 扩充方法，取得分页后的结果信息，并将信息传入 View 里。
- 在 View 页面中通过@Html.PagedListPager 辅助方法输出分页所需的分页导览链接。

我们先在 HomeController 的 ProductList 动作中实作分页功能。实作分页的第一步是取得 IEnumerable 或 IQueryable 型别的源数据，而我们的程序里就已经取得了一个 List<Product>的信息，而 List<Product>本身就是 IEnumerable 的子类别，所以这里取得的信息可以直接用来作为 PagedList.Mvc 分页套件的源数据。

```
var data = productCategory.Products.ToList();
```

第二步是通过 ToPagedList 扩充方法，取得分页后的结果信息，并将信息传入 View 里。由于要使用 ToPagedList 扩充方法，因此我们必须先在 HomeController.cs 类别最上方引用 PagedList 命名空间才能使用：

```
using PagedList;
```

我们原本是传入 data 到 View 里，但现在要通过 ToPagedList 扩充方法取得分页信息，使用 ToPagedList 扩充方法时，pageNumber 参数是页码，其值从 1 开始算起，另一个 pageSize 参数是每页取得的信息条数，更改后的代码段如下：

```
var pagedData = data.ToPagedList(pageNumber: 1, pageSize: 10);
return View(pagedData);
```

由于通过 ToPagedList 扩充方法取得的信息型别为 IPagedList<T>，这个型别也是继承自 IEnumerable<T>，所以原本做好的强类型视图页面并不会有任何影响，如果你在特定类别下的产品数量超过 10 条的话，通过上述程序运行后，最多就只会显示 10 条信息，因为已经被 ToPagedList 扩充方法限定了输出量。

第三步是在页面中通过@Html.PagedListPager 扩充方法输出分页所需的分页导览链接，使用扩充方法之前，应该要先装入其命名空间才能使用，在 View 页面最上方必须先装入两个命名空间才能使用这个扩充方法，演示如下：

```
@using PagedList
@using PagedList.Mvc
@model IEnumerable<MvcShopping.Models.Product>
```

分页输出因为涉及 HTML 版面，在 PagedList.Mvc 分页套件里内建了一个 CSS 样式表单，位于项目的 Content 目录下，文档名为 PagedList.css，该套件提供了一个默认的分页所需的样式，在使用@Html.PagedListPager 扩充方法之前必须先装入这个样式表单文档，才能看到比较漂亮的分页版面。可以直接在页面中装入，也可以在主版页面中装入，语法如下：

```
<link href="~/Content/PagedList.css" rel="stylesheet" />
```

@Html.PagedListPager 扩充方法总共有三个参数可以传入，第一个是 list 参数，要传入型别为 IPagedList<T>的信息；第二个是 generatePageUrl 参数，负责传入一个 Func<int, string>型别，传入的 int 参数是生成分页链接时的页码编号，回传的 string 型别则是一个超链接的 URL 地址；第三个 options 参数则是用来微调分页输出的用途，需传入一个 PagedListRenderOptions 型别的物件。

在我们的例子里，只要输入 list 与 generatePageUrl 即可，而传入 list 参数之前，记得要将型别转为 IPagedList<T>，generatePageUrl 参数部分，则通过 Url.Action 辅助方法帮助我们生成分页的链接，传入 Url.Action 辅助方法的 Action 名称必须和现有页面的 Action 名称一样，而最后传入的路由参数 p 则是要传入的页码。完成后的代码段如下：

```
@{
    var data = Model as IPagedList<MvcShopping.Models.Product>;
}
@Html.PagedListPager(list: data, generatePageUrl: page =>
Url.Action("ProductList", new { p = page }))
```

设置完成后的运行界面如图 9-24 所示。

首页 | 购物车 | 登录 | 注册

商品信息

您正在浏览【文具】分类的商品：

商品名称	商品简介	商品售价	添加购物车
文具类别下面的商品一	N/A	30	添加购物车
文具类别下面的商品一	N/A	150	添加购物车
文具类别下面的商品一	N/A	20	添加购物车
文具类别下面的商品一	N/A	40	添加购物车
文具类别下面的商品一	N/A	30	添加购物车
文具类别下面的商品一	N/A	30	添加购物车
文具类别下面的商品一	N/A	30	添加购物车
文具类别下面的商品一	N/A	30	添加购物车
文具类别下面的商品一	N/A	30	添加购物车
文具类别下面的商品一	N/A	30	添加购物车

1 2 »

图 9-24　通过 Html.PagedListPager 输出的界面

假设图 9-24 的超链接为：

```
http://localhost:21994/Home/ProductList/1
```

当你单击“Next →”跳到下一页后，网址列会因为传入 p 路由参数的关系，会多出 p 这个查询字符串，如下所示：

```
http://localhost:21994/Home/ProductList/1?p=2
```

但这时你会发现，不管怎样换页都只会停在第一页，那是因为我们的 Controller 还没有针对传入的 p 查询字符串做出反应，所以我们还需要微调一下 ProductList 动作方法，新增一个传入的 p 参数，并且给予一个默认值 1，代表当没有传入 p 参数时默认就是显示第一页。所以我们最后将 ProductList 完成的程序代码如下：

```
public ActionResult ProductList(int id, int p = 1)
{
    var productCategory = db.ProductCategories.Find(id);
```

```
    if (productCategory != null)
    {
        var data = productCategory.Products.ToList();

        var pagedData = data.ToPagedList(pageNumber: p, pageSize: 10);

        return View(pagedData);
    }
    else
    {
        return HttpNotFound();
    }
}
```

完成后，完整的分页功能就已经设置完毕，如图 9-25 所示就是切换到第 3 页的界面。

商品信息

您正在浏览【文具】分类的商品：

商品名称	商品简介	商品售价	添加购物车
文具类别下面的商品二	N/A	30	添加购物车
文具类别下面的商品二	N/A	30	添加购物车
文具类别下面的商品二	N/A	30	添加购物车
文具类别下面的商品二	N/A	30	添加购物车
文具类别下面的商品二	N/A	30	添加购物车
文具类别下面的商品二	N/A	30	添加购物车
文具类别下面的商品二	N/A	30	添加购物车
文具类别下面的商品二	N/A	30	添加购物车
文具类别下面的商品二	N/A	30	添加购物车
文具类别下面的商品二	N/A	30	添加购物车

« 1 2 3 4 »

图 9-25　正常运行分页的界面

NOTES

如果要在 Ajax 环境下 View 里使用 Html.PagedListPager 辅助方法，可以传入另一个 options 参数(PagedListRenderOptions.EnableUnobtrusiveAjaxReplacing)，以下是设置 options 参数时的使用演示，如下演示中的#MainContent 则是当分页页面通过 Ajax 回传后要替换的元素 ID，例如：<div id="MainContent">。

```
@Html.PagedListPager(list: Model as IPagedList,
generatePageUrl: page => Url.RouteUrl(new { p = page }),
options: PagedListRenderOptions.EnableUnobtrusiveAjaxReplacing(
PagedListRenderOptions.MinimalWithPageCountText, "#MainContent"))
```

9.8 总 结

本章详尽地讲解一个电子商务网站的开发过程，也分享了更多实务上 ASP.NET MVC 的开发细节，希望读者能用心体会每个细节的重点并加以融会贯通，相信开发过几个案例之后，更能掌握ASP.NET MVC的精妙之处，也能轻盈地游走在ASP.NET MVC的开发大道上。

如果有看不懂的地方，欢迎到MSDN论坛的ASP.NET与AJAX(ASP.NET and AJAX)讨论版发问，我会尽可能回答大家的问题。网址如下：http://social.msdn.microsoft.com/Forums/zh-TW/236/threads

第 10 章　ASP.NET MVC 开发技巧

笔者将一些实务开发上经常使用的技巧整理在本章，相信通过这些开发技巧将有助于提升 ASP.NET MVC 解决方案资源管理器的开发效率与安全性。

10.1　强化网站安全性：避免跨网站脚本攻击(XSS)

网站的安全性非常重要，有种常见的跨网站脚本攻击(XSS)就是利用网站既有的漏洞将不应该输入的信息从一个网站传送到另一个网站。而这类 XSS 攻击又分为“你的网站攻击别人的网站”或是“别人的网站攻击你的网站”两种。

在 ASP.NET MVC 里，这两种攻击情境都内建了相对应的防护措施，要防止“你的网站攻击别人的网站”，可以使用 Html.Encode、Url.Encode 或 Ajax.JavaScriptStringEncode 辅助方法；而防止“别人的网站攻击你的网站”则使用 AntiForgeryToken 辅助方法。

10.1.1　使用 Html.Encode 辅助方法

若使用 Razor 语法，任何通过@方式输出的内容预设都是经过 HTML 编码过的，因此不需要特别使用 Html.Encode 辅助方法。但若使用 WebFormView 来撰写 ASPX 风格的检视页面，那就必须区分清楚使用的时机。

如果使用 ASP.NET 3.5 以前的语法，那么在输出任何内容到网页上时，都必须用 Html.Encode 辅助方法来避免 XSS 攻击，范例代码如下：

```
<%= Html.Encode("<script>alert('XSS');</script>") %>
```

如果使用 ASP.NET 4.0 之后提供的特殊语法，那么预设输出也将会是 HTML 编码过的版本，范例代码如下：

```
<%: "<script>alert('XSS');</script>" %>
```

10.1.2 使用 Url.Encode 辅助方法

在 ASP.NET MVC 里面若使用 Html.ActionLink 或 Url.Action 辅助方法输出超链接，在设定 routeValues 参数时，有些参数会自动变成网址的查询字串(Query String)，这个转换的过程 ASP.NET MVC 也会自动帮你将查询字串进行 Url 编码。

不过，如果你想要额外进行 Url 编码的话，还是可以使用 Url.Encode 辅助方法来实现，以下是使用范例：

```
<a href="/Home/GetLink?link=@Url.Encode("http://blog.miniasp.com/")">前往链接</a>
```

输出的结果将会是：

```
<a href="/Home/GetLink?link=http%3a%2f%2fblog.miniasp.com%2f">前往链接
</a>
```

10.1.3 使用 Ajax.JavaScriptStringEncode 辅助方法

有时我们可能会把数据库读出来的文字输出成 JavaScript 字符串，并使这个字符串能够让页面上的 JavaScript 程序来使用，如果输出的文字里包含了恶意的 XSS 攻击字串，只要没有经过适当的编码，就有可能会导致网站遭受各种不同的 XSS 攻击，例如，Stored XSS。

也因此，如果想在页面上输出 JavaScript 字符串，建议使用 Ajax.JavaScriptString-Encode 辅助方法进行文字编码，确保输出的 JavaScript 字符串不会含有恶意的 XSS 攻击字符串。以下是使用范例。

假设我们的 Action 代码如下：

```
public ActionResult Index()
{
    ViewBag.LastError = "alert('ok')";
    return View();
}
```

当要输出 ViewBag.LastError 时，可以用以下方式编码后输出：

```
<script type="text/javascript">
var lastError = '@Html.Raw(Ajax.JavaScriptStringEncode(ViewBag.LastErro
r))';
    alert(lastError);
</script>
```

这里尤其要注意的是，由于使用 Razor 的@语法输出预设会将输出结果再加上一次 HTML 编码，所以如果要想输出一个 JavaScript 字符串的话，必须要加上 Html.Raw 才能输出正确无误的 JavaScript 字符串！

10.1.4　使用 AntiForgeryToken 辅助方法强化表单安全性

我们假想一个情境，有个流量颇大的论坛网站因为被发现 XSS 弱点被植入了一个表单，该表单被设定成若有人输入数据，就会将表单传送到你的网站特定的一个表单里，企图使你的网站瘫痪，或写入恶意数据到你的数据库中，遇到这种类型的 XSS 攻击，身为网站管理者可能会觉得无辜，因为你的网站并没有弱点，而是因为别人的弱点而导致你的网站被连带攻击。

为了防止这种“别人的网站攻击你的网站”的情况，ASP.NET MVC 内建了一个防护机制，你只要在 View 里使用 Html.AntiForgeryToken 辅助方法，并搭配接收 POST 数据的 Action 套用 ValidateAntiForgeryToken 属性(Attribute)即可做出适当防护，避免其他网站发送表单数据到你网站的情况。以下是使用 AntiForgeryToken 辅助方法强化表单安全性的范例。

假设我们要保护会员登录页面，这时我们先看一下 Controller 的框架，并且在套用 HttpPost 的 Action 上套用一个 ValidateAntiForgeryToken 属性(Attribute)，以便保护这个 Action 不被其他网站的 XSS 弱点攻击，代码范例如下：

```
// 显示会员登录页面
public ActionResult Login(string returnUrl)
{
    return View();
}

// 执行会员登录
[HttpPost]
```

```
[ValidateAntiForgeryToken]
public ActionResult Login(string email, string password, string returnU
rl)
{
    return View();
}
```

这时，你就可以直接尝试执行一次会员登录，该 Action 因为加上了 ValidateAntiForgeryToken 属性(Attribute)进而保护该 Action 不被他站恶意的 XSS 弱点所攻击，所以只要非经本站验证过的表单是无法成功执行 Login 的，错误信息如图 10-1 所示。

"/"应用程序中的服务器错误。

所需的防伪 Cookie"__RequestVerificationToken"不存在。

说明: 执行当前 Web 请求期间，出现未经处理的异常。请检查堆栈跟踪信息，以了解有关该错误以及代码中导致错误的出处的详细信息。

异常详细信息: System.Web.Mvc.HttpAntiForgeryException: 所需的防伪 Cookie"__RequestVerificationToken"不存在。

源错误:

执行当前 Web 请求期间生成了未经处理的异常。可以使用下面的异常堆栈跟踪信息确定有关异常原因和发生位置的信息。

图 10-1　需要的反仿冒表单栏位“__RequestVerificationToken”不存在

接着我们在第一个 Login 动作方法相对应的 View 里的表单内加上 Html.AntiForgeryToken 辅助方法，并且这个表单必须以 Html.BeginForm()声明才行，单纯用 HTML 的<form>标签是不行的，如图 10-2 所示。

图 10-2　加入@Html.AntiForgeryToken 辅助方法

套用上去之后，会员登录表单就能正确执行。

补充说明

Html.AntiForgeryToken 辅助方法会写入一个加密过的数据到用户端浏览器的 Cookie 里，然后在表单内插入一个名为__RequestVerificationToken 的隐藏栏位。该隐藏栏位的内容，在每次重新整理页面后都会不一样，每次执行 Action 动作方法时，都会让这个隐藏栏位的值与 Cookie 的加密数据进行验证比对，符合验证后才会允许执行这个 Action 方法。

10.2　在 ASP.NET MVC 与 ASP.NET Web Form 之间传递数据

在第 2 章提到过 ASP.NET Web Forms 与 ASP.NET MVC 其实是共用同一套 ASP.NET 框架，底层是一样的，两者之间有个很大的共同特性，那就是这两个技术都是实作 IHttpHandler 来处理网页，因此若要在两个网页之间传递数据，不外乎有以下几种方法。

10.2.1　HTTP GET (QueryString)或 HTTP POST

在 ASP.NET MVC 或 ASP.NET Web Form 中都可以设计表单，要将表单数据从 ASP.NET MVC 输出到 ASP.NET Web Form 页面就和 ASP.NET Web Form 输出表单数据到 ASP.NET Web Form 一样，只差在 ASP.NET MVC 没有 ViewState 可以传给 ASP.NET Web Form。

反过来说，即便 ASP.NET Web Form 会多出一些__VIEWSTATE、__EVENTVALIDATION 等隐藏栏位，不过，对 ASP.NET MVC 来说也只是一般的表单栏位而已，所以不会影响彼此之间的数据传递。

在 ASP.NET Web Form 中有 Cross-Page Posting 机制，事实上，也可以利用这个机制动态地让 ASP.NET Web Form 网页将表单数据输出到 ASP.NET MVC 的页面。

10.2.2　Session

如果 ASP.NET MVC 或 ASP.NET Web Form 在同一个应用程序之下共用 Session 是完全没问题的，两者之间由于共用同一个 ASP.NET 框架，所以，通过 Session 来传递数据其实非常方便。

如果 ASP.NET MVC 或 ASP.NET Web Form 不在同一个应用程序之下(不同站点或

不同虚拟目录)，那就无法彼此互通 Session，详细的分析建议参考笔者的部落格文章"如何让 IIS6/IIS7 中同站台不同应用程序间共用 Session 资料"(http://blog.miniasp.com/post/2010/01/24/How-to-Share-Session-Across-Applications-in-a-Site.aspx)。

10.2.3 Cookie

Cookie 是一种将数据存储在用户端的技术，通过 Cookie 在 ASP.NET Web Form 与 ASP.NET MVC 之前传递数据虽然可行，不过并不建议这么做，主要的原因在于，Cookie 的存储空间与数量都有明确的限制。以下是使用 Cookie 时的主要限制。

- 每个 domain 最多 300 个 Cookies。
- 每个 domain 最多存储 4096(4KB)数据。

除了上述这些限制以外，只要 Cookies 存储在用户端，且设定的域名、路径都符合的话，每个 HTTP 要求都会输出一次完整的 Cookies 数据。举个例子来说，一个页面中如果载入 2 个 CSS 文档、8 个 JavaScript 文档、外加 20 张图片，若你在响应页面时，写入一个 Cookie 到用户端，那么这个 Cookie 的完整内容将会从用户端浏览器传至伺服器高达 30 次，这将会造成消耗过多频宽以及网页响应速度变慢等负面影响。

不过，一般在实务上很少有人会对 Cookie 做路径规划，也就是说，从首页写入的 Cookie 数据，同一个 Cookie 数据将会共用于相同域名下的所有网页之间。

10.3 ASP.NET MVC 的多国语系支持

现今的企业越来越走向国际化，因此在创建网站的同时，经常会制作多国语系网站的需求，在以往 ASP.NET Web Form 已经提供许多全球化和当地语系化的机制，还好到了 ASP.NET MVC，大部分的机制都仍然可以使用，除了原本与控制项相关机制较为麻烦外，其他的功能其实跟之前没两样。

由于 ASP.NET MVC 架构上的改变，在 ASP.NET MVC 中几乎不会使用控制项来开发，所以在 ASP.NET MVC 中，若要用以前 ASP.NET Web Form 的经验来开发，就显得有点行不通，在此将介绍使用.NET 共同的数据档存取方式来开发，除了比较简单易用之外，也能通过强型别的方式进行数据档取用。

首先，在 ASP.NET MVC 专案的根目录加入 App_GlobalResources 目录，单击鼠标右键，在弹出的快捷菜单中选择"添加"→"添加 ASP.NET 文件夹"→App_GlobalResources 命令，如图 10-3 所示。

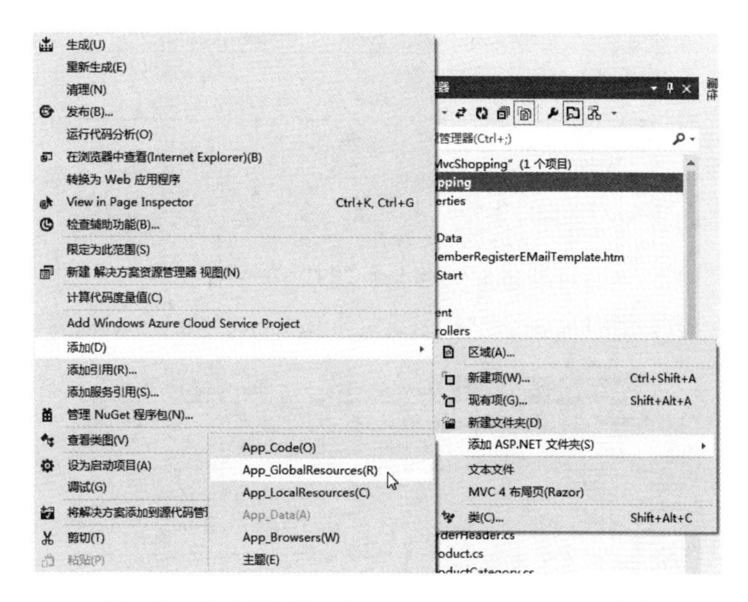

图 10-3 在方案总管加入 App_GlobalResources 文件夹

在 App_GlobalResources 目录下新增一个资源档项目，选择“添加”→“新建项”命令，选择资源文件并命名为 Resource1.resx，如图 10-4 所示。

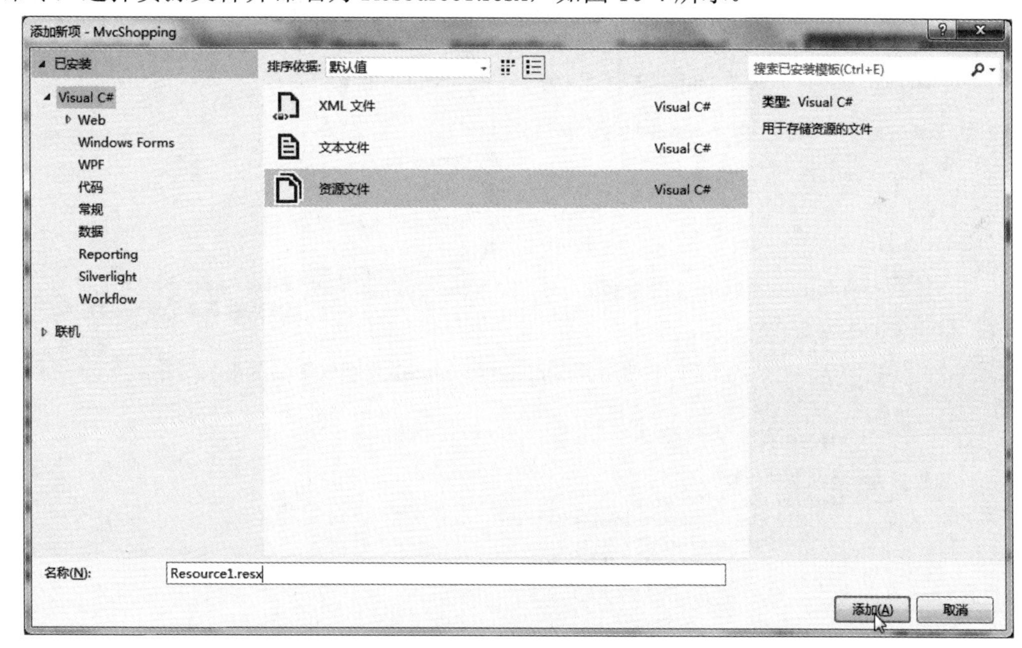

图 10-4 新增资源档项目

我们新增一个名为 TEST 的字符串项目进去，在“值”的地方先输入一些中文字，如图 10-5 所示。

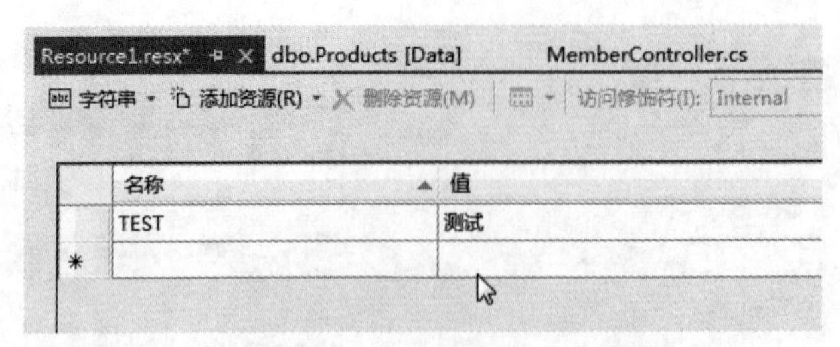

图 10-5　新增一个 TEST 字串项目

再新增一个资源档项目，并将文档名设定为 Resource1.en-US.resx(英文语系资源档)。

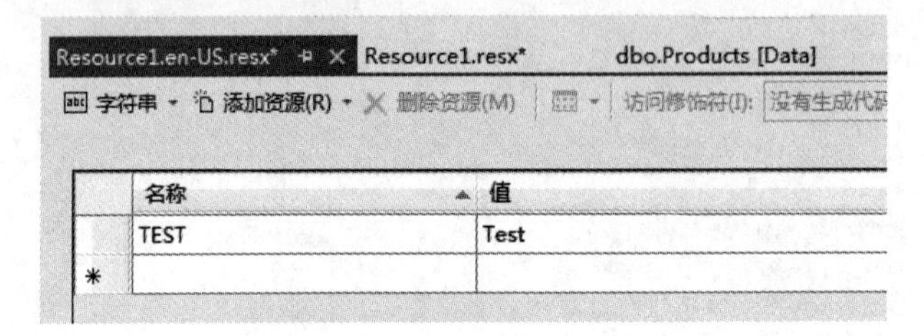

图 10-6　新增 Resource1.en-US.resx 英文语系资源档

设定好之后，即可在 Controller 或 View 通过强型别的方式取用 Resource1 类别的当地语系化字符串，如图 10-7 与图 10-8 所示。

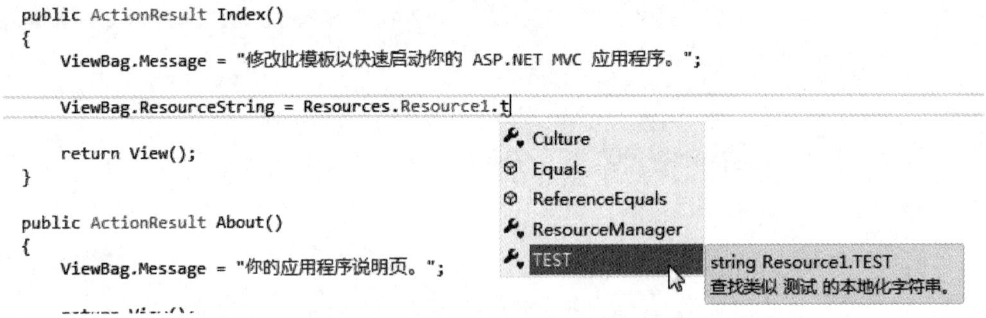

```
public ActionResult Index()
{
    ViewBag.Message = "修改此模板以快速启动你的 ASP.NET MVC 应用程序。";

    ViewBag.ResourceString = Resources.Resource1.t

    return View();
}

public ActionResult About()
{
    ViewBag.Message = "你的应用程序说明页。";
```


图 10-7　在 Controller 中使用 Resources.Resource1 类别取用多国语系字符串

```
@{
    ViewBag.Title = "主页";
}
@section featured {
    <section class="featured">
        <div class="content-wrapper">
            <hgroup class="title">
                <h1>@ViewBag.Title.</h1>
                <h2>@ViewBag.Message</h2>
            </hgroup>
            <p>
                @Resources.Resource1.
            </p>
        </div>
    </section>
}
<h3>下面是我们的建议:</h3>
<ol class="round">
    <li class="one">
```

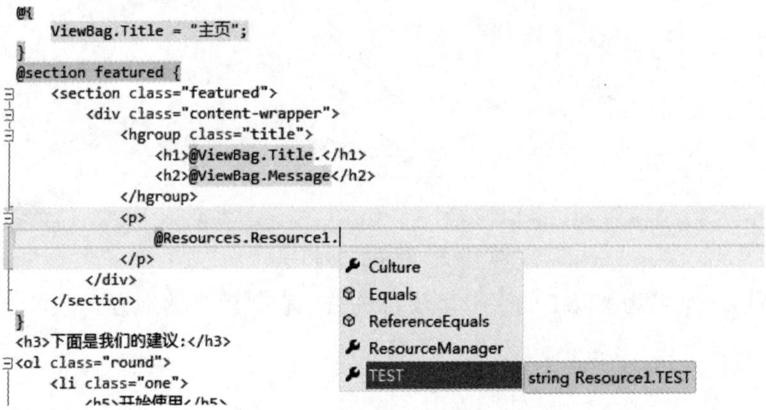

图 10-8　在 View 中使用 Resources.Resource1 类别取用多国语系字符串

如果将 TEST 资源直接写在 View 里面，当 ASP.NET MVC 网站执行起来所看到的字符串会是中文的，执行结果如图 10-9 所示。

图 10-9　执行结果——中文信息

如果修改 Web.config，并在<system.web>之下加上 globalization 设定，并指定 UI 所要显示的语系为 en-US，如下范例：

```
<system.web>
   <globalization uiCulture="en-US"/>
   …
</system.web>
```

此时，网站读取 Resource1.en-US.resx 资源档的内容，再重新整理就会变成英文的信息了！

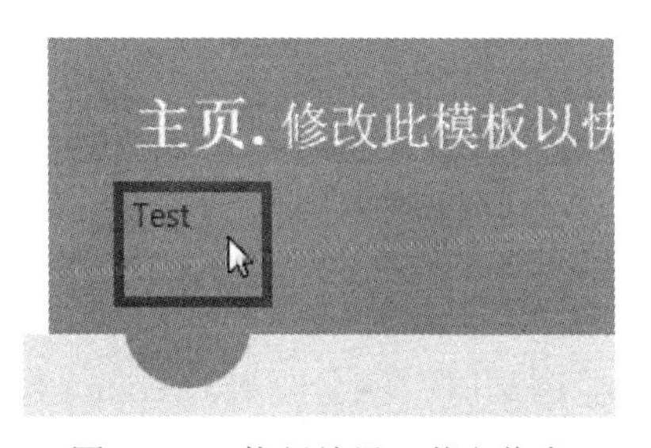

图 10-10　执行结果－英文信息

如果需要让网站依据浏览器的语系设定自动判断回应语系版本的话，那么必须修改 Web.config，程式如下：

```
<system.web>
   <globalization culture="auto" uiCulture="auto" />
   …
</system.web>
```

在 ASP.NET MVC 网站部署之后，会连同 App_GlobalResources 目录一起部署过去，若需要修改资源档中的翻译文字，可以随时依照需求修改资源档的内容。

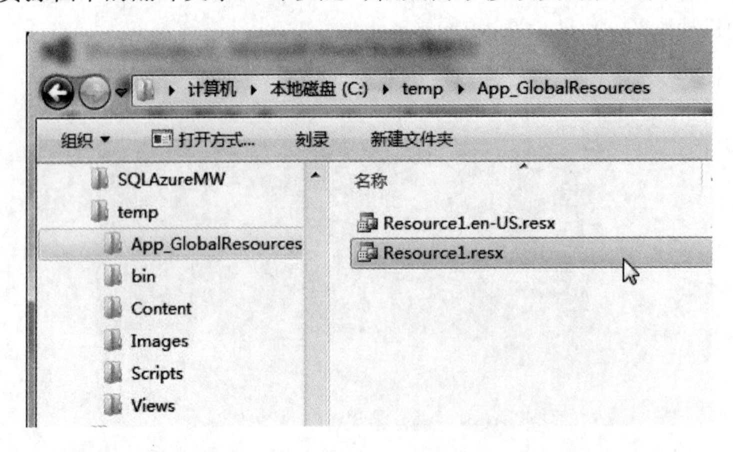

图 10-11　在部署后的目录中会有 XML 格式的 resx 资源档

而日后若需要新增当地化语系，也可以直接进入该目录新增不同语系的资源档，原本的专案不用重新编译。如图 10-12 所示，我在 App_GlobalResources 目录下额外新增一个“泰文”(th-TH)的资源档。

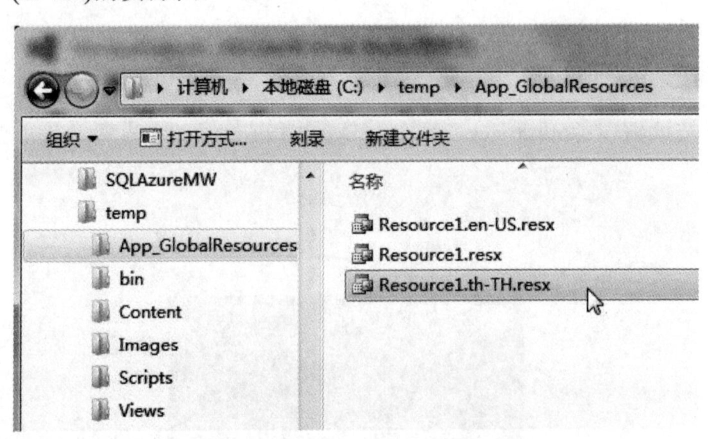

图 10-12　可在部署后任意新增不同语系的 resx 资源档

当有来自日本的用户浏览网站时，就会取得 Resource1.ja-JP.resx 的文字。

图 10-13　显示为泰文

10.4　从 HTTP 响应标头隐藏 ASP.NET MVC 版本

在预设的情况下，ASP.NET MVC 网站会在 HTTP 回应标头 (Response Header) 动态加上你目前使用的 ASP.NET MVC 版本编号，如果我们用 Fiddler Web Debugger 工具查看连接 ASP.NET MVC 网站的 HTTP 封包，即可在 Response Headers 看见一个 X-AspNetMvc-Version 的 HTTP 标头，这里会暴露你目前使用的 ASP.NET MVC 版本，如图 10-14 所示。

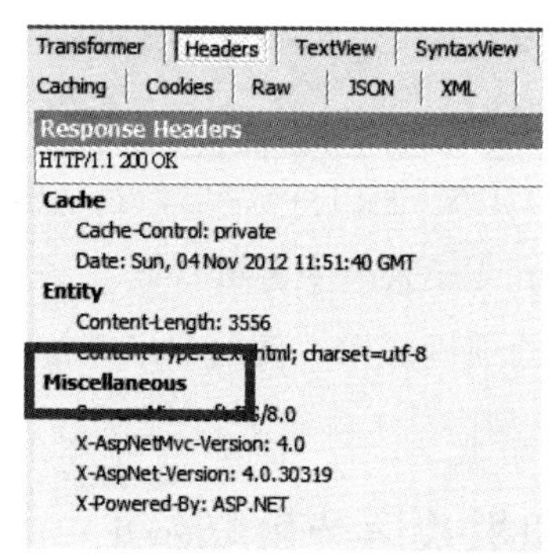

图 10-14　预设 ASP.NET MVC 会输出 X-AspNetMvc-Version 标头

基于资安考量(揭露最少资讯原则)，希望能隐藏 ASP.NET MVC 输出的版本编号时，可以在 Global.asax 文件的 Application_Start()加上以下代码即可隐藏版本标头的出现。

```
protected void Application_Start()
{
    MvcHandler.DisableMvcResponseHeader = true;

    AreaRegistration.RegisterAllAreas();

    WebApiConfig.Register(GlobalConfiguration.Configuration);
    FilterConfig.RegisterGlobalFilters(GlobalFilters.Filters);
    RouteConfig.RegisterRoutes(RouteTable.Routes);
    BundleConfig.RegisterBundles(BundleTable.Bundles);
    AuthConfig.RegisterAuth();
}
```

10.5 使用 Visual Studio 代码模板快速开发

ASP.NET MVC 代码模板(CodeTemplates)采用 T4 (Text Template Transformation Toolkit)引擎进行实作。T4 从 Visual Studio 2005 开始出现，只要安装一个 DSL 外挂工具就可以使用，直到 Visual Studio 2008 才正式内建在 Visual Studio 功能里，到了 Visual Studio 2010 与 Visual Studio 2012 更是大幅采用该技术，许多程序产生器技术都采用 T4 作为核心引擎。

补充说明

若需在 Visual Studio 2005 使用 T4 技术，必须安装 Domain-Specific Language Tools for Visual Studio 2005 Redistributable Components 工具，下载网址：http://bit.ly/aj7SbD。

T4 引擎是一种拥有高度自定义的文件产生器，在 ASP.NET MVC 内预设就是使用 T4 格式的代码模板(CodeTemplates)来产生各种代码，例如，Controller、View、Model 都利用 T4 技术自动产生代码的项目模板，使用起来非常方便。

10.5.1 如何使用代码模板快速产生 View

在解决方案资源管理器内新增 View 或 Controller 就是利用 T4 代码模板(CodeTemplates)来产生代码或网页 HTML，当执行“添加视图”命令并选中“创建强类型视图”复选框时，预设会有 6 个模板供选择，如图 10-15 所示。

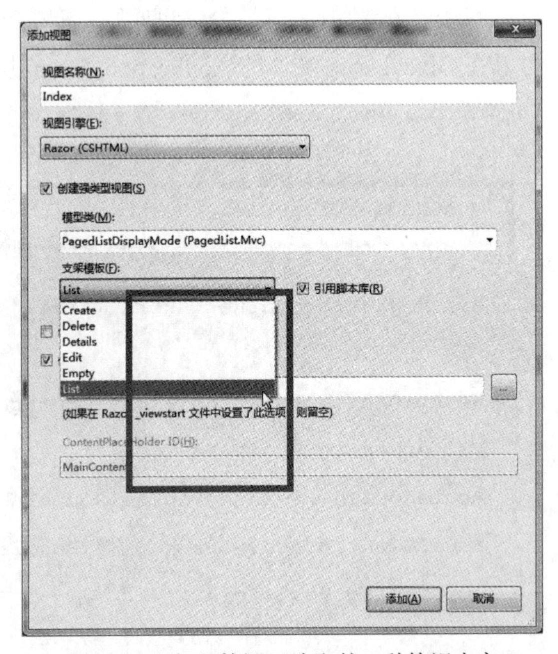

图 10-15 加入检视可选取的 6 种检视内容

这 6 个模板分别说明如下，对于开发时可以大大加速建立 View 的时间。

- Create：建立页面。
- Delete：删除页面。
- Details：细节页面。
- Edit：编辑页面。
- Empty：空页面。
- List：清单页面。

10.5.2　如何修改内建的代码模板

开发过程中，一定会遇到很多类似的页面，虽然已经有内建的代码模板(CodeTemplates)来帮助我们建立一个基本的页面，但是专案的需求总是比内建还复杂很多，所以，若能对预设的代码模板做一些微调或增强，那么日后在开发网站专案时，将会非常省时省力。

若要修改 ASP.NET MVC 4 的代码模板，需先将专案模板内建的 CodeTemplates 目录复制到专案目录中，其目录所在路径如下。

- Visual Studio 2012 在 32 位元 (x86) 下的预设路径为：
  C:\Program Files\Microsoft Visual Studio 11.0\Common7\IDE\ItemTemplates\CSharp\Web\MVC 4\CodeTemplates
- Visual Studio 2012 在 64 位元 (x64) 下的预设路径为：
  C:\Program Files (x86)\Microsoft Visual Studio 11.0\Common7\IDE\ItemTemplates\CSharp\Web\MVC 4\CodeTemplates

补充资讯

若你使用 VB.NET 开发 ASP.NET MVC，需将路径中的 CSharp 改为 VisualBasic 即可找到相对应的路径。

找到该目录后，可以看见该目录下有两个子目录，分别是 AddController 和 AddView，各自用来产生 Controller 的类别档与 View 检视页面的代码模板，如图 10-16 所示。

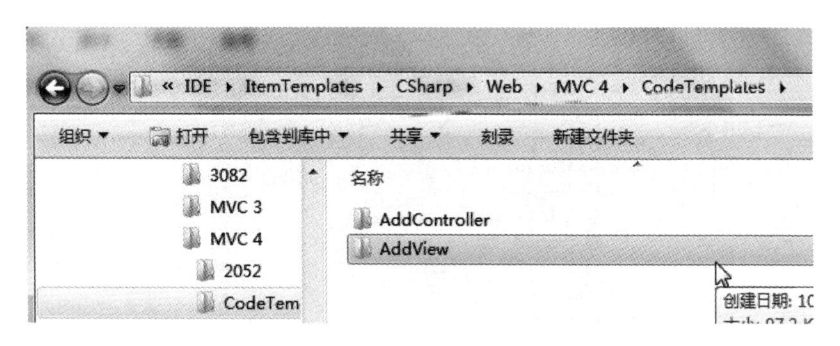

图 10-16　CodeTemplates 目录下含有 AddController 与 AddView 目录

若进入 AddView 目录，还可以看见 AspxCSharp 与 CSHTML 这两个目录，分别是 WebFormView 与 RazorView 的代码模板，进入 CSHTML 目录后，就可以看到上一小节介绍的那 6 个检视模板，如图 10-17 所示。

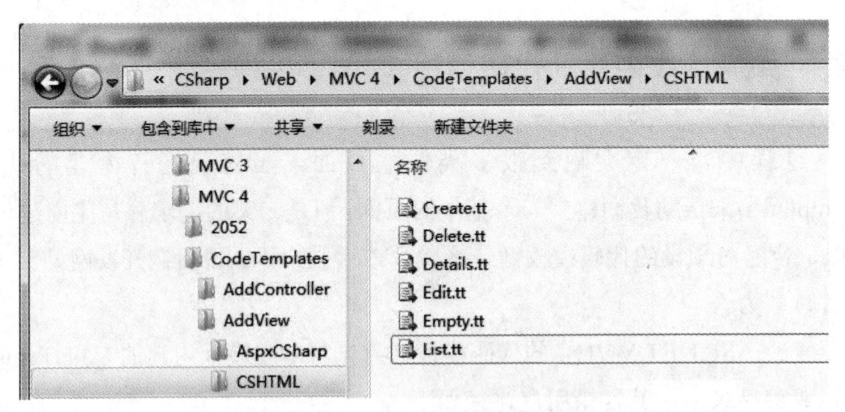

图 10-17　RazorView 的 6 个内建代码模板

如果你想要修改掉内建的代码模板，可以直接开启 T4 模板文件进行编辑，修改完后 Visual Studio 2012 无须重新启动，加入强型别检视时，就可以看到修改后的结果。

10.5.3　如何在专案中自定义代码模板

直接将 ASP.NET MVC 4 内建的 CodeTemplates 目录拖曳至 Visual Studio 2012 的 ASP.NET MVC 专案中，如图 10-18 所示。

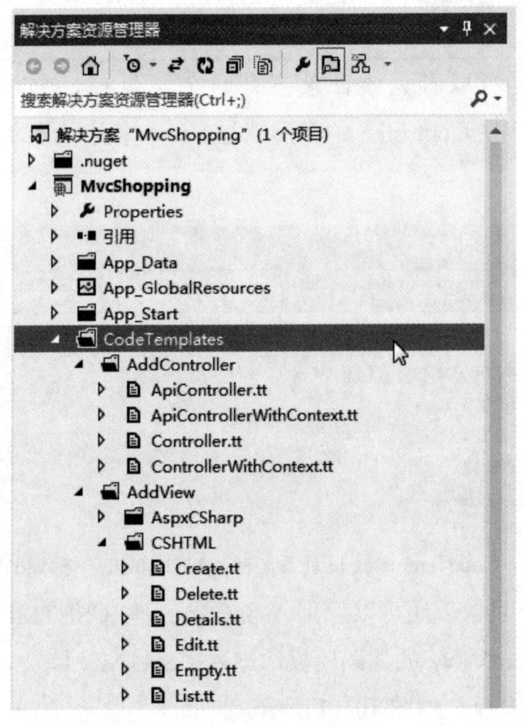

图 10-18　将 CodeTemplates 目录通过拖曳的方式拉进 ASP.NET MVC 专案根目录

拖曳进去之后，若看见好几次安全警告，这时可直接单击“取消”按钮，如图 10-19 所示。

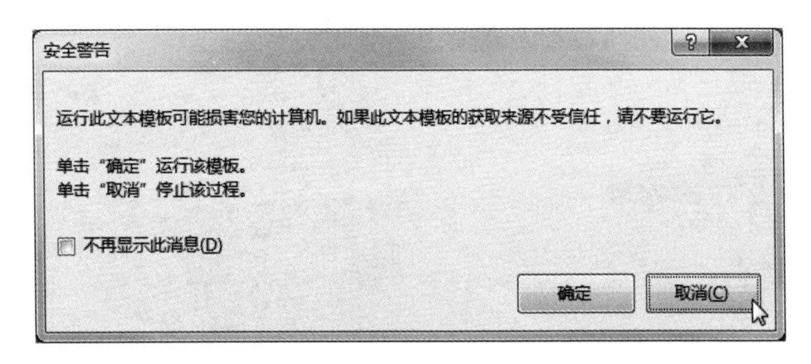

图 10-19　出现安全警告，请单击“取消”按钮

由于这些拖曳进专案的代码模板对 Visual Studio 2012 来说，只是一个 T4 文档(副文档名为*.tt)，但这些 ASP.NET MVC 相关的代码模板主要是用来给 Visual Studio 2012 使用的，通过 Visual Studio 2012 的整合界面在新增 Controller 或新增 View 的时候自动调用，所以这些代码模板并无法单独执行，并且单独执行时会发生错误。因此，还必须将这些副文档名为*.tt 的文档排除在 T4 引擎之外，避免自动产生一些无意义的代码，导致专案无法创建。

在 Visual Studio 2012 的 ASP.NET MVC 专案中，先选取这些*.tt 的代码模板文件，按下键盘上的 Ctrl 键，再用鼠标点选每一个*.tt 文件，最后按下 F4 键开启属性窗格，如图 10-20 所示。

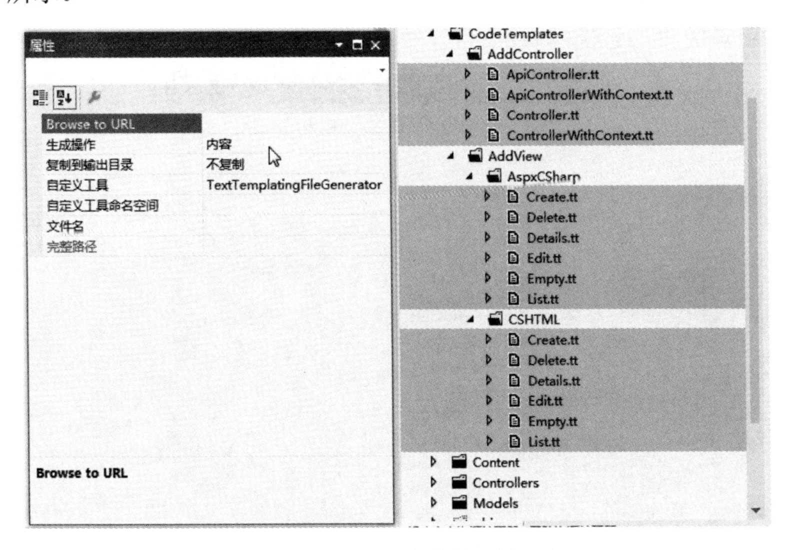

图 10-20　开启*.tt 文件的属性视窗

你会发现“自定义工具”这个属性会有 TextTemplatingFileGenerator 属性值，请将该栏位清空，清空之后，你将会发现这几个*.tt 文件图示前的“小三角形”自动消失了，

那是因为原本的文件会被 Visual Studio 2012 自动执行，当取消自定义工具属性后，就会被视为是一般文字文档，如图 10-21 所示。

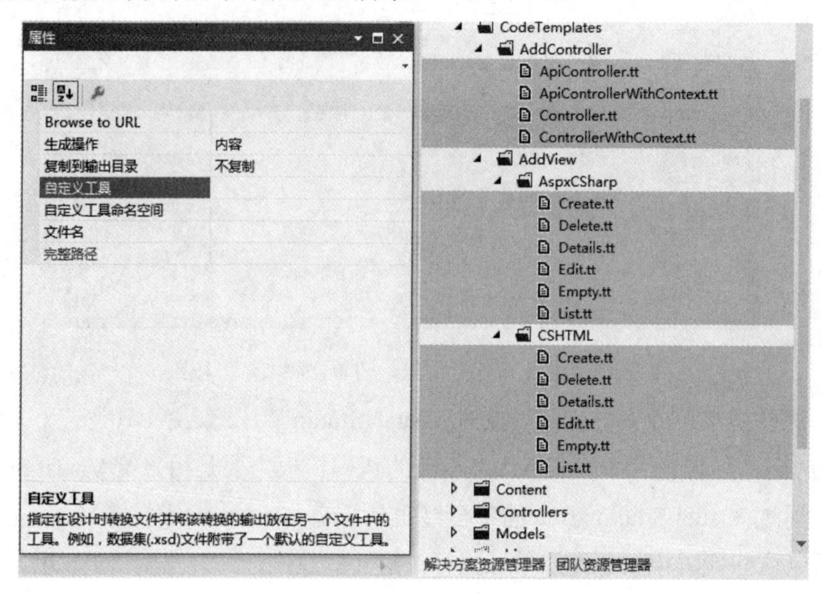

图 10-21　清除“自定义工具”属性值

当专案中拥有 CodeTemplates 这个文件夹，日后在这个专案建立 Controller 或 View 时，就会套用该专案 CodeTemplates 目录里的代码模板，这时就不会再去 ASP.NET MVC 专案模板内建的 CodeTemplates 目录取得 ASP.NET MVC 代码模板。

此时我们可以测试一下，在 CodeTemplates\AddView\CSHTML 目录下将 List.tt 复制一份，并更名为“自订清单页面.tt”，如图 10-22 所示。

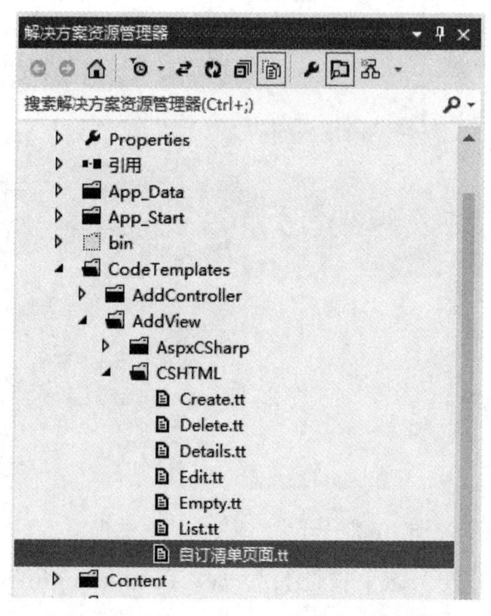

图 10-22　自定义清单页面的代码模板

然后在任意一个 Controller 下的 Action 加入检视，这时支架模板中就会看见你自定义的模板，如图 10-23 所示。

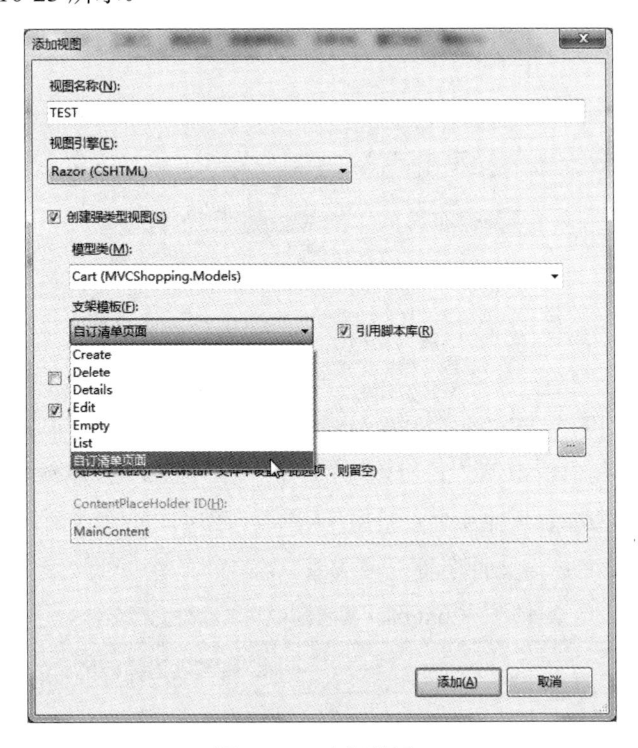

图 10-23　支架模板

除了可以自定义 View 代码模板外，当然也可以修改加入控制器时的代码模板，在 ASP.NET MVC 4 内建的模板中，加入控制器的模板有 6 个，如图 10-24 所示。

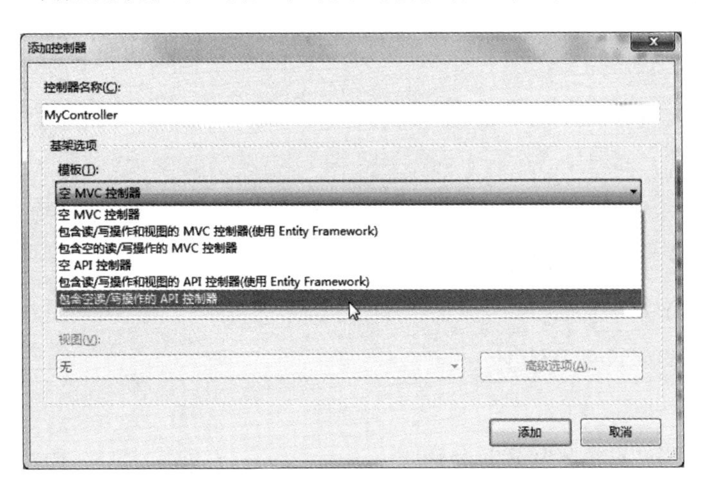

图 10-24　ASP.NET MVC 4 内建的 Controller 代码模板有 6 个

不过，你却只能在 CodeTemplates\AddController 目录下看见 4 个模板，如图 10-25 所示。

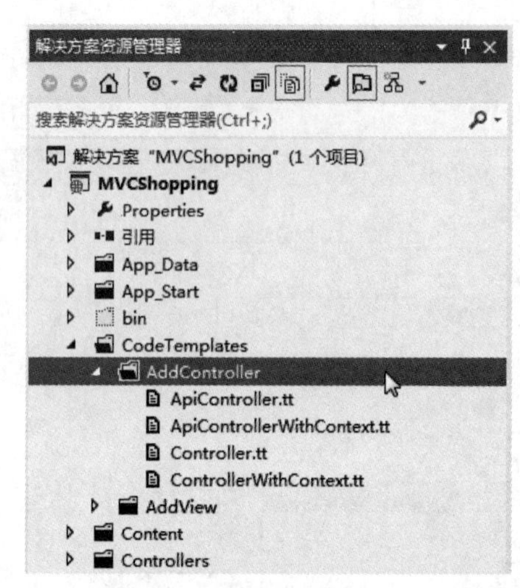

图 10-25　ASP.NET MVC 4 内建的控制器 T4 代码模板只有 4 个

事实上，在内建模板中的“空 MVC 控制器”与“空 API 控制器”属于 Visual Studio 2012 内建的项目模板，而其他 4 个才是用 T4 模板产生的。表 10-1 所示是在 Visual Studio 2012 里模板的中文名称与文件名称对应关系。

表 10-1　Controller 模板的中文名称与文件名称对应表

文件名称	加入控制器的模板中文名称
ApiController.tt	具有空白读取/写入动作的 API 控制器
ApiControllerWithContext.tt	具有读取/写入动作、使用 Entity Framework 的 API 控制器
Controller.tt	具有空白读取/写入动作的 MVC 控制器
ControllerWithContext.tt	具有读取/写入动作和检视、使用 Entity Framework 的 MVC 控制器

10.5.4　深入 T4 代码产生器技术

由于 T4 引擎是个十分进阶的议题，限于篇幅无法在此书详述，有兴趣的读者若想深入研究可以参考以下网址。

- Oleg Sych
  http://www.olegsych.com/
- T4 Toolbox
  http://t4toolbox.codeplex.com/
- T4 Templates: A Quick-Start Guide for ASP.NET MVC Developers
  http://blogs.msdn.com/b/webdev/archive/2009/01/29/t4-templates-a-quick-start-guide-for-asp-net-mvc-developers.aspx

- 文字模板转换工具组和 ASP.NET MVC
  http://msdn.microsoft.com/zh-tw/magazine/ee291528.aspx

10.6　让 Visual Studio 连同 View 一起进行编译

在 Visual Studio 中，创建 ASP.NET MVC 专案预设并不会对 Views 进行编译，所以就算你在 View 中使用强型别开发，也可能没注意到原来 Visual Studio 并没有编译你写的 View，直到浏览到有问题的页面时才会发现。为了避免这个问题，我们必须手动设定专案文件，让专案在创建时也一并编译所有 Views 中的代码，让开发人员尽早得知代码错误。

在 Visual Studio 2012 中你可以先卸载项目，如图 10-26 所示。

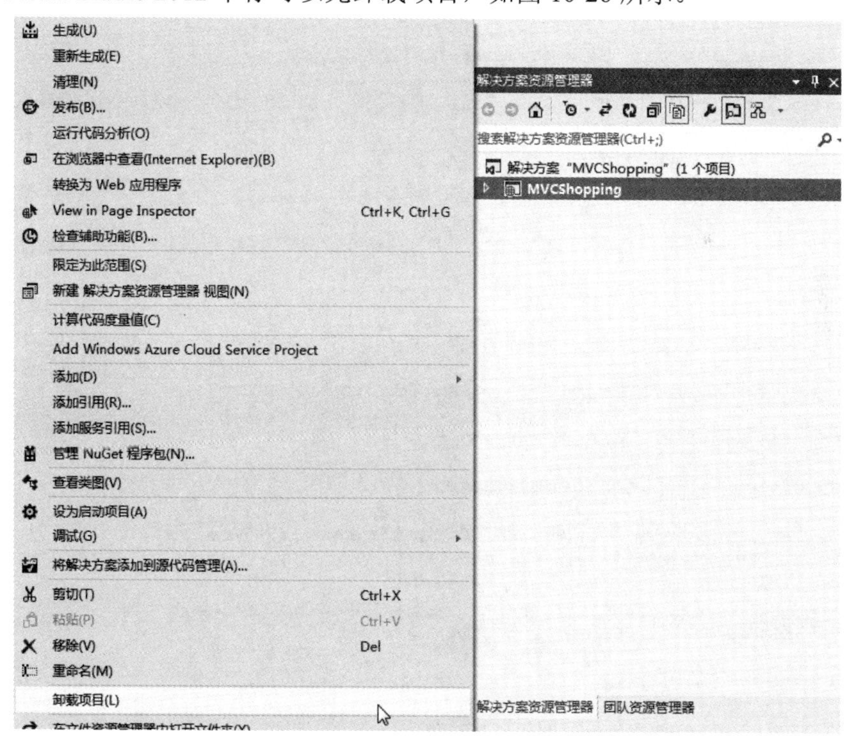

图 10-26　卸载项目

在已卸载的专案上单击鼠标右键，在弹出的快捷菜单中选择“编辑 [ProjectName].csproj”命令，如图 10-27 所示。

在预设的 ASP.NET MVC 专案文档里的前三段<PropertyGroup>设定包含了一些重要信息，第一段 <PropertyGroup> 设定是此专案的预设组态，在其中有一行 <MvcBuildViews>false</MvcBuildViews> 代表在专案创建时，不进行 Views 页面编译，只要将 false 改成 true，即可让 ASP.NET MVC 专案在创建时，也一并编译 Views。

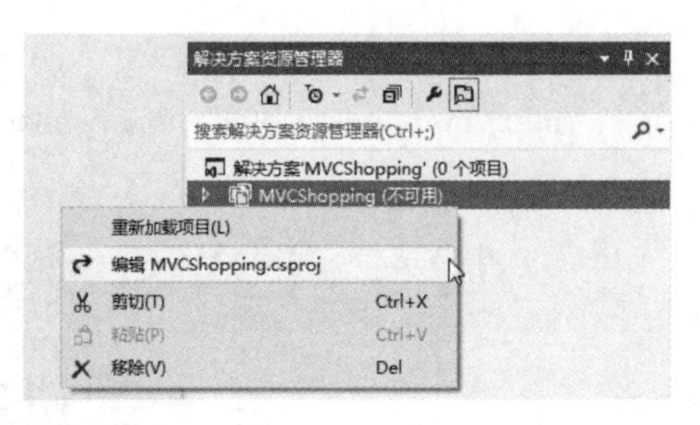

图 10-27　编辑 MvcGuestbook.csproj

```
<PropertyGroup>
  <Configuration Condition=" '$(Configuration)' == ''
">Debug</Configuration>
  <Platform Condition=" '$(Platform)' == '' ">AnyCPU</Platform>
  <ProductVersion>
  </ProductVersion>
  <SchemaVersion>2.0</SchemaVersion>
  <ProjectGuid>{8D7DFA9E-CD64-4935-9262-13806D01861C}</ProjectGuid>

<ProjectTypeGuids>{E3E379DF-F4C6-4180-9B81-6769533ABE47};{349c5851-65df
-11da-9384-00065b846f21};{fae04ec0-301f-11d3-bf4b-00c04f79efbc}</Projec
tTypeGuids>
  <OutputType>Library</OutputType>
  <AppDesignerFolder>Properties</AppDesignerFolder>
  <RootNamespace>Ch10</RootNamespace>
  <AssemblyName>Ch10</AssemblyName>
  <TargetFrameworkVersion>v4.0</TargetFrameworkVersion>
  <MvcBuildViews>true</MvcBuildViews>
  <UseIISExpress>true</UseIISExpress>
  <IISExpressSSLPort />
  <IISExpressAnonymousAuthentication />
  <IISExpressWindowsAuthentication />
  <IISExpressUseClassicPipelineMode />
</PropertyGroup>
```

由于启动 MvcBuildViews 会大幅延长专案创建的时间，可能会对日常开发作业造成一些影响，因此，比较实务的作法是利用 Visual Studio 的组态管理员来设定不同的创建环境，可以依照不同的创建环境来决定是否编译 Views。

之前提到在预设的专案文档里面有三段<PropertyGroup>设定，其中第一段设定是此专案的预设组态，而第二与第三段<PropertyGroup>设定就分别代表 Debug 与 Release 组态，可以将第一段<PropertyGroup>组态中的<MvcBuildViews>设定移除，然后加入到第二与第三个组态中，并设定 Debug 组态的<MvcBuildViews>为 false，设定 Release 组态的<MvcBuildViews>为 true，这样一来，即可让你在平时用 Debug 组态时，有效率地开发 ASP.NET MVC 专案，等到要发行正式版(Release)时，则自动进行 Views 页面编译来检查页面是否有误。

```
<PropertyGroup Condition=" '$(Configuration)|$(Platform)' ==
'Debug|AnyCPU' ">
  <DebugSymbols>true</DebugSymbols>
  <DebugType>full</DebugType>
  <Optimize>false</Optimize>
  <OutputPath>bin\</OutputPath>
  <DefineConstants>DEBUG;TRACE</DefineConstants>
  <ErrorReport>prompt</ErrorReport>
  <WarningLevel>4</WarningLevel>
  <MvcBuildViews>false</MvcBuildViews>
</PropertyGroup>
<PropertyGroup Condition=" '$(Configuration)|$(Platform)' ==
'Release|AnyCPU' ">
  <DebugType>pdbonly</DebugType>
  <Optimize>true</Optimize>
  <OutputPath>bin\</OutputPath>
  <DefineConstants>TRACE</DefineConstants>
  <ErrorReport>prompt</ErrorReport>
  <WarningLevel>4</WarningLevel>
  <MvcBuildViews>true</MvcBuildViews>
</PropertyGroup>
```

10.7 其他 Controller 开发技巧

10.7.1 侦测用户端要求是否为 Ajax

当 Controller 接收到用户端要求时，通常会依据不同的要求类型来响应不同的内容，例如，一般正常的网页浏览，你可能会响应 ViewResult 显示一个检视页面，但通过 Ajax 过来的 HTTP 要求，你可能就会想响应 JsonResult 或 HttpStatusCodeResult 等。

如果我们希望在同一个 Action 方法中判断用户端是否通过 Ajax 的方式存取，在 ASP.NET MVC 里提供了一个 Request.IsAjaxRequest()扩充方法能够判断，使用范例如下：

```
// 移除购物车项目
[HttpPost]
public ActionResult Remove(int ProductId)
{
    var existingCart = this.Carts.FirstOrDefault(p => p.Product.Id == P
roductId);
    if (existingCart != null)
    {
        this.Carts.Remove(existingCart);
    }

    if (Request.IsAjaxRequest())
    {
        return new HttpStatusCodeResult(System.Net.HttpStatusCode.OK);
    }
    else
    {
        return RedirectToAction("Index", "Cart");
    }
}
```

用户端使用 Ajax 发出要求，通常都是为了取得网页的部分内容，因此在实务上也经常会用 IsAjaxRequest 这个扩充方法来区分 ViewResult 与 PartialViewResult，如下范例：

```
public ActionResult GetBanner()
{
    var data = db.Banner.ToList();

    if (Request.IsAjaxRequest())
        return PartialView(data);
    else
        return View(data);
}
```

10.7.2　限定 Action 只能通过调用

我们在“7.4.3 使用 HTML 辅助方法载入分部视图”提到在 View 里面载入一个分部视图，可以通过 Html.Action 辅助方法来完成，当时的 Action 范例如下：

```
public ActionResult OnlineUserCounter()
{
    return PartialView();
}
```

这个 OnlineUserCounter 动作其实不仅仅能让 View 使用，若用户端直接输入这个要求的链接(例如，/Home/OnlineUserCounter)，用户端也能取得这个 Action 的响应内容。

如果我们希望这个 Action 限定只能通过 View 调用，任何通过用户端发过来的 HTTP 要求都不予以响应的话，可以在 Action 方法上套用一个 ChildActionOnly 属性(Attribute)，如下范例：

```
[ChildActionOnly]
public ActionResult OnlineUserCounter()
{
    return PartialView();
}
```

10.8 总 结

ASP.NET MVC 开发十分有弹性，只要能活用本章提及的一些开发技巧，不但能让你的 ASP.NET MVC 变得更加安全，还能有效提升开发效率。再者，开发工具固然好用，但拥有正确的观念与扎实的技术能力，才是提高开发效率的不二法门。

第 11 章　安 装 部 署

部署网站往往是一件麻烦事，因为在安装部署的过程中，经常有许多步骤要运行，对于许多不太熟悉 IIS/SQL 的新手来说，部署网站变成一件非常困难且危险的事。Visual Studio 2012 在 ASP.NET 网站部署方面提升了不少能力，有助于让你将现有网站快速且简便地发布到远程的 IIS 服务器上，而免除了许多繁杂的设置程序。

备注

在这里所说的危险，是指信息安全方面的风险，因为常常设置不成功就会开始乱设权限，例如，将目录设置成 Everyone 可擦写等，这些都是非常危险的部署设置。

11.1　如何部署到本机的 IIS

要部署到本机的 IIS，首要动作必须是先在本机安装 IIS 功能，若要运行 ASP.NET MVC 4，则还必须安装.NET Framework 4.0 以上版本。一般来说，安装 ASP.NET MVC 网站到 IIS 有非常多方法，但本节将会专注于介绍 Visual Studio 2012 内建的 Web 一键式发布功能，通过这个好用的功能将能有效降低 ASP.NET 网站安装部署的复杂度。

11.1.1　安装 IIS 功能

如果你用的是 Windows 7 或 Windows 8 操作系统，可以通过“控制面板”中的“开启或关闭 Windows 功能”进行安装，至少必须选中“Internet 信息服务”选项，以及在“应用程序开发功能”选项中的 ASP.NET 才能正确运行 ASP.NET 网站，如图 11-1 所示。

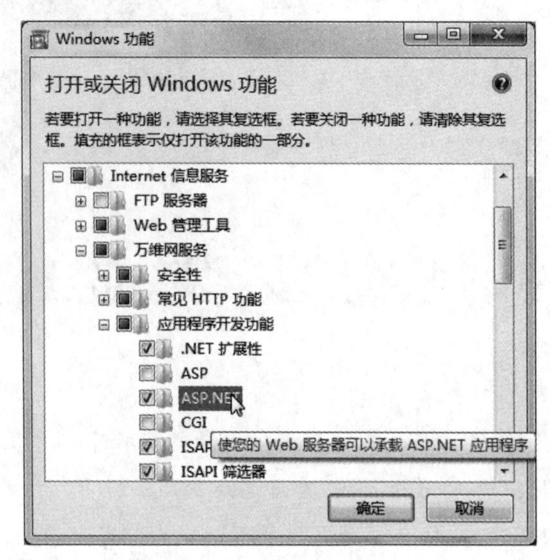

图 11-1　安装 Internet Information Services 与 ASP.NET

注意事项

从 Windows 7 的“开启或关闭 Windows 功能”安装 ASP.NET 只会安装.NET 3.5 SP1，若要运行 ASP.NET MVC 4.0 网站，则必须安装.NET Framework 4.0 以上版本。

11.1.2　“Web 一键式发布”功能的使用

Visual Studio 2012 提供了“Web 一键式发布”工具栏，只要创建“发布设置”之后，即可用“单键”将网站安装或更新完成，非常神奇且好用，以下是使用方式。

要使用 Visual Studio 2012 的“Web 一键式发布”功能，可以在 Visual Studio 2012 的工具栏上单击鼠标右键，在弹出的快捷菜单中选择“Web 一键式发布”命令即可开启“Web 一键式发布”工具栏，如图 11-2 所示。

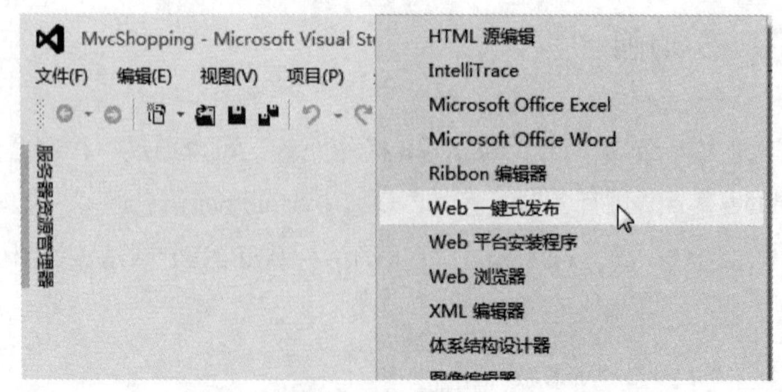

图 11-2　开启“Web 一键式发布”工具栏

开启“Web 一键式发布”工具栏后，就可以新增一个新的发布设置，如图 11-3 所示。

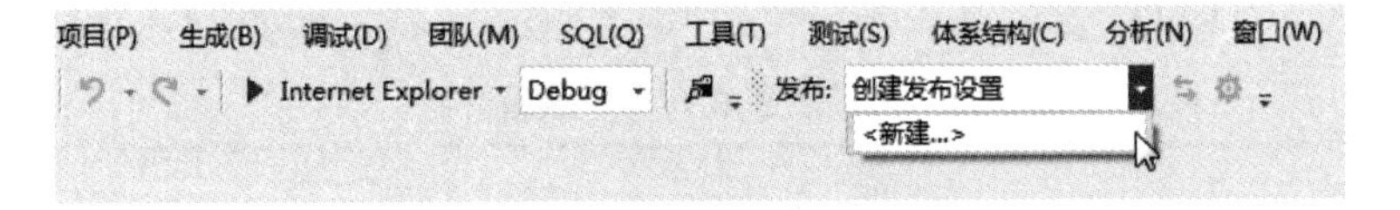

图 11-3　新增发布设置

Visual Studio 2012 的“Web 一键式发布”功能支持多种发布方法，其中包括 Web Deploy、Web Deploy 包、FTP、文件系统与常规的 FPSE(FrontPage Server Extension)等，如图 11-4 所示。

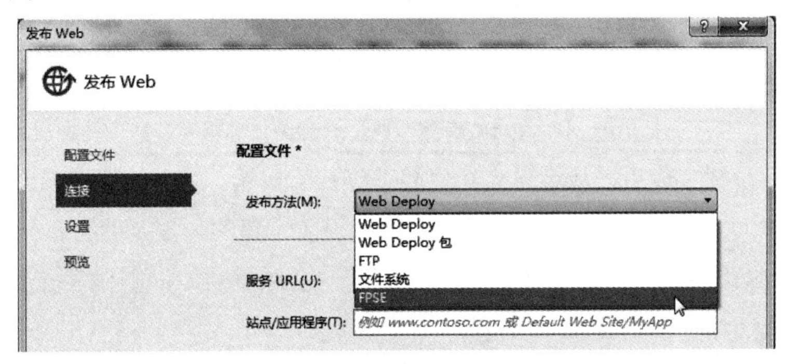

图 11-4　发布方法

要安装网站到本机 IIS，使用 Web Deploy 是最有效率的方法，不过在开始之前，我们需先开启 IIS 管理员，并介绍一些在 IIS 管理员界面中的专有名词，这有助于帮助我们了解未来如何设置发布时所需的参数。如图 11-5 所示，标号 1 的节点(WILL7PC)叫做“服务器名称”，标号 2 的节点(Default Web Site)叫做“站台名称”，标号 3 的节点(App1)叫做“应用程序名称”。

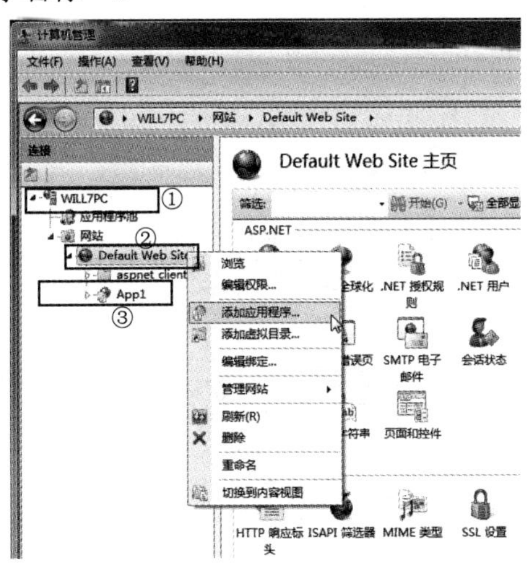

图 11-5　IIS 管理员

接着，我们切换至 Visual Studio 2012“创建发布设置”的界面，在“连接”这个步骤，当选定 Web Deploy 发布方法时，会显示多个设置字段，如表 11-1 所示。

表 11-1　创建发布设置字段介绍

域　名	输入介绍
服务 URL	这里要输入的是服务器名称或 IP 地址，若要安装到本地计算机，直接输入 localhost 即可
站点/应用程序	这里主要是让你输入“站台名称”与“应用程序名称”，两个参数必须以一个除号(/)作分隔。如果想直接安装到该网站站点的根目录，可以仅输入“站点名称”即可，不用输入除号(/)与应用程序名称
用户名	当“服务 URL”输入的是本机地址(如 localhost)，此字段不需要输入
密码	当“服务 URL”输入的是本机地址(如 localhost)，此字段不需要输入
目标 URL	此字段是这个网站发布到 IIS 站台后的网址，每次发布成功，Visual Studio 2012 都会自动开启浏览器，并进入这个网址。此字段可以选择不输入

当参数都设置完成后，最下方有个“验证连接”按钮，这个按钮非常重要，在第一次设置“Web 一键式发布”之前，都应该测试当前设置的参数是否可以正确连接到本机或远程的 IIS 站点，单击该按钮之后，若看到一个绿色的勾，则代表一切正常。

设置完成后的界面如图 11-6 所示。

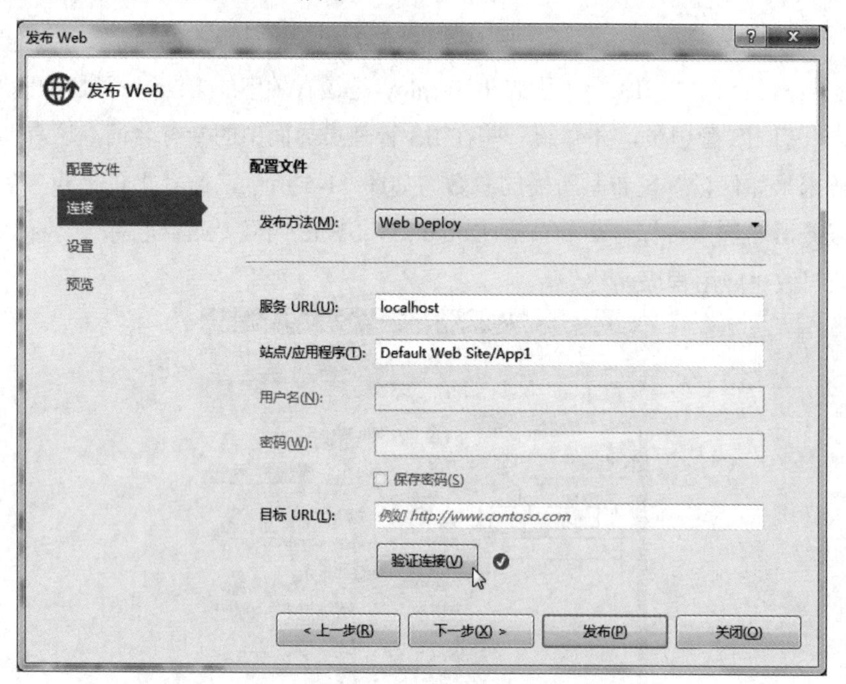

图 11-6　设置 Web Deploy 连接参数

不过，如果你的 Visual Studio 2012 运行在 UAC(用户账户控制)的状态下，在验证连接时就会发生 NEED ELEVATED TO RUN MSDEPLOY 的警告消息，如图 11-7 所示。

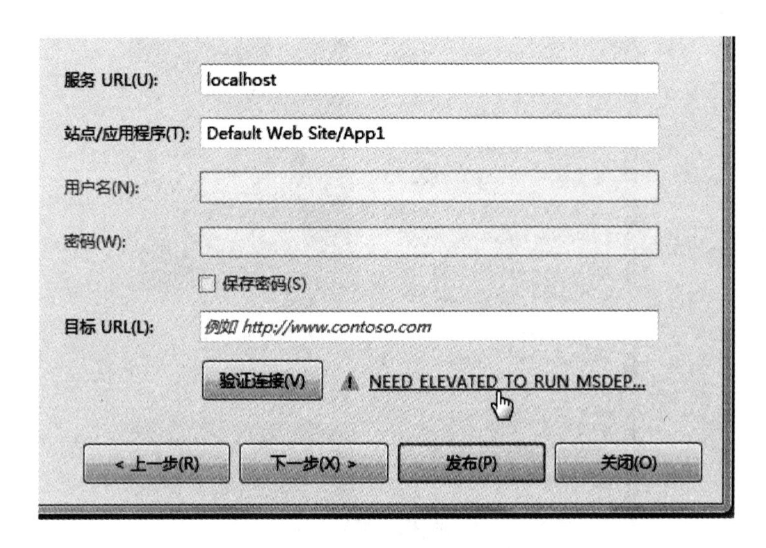

图 11-7　验证连接发生失败

你可以点击这个警告消息的链接，它会提示你应该在“系统管理员模式”下启动 Visual Studio 才能运行部署操作，如图 11-8 所示。

图 11-8　请在系统管理员模式下启动 Visual Studio，以运行此部署操作

这时必须关掉 Visual Studio 2012 关闭时，它会问你要不要保存刚刚的设置，单击“是”按钮即可保存，如图 11-9 所示。

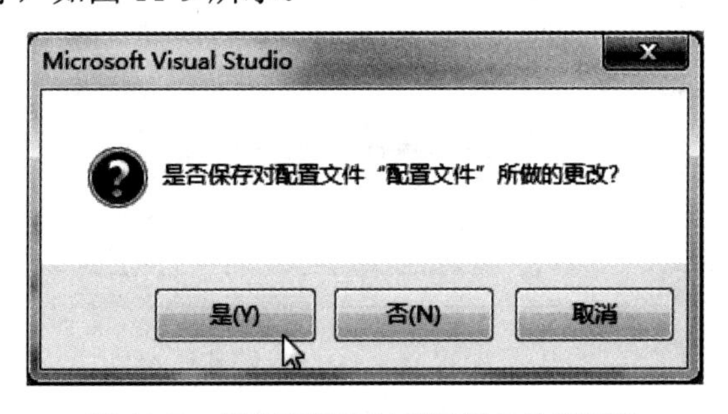

图 11-9　是否要保存对于配置文件的更改

重新启动 Visual Studio 2012 时，请记得要通过“以管理员身份运行”的方式启动，这样的权限才能发布网站到本机的 IIS 上，如图 11-10 所示。

图 11-10 以系统管理员身份运行的方式启动 Visual Studio 2012

接着单击“下一步”按钮继续设置其他参数，如图 11-11 所示。

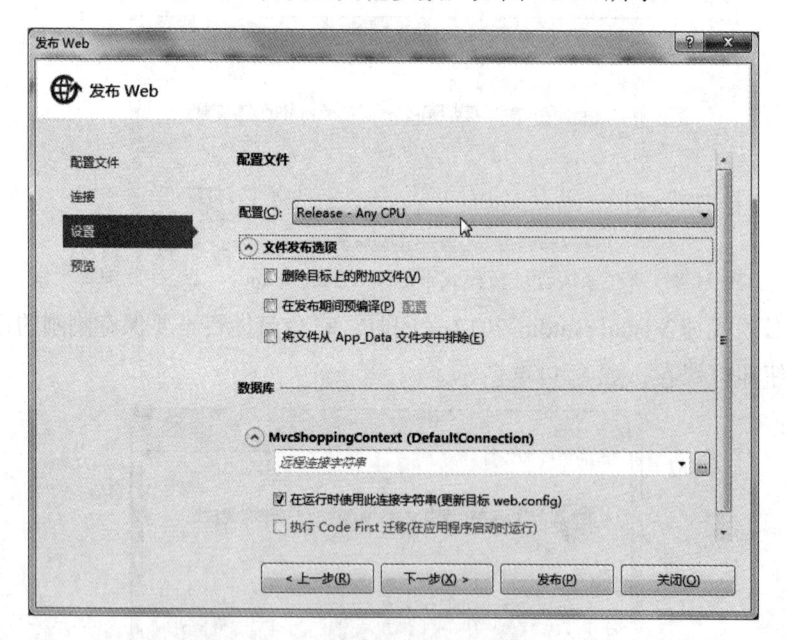

图 11-11 设置 Web Deploy 的其他参数

通常有规律的管理 Visual Studio 项目与方案的团队，都会设置多个不同的方案配置，以便切换“开发环境”与“正式环境”的设置，因此在“Web 一键式发布”问世之前，负责发布网站的人，平时大多会将方案配置切换到 Debug 配置，以方便开发与测试，当要发布网站到“正式环境”时，必须要先手动切换方案配置到 Release 配置，然后对网站进行编译，最后再将编译好的文档部署到 IIS 站点，但这个切换动作容易让人忽略，因此这样的发布流程多少会带给我们一些困扰。

使用 Visual Studio 2012 的“Web 一键式发布”功能有一个好处，那就是 Visual Studio 会帮助你做完所有“发布”工作所需的前置作业，在“设置”界面中，可以指定“配置”选项，意思是如果你在发布设置中指定 Release 配置的话，当要发布网站时，即便当前选择的是 Debug 配置，Visual Studio 2012 也会先帮你自动切换到 Release 配置并编译整个网站，最后再将这个编译好的网站发布到远程的 IIS 中，由于网站部署的流程被自动化，相应的发生错误的机会就降低了。

在“配置”设置中，还有个“移除目的地的其他文档”选择项目，当你选择该项目之后，在发布网站之前，会先移除 IIS 站点目录中的所有文档，然后才发布更新的文档。如果选中这个项目，可能会导致一些不在项目内的文档被意外删除，例如后台上传的图片文档等。所以在选择这个项目时，使用时要特别注意。

除了“配置”设置以外，针对 web.config 中的数据库连接字符串，也可以自动集成进“Web 一键式发布”的流程中，因为开发环境的数据库连接参数与正式环境的数据库连接参数往往不太一样，因此你甚至可以在这个步骤输入数据库连接字符串，它会自动抓取你当前网站的 Web.config 设置中的所有连接字符串，并让你在此设置。当发布作业运行时，Visual Studio 2012 就会自动将要发布的 Web.config 配置文件内的数据库连接字符串改成你在这里指定的连接字符串。

接着单击“下一步”按钮进入“预览”设置界面，如图 11-12 所示。

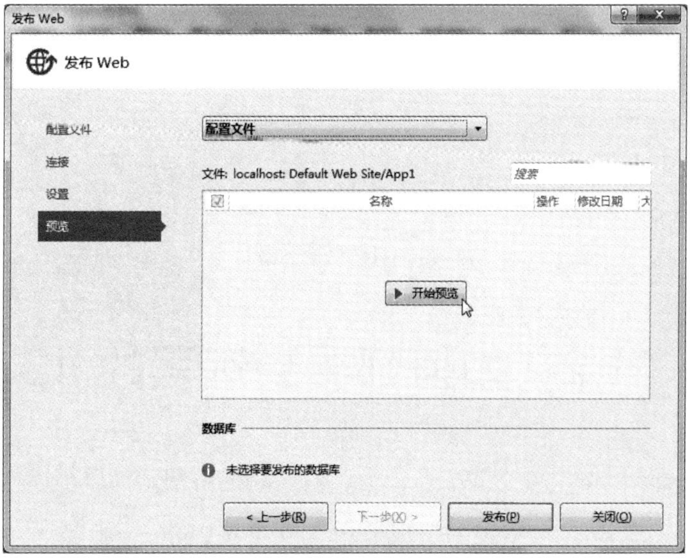

图 11-12 设置 Web Deploy 的发布预览

在 Visual Studio 2012 里的“Web 一键式发布”新增了一个“预览”功能，它可以将你这次要发布到 IIS 站点的所有文档列出来，并且明确告知你这次发布的动作会有多少文档被新增、删除或更新，如图 11-13 所示。

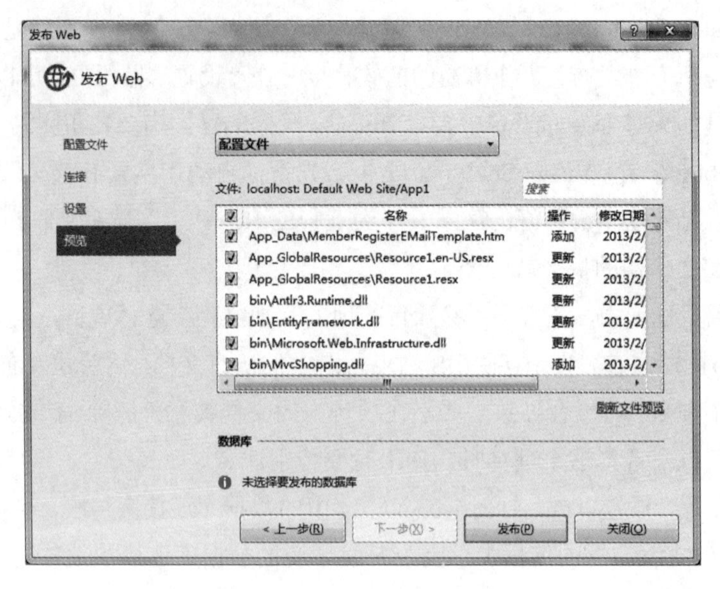

图 11-13　所有要发布的文档被列出

最后单击“发布”按钮，这些准备发布的文档就会成功地部署到 IIS 里。

上述发布设置虽然感觉有些复杂(跟以前相比已经简单很多)，但你只需要设置一次，当日后在项目中有任何文档被新增、删除或更新时，只要在“Web 一键式发布”工具栏上单击“发布 Web”按钮，如图 11-14 所示，网站所有的异动就会自动发布到 IIS 上，非常方便且直观。

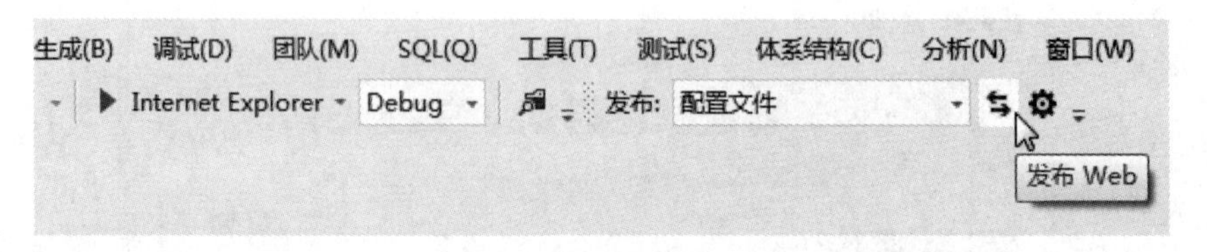

图 11-14　发布 Web

11.2　如何部署到远程的 IIS

要使用 Visual Studio 2012“Web 一键式发布”功能将网站部署至远程的 IIS 服务器，必须先在 IIS 所在主机安装“IIS 管理服务”与 Web Deploy，并开启 Windows 防火墙连接限制才能通过远程进行部署。这部分主要的设置工作都是在服务器上，在 Visual Studio 2012 里面的“Web 一键式发布”设置反而差异不大，但一些细微的注意事项在本节将会提到。

11.2.1　安装 IIS 管理服务

我们以 Windows Server 2008 R2 操作系统为例，如果已经在服务器上安装了 IIS 角色，那么还必须再额外新增角色服务，将“管理服务”安装起来。以下是安装的步骤。

展开“服务器管理器”\“角色”选项，在“Web 服务器(IIS)”上单击鼠标右键，在弹出的快捷菜单中选择“添加角色服务”命令，如图 11-15 所示。

选中“管理服务”复选框(如果已经选中的话，可以跳过这一步)，并将其安装完成，如图 11-16 所示。

图 11-15　添加角色服务

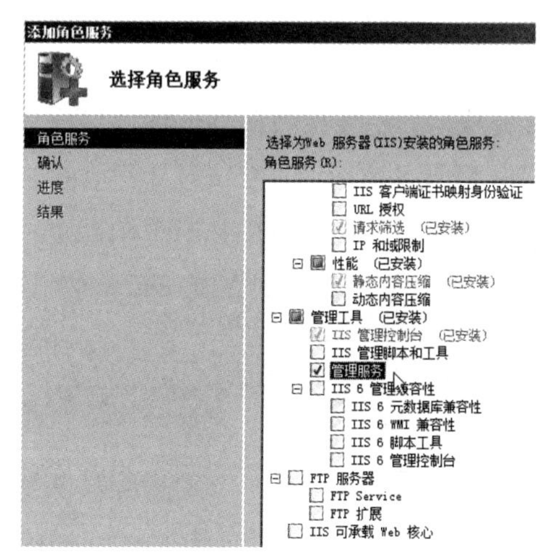

图 11-16　选中“管理服务”复选框

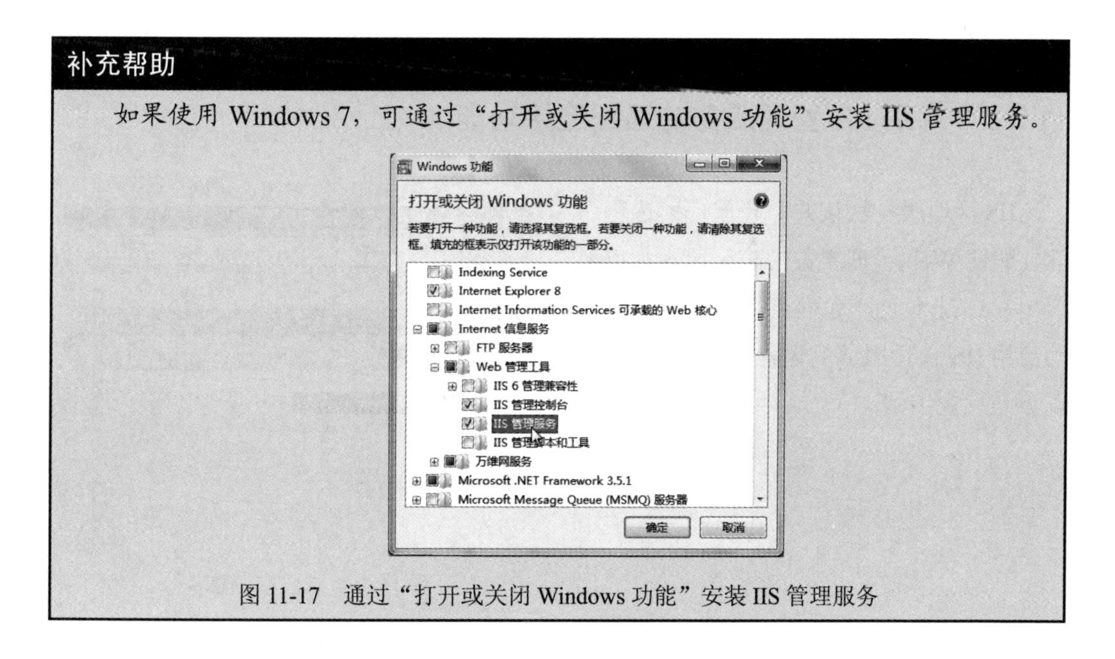

补充帮助

如果使用 Windows 7，可通过“打开或关闭 Windows 功能”安装 IIS 管理服务。

图 11-17　通过“打开或关闭 Windows 功能”安装 IIS 管理服务

安装完成后，开启“服务”，可以看见 Web Management Service 服务。不过请先不要启动，因为我们下一个步骤要对 Web Management Service 服务进行设置，如图 11-18 所示。

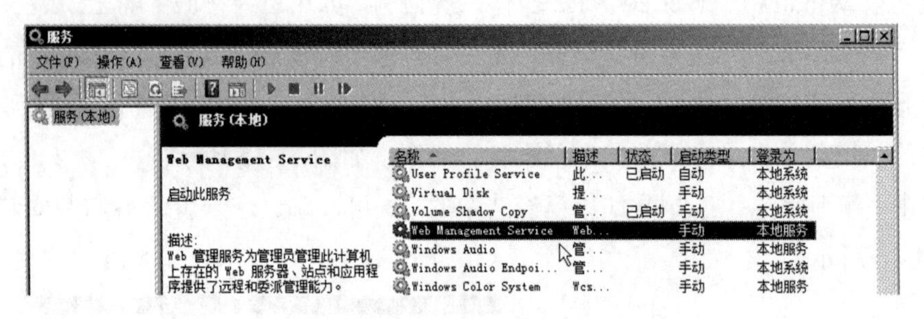

图 11-18　Web Management Service 服务

安装完成后，也会自动在 Windows 防火墙里新增一条“Web 管理服务(HTTP 流入量)”规则，默认是启用的，默认对外开放的 Port 端口号是 8172，因此，如果 Windows 外还有其他防火墙，要记得开启 TCP 8172 Port 才能正常访问，如图 11-19 所示。

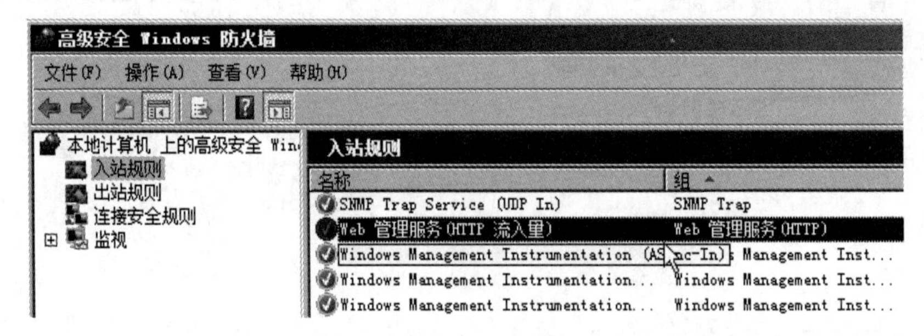

图 11-19　Windows 防火墙里新增一条“Web 管理服务(HTTP 传入流量)”规则

11.2.2　启用 IIS 管理服务的远程连接功能

IIS 管理服务默认并不开放任何远程访问，即便 Web 管理服务的防火墙规则已经启用，还是不允许远程连接，因此必须手动启用 IIS 管理服务的远程连接功能才行，以下是设置步骤。

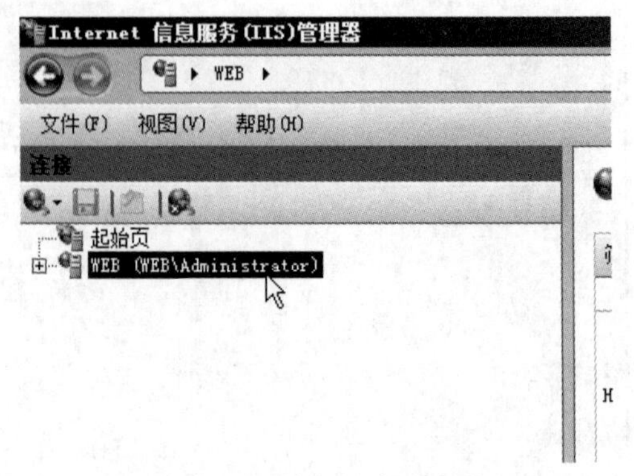

图 11-20　选择服务器名称

Step01：选择服务器名称，如图 11-20 所示。

Step02：在属性窗格中找到“管理服务”并双击，开启设置。

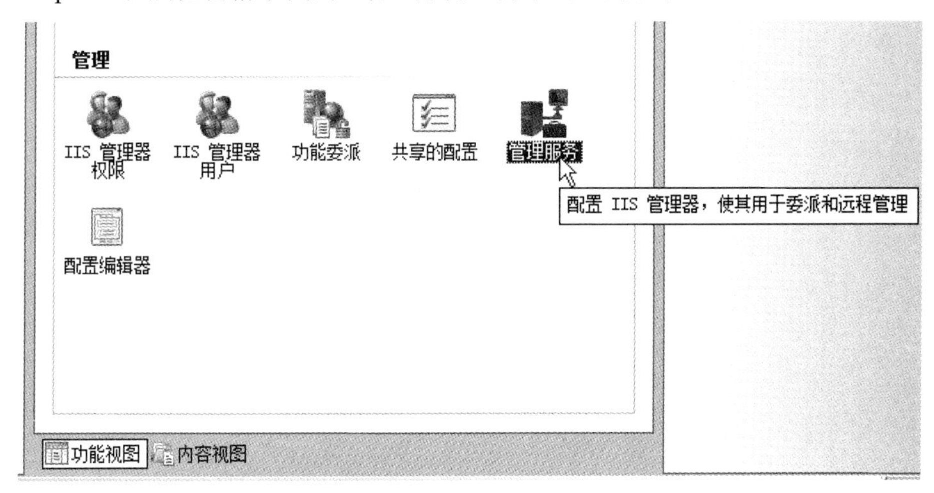

图 11-21　选择“管理服务”

Step03：进入 “管理服务” 之后选中“启用远程连接”复选框，如图 11-22 所示。

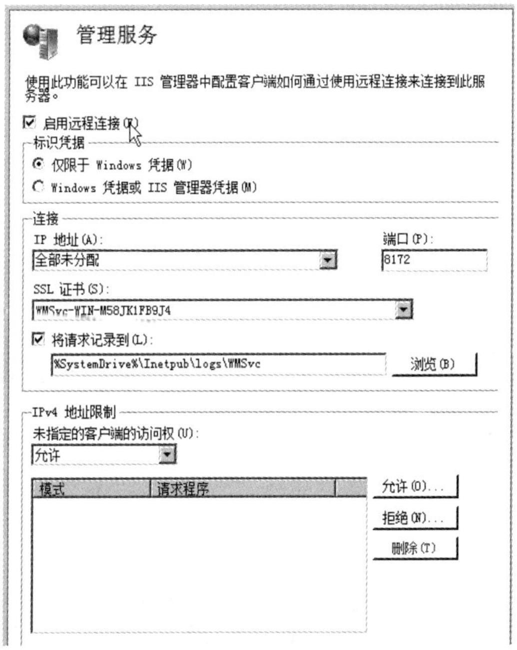

图 11-22　选中“启用远程连接”复选框

Step04：在 IIS 管理员右侧单击“套用”，并单击“启动”即可启用远程连接功能并启动 IIS 管理服务，如图 11-23 所示。

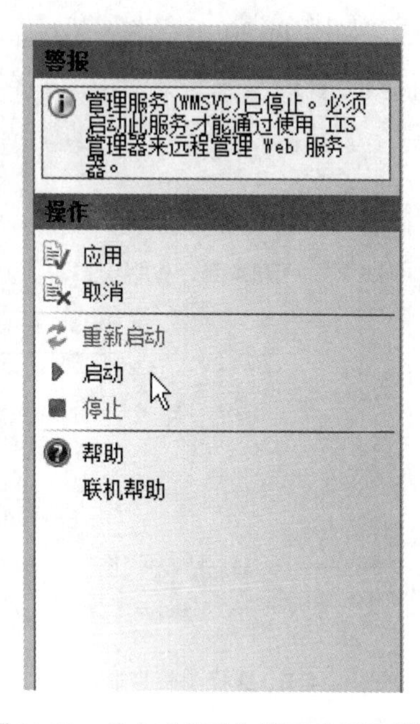

图 11-23　单击“启动”即可启用远程连接功能

11.2.3　安装 Web Deploy

Web Deploy 可到以下网址下载并安装：http://www.iis.net/download/webdeploy。

不过，除了可以手动下载安装文档进行安装外，笔者强烈建议使用 Web Platform Installer(Web PI)来安装 Web Deploy 工具。以下是开启 Web Platform Installer 4.0 的界面，你可以先单击上方的“产品”，再单击“服务器”，就可以查找 Web Deploy 3.0 工具。

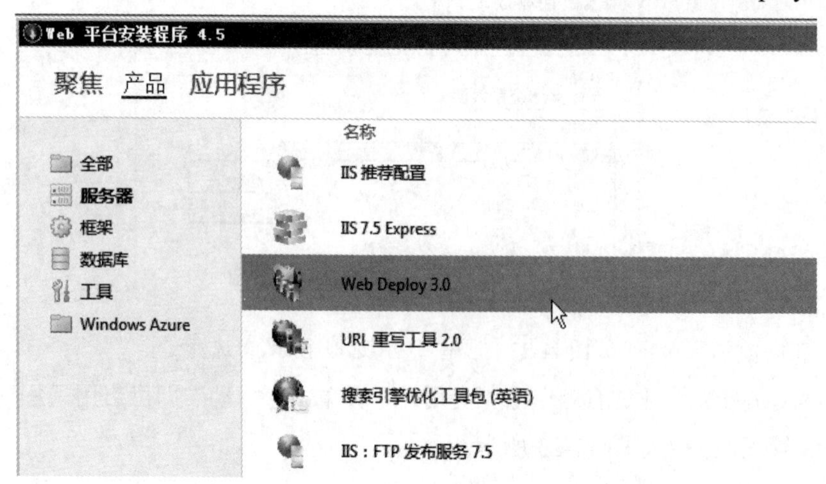

图 11-24　查找 Web Deploy 3.0 工具

安装过程中，Web PI 会帮助你把所有 Web Deploy 安装时所必需的组件一并安装，十分贴心方便，如图 11-25 所示。

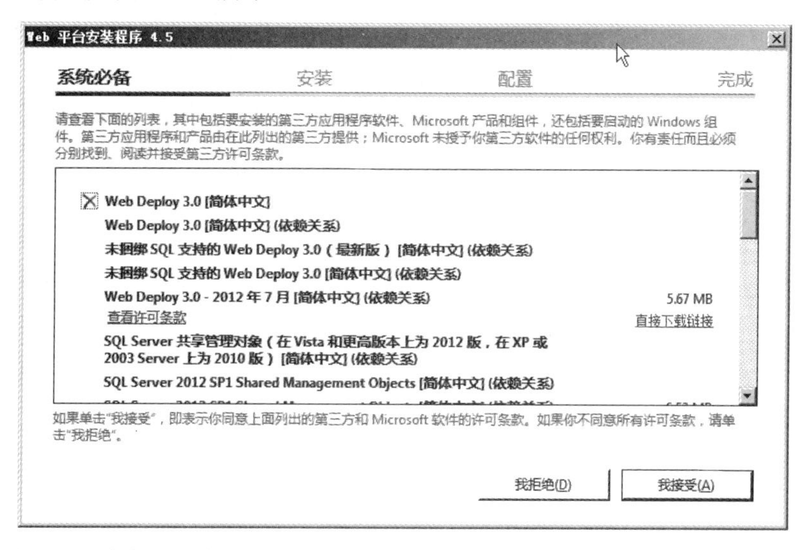

图 11-25 安装过程中，Web PI 会帮助你把所有单键发布所需相关套件一并安装

补充帮助

如果你至今尚未安装.NET Framework 4.0，在通过 Web PI 安装 Web Deploy 3.0 的过程中，也会和.NET Framework 4.0 一起自动安装完毕。

接着启动 Web Deploy 的远程代理程序服务，其服务名称为“Web 部署代理服务”，如图 11-26 所示。

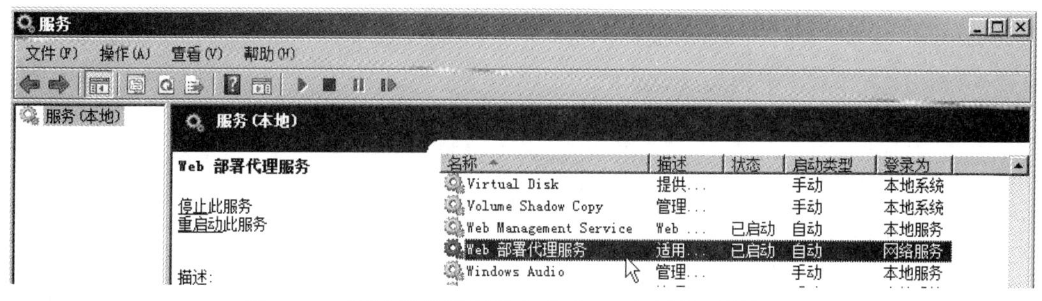

图 11-26 通过服务管理员启动“Web 部署代理服务”

备 注

虽然 Web Deploy 支持 IIS 6 远程部署，可是部署时的检查项目并没有 IIS 7 多，经过测试后，如果你的 ASP.NET 4.0 网站要部署时，若网站发布到 IIS 7 时，会检查目的站点的应用程序池是否使用.NET Framework 4 版本，如果不是，则发布失败，如图 11-27 所示。

备 注

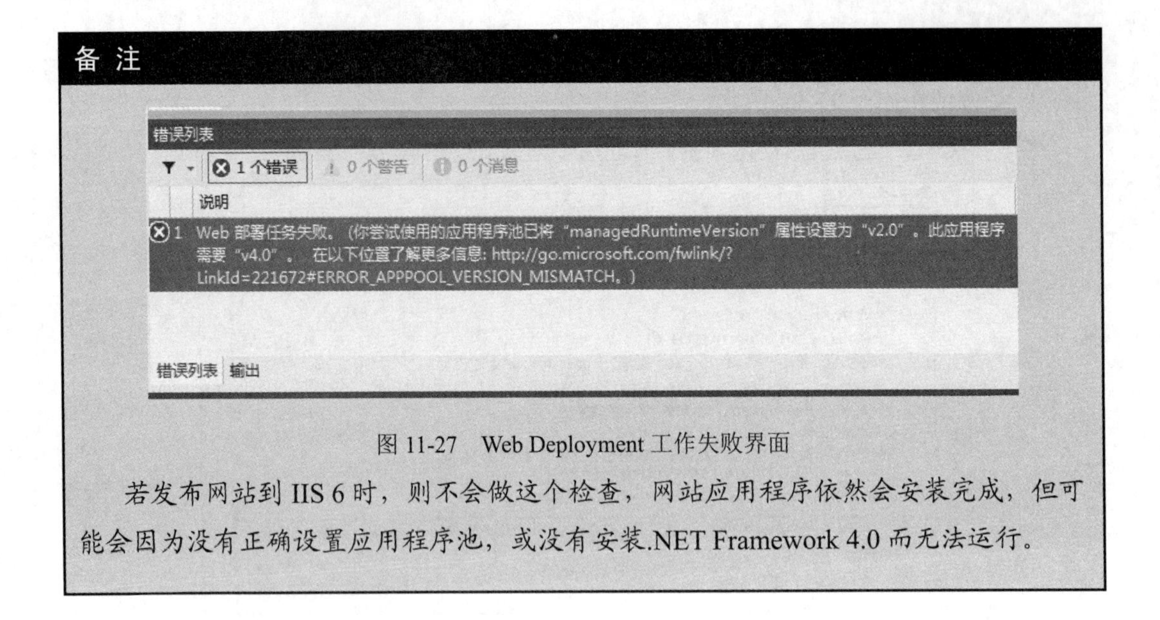

图 11-27　Web Deployment 工作失败界面

若发布网站到 IIS 6 时，则不会做这个检查，网站应用程序依然会安装完成，但可能会因为没有正确设置应用程序池，或没有安装.NET Framework 4.0 而无法运行。

11.2.4　启用 Web Deploy 发布

接着开启 IIS 管理员，并在你想要安装部署的网站上单击鼠标右键，在弹出的快捷菜单中选择"部署"→"启用 Web Deploy 发布"命令，如图 11-28 所示。

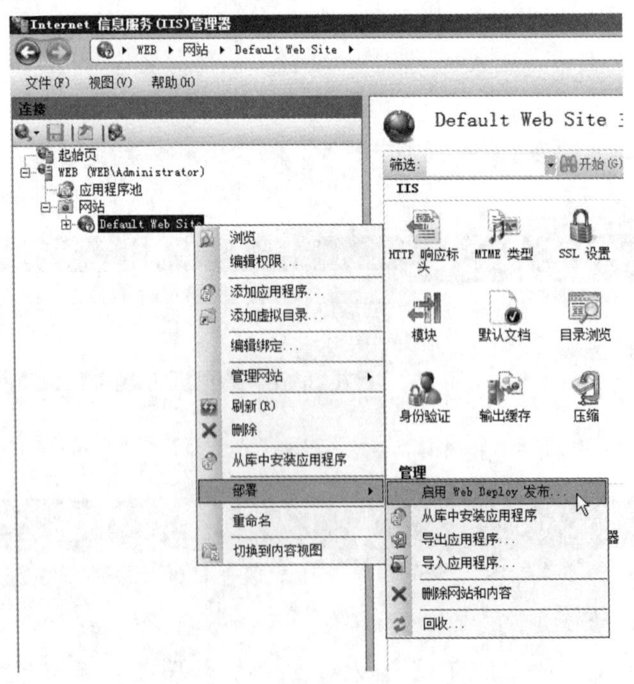

图 11-28　启用 Web Deploy 发布

在如图 11-29 所示的“启用 Web Deploy 发布”对话框中有几个重要的选项需要设置，分别介绍如表 11-2 所示。

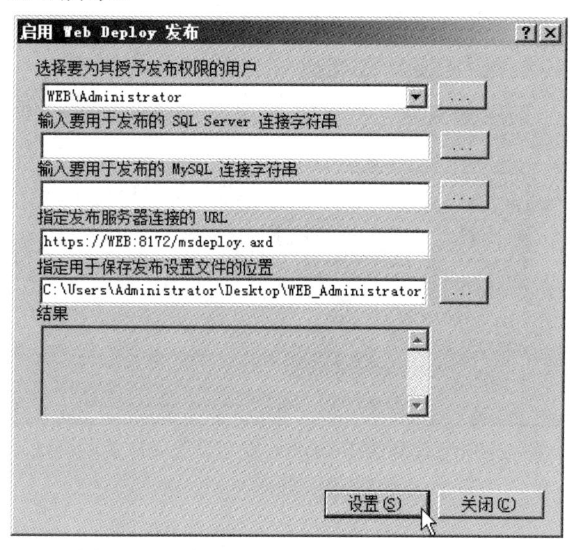

图 11-29　启用 Web Deploy 发布设置画面

表 11-2　启用 Web Deploy 发布选项介绍

域　名	设置介绍
选择要为其授予发布权限的用户	你可以设置哪一个 Windows 用户允许通过远程发布网站到 IIS 中
输入要用于发布的 SQL Server 连接字符串	设置在远程发布时要用的 SQL Server 连接字符串
输入要用于发布的 MySQL 连接字符串	设置在远程发布时要用的 MySQL 连接字符串(Web Deploy 支持远程 MySQL 部署)
指定发布服务器连接的 URL	保留默认值即可，如果担心远程计算机无法查询这台主机的计算机名称，也可以将 URL 中“域名”的部分更改为 IP
指定用于保存发布设置文件的位置	当最后单击“设置”按钮时，会将本次设置的结果保存成一个 XML 文档(扩展名为*.PublishSettings)，并保存在这个字段指定的路径

当单击“设置”按钮后，会将指定授予发布权限的用户授予完整控制权，让用户可以远程发布网站，而且默认会将“发布配置文件”保存在桌面上，如图 11-30 所示。请将这个“发布配置文件”下载至 Visual Studio 2012 开发主机，我们会在下一小节用到这个发布配置文件。

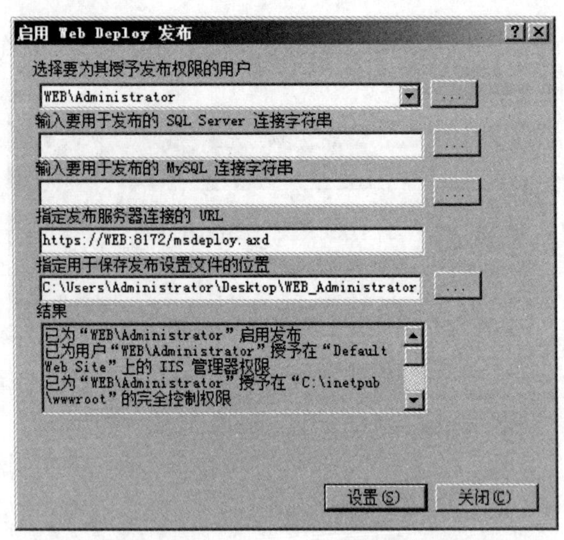

图 11-30　启用 Web Deploy 发布设置完成后的画面

11.2.5　设置“Web 一键式发布”

当服务器上的IIS部署环境安装完成后，接下来就要到Visual Studio 2012设置“Web一键式发布”，这次我们通过“编辑发布配置文件”按钮来新增一个新的发布设置，如图 11-31 所示。

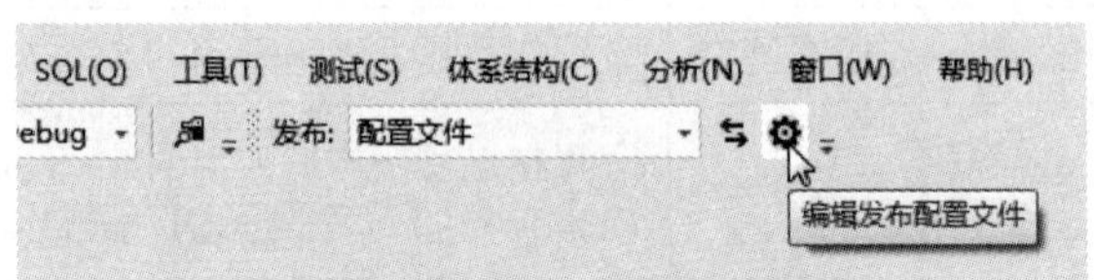

图 11-31　编辑发布配置文件

切换到“配置文件”设置界面，单击“导入”按钮。我们这次改用“导入”的方式，将从Windows Server 2008 R2主机上生成的“发布配置文件”直接导入Visual Studio 2012即可使用，如图 11-32 所示。

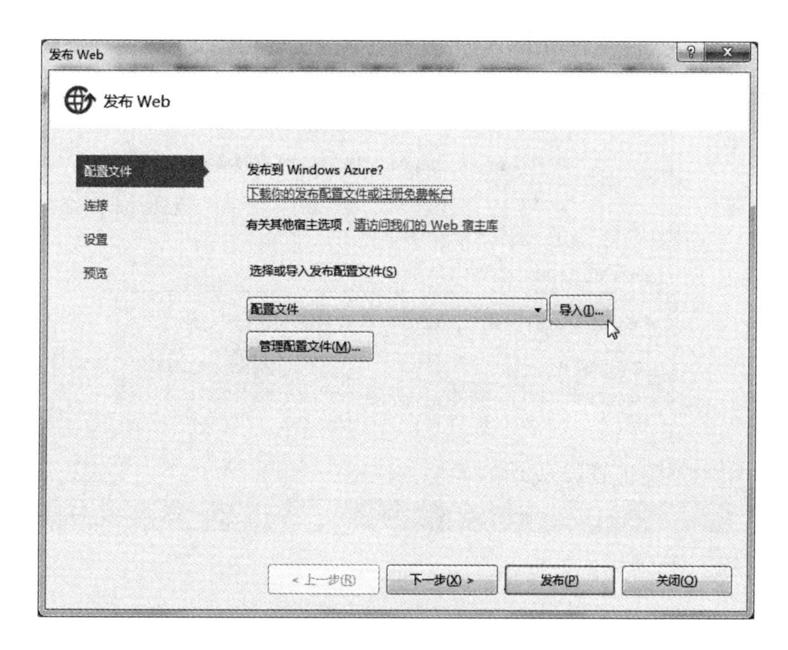

图 11-32　导入发布配置文件

导入完成后会直接进入“连接”设置界面，在这一步必须手动输入一次用户密码，如果希望以后不要再重复输入密码，可以选中“保存密码”复选框。最后单击“验证连接”按钮，确认没有任何连接问题，如图 11-33 所示。

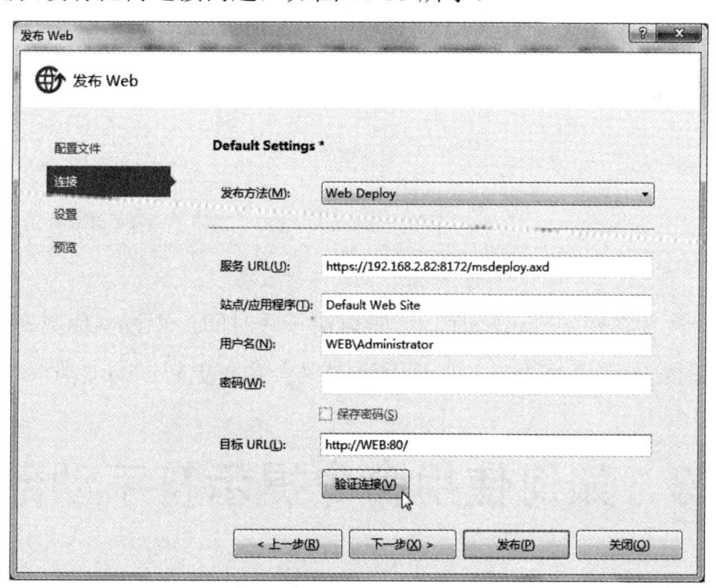

图 11-33　连接设置

第一次使用时，由于安装 IIS 管理服务的过程中，Windows 会自动替 IIS 管理服务创建一个自签证书(Self-Signed Certificate)，因此 Visual Studio 2012 在验证连接时会发生“证书错误”的提示，这时必须单击“接受”按钮才能继续，如图 11-34 所示。

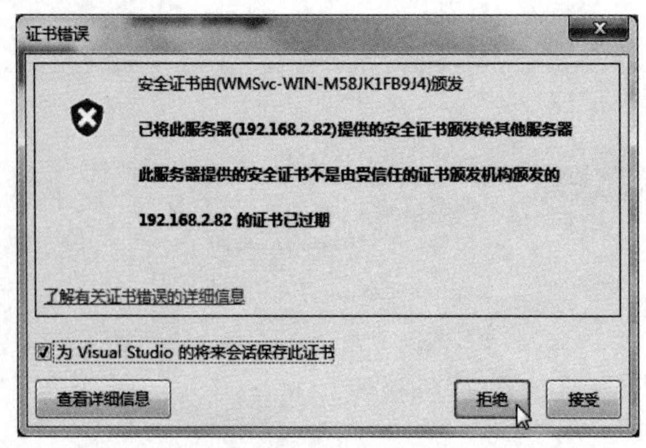

图 11-34　证书错误

图 11-35 所示是验证连接成功的界面。

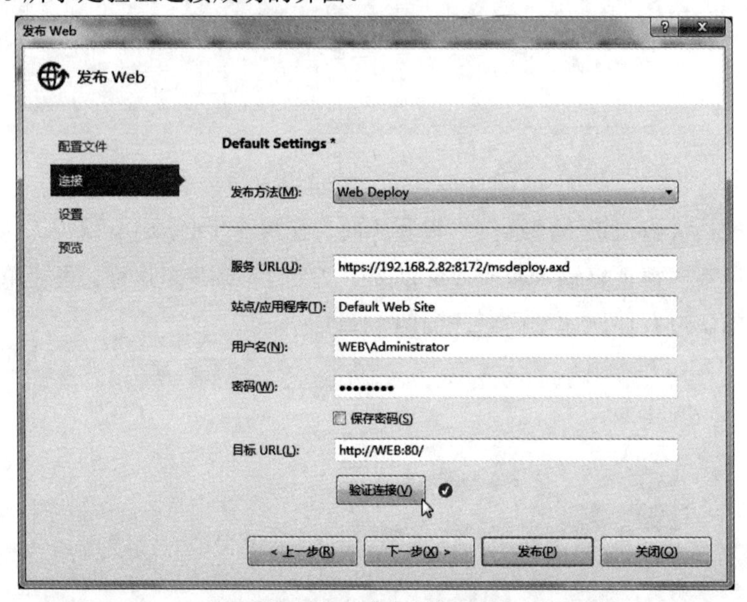

图 11-35　验证连接成功

IIS 在第一次发布网站到远程时，可能会花一些时间，不过当你第一次发布过后，将会发现之后的发布速度都极快，那是因为它只会发布更新过的文档，非常棒吧！

11.3　如何使用命令提示符手动部署

在比较严谨的网络环境下，通常会尽量减少服务器接触对外网络的连接，而且在许多企业中，通常也都会规范较为严格的网络限制，不允许让 Visual Studio 2012 开发工具直接连接正式环境的主机，因此，这个手动部署方式适用于 Visual Studio 2012 开发工具无法直接连接远程 IIS 服务器的情况下。

虽然大部分的情况下，安装网站的过程必须被迫手动安装，相对的也增加了复杂度，但是通过 Web Deploy 的帮助，就算是手动安装，也可以简化流程。下面我们就来看看 Visual Studio 2012 如何帮助我们简化手动部署网站的复杂度。

11.3.1　生成部署封装文档

Step01：在 Visual Studio 2012 里，手动部署的流程与 Visual Studio 2010 不太一样，所有部署的流程都已经统一采用 Visual Studio2012 的“Web 一键式发布”生成封装文档，这次我们通过“编辑发布配置文件”按钮来新增一个新的发布设置，如图 11-36 所示。

图 11-36　编辑发布配置文件

Step02：切换到“配置文件”设置界面，并按照图 11-37 所示选择“新建”选项。

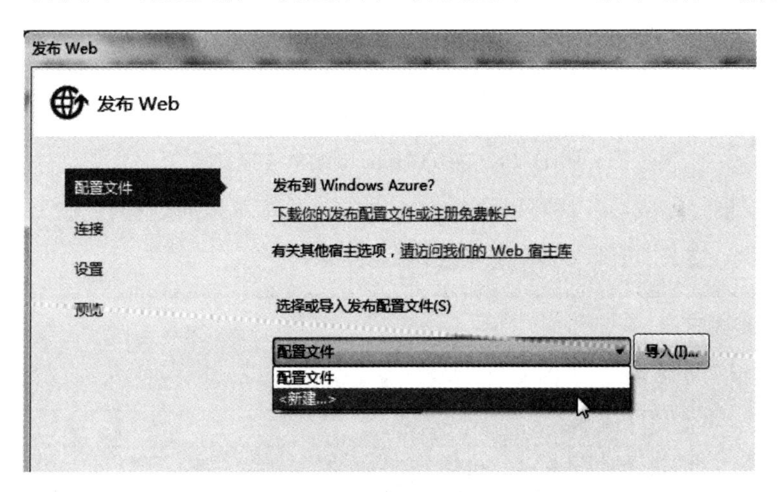

图 11-37　新建配置文件

Step03：输入一个容易记忆的配置文件名称，如图 11-38 所示。

图 11-38　新建配置文件并设置名称

Step04：进入连接设置，选择“发布方法”为“Web Deploy 包”，如图 11-39 所示。

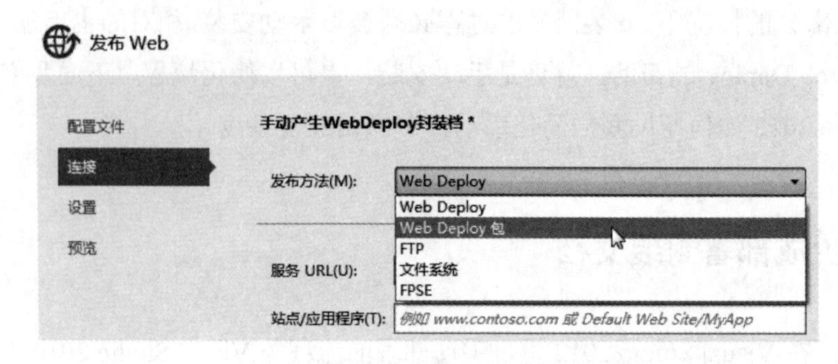

图 11-39　连接设置，“发布方法”选择“Web Deploy 包”

Step05：这样在“连接”设置界面的参数就会只剩下两个，你只需要指定“程序包位置”（也就是封装文件要保存的路径）以及“站点/应用程序”即可，如图 11-40 所示。

图 11-40　Web Deploy 封装的连接设置

Step06：设置完成后，就可以直接发布网站。发布网站的过程会在指定的封装位置创建 5 个文档，如图 11-41 所示。

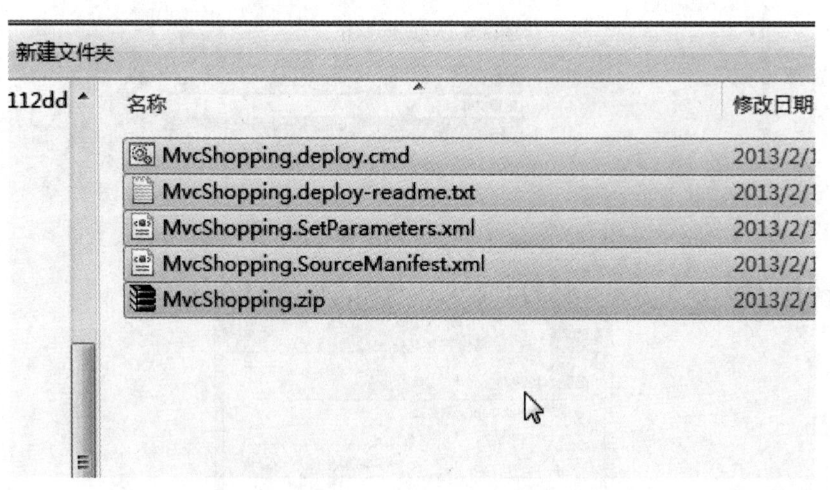

图 11-41　在指定的封装位置创建 5 个文档

这 5 个文档的介绍如表 11-3 所示。

表 11-3　Web Deploy 封装的文档

文 档 名	文档介绍
MvcShopping.**deploy.cmd**	手动部署网站时所需的批处理文件
MvcShopping.**deploy-readme.txt**	部署批处理文件的帮助文件
MvcShopping.**SetParameters.xml**	部署时所需的参数
MvcShopping.**SourceManifest.xml**	部署网站时的一些条件与规格(例如指定.NET 版本)
MvcShopping.**zip**	所有要部署的文档都会压缩在这个 ZIP 文档内

11.3.2　手动安装部署网站

现在将上一小节生成的 5 个文档复制到要部署的主机上，放置到任意目录下即可。在进行安装之前需记得远程主机也要安装 Web Deploy 才能运行这个由 Visual Studio 2012 生成的封装批处理文件。

假设我们将这 5 个文档复制到主机的 C:\WebDeploy_Install 目录下，接着开启命令提示符窗口，并运行以下指令即可成功部署至远程主机的 IIS 上：

```
CD C:\WebDeploy_Install
MvcShopping.deploy.cmd /Y
```

安装运行的过程如图 11-42 所示。

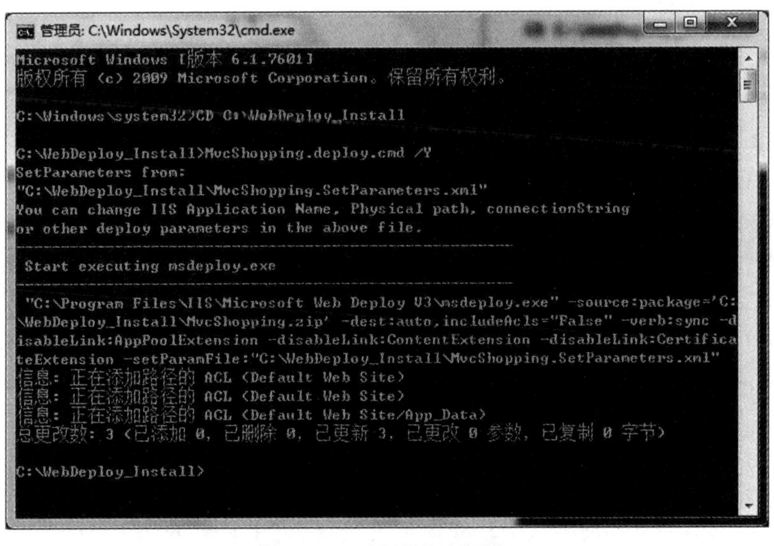

图 11-42　运行手动部署

通过 Visual Studio 2012 生成的 [项目名称].deploy.cmd 处理脚本文件常用的参数如下。

- /T：运行测试安装，设置此参数会在运行 msdeploy.exe 时代入-whatif 参数，它不会真的对 IIS 或数据库进行部署，而是创建一份报告，应对实际部署封装时会发生的情况。
- /Y：将封装部署到当前计算机或目的服务器。

"-skip:objectName=dbFullSql"：安装部署时，跳过部署数据库的程序，通常会用到更新网站的时候。[1]

详细介绍请参考目录下的[项目名称].deploy-readme.txt 文档。

11.4 部署 ASP.NET MVC 的常见问题

运行 ASP.NET MVC 部署的时候，难免会因为运行环境的问题，而导致安装后无法运行的情况发生。本节整理了几个无法成功部署的原因与解决方法。

11.4.1 部署到 IIS6 之后看不到网页

在 IIS6 中主要是以扩展名作为 ISAPI 扩充程序的对应，例如，.aspx 会交由 aspnet_isapi.dll 负责处理，由于 IIS6 与 IIS7 架构的差异，导致像 ASP.NET MVC 这种无扩展名 URL 类型的网站若部署到 IIS6 很容易遇到问题，尤其是 ASP.NET MVC 的网址是通过 Routing 决定的，在默认情况下，网址都没有扩展名，所以不做任何设置，就会先遇到 404 找不到网页的错误界面。

补充资料

Visual Studio 2008 SP1 与 Visual Studio 2008 的 ASP.NET 开发服务器是不一样的, 在 Visual Studio 2008 SP1 提供的 ASP.NET 开发服务器可以让你不需要放置 default.aspx 在网站根目录即可浏览首页，但常常部署到 IIS6 之后就会看不到网页。

不过，从.NET Framework 4.0(ASP.NET 4.0)开始，这个问题已经渐渐消失，因为 ASP.NET 4.0 对 IIS6 新增了一个功能，可以有效处理这类无扩展名的 URL 要求(extensionless URL feature)，这个功能在你安装完.NET Framework 4.0 之后就会自动启用，而在这个功能启用的情况下，IIS6 不用像以前一样必须设置“通配符应用程序对应”

[1]备注：输入此参数时，记得要加上双引号(")。

之后才能正确运行 ASP.NET MVC 网站。不过，如果你的网站因为特定因素必须关闭这个功能，例如，一个站点下同时要进行 ASP.NET 2.0 与 ASP.NET 4.0 网站，那么你还是必须通过设置“**通配符应用程序对应**”的方式，让所有 HTTP 要求都通过 ASP.NET 来处理，这样 ASP.NET MVC 网站才能正常运作。

补充资料

ASP.NET 4.0 新增了一个 ISAPI 筛选器(Filter)，这个筛选器就是用来负责过滤那些没有扩展名的 URL 要求，并让这些 HTTP 要求能够正确运行 ASP.NET 程序。若要查询这个筛选器的位置可参考图 11-43 和图 11-44 所示。

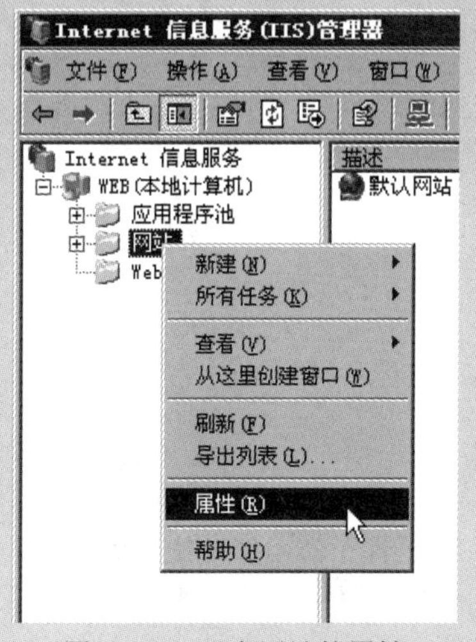

图 11-43　开启网站的属性

图 11-44　“网站 属性”对话框

> 如果要在 IIS 6.0 停用 ASP.NET v4.0 Extensionless URL 功能，可以参考以下网页中的文章介绍：http://bit.ly/Disable-Extensionless-URL。

设置“通配符应用程序对应”的过程如下。

Step01：在网站站点上单击鼠标右键，在弹出的快捷菜单中选择“属性”命令，如图 11-45 所示。

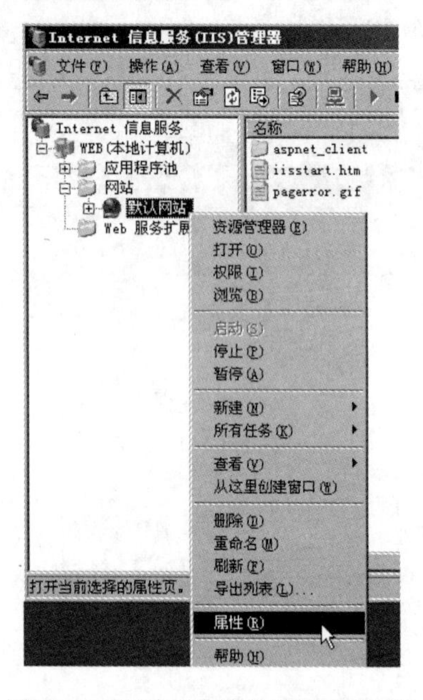

图 11-45　开启 IIS 管理员的站点属性

Step02：切换到“主目录”选项卡，单击“配置”按钮，如图 11-46 所示。

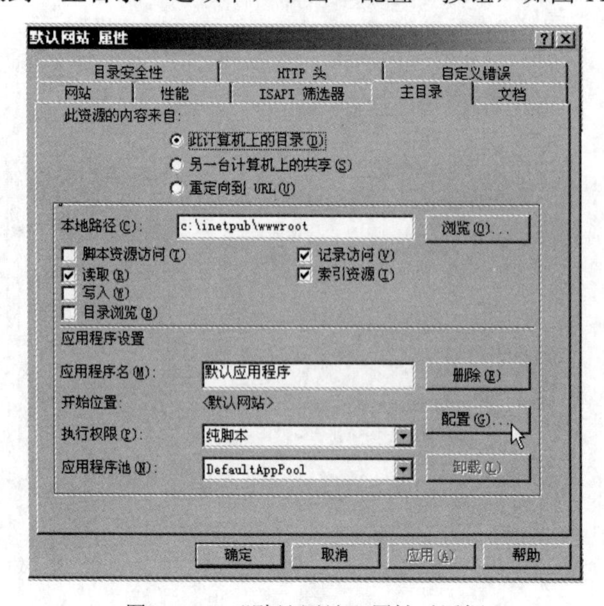

图 11-46　“默认网站”属性对话框

Step03：最后插入一组“**通配符应用程序映射**”，介绍如下。

- 若为 ASP.NET 3.5，请输入 c:\windows\microsoft.net\framework\ v2.0.50727\aspnet_isapi.dll。
- 若为 ASP.NET 4.0，请输入 c:\windows\microsoft.net\framework\v4.0.30319\aspnet_isapi.dll。
- 若为 ASP.NET 4.5，因为从.NET Framework 4.5 开始，已经不支持 Windows Server 2003，也就是无法安装在 IIS6。

设置的时候，请记得取消选中“确认文件是否存在”复选框，如图 11-47 所示。

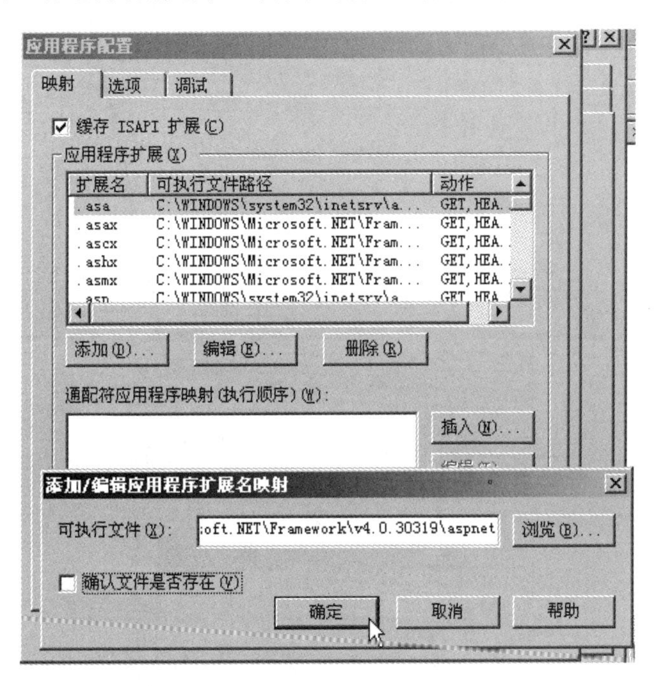

图 11-47　应用程序设置，插入通配符应用程序映射

备 注

若是在 IIS6 上使用 ASP.NET 4.0 的话，常见问题可参考笔者的博客文章：

ASP.NET 4.0 安装在 IIS6 最常遇到的四个问题网址如下：

http://blog.miniasp.com/post/2010/06/IIS-6-ASPNET-4-Installation-Notes.aspx。

11.4.2　部署到 IIS6 或 IIS7 之后都无法使用网站

如果你的 ASP.NET MVC 使用 ASP.NET 4.0 版本来开发，那么在部署时，必须确定在 IIS 上安装的站点或虚拟目录所对应的应用程序池设置的.NET Framework 版本是

v4.0.30319，否则无法正确运行网站。

若要更改 IIS7 的应用程序池，可以参考图 11-48。

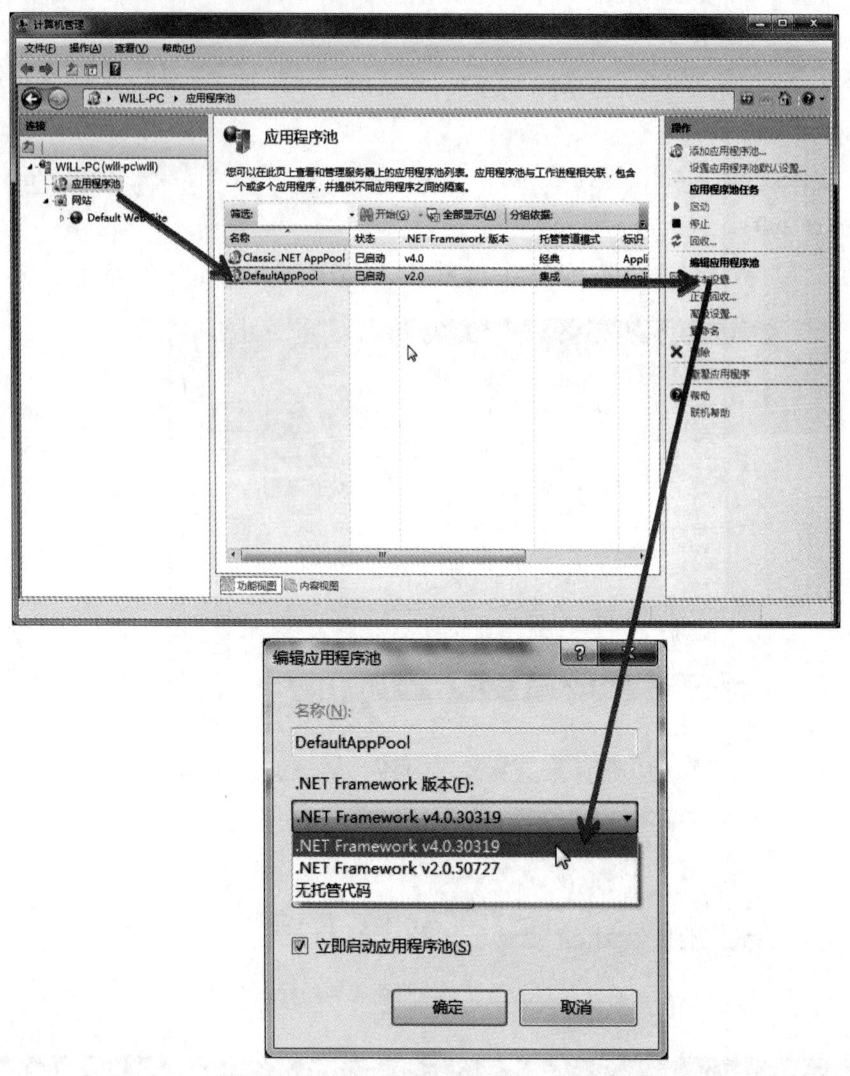

图 11-48 编辑应用程序池.NET Framework 版本

在.NET Framework 4.0 安装好之后，默认会在 IIS7 新增一个新的应用程序池，名为 ASP.NET v4.0，也可以直接更改站点对应的应用程序池到这里，如图 11-49 所示。

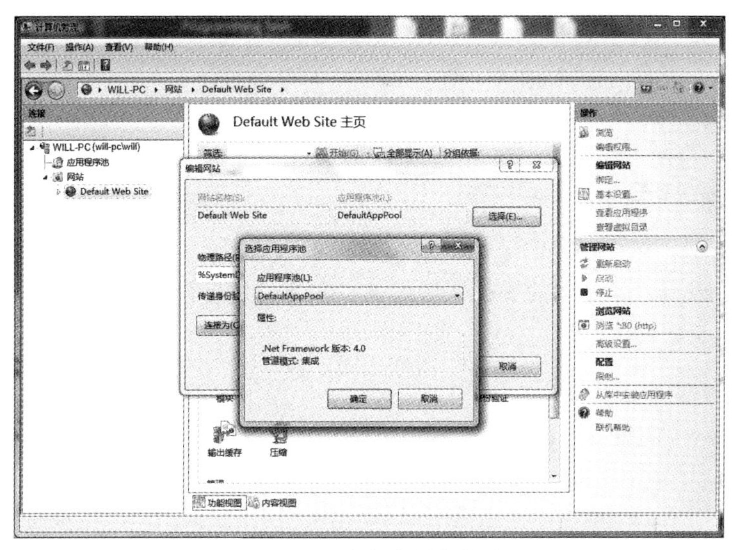

图 11-49　选定应用程序池

因为一个应用程序池不能同时运行.NET 2.0 与.NET 4.0 的网站应用程序，如果你是用 IIS6 的话，在应用程序池并没有可以选定.NET Framework 版本的地方，所以必须自己确保在同一个应用程序池下，不会有两个不同的 ASP.NET 网站在运行，否则网站就会无法正常启动。

11.5　部署 ASP.NET 4.0 的注意事项

从 Visual Studio 2010 开始，默认的.NET Framework 版本为.NET Framework 4.0，而 VisualStudio 2012 默认.NET Framework 版本也是.NET Framework 4.0，如图 11-50 所示。

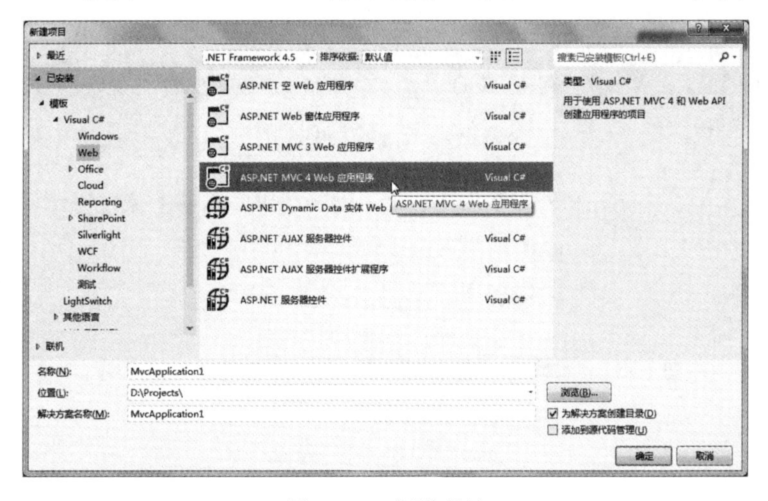

图 11-50　新增项目

当你用 ASP.NET 4.0 开发 ASP.NET MVC 时，在部署的时候也有几个必须注意的事项。

11.5.1 安装注意事项

安装前，必须先确定你的操作系统版本是在支持的范围内。

- Windows XP SP3
- Windows Server 2003 SP2
- Windows Vista SP1(含)以后版本
- Windows Server 2008 (服务器核心角色不支持)
- Windows 7
- Windows Server 2008 R2(服务器核心角色不支持)

11.5.2 安装正确的.NET Framework 套件

要运行 ASP.NET 4.0 网站，必须安装 Microsoft .NET Framework 4 完全安装，如果你只安装.NET Framework Client Profile 的话，是不支持 ASP.NET 4 的，因此安装正确的版本非常重要。

我们可以到 http://bit.ly/dotnet4full 下载 Microsoft.NET Framework 4(独立安装程序)，如图 11-51 所示。

图 11-51　下载 Microsoft .NET Framework 4 (独立安装程序)

11.5.3　应用程序池不能跨.NET 版本

在 IIS7 新增站点时，默认会自动创建独立的应用程序池，不过，若在安装部署网站的时候，不小心设置了与其他 ASP.NET 2.0 站点使用的应用程序池，就很有可能遇到网站运行一段时间会突然停止运作的情况！

若要检查你的应用程序池运行的.NET Framework 版本可以参考图 11-52。

图 11-52　IIS 管理员的应用程序池列表

11.6　总　结

安装部署原本是一件繁琐而复杂的事，但通过 Web Deploy 的帮助，搭配 Visual Studio 2012 的“Web 一键式发布”功能，整个部署网站的过程变得简单而直观，可谓是开发人员的福音。通过“Web 一键式发布”功能不但可以自动安装网站到本机与远程 IIS，连手动安装部署网站也变得简单许多，甚至连数据库安装的流程都能集成在一起。